U0286650

变革性光科学与技术丛书

国家出版基金项目
NATIONAL PUBLICATION FOUNDATION

"十三五"国家重点
图书出版规划项目

Novel Optical
Fiber Sensing Technology and System

新型光纤传感技术
与系统

张明江　张建忠　乔丽君　王涛　著

清华大学出版社
北京

内 容 简 介

光纤传感技术为现代工业、大型建筑、边境安防等监测领域提供了一种新型的监测技术手段,近年来已得到长足发展和广泛应用。本专著是作者团队十几年来在新型光纤传感技术及系统方面研究成果的总结,全书总计 7 章。书中详细介绍了混沌激光这一新型光源的基本理论及作者团队在其产生、光子集成、传感应用等方面发展的前沿技术,同时介绍了团队研制的分布式光纤传感仪及其工程应用、面向光纤传感的窄线宽光纤激光器等研究成果。

本书多为原创性成果,是开展分布式光纤监测的重要参考文献,可作为光学、光电子学、测试计量技术及仪器等学科的科研人员、学者、研究生和高年级本科生的参考书。

图书在版编目(CIP)数据

新型光纤传感技术与系统/张明江等著. —北京:清华大学出版社,2020.12
(变革性光科学与技术丛书)
ISBN 978-7-302-56258-0

Ⅰ. ①新… Ⅱ. ①张… Ⅲ. ①光纤传感器-研究 Ⅳ. ①TP212.4

中国版本图书馆 CIP 数据核字(2020)第 152854 号

责任编辑:鲁永芳
封面设计:意匠文化·丁奔亮
责任校对:赵丽敏
责任印制:沈 露

出版发行:清华大学出版社
   网 址:http://www.tup.com.cn,http://www.wqbook.com
   地 址:北京清华大学学研大厦 A 座   邮 编:100084
   社 总 机:010-62770175   邮 购:010-62786544
   投稿与读者服务:010-62776969,c-service@tup.tsinghua.edu.cn
   质量反馈:010-62772015,zhiliang@tup.tsinghua.edu.cn
印 装 者:北京雅昌艺术印刷有限公司
经 销:全国新华书店
开 本:170mm×240mm 印 张:24.75 字 数:484 千字
版 次:2020 年 12 月第 1 版 印 次:2020 年 12 月第 1 次印刷
定 价:199.00 元

产品编号:087062-01

丛书编委会

主 编

罗先刚　　中国工程院院士,中国科学院光电技术研究所

编 委

周炳琨　　中国科学院院士,清华大学

许祖彦　　中国工程院院士,中国科学院理化技术研究所

杨国桢　　中国科学院院士,中国科学院物理研究所

吕跃广　　中国工程院院士,中国北方电子设备研究所

顾　敏　　澳大利亚科学院院士、澳大利亚技术科学与工程院院士、
　　　　　中国工程院外籍院士,皇家墨尔本理工大学

洪明辉　　新加坡工程院院士,新加坡国立大学

谭小地　　教授,北京理工大学、福建师范大学

段宣明　　研究员,中国科学院重庆绿色智能技术研究院

蒲明博　　研究员,中国科学院光电技术研究所

丛 书 序

　　光是生命能量的重要来源,也是现代信息社会的基础。早在几千年前人类便已开始了对光的研究,然而,真正的光学技术直到 400 年前才诞生,斯涅耳、牛顿、费马、惠更斯、菲涅耳、麦克斯韦、爱因斯坦等学者相继从不同角度研究了光的本性。从基础理论的角度看,光学经历了几何光学、波动光学、电磁光学、量子光学等阶段,每一阶段的变革都极大地促进了科学和技术的发展。例如,波动光学的出现使得调制光的手段不再限于折射和反射,利用光栅、菲涅耳波带片等简单的衍射型微结构即可实现分光、聚焦等功能;电磁光学的出现,促进了微波和光波技术的融合,催生了微波光子学等新的学科;量子光学则为新型光源和探测器的出现奠定了基础。

　　伴随着理论突破,20 世纪见证了诸多变革性光学技术的诞生和发展,它们在一定程度上使得过去 100 年成为人类历史长河中发展最为迅速、变革最为剧烈的一个阶段。典型的变革性光学技术包括:激光技术、光纤通信技术、CCD 成像技术、LED 照明技术、全息显示技术等。激光作为美国 20 世纪的四大发明之一(另外三项为原子能、计算机和半导体),是光学技术上的重大里程碑。由于其极高的亮度、相干性和单色性,激光在光通信、先进制造、生物医疗、精密测量、激光武器乃至激光核聚变等技术中均发挥了至关重要的作用。

　　光通信技术是近年来另一项快速发展的光学技术,与微波无线通信一起极大地改变了世界的格局,使"地球村"成为现实。光学通信的变革起源于 20 世纪 60 年代,高琨提出用光代替电流,用玻璃纤维代替金属导线实现信号传输的设想。1970 年,美国康宁公司研制出损耗为 20 dB/km 的光纤,使光纤中的远距离光传输成为可能,高琨也因此获得了 2009 年的诺贝尔物理学奖。

　　除了激光和光纤之外,光学技术还改变了沿用数百年的照明、成像等技术。以最常见的照明技术为例,自 1879 年爱迪生发明白炽灯以来,钨丝的热辐射一直是最常见的照明光源。然而,受制于其极低的能量转化效率,替代性的照明技术一直是人们不断追求的目标。从水银灯的发明到荧光灯的广泛使用,再到获得 2014 年诺贝尔物理学奖的蓝光 LED,新型节能光源已经使得地球上的夜晚不再黑暗。另外,CCD 的出现为便携式相机的推广打通了最后一个障碍,使得信息社会更加丰富多彩。

20 世纪末以来,光学技术虽然仍在快速发展,但其速度已经大幅减慢,以至于很多学者认为光学技术已经发展到瓶颈期。以大口径望远镜为例,虽然早在 1993 年美国就建造出 10 m 口径的"凯克望远镜",但迄今为止望远镜的口径仍然没有得到大幅增加。美国的 30 m 望远镜仍在规划之中,而欧洲的 OWL 百米望远镜则由于经费不足而取消。在光学光刻方面,受到衍射极限的限制,光刻分辨率取决于波长和数值孔径,导致传统 i 线(波长:365 nm)光刻机单次曝光分辨率在 200 nm 以上,而每台高精度的 193 光刻机成本达到数亿元人民币,且单次曝光分辨率也仅为 38 nm。

在上述所有光学技术中,光波调制的物理基础都在于光与物质(包括增益介质、透镜、反射镜、光刻胶等)的相互作用。随着光学技术从宏观走向微观,近年来的研究表明:在小于波长的尺度上(即亚波长尺度),规则排列的微结构可作为人造"原子"和"分子",分别对入射光波的电场和磁场产生响应。在这些微观结构中,光与物质的相互作用变得比传统理论中预言的更强,从而突破了诸多理论上的瓶颈难题,包括折反射定律、衍射极限、吸收厚度-带宽极限等,在大口径望远镜、超分辨成像、太阳能、隐身和反隐身等技术中具有重要应用前景。譬如:基于梯度渐变的表面微结构,人们研制了多种平面的光学透镜,能够将几乎全部入射光波聚集到焦点,且焦斑的尺寸可突破经典的瑞利衍射极限,这一技术为新型大口径、多功能成像透镜的研制奠定了基础。

此外,具有潜在变革性的光学技术还包括:量子保密通信、太赫兹技术、涡旋光束、纳米激光器、单光子和单像元成像技术、超快成像、多维度光学存储、柔性光学、三维彩色显示技术等。它们从时间、空间、量子态等不同维度对光波进行操控,形成了覆盖光源、传输模式、探测器的全链条创新技术格局。

值此技术变革的肇始期,清华大学出版社组织出版"变革性光科学与技术丛书",是本领域的一大幸事。本丛书的作者均为长期活跃在科研第一线,对相关科学和技术的历史、现状和发展趋势具有深刻理解的国内外知名学者。相信通过本丛书的出版,将会更为系统地梳理本领域的技术发展脉络,促进相关技术的更快速发展,为高校教师、学生以及科学爱好者提供沟通和交流平台。

是为序。

罗先刚

2018 年 7 月

前　言

　　"十三五"国家科技创新规划实施以来,国家重大基础设施安全保障、智慧海洋环境安全保障、重大地质灾害快速识别与风险防控、深地探测及环保工程等传感监测技术迎来空前的发展契机与挑战,以人工智能监测网络为核心的"智慧城市"已经成为时代发展的潮流。光纤传感技术作为监测网络的重要一环已广泛应用于石油化工、土木工程、电气传输、航空航天、交通运输、岩土安全等各大领域。

　　作者近年来先后主持了国家重大科研仪器研制项目、国家自然科学基金项目、山西省重点研发计划项目、山西省科技攻关计划项目等,针对现有光纤传感系统中传感距离与空间分辨率相矛盾这一关键问题,开展了新型光纤传感技术及应用研究,并取得了一定的研究成果。

　　本书以作者近年来取得的研究成果为主要内容,包括:

　　第1章,混沌激光的产生与控制。研究结果探明了混沌激光带宽增强和时延抑制机理,实验产生了无时延特征、带宽最宽的混沌激光,解决了实现长距离、高空间分辨率混沌激光传感所必需的高质量混沌信号源问题。

　　第2章,光子集成混沌半导体激光器。研制了光子集成宽带混沌信号发生器、宽带混沌激光源,推动了混沌激光在传感领域的工程应用。

　　第3章,混沌布里渊分布式光纤传感。分析了混沌布里渊散射特性,提出了混沌布里渊光相干域反射传感技术、光相干域分析传感技术,实现了长传感距离、高空间分辨率兼顾的温度、应变监测。

　　第4章,基于无序信号的布里渊分布式光纤传感。提出了基于噪声信号、伪随机序列、物理随机码调制的布里渊光相干域传感技术,实现了高空间分辨率的分布式光纤传感。

　　第5章,混沌微波光子传感。提出了混沌微波光子远程测距、水位监测新技术,实现了远程水位监测、多目标物测距传感。

　　第6章,分布式光纤拉曼测温仪及应用。针对重大工程应用难题提出了多项传感解决方案,研发了两款新型分布式光纤拉曼测温仪;应用于地方重大工程健康监测,实现了特长隧道火灾、燃气管网泄漏等灾害的实时监测与精准预警。

　　第7章,面向光纤传感的窄线宽光纤激光器。提出了新结构的窄线宽光纤激光器,可实现单波长和双波长输出,且具有良好的单频特性和稳定性。

本书撰写过程中得到作者指导的学生王亚辉、李健、柴萌萌、赵乐、张倩、杨强、闫宝强、王兴、李梦文、余涛、许扬、张晓程、胡鑫鑫、赵婕茹、陈红、卫晓晶、张博鑫、高飞等在章节撰写和文字校对方面的协助,在此深表感谢!

本书的研究工作得到王云才教授和刘铁根教授的指导和建议,在此深表谢意!

特别感谢清华大学廖延彪教授对我们研究工作的认可,并推荐本书列入清华大学出版社策划的"变革性光科学与技术丛书"!

受笔者学识水平所限,加之本书编著时间仓促,撰文中出现不妥乃至错误之处在所难免,望读者不吝赐教。

本书配有实验视频等资源,请扫二维码观看。

作者于太原理工大学博学馆

2019 年 8 月

目　录

混沌激光的产生与控制

确定性系统由于对初值条件异常敏感,产生了无法预测、貌似随机的不规则运动,这种现象称为混沌现象[1-2]。初值敏感性说明系统对于初值条件的微弱改变会产生一连串的巨大连锁反应,"蝴蝶效应"形象地阐述了初始条件发生改变后,引起长期不可预测运动的混沌现象[3]。但是,混沌动力学系统的类随机运动与随机过程中的随机波动性本质上是不同的,混沌动力学虽然表现出不规则的随机运动,却是由确定性系统决定的。混沌特性的研究给各个领域的科学家们提供了新的思路和方法,包括信息科学、空间科学、生命科学及其他相关领域,促进了现代化社会的快速发展。

1.1 混沌激光特性

半导体激光器作为一个非线性系统,其输出可分为稳态、非稳态和混沌态三种形式。当半导体激光器受到扰动时,在特定的条件下其输出为混沌态,此时输出(光强、波长、相位)在时域上不再是稳态,而是类似噪声的随机变化。此时激光器的动态特性同样可以由确定的速率方程来描述,但因对初始条件的极度敏感性使得输出是随机变化的[4-5]。

早在 1980 年,日本研究者就已经发现外部光反馈会引起半导体激光器的非稳定性和混沌[6]。但是,在早期的研究中,研究者都侧重于研究如何保持激光器稳态工作,抑制激光器的噪声和不稳定输出[7-8]。1980—1990 年,人们逐渐清楚了光反馈(及光注入)激光器的动态特性,发现了激光器从低频起伏到混沌态,从倍周期到混沌的演变过程[9-13]。直到 1990 年,美国马里兰(Maryland)大学[14]和美国海军实验室[15]的研究者们相继提出了混沌控制和混沌同步的概念,启示人们认识到混沌激光可能有着重要的应用。

混沌激光的特性如图 1-1 所示。图 1-1(a)为混沌激光的光谱图，与一般连续激光相比，混沌激光表现出较宽的光谱特性，具有较低的相干性；在频域上对应的功率谱具有平坦、宽带的特性，如图 1-1(b)所示；时序上表现为类噪声的随机变化，如图 1-1(c)所示；其相图为混沌吸引子，表明混沌激光产生过程是一个随机过程，如图 1-1(d)所示。

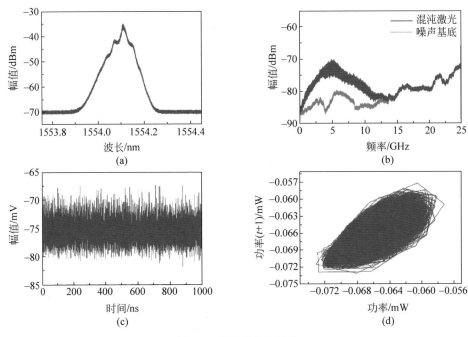

图 1-1　混沌激光的特性

(a) 光谱；(b) 频谱；(c) 时序；(d) 相图

1.2　混沌激光的典型产生方式

目前，混沌激光的典型产生方式包括外腔光反馈[16-19]、外部光注入[20-26]和光电反馈[27-30]等。

1.2.1　外腔光反馈

图 1-2 所示为外腔光反馈方式的示意图，左侧为半导体激光器的内部示意图，有源光学谐振腔称为内腔，用于控制腔内光子的频率和相位等；右侧为外部光反射镜，用于提供外腔光反馈，激光器出光面与外部光反射镜之间的无源部分称为外

腔。激光器输出的单模激光传输至外部光反射镜后,部分输出光原路反射至激光器腔内,对激光器产生扰动,在一定的光反馈范围内激光器表现出非稳态或混沌状态。在此过程中,可以通过调节光反馈强度和外腔长度对混沌状态进行优化。其中,光反馈强度为光反射镜反馈回激光器的光功率与激光器自身输出功率的比值,外腔长度为激光器与光反射镜之间的距离,表现为时间延迟特征。

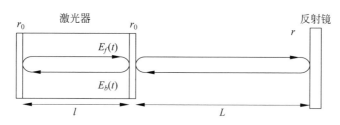

图 1-2　外腔光反馈结构示意图

此外,反馈光除了可以由外部光反射镜提供,还可以由光纤环自反馈、法布里-珀罗(Fabry-Perot,F-P)标准具滤波反馈[19]等方式提供。通过不同的外腔光反馈方式,控制不同的变量使激光器表现出丰富的混沌动力学特性。

1.2.2　外部光注入

外部光注入方式的示意图如图 1-3 所示,采用两台半导体激光器,将主激光器的输出光单向注入从激光器中。通过外部光注入引入自由度扰动从激光器,控制两台半导体激光器的频率失谐量、注入强度以改变从激光器的非线性动力学状态,从而实现混沌激光的产生。另外,频率失谐量为主从半导体激光器的光学频率的差值,注入强度为主激光器注入从激光器的光功率与从激光器自身输出功率的比值。

目前,研究者们为了进一步优化混沌激光的输出状态,基于外部光注入方式进行了改进。例如,将从激光器的输出光注入外腔光反馈的混沌激光器,从而实现带宽增强;李念强等提出一种级联耦合半导体激光器,由外腔主激光器、一个中间激光器和一个从激光器级联组成,实现时延特征的抑制[24]。

图 1-3　外部光注入结构示意图

1.2.3　光电反馈

光电反馈方式示意图如图 1-4 所示，半导体激光器（laser diode，LD）输出的光信号首先经过光电探测器（photoelectric detector，PD），实现光信号—电信号的转换。然后经过微波放大器的放大后，电信号对 LD 的驱动电流进行调制扰动。激光器经扰动后，载流子密度和光子数的密度、光场相位均发生了动态改变，表现出非线性动力学特性，进而产生混沌激光。

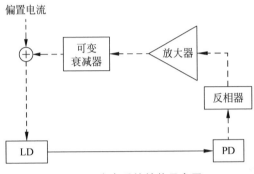

图 1-4　光电反馈结构示意图

光反馈、光注入和光电反馈三种混沌激光产生方式中，光反馈方式和光注入方式采用全光结构。反馈激光和注入激光作为扰动信号直接进入激光器内腔作用于光场，由于半导体激光器对于外部扰动激光的极度敏感性，光反馈方式和光注入方式可以得到丰富的非线性动态。其中，半导体激光器对于外部光扰动的极度敏感性主要有两个原因[31]。其一，对于边发射半导体激光器而言，由于有源区发射端面较低的反射率（通常为 10％～30％），外部激光极易进入有源腔产生扰动。而对于面发射半导体激光器而言，虽然它的发射端面有较高的反射率，但是它腔内极少的光子数导致它对于微弱的扰动光同样敏感。其二，半导体激光器通常线宽增强因子较高，这使激光器有源区的载流子和场相位耦合，加剧半导体激光器的非线性状态。光电反馈方式中，输出光被转化为电信号调制驱动电流来影响激光器载流子密度动态，进而通过线宽增强因子和增益分别导致光场相位和光子数密度的动态变化，该方式也能产生类似于光反馈方式和光注入方式的非线性状态[32-35]。然而，为了响应激光器的弛豫振荡、获得复杂的非线性状态，它需要采用大带宽的光电探测器和相关电子器件。对于光反馈和光注入两种混沌激光产生方式，光反馈方式只需要一个半导体激光器，而光注入方式需要两个半导体激光器，同时需要精确地调节激光器的输出波长。另外，光反馈方式产生混沌激光是由于内部弛豫振荡频率和外腔频率之间的动态竞争，外腔模式数量多、并且受光反馈的影响是变化的；而在光注入方式中，注入光来自其他激光器的输出光，是相对稳定的。因此，相对于光注入方式，光反馈方式更容易产生高维的混沌激光，且产生的混沌频谱比较光滑，另外这种方式结构简单、易于操作、成本较低。在基于混沌的安全通信、随机数生成、光纤传感等应用中，光反馈是最常用的方式。

1.3　宽带混沌激光的产生

1.3.1　研究概况

目前典型的混沌激光的频谱带宽只有数吉赫兹(GHz)左右，能量主要集中在弛豫振荡频率附近，因此混沌激光存在频谱不平坦、带宽窄等问题。混沌激光的带宽对其在各个领域的应用有着重要的影响。其中，窄带宽会限制随机数的生成速率[36-37]和混沌激光雷达的分辨率[38]，频谱不平坦会限制电路采集和处理中的低频成分能量。在混沌保密光通信方面，传统混沌激光中使用的通信系统调制格式主要是开关键控和差分相移键控，因此高速二进制信号加密需要宽带混沌信号[39]，混沌激光的带宽限制着通信系统的传输速率和距离。为了解决混沌激光存在的频谱不平坦、带宽窄等问题，并将混沌激光推向实际应用，研究者们提出了多种方法以实现混沌激光的带宽增强和频谱整形，包括光注入法[24,40-42]、混沌激光注入法[36,43-45]、环形腔延迟自干涉法[37]、光纤振荡环法[46-47]、光学外差法[48]等。

2003 年，日本埼玉大学内田(Uchida)教授等将外部光反馈产生的混沌激光注入另一个半导体激光器，弛豫振荡频率仅为 6.4 GHz 的半导体激光器产生混沌激光的带宽可达 22 GHz，实验示意图和功率谱如图 1-5 所示。受限于仪器带宽，内田教授等进一步仿真研究，发现高频宽带混沌信号的产生主要受到两个因素影响：一是主从激光器之间的拍频效应引起高频振荡；二是混沌激光注入提高了高频范围内的混沌频谱能量，并使频谱更加平坦。研究发现，选择合适的注入强度和光学失谐频率参数，可以进一步改变混沌频谱的范围[36]。

2012 年，西南交通大学潘炜教授等提出了半导体激光器级联方案，该级联系统由外腔反馈主激光器、一个独立的中间激光器和一个独立的从激光器共同组成，如图 1-6 所示。前两个激光器用于时间延迟特征的抑制，后两个激光器用于带宽增强。受限于仪器带宽，通过调节频率失谐和注入强度，实验产生的混沌带宽为 14.49 GHz。进一步，经过朗-小林(Lang-Kobayashi，L-K)方程仿真研究，混沌信号的 80% 带宽达到 35.34 GHz[24]。

太原理工大学张明江教授和王安帮教授等针对混沌激光的带宽增强作了诸多研究：2008 年，提出将连续光注入外腔光反馈的半导体激光器，如图 1-7(a)所示。通过控制频率失谐量和光注入强度，混沌信号的带宽从 6.2 GHz 增强至 16.8 GHz；研究

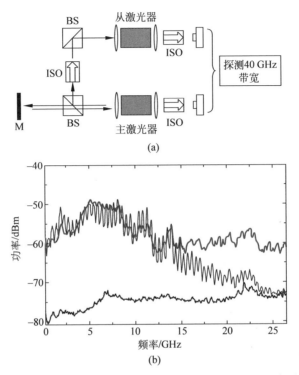

（a）

（b）

图 1-5　混沌激光注入产生宽带混沌激光的示意图（a）和功率谱（b）

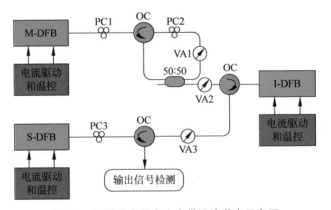

图 1-6　级联激光器产生宽带混沌激光示意图

表明,带宽增强是由于不稳定和稳定锁定注入时高频周期性振荡和弛豫振荡增强导致的,而且正失谐注入导致的高频周期振荡更适合获得带宽增强的混沌信号[40]。2013 年,提出通过混沌激光注入光纤环形谐振腔得到带宽大于 26.5 GHz、平坦度为±1.5 dB 的宽带混沌激光,如图 1-7(c)所示。其中,光学谐振腔中加入光放大器和光滤波器,引起注入光与自身延迟的自拍频效应,实现了混沌带宽的增强和频谱优化[47]。2015 年,通过两个外腔光反馈的半导体激光器的光学外差产生了平坦度为 3 dB、带宽为 14 GHz 的混沌激光,即白混沌,如图 1-7(d)所示;光学外差法激发的激光器拍频效应不仅消除了激光器的弛豫振荡峰,并可通过调节两个半导体激光器之间的频率失谐量获得高带宽、频谱平坦的混沌激光[48]。

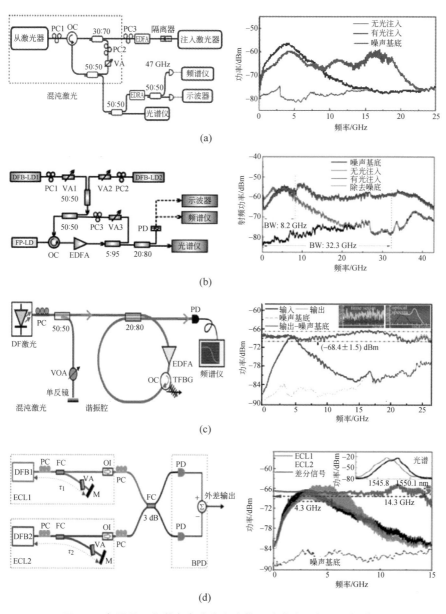

(a)

(b)

(c)

(d)

图 1-7   太原理工大学多方式产生宽带混沌激光示意图和频谱图

2017年,中国科学院半导体研究所赵玲娟等提出放大反馈半导体激光器(AFL)芯片外加光纤环扰动产生混沌激光,如图1-8所示。通过调节AFL的放大区和分布式反馈区的驱动电流使其产生双波长激光,外部光反馈扰动AFL芯片产生混沌状态,两种模式的混沌振荡之间相互耦合,从而产生频谱范围大于50 GHz、平坦度为±3.6 dB的宽带混沌激光[37]。

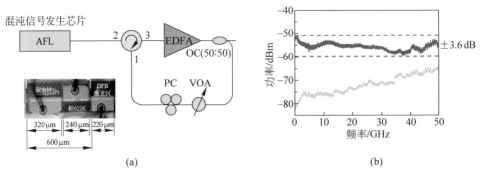

(a)　　　　　　　　　　　　　　(b)

图1-8　AFL芯片外加扰动产生宽带混沌激光示意图和频谱图

1.3.2　双波长联合光反馈法

作者团队通过双波长外光注入F-P半导体激光器,以期增强混沌激光的带宽,实验系统示意图如图1-9所示。带有光纤反馈环的F-P半导体激光器用于产生多波长混沌激光,通过掺铒光纤放大器(EDFA)和可调光衰减器(VOA3)控制反馈光强的大小,偏振控制器(PC3)用于调节反馈光的偏振状态。两个分布反馈式半导体激光器(后文简称为DFB激光器)(DFB激光器1和DFB激光器2)作为外部注入光源,通过一个50∶50的光纤耦合器注入F-P半导体激光器。DFB激光器1和DFB激光器2的输出波长分别通过两个精密的温度控制器调节。利用PC1、PC2和VOA1、VOA2分别调节注入光的偏振态与功率大小。在适当的注入功率和光频失谐情况下,实验产生了宽带的双波长宽带混沌激光。

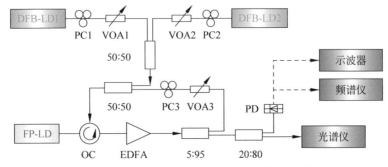

图1-9　双波长外光注入F-P半导体激光器产生宽带混沌激光系统示意图

利用光谱分析仪(AQ6370B)测量输出混沌激光的光谱。利用一个带宽为50 GHz 的超快光电探测器(u^2t XPDV2020)将混沌激光转变为电信号,由一个带宽为 42.98 GHz 的频谱分析仪(Agilent E4447A)测量其频谱特性,利用一个6 GHz 带宽的实时示波器(LeCroy 8600A)监测混沌振荡状态的波形。

实验中,F-P 半导体激光器的偏置电流设置在 1.27 倍阈值电流。由于混沌振荡能量分布的起伏较大,传统的-3 dB 频率点的定义不再适合混沌带宽的标定,研究者一般采用混沌频谱全带宽能量的 80% 或者最高功率点-20 dB 范围内的总带宽。图 1-10 中绿色曲线为只有光反馈时获得的最大带宽的混沌激光的频谱,可以得到此时混沌激光的带宽为 8.8 GHz。蓝色曲线为选择合适的注入功率和光频失谐量所获得的宽带混沌激光的频谱,其带宽为 32.3 GHz,比之原始混沌激光,其带宽大约增强了 4 倍。此时双波长注入功率总计为-2.11 dBm(约各占 50%),光频失谐量分别为 25.4 GHz 和 32.9 GHz。另外,极为重要的是,混沌振荡的功率谱较为平坦,在 2.5 ~38.5 GHz 的频段范围功率起伏在± 3 dBm 内,所产生的混沌频谱的能量分布更为均匀,轮廓更为平坦。这对高速混沌保密通信和高速随机数的产生是至关重要的。

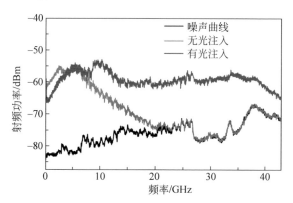

图 1-10　实验获得的宽带混沌激光的频谱图

如图 1-11 所示为所产生的宽带混沌激光的光谱图。可以明显看出,此时 F-P 半导体激光器处于非注入锁定状态(un-locked),输出的光谱中包含多个纵模输出。由于光反馈,使得各个纵模发生红移且产生了新的光频成分,光谱展宽。而对于两个与注入光波长相接近的纵模,与注入光波发生非线性作用,产生更多新的光频成分,光谱展宽相较于单纯反馈情况下更宽。主激光器 1(MLD1:DFB 激光器 1)的波长为 1549.170 nm,F-P 半导体激光器红移后与其相接近的模式的波长为1549.374 nm,两者波长失谐量为 0.204 nm,对应的光频率失谐量为 25.4 GHz。MLD2(DFB 激光器 2)的波长为 1550.234 nm,F-P 半导体激光器红移后与其相接近的模式波长为 1550.498 nm，两者波长失谐量为 0.264 nm，对应的光频率失谐量为 32.9 GHz。被注入的两个光波模式各自与注入光波的拍频作用，使得混沌激光的频谱在 25.4 GHz 和 32.9 GHz 处出现明显的周期振荡尖峰。可见，由于多个模式间的拍频效应，特别是由于双波长注入激光和原始的混沌激光光场发生拍频效应从而激发高频周期振荡，宽带高频周期振荡与原始混沌振荡叠加耦合，使得混沌激光的带宽变宽并且更为平坦。

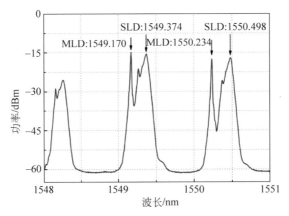

图 1-11　双波长宽带混沌激光的光谱图

　　图 1-12 所示为利用 6 GHz 带宽的实时示波器采集的上述宽带双波长混沌激光的波形时序图。从图 1-10 中可以看出，此混沌激光的带宽已高达 40 GHz，因此由于示波器带宽限制，所采集的波形相当于经过了一个 6 GHz 带宽的低通滤波器，已不能真实反映此宽带混沌激光的真实带宽，结果仅能定性地分析判定此时 F-P 半导体激光器是否处于混沌振荡状态。

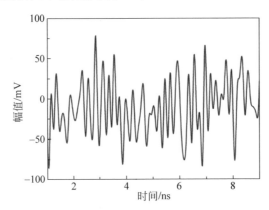

图 1-12　宽带双波长混沌激光的波形时序图

图 1-13 所示为获得的宽带双波长混沌激光的自相关曲线。从图中可以看出,此宽带混沌信号具有极好的 δ 函数特性,呈现近似理想的图钉形,这对混沌激光测距和光时域反射测量应用是至关重要的特性。另外可以看出,在中心两边具有两个对称分布的旁瓣,其时间延迟为 218.49 ns,对应的距离为 43.698 m,这反映了激光器的反馈腔长信息,这在混沌保密通信中需要抑制,以避免窃听者获得发射机的硬件信息。不过从另外一个角度给出提示:可以利用光反馈的方法通过测量产生的混沌激光的自相关曲线来获取光纤的长度信息。

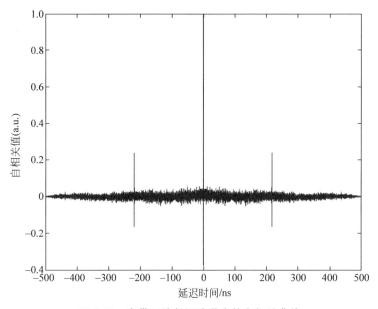

图 1-13　宽带双波长混沌激光的自相关曲线

随后进一步研究了注入功率和光频失谐量对所产生混沌激光带宽的影响。图 1-14(a)所示为双波长注入激光的光频失谐量对混沌激光带宽的影响。绿色曲线表示 DFB 激光器 1 的注入光频失谐量对混沌激光带宽的影响趋势,此时 DFB 激光器 2 的注入光频失谐量固定为 17.5 GHz,注入的总功率为 −3.42 dBm。蓝色曲线描述了 DFB 激光器 2 的注入光频失谐量对混沌激光带宽的影响,此时 DFB 激光器 1 的注入光频失谐量固定为 20.9 GHz,注入的总功率为 −2.92 dBm。可以看出,在一定注入功率下,混沌激光的带宽随注入光频失谐量的增大而呈现近似线性的增大,但是,当注入失谐量超过一定范围后,混沌频谱开始出现大的凹陷,轮廓不再平坦,且带宽不再增大。

图 1-14(b)所示为主激光器 DFB 激光器 1 和 DFB 激光器 2 的波长分别为 1549.170 nm 和 1550.234 nm,注入光频失谐量分别对应为 25.4 GHz 和

32.9 GHz时,注入功率对混沌激光带宽的影响曲线。此时,两个激光器的注入功率各占50%,可以看出,在−9 dBm 至−2 dBm 的范围内,随着注入功率的增大,混沌激光的带宽也在不断增大,从 9.2 GHz 增大至 32.9 GHz,最后趋于稳定缓变状态。

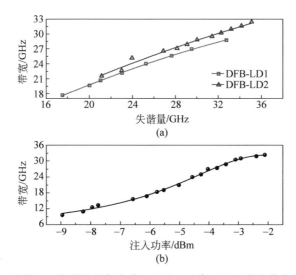

图 1-14   双波长注入激光的光频失谐量和注入功率对混沌激光带宽的影响曲线
(a) 注入光频失谐量对混沌激光带宽的影响;(b) 注入功率对混沌激光带宽的影响

1.3.3　互注入法

1. F-P 半导体激光器互注入产生多波长混沌激光的研究

两个 F-P 半导体激光器互注入产生多波长混沌激光的实验装置如图 1-15 所示。偏置电流为 1.5 倍阈值电流时,在室温下测得 F-P 半导体激光器 1 和 F-P 半导体激光器 2 的中心波长分别为 1545.72 nm 和 1546.86 nm,纵模间隔分别为 1.11 nm 和 1.12 nm。F-P 半导体激光器 1 输出的激光经由掺铒光纤放大器放大后分为两路:一路经过一个可变光衰减器和偏振控制器后由一个光环形器注入 F-P 半导体激光器 2,F-P 半导体激光器 2 输出的光分别经过一个可变光衰减器和偏振控制器后由光环形器注入 F-P 半导体激光器 1,从而构成一个互注入系统;另一路输出的混沌激光经光纤耦合器分为两路,一路由光谱分析仪来测量光谱,另一路经过光电探测器转换为电信号后由频谱分析仪和实时示波器分别测量其频谱和波形。

图 1-16 所示为 F-P 半导体激光器 1 在仅有反馈时获得的混沌激光的光谱图和频谱图,此时 F-P 半导体激光器的偏置电流设定为 20 mA。所得混沌激光频谱的中心频率为 4.83 GHz,能量为 80%,带宽为 6.5 GHz,中心波长为 1545.72 nm。

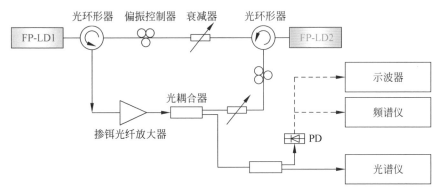

图 1-15   F-P 半导体激光器互注入产生多波长混沌激光的实验装置示意图

从光谱图中可以看出,仅有两个波长的光功率相当,其余波长的光功率至少要低 5 dB。所得混沌激光如图 1-17 所示。图 1-17(a)所示为产生的多波长混沌激光的光谱,由于互注入锁定,所产生的混沌激光有 8 个光功率相当的波长输出。图 1-17(b)中蓝色曲线所示为此混沌激光的频谱,其带宽为 10.8 GHz,频谱轮廓更为平坦。黄色曲线为频谱分析仪的噪声基底。可以看出,利用互注入使得混沌激光的带宽获得了超过 1.5 倍的增强。

如图 1-18 为所产生的多波长混沌激光的时序图。所得波形峰峰值为 200 mV,在 8 ns 的时间内有近 30 个脉宽约为 150 ps 幅度随机起伏的混沌脉冲振荡。图 1-19 为此混沌激光的自相关曲线,旁瓣水平(PSL)为 −11.8 dB,呈现尖锐的图钉形。

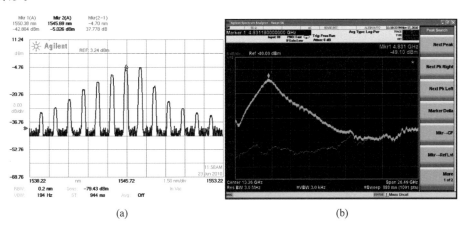

(a)   (b)

图 1-16   单反馈 F-P 半导体激光器产生的混沌激光

(a) 光谱图;(b) 频谱图

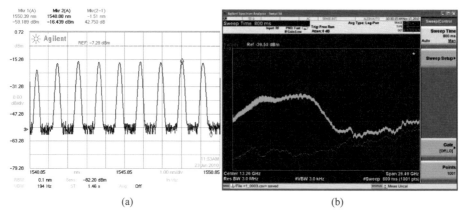

(a)   (b)

图 1-17   F-P 半导体激光器互注入产生的混沌激光

（a）光谱图；（b）频谱图

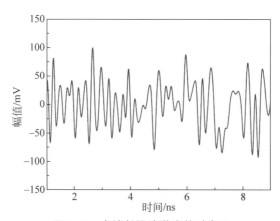

图 1-18   多波长混沌激光的时序图

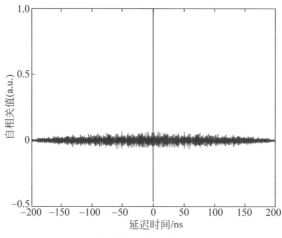

图 1-19   多波长混沌激光自相关曲线

本实验所产生的多波长混沌激光在混沌激光波分复用通信系统中具有重要的应用前景。实验中由于两个 F-P 半导体激光器的参数存在一定的差异,使得调节优化各个波长失谐量时存在一定的困难,仅获得了带宽 10 GHz 左右的混沌激光。在进一步的实验中,可以选择波长间隔均为 0.8 nm、参数相接近的两个 F-P 半导体激光器互注入,适当调节波长失谐量和注入功率有望获得带宽超过 20 GHz、光谱输出超过 15 个波长的混沌激光。

2. 基于半导体激光器互注入产生宽带混沌激光的研究

基于半导体激光器互注入的实验装置如图 1-20 所示。偏振控制器控制偏振状态;可调光衰减器(VOA)控制互注入功率的大小,即控制耦合强度,其定义为由 DFB 激光器 2 注入 DFB 激光器 1 的光功率与 DFB 激光器 1 自身输出功率的比值;光隔离器(OI,隔离度≥48 dB)可防止外部光进入光路中影响混沌激光的输出状态。

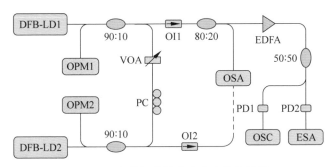

图 1-20　宽带混沌激光产生实验装置图

具体光路为:DFB 激光器 1 通过两个 90∶10 耦合器与 DFB 激光器 2 连接,其中间光路加入 PC 和 VOA 可调节混沌激光的输出状态,从而组成一个基于半导体激光器的光互注入结构。光谱分析仪(MS9740A,ANRITSU 公司)的分辨率为 0.03 nm,将其接入光纤耦合器 20% 的输出端,可监控输出功率和中心波长的变化,从而得到频率失谐量的变化。高灵敏掺铒光纤放大器(CEFA-C-HG, KEOPSYS 公司)将光纤耦合器 80% 的输出端进行放大,然后将其由分光比为 50∶50 的光纤耦合器分成两部分:一部分连接到 50 GHz 带宽的光电探测器(XPDV2120R-VF-FP,Finisar 公司)和 50 GHz 带宽的频谱分析仪(FSW50, Rohde&Schwarz 公司);另一部分连接到同种型号的 50 GHz 带宽的 PD 和带宽为 36 GHz 的高速实时示波器(MCM-Zi-A,LeCroy 公司)。光功率计用于监控反馈的变化,从而计算出耦合强度的变化。因此,经光路中各个器件的调节,可用上述精密仪器实现高带宽信号的输出测试。

实验中使用的分布式反馈半导体激光器芯片性能相近,因此互注入产生的拍频效应能够实现频谱整形和带宽增强。此 DFB 激光器为 WTD 公司生产的普通商用半导体激光器,其无内置隔离器,FC/APC 输出接口,14 针蝶形封装形式,DFB 激光器 1、DFB 激光器 2 的型号分别为 E21238、E21236。通过标准蝶形激光器夹具(LDM-4980)实现了对激光器的供电,驱动电流源(LDX-3412,ILX Lightwave 公司)实现了对激光器偏置电流和输出功率的控制,温度控制器(LDT-5412B,ILX Lightwave 公司)实现了对激光器温度和中心波长的调节,该控制系统保证了激光器的高稳定性和低噪声输出。

经光功率计(PM100D,Thorlabs 公司)测试,DFB 激光器 1、DFB 激光器 2 的 P-I 曲线如图 1-21 所示。从图中可得,DFB 激光器 1 和 DFB 激光器 2 的阈值电流均为 7.2 mA。可以明显看出,两个激光器的斜率效率基本一致,经计算可得,DFB 激光器 1 的斜率效率为 0.173 W/A,DFB 激光器 2 的斜率效率为 0.168 W/A。因此得出,两个激光器的性能基本接近。

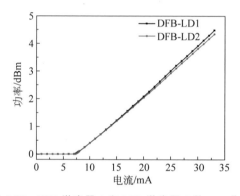

图 1-21 DFB 激光器 1 和 DFB 激光器 2 的 P-I 曲线

当分别设定 DFB 激光器 1 和 DFB 激光器 2 的驱动电流源为 15 mA、温度控制器在 25℃时,经 APEX 高分辨率光谱仪(分辨率为 0.04 pm)测试,分别得到 DFB 激光器 1 和 DFB 激光器 2 的输出光谱,如图 1-22 所示。经测量,DFB 激光器 1 的中心波长为 1548.231 nm,−3 dB 线宽为 4.64 MHz;DFB 激光器 2 的中心波长为 1548.384 nm,−3 dB 线宽为 8.679 MHz。频率失谐量定义为自由运行的 DFB 激光器 1 和自由运行的 DFB 激光器 2 之间的频率差,计算可得,此时激光器的频率失谐量为 −19.125 GHz。因此,频率差可经过温度控制器调节,使 DFB 激光器 1 和 DFB 激光器 2 达到恰当的频率失谐范围,从而产生恰当的拍频效应。

利用驱动电流源调节 DFB 激光器 1 的偏置电流为阈值电流的 1.4 倍,DFB 激光器 2 的偏置电流为阈值电流的 2.8 倍,利用温度控制器将 DFB 激光器 1 和 DFB 激光器 2 的温度分别设置为 25℃和 25.1℃。此时,基于半导体激光器互注入的耦

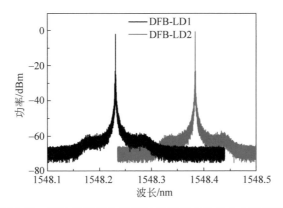

图 1-22　DFB 激光器 1 和 DFB 激光器 2 的自由运行光谱

合强度为 1.635,频率失谐量为 −33.5 GHz。在这种状态下,得到了平坦度为 ±2.8 dB、频谱范围超过 50 GHz 的混沌激光,如图 1-23 中的蓝色曲线所示。观察可得,基于半导体激光器的互注入使高频振荡得到激发,极大增强了混沌激光的频率覆盖范围;其低频分量也得到极大增强,因此半导体激光器的弛豫振荡频率对应的峰值得以消除。

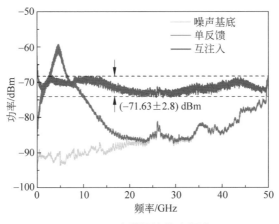

图 1-23　宽带混沌激光频谱

为了进行光互注入和普通光反馈的效果比较,用光反射镜将 DFB 激光器 2 替换,进一步研究基于光反馈的混沌激光。将 DFB 激光器 1 的偏置电流仍设置为阈值电流的 1.4 倍,反馈强度设置为 −21 dB,即 DFB 激光器 1 的反馈。因此,可以获得基于光反馈产生的混沌激光,频谱如图 1-23 中红色曲线所示,噪声基底如图 1-23 中灰色曲线所示。可以清楚地看出,基于光反馈产生混沌激光时,半导体激光器的弛豫振荡频率占据了混沌激光的主要能量。因此,混沌信号的频谱起始位置基本接近噪声基底,且频率达到 22 GHz 时,频谱也基本与噪声重合。混沌信号的低频和高频成分能量较低,大大限制了其带宽覆盖范围,导致混沌激光的带宽受限和频谱不平坦,这将限制混沌信号的实际应用。

由于混沌信号的能量分布不均匀,即频谱不够平坦,若采用 -3 dB 带宽来衡量频谱带宽,将会忽略混沌信号的低频和高频成分,所以 -3 dB 带宽不适用于该频谱。为了更好地描述混沌信号的频谱带宽,我们采用 80% 带宽计算方法,其定义为从 0 开始,占据频谱总能量 80% 的频谱宽度。经计算可得,图 1-23 中基于光反馈产生混沌激光的 80% 带宽为 6.0 GHz,而基于互注入产生混沌激光的 80% 带宽提升至 38.6 GHz。很显然,通过半导体激光器互注入可以将混沌信号的带宽增强至 6.42 倍左右。混沌信号的带宽得到大幅度增强,这将对高速混沌保密通信和高速随机数生成起到至关重要的作用。

宽带混沌激光光谱如图 1-24 所示。红色和紫色曲线分别对应 DFB 激光器 1 和 DFB 激光器 2 自由运行时的输出光谱,可测得此时的中心波长分别是 1548.191 nm 和 1548.459 nm,以及 -20 dB 线宽分别为 0.075 nm 和 0.073 nm。蓝色曲线为 DFB 激光器 1 经过互注入后输出的混沌激光光谱,其 -20 dB 线宽展宽为 0.537 nm,是 DFB 激光器 1 自由运行的 7.16 倍。从蓝色曲线可以看出,DFB 激光器 1 的激光场产生了红移,这是由于半导体激光器互注入时,其载流子密度的动态变化导致的。

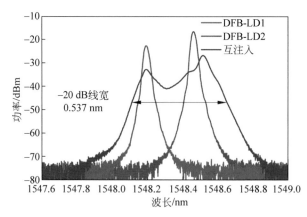

图 1-24 宽带混沌激光光谱

基于光互注入产生混沌激光的时序图和相图如图 1-25 所示。从图 1-25(a)中可以清楚地看到,时间序列呈现类噪声的无规则随机起伏,且幅值大幅度增加,峰峰值为 70.2 mV,因此可知这是一种典型的混沌状态。此外,相图是从一系列的瞬态强度中获得的,而且从图 1-25(b)中可以看出,此时的相图是在有限范围内的复杂分布,表明 DFB 激光器 1 的输出信号为混沌信号。

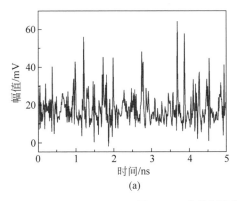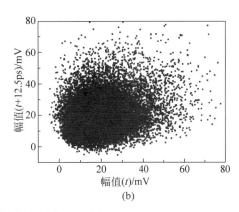

图 1-25 宽带混沌激光时序图(a)与相图(b)

为了进一步验证 DFB 激光器 1 输出了混沌信号,利用所采集时间序列的数据进行运算,计算可得最大李雅普诺夫指数为 0.0366,而指数大于零即为混沌信号,因此可知 DFB 激光器 1 输出为混沌激光。

为进一步研究基于光互注入产生混沌激光的光谱细节,采用 APEX 高分辨率光谱仪(分辨率为 0.04 pm)测试混沌激光的输出光谱,如图 1-26 所示,其对应于图 1-24 光谱中的蓝色曲线。可以看出,混沌激光的光谱有两个尖峰位置,从图 1-24 中可知其分别对应 DFB 激光器 1 和 DFB 激光器 2 自由运行时的中心波长位置。而光谱中间位置实现抬升展宽,但仍存在光谱下陷问题,没有实现平坦的展宽。说明两个激光器互注入时存在较大的频率失谐量,因此产生拍频效应,从而实现光谱抬升和光谱展宽。对于混沌保密通信带宽和随机数生成速率来说,其主要受限于频谱带宽,从上面实验结果,已知该系统的频谱带宽已增强至 50 GHz,因此已满足混沌激光在该方面的应用。但是,在光纤传感方面,其主要依赖于混沌激光的光谱线宽,因此可以进一步减小激光器的频率失谐量,从而进一步实现光谱的优化。因此,该实验系统可以通过调节不同参数,实现混沌激光在不同方面的应用。

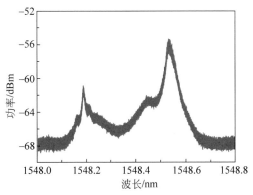

图 1-26 宽带混沌激光高分辨率光谱图

将整个频谱范围内功率谱的波动幅值差定义为平坦度,频谱带宽仍采用之前所述的80%带宽计算方法,即从零开始、占据频谱总能量80%的频谱宽度。将耦合强度固定不变,探讨频率失谐量对带宽和平坦度的影响。

当耦合强度为1.635时,混沌激光的频谱带宽和平坦度随频率失谐量的变化如图1-27所示,蓝色曲线和红色曲线分别代表混沌信号带宽和平坦度的变化趋势。通过温度控制器将DFB激光器1的温度固定在25℃,调节DFB激光器2的温度为17.9~27.5℃。此时DFB激光器1的中心波长固定在1548.191 nm,DFB激光器2的中心波长从1547.738 nm至1548.607 nm变化,计算得到中心波长的差值为0.416~−0.453 nm,因此可得相应的频率失谐量为−56.6~52.0 GHz。

当频率失谐量在零附近时,频谱带宽和平坦度的变化均比较缓慢,且80%带宽较小、平坦度较差,其光谱如图1-27(f)所示。这是由于光锁定注入,功率谱的能量主要集中在弛豫振荡频率周围,其能量呈现不均匀分布导致的。

当频率失谐量在负方向上增加时,相互作用的两个半导体激光器产生拍频效应激发了丰富的频率成分,如图1-27(c)~(e)所示。因此,低频成分的能量得以增强,接着低频部分的能量由于拍频效应逐渐向高频部分转移。所以,平坦度表现出先减少后增加的变化趋势。在此过程中,能量分布逐渐趋于均匀,当频率失谐量为−33.5 GHz时,频谱平坦度优化至最小水平,为±2.8 dB。

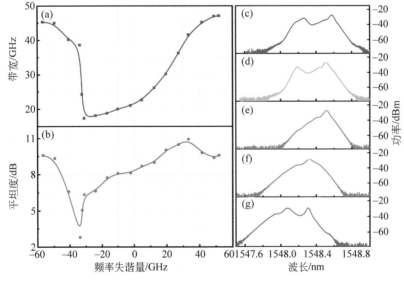

图 1-27　频率失谐量对混沌信号的影响

(a)80%带宽;(b)平坦度;(c)频率失谐量=−40.5 GHz;(d)频率失谐量=−33.5 GHz;

(e)频率失谐量=−30.9 GHz;(f)频率失谐量=−2.0 GHz;(g)频率失谐量=27.5 GHz

当频率失谐量在正方向上增加时,如图 1-27(g)所示,高频成分的激发导致 80% 带宽的增加和平坦度的恶化。随着频率失谐量进一步增大,两个激光器的相互作用逐渐变弱,因此高频部分能量也逐渐减弱。当频率失谐量接近 ±60 GHz 时,两个激光器几乎无相互作用,高频部分基本趋于噪声基底,因此 80% 带宽和平坦度均表现出微弱变化。

为进一步分析混沌信号的频谱带宽和平坦度的影响因素,我们研究了半导体激光器的耦合强度对其产生的影响。根据图 1-27 提到的当频率失谐量为 -33.5 GHz 时,频谱平坦度优化至最小水平,因此将频率失谐量固定在 -33.5 GHz,通过衰减器控制互注入强度来改变耦合强度的大小。

当频率失谐量为 -33.5 GHz 时,混沌激光的频谱带宽和平坦度随耦合强度的变化趋势如图 1-28 所示。DFB 激光器 1 的偏置电流固定为其阈值电流的 1.4 倍,温度控制在 25℃。同时,将 DFB 激光器 2 的偏置电流固定为其阈值电流的 2.8 倍,温度控制在 25.1℃。因此,两个半导体激光器的输出功率和频率失谐量维持不变。通过调节 VOA,使激光器的耦合强度在 0.468~1.89 之间变化。

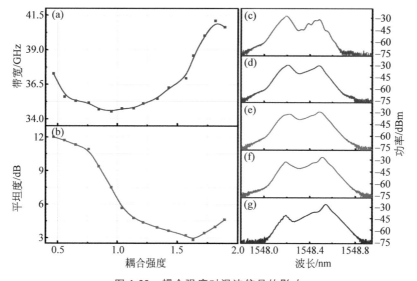

图 1-28　耦合强度对混沌信号的影响

(a) 80% 带宽;(b) 平坦度;(c) 耦合强度=0.468;(d) 耦合强度=0.761;
(e) 耦合强度=1.041;(f) 耦合强度=1.635;(g) 耦合强度=1.972

图 1-28(a) 中的蓝色曲线表示混沌激光带宽的变化,图 1-28(b) 中的红色曲线表示平坦度的变化。如图 1-28(c),(d) 所示,在耦合强度从 0.468 增加到 0.761 的过程中,两个激光器之间的相互作用较弱,80% 带宽和平坦度的变化都比较缓慢。在耦合强度从 0.761 增加到 1.635 的过程中,两个激光器之间的相互作用变得更

强,产生四波混频,如图 1-28(d)～(f)所示,光谱中新的频率分量得到均匀增益。因此,低频分量中的能量得以增强,并进一步通过拍频效应来增强高频分量中的能量,从而实现频谱带宽的增强和平坦度的优化。研究发现,当耦合强度为 1.635时,平坦度达到最佳,为±2.8 dB。当耦合强度增加至 1.89 左右时,如图 1-28(g)所示,DFB 激光器 2 的能量占据了主导地位,DFB 激光器 1 的混沌输出状态受到抑制,但是高频振荡仍然存在。因此,DFB 激光器 1 所输出混沌信号的频谱平坦度逐渐变差,而 80%带宽则相应增加。

1.4　无时延混沌激光的产生

1.4.1　研究概况

对于采用延时光反馈结构的具有固定反馈面和反馈腔长结构的激光器,其所产生的混沌激光带有明显的时延特征信息,亦即混沌信号具有一定的周期性,通常采用自相关函数和互信息技术表征时延特性。时延特性信息对利用混沌激光作为物理熵源产生高速物理随机数是极其有害的,会降低随机数的随机特性[49]。而对于混沌保密光通信,混沌激光具有时延特征信息会导致安全漏洞,会对混沌雷达和光时域反射仪引入虚警和误判。目前,研究者已经提出了很多方法来抑制混沌激光的时延特征信号。一方面,从混沌激光源本身出发,通过选择合适的反馈强度和注入电流来抑制混沌激光的时延特征信号[50-51],这是目前最简单的抑制方法。同时,利用双光学反馈[52-53]、调制多重反馈[54]、光纤布拉格光栅反馈[55-56]、偏振旋转反馈[57]和滤波反馈[58]等方法,在选择适当的反馈强度下也可以抑制混沌激光的时延特征信号。然而,通过简单地控制半导体激光器的参数,不管简单的还是相对复杂的反馈,由于这些方案目前没有一个明确的研究机理,因此还存在很大的争议[59]。此外,可利用两个[60]或三个[61-62]级联耦合的半导体激光器输出无时延的混沌激光,但其结构极其复杂,同时需要优化更多的参数[56]。另一方面,根据混沌激光的应用场合不同,提出了其他抑制时延特征的方法。例如,在高速随机数产生过程中,通过对两个随机序列(两者不相关)[63]或从混沌波动中提取的连续采样 8 位比特值[64]之间的差异进行"异或"运算来消除时延特征。该方案虽然在一定程度上可以对时延特征起到抑制作用,但是其实验所需的高速逻辑器件价格过于昂贵,不能被更多场合所应用,同时这些方案也面临着电子速率瓶颈等问题。对于混沌安全通信等方面的应用,可以将可能产生的时延特征信号通过伪随机二进制序列(作为数字密钥)集成到混沌延迟系统中将其隐藏起来[65]。然而,此方案仅是理论上模拟验证,距离实际应用仍有诸多问题。

在本书中,我们提出了单光注入联合随机散射光反馈法和受激布里渊散射法两种抑制时延特性的方案,并通过实验进行了验证和分析。

1.4.2　单光注入联合随机散射光反馈法

本节提出了一种宽带无周期混沌信号产生方法:采用外部连续光注入光反馈半导体激光器产生混沌激光,并利用混沌激光在单模光纤中的后向散射信号自注入消除时延特征;然后,通过无周期混沌激光的自相干实现混沌信号的带宽增强。通过此方案产生的混沌信号 3 dB 带宽高达 13.6 GHz,并且用自相关算法验证了其无周期性。

图 1-29 所示为无周期混沌信号产生的实验装置示意图。单模光纤的后向散射信号和主半导体激光器(MLD)连续光注入从半导体激光器(SLD)产生无周期混沌激光。然后通过所产生混沌激光的自相干实现混沌激光的带宽增强,提高低频信号的功率,使得到的混沌信号功率谱宽而平坦。后向散射信号自注入的环路:SLD 的输出光经过 PC1、耦合器 1、光环形器 1(OC1)、可调光衰减器 2(VOA2)和OC2 注入单模光纤(SMF),其中,注入光的功率和偏振态分别由 VOA2 和 PC1 控制。OI1 放置在 SMF 的末端,放置端面反射形成固定反馈腔。后向散射光经过OC2、EDFA2、可调光衰减器 3(VOA3)、PC3、耦合器 4、OC1、耦合器 1 和 PC1 注入 SLD。EDFA2 对散射光信号进行放大后,通过 VOA3 和 PC3 控制其功率和偏振态。

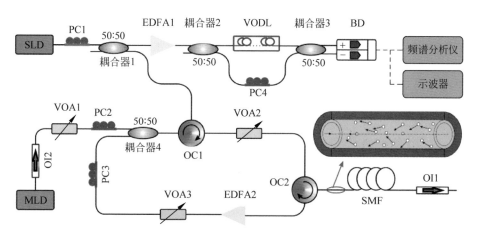

图 1-29　无周期混沌信号产生的实验装置图

外部连续光注入环路:MLD 的输出激光经过 OI2、VOA1、PC2、耦合器 4、OC1、耦合器 1 和 PC1 注入 SLD。外部注入连续光功率和偏振态分别由 VOA1 和

PC2 控制，OI2 防止光纤的端面反射反馈到 MLD，从而使其工作在混沌状态。由于单模光纤后向散射光的不稳定性，所以由自注入产生的无周期混沌信号也不稳定，因此，通过 MLD 输出中心波长等于斯托克斯后向散射光波长的激光注入 SLD，使其输出稳定的混沌激光，同时外部连续注入光使混沌信号的带宽更宽。如果 MLD 输出中心波长不等于斯托克斯后向散射光波长，相当于多波长注入半导体激光器，所以 SLD 输出的混沌激光不稳定。

自相干环路：输出的无周期混沌激光经过 EDFA1 和由两个 50:50 的耦合器组成的简易的马赫-曾德尔(Mach-Zehnder)干涉仪后由平衡探测器探测。在 M-Z 干涉仪的一个臂有 PC4，另一个臂有一个光可调延迟线(VODL)，通过适当调节 VODL 使两个臂等光程。

在实验中，最后得到的混沌信号是由一个包含有两个光电探测器和一个差分放大器的平衡探测器(带宽为 40 GHz，Discovery DSC-R410)探测的。单模光纤长度为 10 km，主激光器和从激光器全工作在 1.5 倍阈值，偏置电流为 24 mA。用实时示波器(带宽为 6 GHz，LeCroy SDA 806Zi-A)和信号分析仪(Agilent N9010A)记录输出信号的波形和功率谱，用光谱仪(YOKOGAWA AQ6370C)观测其光谱。

图 1-30 是实验得到的无周期混沌信号时间长度为 500 μs 的波形。如图所示，所得混沌信号是一个类噪声信号，其振幅随机起伏变化。为了更清楚地展示实验所得的无周期混沌源的波形特性，右上角的插图给出了时序从 0~39 ns 的一个细节。

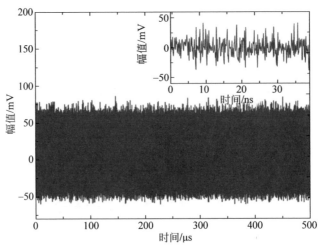

图 1-30　实验得到的无周期混沌信号的波形图

图 1-31 所示为实验得到的宽带无周期混沌信号的功率谱。其中,灰色曲线是信号分析仪的噪声基底,蓝色曲线是实验得到的功率谱曲线,紫色曲线是实验得到的无周期混沌信号的功率谱减掉信号分析仪的噪声以后得到的功率谱曲线。调节散射光自注入功率为 -10.23 dBm,外部连续光注入强度为 -11.46 dBm,频率失谐量为 10.7 GHz(布里渊斯托克斯光频移量),得到了如图 1-31 所示的 3 dB 带宽高达 13.6 GHz 的无周期混沌激光。实验中自注入的散射光是作为连续散射体的单模光纤提供的后向瑞利散射和布里渊散射光,单模光纤长度为 10 km。可以看出半导体激光器的弛豫振荡峰被掩盖,得到了宽而平坦的信号功率谱。而且,因为混沌信号的自相干,混沌信号的低频能量被大大提高。为了能够清晰地观测信号的无周期性,图中插图展示了带宽为 0.8 GHz 的频谱细节。从图中能够清晰地看到从 5.6 GHz 到 6.4 GHz,信号的功率谱随机性起伏,没有周期性。

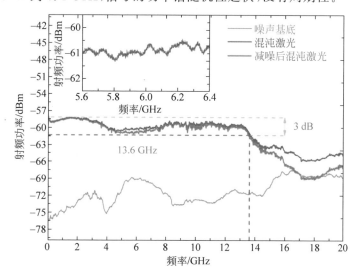

图 1-31　实验得到的宽带无周期混沌信号的功率谱图

为了更清晰地分析混沌时延特性抑制的效果,我们引入了自相关函数和互信息技术,通过比较布里渊散射前后的自相关系数值以及互信息曲线峰值,就可以看到时延特征的抑制效果。其中,自相关函数可被定义为

$$C(\Delta t) = \frac{\langle [P(t+\Delta t) - \langle P(t)\rangle][P(t) - \langle P(t)\rangle]\rangle}{\sqrt{\langle [P(t)-\langle P(t)\rangle]^2\rangle \langle [P(t+\Delta t)-\langle P(t)\rangle]^2\rangle}} \tag{1-1}$$

式中,$P(t)=|E(t)|^2$ 代表混沌时间序列,Δt 为延迟时间。从混沌激光信号自相关曲线的峰值位置处可以提取反馈外腔对应的延迟时间。

互信息是指两个事件集合之间的相关性,是信息论里一种有用的信息度量。互信息可被定义为

$$M(\Delta t) = \sum_{P(t), P(t+\Delta t)} \varphi(P(t), P(t+\Delta t)) \log \frac{\varphi(P(t), P(t+\Delta t))}{\varphi(P(t))\varphi(P(t+\Delta t))} \quad (1\text{-}2)$$

式中,$\varphi(P(t), P(t+\Delta t))$表示联合分布概率密度,$\varphi(P(t))$和$\varphi(P(t+\Delta t))$分别表示边缘分布概率密度。因此,从互信息曲线的峰值位置处就可明显看出混沌时延特征的抑制情况。

图 1-32 所示为实验得到的无周期混沌信号的自相关函数。图中所示自相关曲线没有旁瓣。因为提出的混沌信号的产生是基于单模光纤后向布里渊散射和瑞利散射光的自注入加外部连续光的注入,所以,系统中没有固定的反馈腔,即产生的混沌信号无周期。插图为 0 μs 附近时间和相关峰的细节,更清晰地展示出无周期混沌信号的自相关曲线特性。可以很清晰地看到,自相关曲线没有旁瓣,而且噪声基底很低,这是因为自相干使混沌信号的自相关曲线噪声降低。

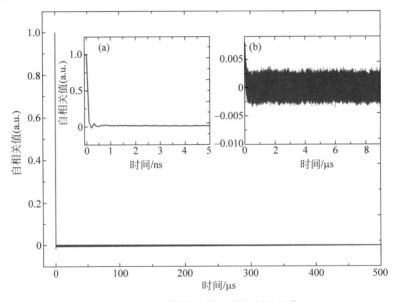

图 1-32　无周期混沌信号的自相关函数

当 SLD 没有散射光自注入和外部连续光注入时,其输出的激光注入 SMF,其后向散射光光谱如图 1-33 红色曲线所示,此时,SLD 输出功率为 0.62 mW。其中,主峰是瑞利散射光,侧峰是布里渊散射光。MLD 的中心波长为 1549.976 nm,与布里渊斯托克斯光波长相同。通过外部连续光的注入,产生的无周期混沌信号更稳定,同时,带宽也在很大程度上增强。图中,蓝色曲线是利用后向瑞利散射和布里渊散射光的自注入和外部连续光注入产生的混沌激光的光谱。由于后向散射光和外部连续光的注入,无周期混沌信号光谱的两个峰值分别变为 1549.876 nm 和 1549.978 nm。

总的来说,我们提出了一种实验产生宽带无时延混沌激光的方法,利用单模光

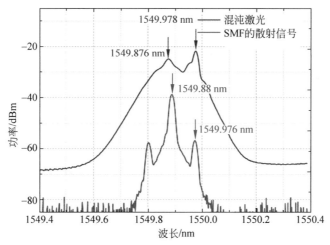

图 1-33　实验得到的光谱

纤后向布里渊散射和瑞利散射光自注入半导体激光器加外部连续光注入半导体激光器,产生的混沌激光无时延特性。结合混沌激光的自相干作用,得到了 3 dB 带宽高达 13.6 GHz 的宽带混沌激光。

1.4.3　受激布里渊散射法

对半导体激光器外腔直接输出的混沌激光信号进行后续操作可以消除其时延特征。例如,利用混沌信号的光学延迟自干扰[66]或电外差[67]的方法对时延特征进行抑制。在此,我们提出了一种比较新颖的方案,即利用布里渊后向散射来抑制时延特征,提出了一种利用光纤的布里渊散射效应抑制混沌激光时延特征信号的方法。实验结果表明:当注入单模光纤中混沌激光的平均功率在 400～1500 mW 的范围内时,混沌激光的时延特征可以被 0.5 km、2 km、4.5 km 或 6 km 长度的 G.652 型号的光纤显著抑制。同时证明了 G.655 型号的光纤与 G.652 型号的光纤具有相同的抑制效果。并且,在 50 次的测量过程中,时延特征的抑制效果非常稳定。此外,通过实验还有力地证明了混沌激光时延特征的抑制效果与混沌序列的长度无关。

图 1-34 为混沌激光时延特征抑制的实验装置图,图中虚线框所示为产生的混沌激光。其中,DFB 激光器的阈值电流和中心波长分别为 22 mA 和 1550 nm。光纤反馈回路由一个光环形器、一个 3 dB 光耦合器、一个可调光衰减器和一个偏振控制器组成。通过调整外部反馈光的偏振态、反馈强度以及激光器的偏置电流,DFB 激光器会产生混沌激光。产生的混沌激光首先经过光隔离器,然后经过 EDFA 进行放大,放大后的混沌激光再经过 OC2 注入到单模光纤,长度分别为 0.5 km、2 km、4.5 km 和 6 km,型号分别为 G.652 和 G.655。同时,光纤末端被放入匹配液中,是为了抑制所产生的菲涅耳反射。混沌激光经光纤散射回来后通

过 OC2 的散射端输出,然后再通过可调带通滤波器对混沌激光进行滤波,得到所需要的混沌斯托克斯光信号,然后再利用 50∶50 的光耦合器分成两路,一路光通过型号为 APEX AP2041B、最高分辨率为 5 MHz 的高分辨率光谱分析仪(OSA)测量其光谱,另一路利用光电探测器转换成电信号,再通过带宽为 36 GHz、采样率为 80 GS/s 的实时示波器(OSC)分析混沌信号的时序。

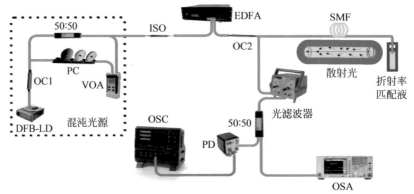

图 1-34　混沌激光时延特征抑制实验装置图

实验中,设置 DFB 激光器的工作电流为 1.5 倍的阈值电流(33 mA)。图 1-35 描述的是混沌激光的光谱图。其中,深黄色的线代表的是半导体激光器外腔直接产生的混沌激光的光谱,此时,混沌激光光谱的 −3 dB 线宽为 1.4 GHz,−10 dB 线宽为 6.2 GHz;红色和紫色的线分别代表混沌激光在 6 km 和 0.5 km 的光纤中传播时产生的后向散射光的光谱;浅蓝色和深蓝色的线分别代表斯托克斯光的光谱,其中,斯托克斯光利用可调谐滤波器滤出。

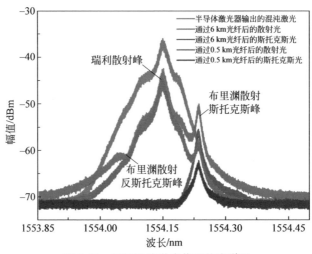

图 1-35　不同混沌激光信号的光谱图

在实验中，由光反馈半导体激光器外腔直接产生的混沌激光时序如图 1-36(a-Ⅰ)所示。先使用掺铒光纤放大器将原始的混沌激光放大到 500 mW，然后将放大的混沌激光注入到长 6 km 的单模光纤(型号为 G.652)的入射端。经过光纤的布里渊散射作用后，经过滤波器滤出的斯托克斯光信号的时序如图 1-36(b-Ⅰ)所示。在该混沌时序下，计算得到李雅普诺夫指数为 0.2167，而由光反馈半导体激光器外腔直接产生的混沌激光的李雅普诺夫指数为 0.2213。图 1-36(a-Ⅱ)和(b-Ⅱ)分别为经光纤布里渊散射作用前后对应的自相关曲线图。光反馈半导体激光器直接输出的混沌激光信号在外腔反馈时延 $\tau = 105$ ns 和 $2\tau = 210$ ns 处，自相关函数曲线有明显的峰值，分别为 $C = 0.37$ 和 $C = 0.087$。然而，经光纤布里渊散射后，混沌激光在反馈时延 $\tau = 105$ ns 处，其相关峰值明显下降为 $C = 0.026$，而在时延 $2\tau = 210$ ns 处相关峰已经淹没在噪声当中，很难观测到。图 1-36(a-Ⅲ)和(b-Ⅲ)分别给出了经光纤布里渊散射前后对应的互信息曲线图。同样可以看出，在外腔反馈时延 $\tau = 105$ ns 处，互信息曲线的峰值也非常明显，达到 $M = 0.169$，并

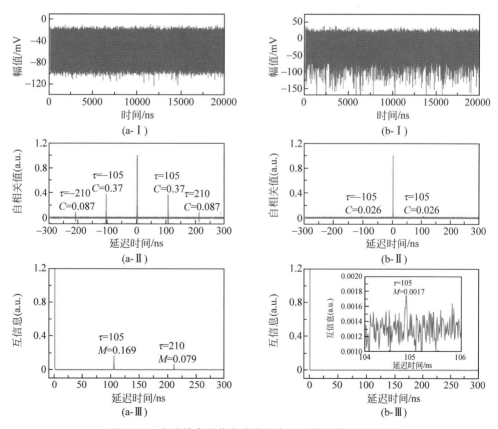

图 1-36　光反馈半导体激光器经布里渊散射前后对比图

(a) 光纤布里渊散射前的混沌特性；(b) 光纤布里渊散射后的混沌特性(注入功率为 500 mW)

且在 $2\tau=210$ ns 处,其峰值还可以明显地被观测到,其值为 $M=0.079$。但是,经过布里渊散射作用后,其对应的峰值从 0.169 降到 0.0017,已经完全淹没在噪声当中很难观测到。这说明选择型号为 G.652 且长度为 6 km 的光纤时,该方法可以有效抑制混沌激光的时延特征信号。

混沌时延特征被有效抑制可能是因为:受激布里渊后向散射本身是一个非线性过程,注入光纤中的混沌泵浦光对后向散射斯托克斯光造成了干扰,然后通过电致伸缩效应产生声波。产生的声波起着移动布里渊动态光栅的作用,其可以向后散射混沌激光信号。由于大量的特殊光栅沿着光纤分布产生许多散射点,这些随机的散射点形成了后向的散射混沌激光,使得后向散射光无规律地传输,在混沌激光器的布里渊散射过程中,与时间延迟相对应的混沌激光信号的弱周期被破坏。因此,混沌激光时延特征在此过程中被有效地抑制。

为了验证该方法的抑制效果,我们整合了混沌激光的自相关曲线,形成了注入功率从 400~1500 mW 的二维图,如图 1-37 所示。图 1-37(a)为光反馈半导体激光器直接产生的混沌激光的情况。从图中可以明显地看出,不同的注入功率下,在外腔反馈时延 $\tau=\pm105$ ns 处,混沌激光具有明显的时延特征信号。在实验中,我们证明了不同型号且不同长度的光纤对混沌时延特征信号都具有良好的抑制效果,在这里选取几个具有代表性的结果进行分析。如图 1-37(b)、(c)和(d)分别表示混沌激光通过 0.5 km、4.5 km 和 6 km 长的 G.655 型号的光纤时,布里渊散射对混沌激光时延特征的抑制情况。可以看到,在注入功率 400~1500 mW 的整个范围内,无论光纤的长度为 0.5 km、4.5 km 或 6 km,外腔反馈时延在 $\tau=\pm105$ ns 时的混沌时延特征都可以被明显地抑制,已经被淹没在噪声中,很难观测到。

此外,我们进一步分析了采用的光纤型号分别为 G.652 和 G.655 时,光纤的布里渊散射效应对混沌激光时延特征信号的抑制效果。其中,型号为 G.652 和 G.655 的光纤的光学有效面积 A_{eff} 分别为 80 μm^2 和 50 μm^2,可以产生不同的布里渊后向散射效率[68]。图 1-38(a)和(b)分别表示当使用型号为 G.652 和 G.655 的光纤时,混沌激光的时延特征信号的抑制效果。在图 1-38(a)和(b)中,蓝色和紫色线分别表示外腔时延在 $\tau=105$ ns 处,混沌激光受到布里渊散射作用前后时延特征信号的相关系数,此时的光纤长度为 0.5 km。同时可以看到,在注入功率为 400~1500 mW 的整个范围内,光反馈半导体激光器直接产生的混沌激光的时延特征信号的相关系数接近 0.38,混沌激光通过 0.5 km 长度的 G.652 型号光纤时,由于布里渊散射作用,混沌时延特征的相关系数减小到接近 0.03。当采用型号为 G.655,长度为 0.5 km 的光纤时,经过光纤的布里渊散射效应,也可以得到相同的抑制效果。图 1-38(a)和(b)中的黑线和红线分别表示光纤长度为 6 km,外腔

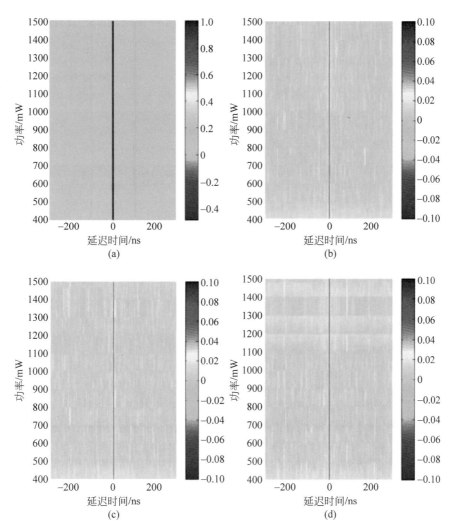

图 1-37　注入功率为 400~1500 mW 时的混沌激光自相关曲线图

布里渊散射作用前(a),光纤布里渊散射作用后(b)~(d),

光纤长度分别为 0.5 km、4.5 km 和 6 km 的 G.655 型光纤

时延在 $\tau = 105$ ns 处,混沌激光受到光纤布里渊散射效应前后时延特征信号的相关系数。从图中可以看到,光纤长度为 6 km 时,在注入功率为 400~1500 mW 的整个范围内,该方法对混沌激光的时延特征信号也起到了很好的抑制作用。通过以上分析,采用光纤的型号不同、长度不同时,通过比较布里渊后向散射前后的两种情况,可以获得相同的抑制效果。

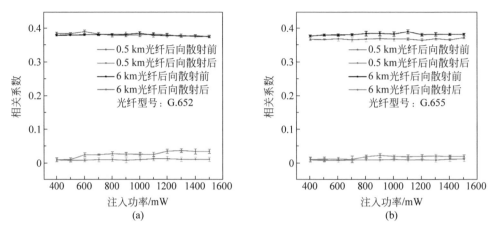

图 1-38　型号为 G.652(a)和 G.655(b)两种型号光纤的混沌时延特征信号的抑制效果

图 1-38 中的误差棒进一步表明,对于不同的注入功率,通过 50 次的测量,并计算其标准偏差,经过光纤的布里渊散射效应后,可以看到,利用布里渊散射作用对时延特征抑制效果具有一定的稳定性。这里仍然使用 G.652 和 G.655 两种型号的光纤,光纤长度分别为 0.5 km 和 6 km。我们以 600 mW 的注入功率和 6 km 长的型号为 G.652 光纤为例,在 50 次测量内,混沌激光时延特征信号的相关系数几乎保持在 0.38,经过光纤的布里渊散射作用后,混沌激光时延特征信号的相关系数下降到 0.012。对于其他不同的注入功率以及其他类型和长度的光纤都可以获得相同的结果。这充分证明,该方法对时延特征抑制效果非常稳定。

如上所述,光反馈半导体激光器产生的混沌激光的时延特征信号通常以两个参数为特征。一个是仅由半导体激光器的外腔长度决定的延迟值,另一个是由自相关的相关系数直接描述的时延特征信号的强度。直观地理解,混沌激光的时延特征强度与混沌序列的长度无关。图 1-39 表示在不同的注入功率和光纤长度下,外腔时延在 $\tau=105$ ns 时的相关系数与混沌序列长度的关系。从图 1-39(a)可以看出,对于长为 2 km 的型号为 G.655 的单模光纤,当注入功率分别为 200 mW、400 mW、600 mW 和 800 mW,在混沌序列长度为 600~11000 ns 时,经过光纤的布里渊散射作用后,混沌激光时延特征的相关系数几乎不受混沌序列长度的影响。当光纤长度分别为 0.5 km、2 km、4.5 km 和 6 km 时,随着混沌序列长度从 600 ns 增加到 11000 ns,相关系数也几乎没有发生任何的变化,维持在一个较为稳定的值。因此,混沌激光时延特征信号的抑制效果与光纤布里渊散射作用的混沌序列长度无关。

本节主要介绍了通过光纤的布里渊散射效应抑制混沌激光的时延特征信号。在实验中分析了布里渊散射效应在不同型号且不同长度的光纤下对混沌激光时延

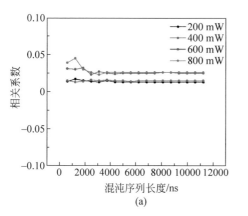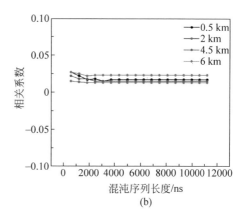

图 1-39　外腔时延在 $\tau = 105$ ns 时的相关系数与混沌序列长度的关系

(a) 注入功率分别为 200 mW、400 mW、600 mW 和 800 mW;

(b) 光纤长度分别为 0.5 km、2 km、4.5 km 和 6 km

特征的抑制效果。结果表明:当注入混沌激光的平均功率在 $400 \sim 1500$ mW 时,混沌激光的时延特征可以被 0.5 km、2 km、4.5 km 或 6.0 km 长度的型号为 G.652 的光纤显著抑制。还证明了在上述光纤长度下的 G.655 型号的光纤与 G.652 型号的光纤具有相同的抑制效果。同时在 50 次的测量过程中,时延抑制的稳定性也非常好。因此,利用光纤的布里渊散射效应可以有效地抑制光反馈半导体激光器的时延特征。

同时,与利用电子元件实现混沌激光时延特征信号抑制的光学延迟自干扰和电学外差等方法相比[67-68],光纤的布里渊散射方法采用标准单模光纤抑制混沌激光的时延特征信号,并且在混沌激光时延特征信号被抑制的过程中完全处于光学领域。在利用光延迟自干扰和电外差等方法进行混沌激光时延特征信号抑制的过程中,电子元件的使用可以切断混沌信号的射频频谱,损失高频信号。然而,光纤的布里渊散射方法可以避免上述问题。

参考文献

[1] LORENZ E N. Deterministic nonperiodic flow [J]. Journal of Atmospheric Sciences, 2004, 20(2): 130-141.

[2] 李兵, 蒋慰孙. 混沌优化方法及其应用[J]. 控制理论与应用, 1997, 4: 613-615.

[3] 黄中. 蝴蝶效应与混沌学[J]. 世界发明, 2002, 3: 32-32.

[4] 王云才. 混沌激光的产生与应用[J]. 激光与光电子学进展, 2009, 4: 13-21.

[5] 王云才. 混沌激光的基础与应用研究[C]. 第四届西部十二省(区)市物理学会联合集, 2008.

[6] LANG R, KOBAYASHI K. External optical feedback effects on semiconductor injection

laser properties [J]. IEEE Journal of Quantum Electronics, 1980, 16(3): 347-355.

[7] CHOW W W. Theory of line narrowing and frequency selection in all injection locked laser [J]. IEEE Journal of Quantum Electronics, 1983, 19(2): 243-249.

[8] 张汉一, 潘仲琦, 杨今强, 等. 可调谐单模窄线宽外腔半导体激光器[J]. 物理, 1995, 24(7): 429-432.

[9] GAUTHIER D J, NARUM P, BOYD R W. Observation of deterministic chaos in a phase-conjugate mirror [J]. Physical Review Letters, 1987, 58(16): 1640-1643.

[10] ROY R, MURPHY T W, MAIER T D, et al. Dynamical control of a chaotic laser: experimental stabilization of a globally coupled system [J]. Physical Review Letters, 1992, 68(9): 1259-1262.

[11] TKACH R W, CHRAPLYVY A R. Regimes of feedback effects in 1.5-pm distributed feedback lasers [J]. Journal of Lightwave Technology, 1986, 4(11): 1655-1661.

[12] WEISS C O, TELLE H R, KLISCHE W. Chaos in a solid-state laser with a periodically modulated pump [J]. Optics Letters, 1984, 9(12): 561-563.

[13] VALLEY G C, DUNNING G J. Observation of optical chaos in a phase-conjugate resonator [J]. Optics Letters, 1984, 9(11): 513-515.

[14] PECORA L M, CARROLL T L. Synchronization in chaotic systems [J]. Controlling Chaos, 1996, 6(8): 142-145.

[15] HUANG L, FENG R, WANG M. Synchronization of chaotic systems via nonlinear control [J]. Physics Letters A, 2004, 320(4): 271-275.

[16] LANG R, KOBAYASHI K. External optical feedback effects on semiconductor injection laser properties [J]. IEEE Journal of Quantum Electronics, 1980, 16(3): 347-355.

[17] MUKAI T, OTSUKA K. New route to optical chaos: successive-subharmonic-oscillation cascade in a semiconductor laser coupled to an external cavity [J]. Physical Review Letters, 1985, 55(17): 1711-1714.

[18] ERNEUX T, GAVRIELIDES A, SCIAMANNA M. Stable microwave oscillations due to external-cavity-mode beating in laser diodes subject to optical feedback [J]. Physical Review A, 2002, 66(3): 355-358.

[19] FISCHER A P A, YOUSEFI M, LENSTRA D, et al. Filtered optical feedback induced frequency dynamics in semiconductor lasers [J]. Physical Review Letters, 2004, 92(2), 023901.

[20] GUO C Z, LIU P. Stability of the coherent light injection locking in semiconductor lasers, the related instability phenomena and their routes to chaos [J]. Acta Physica Sinica, 1990, 39(11): 1730-1738.

[21] HONG Y, REES P, SPENCER P S, et al. Polarization-resolved chaos in a vertical cavity surface emitting laser subject to optical injection [C]. Quantum Electronics & Laser Science Conference, 2002.

[22] MURAKAMI A. Phase locking and chaos synchronization in injection-locked

semiconductor lasers [J]. IEEE Journal of Quantum Electronics，2003，39(3)：438-447.

［23］ WIECZOREK S，KRAUSKOPF B，SIMPSON T B，et al. The dynamical complexity of optically injected semiconductor lasers [J]. Physics Reports，2012，416(1-2)：1-128.

［24］ LI N，PAN W，XIANG S，et al. Loss of time delay signature in broadband cascade-coupled semiconductor lasers [J]. IEEE Photonics Technology Letters，2012，24(23)：2187-2190.

［25］ YUAN G，ZHANG X，WANG Z. Chaos generation in a semiconductor ring laser with an optical injection [J]. Optik-International Journal for Light and Electron Optics，2013，124(22)：5715-5718.

［26］ YUAN G，ZHANG X，WANG Z. Generation and synchronization of feedback-induced chaos in semiconductor ring lasers by injection-locking [J]. Optik-International Journal for Light and Electron Optics，2014，125(8)：1950-1953.

［27］ TANG S，LIU J M. Chaotic pulsing and quasi-periodic route to chaos in a semiconductor laser with delayed opto-electronic feedback [J]. IEEE Journal of Quantum Electronics，2001，37(3)：329-336.

［28］ LIN F Y，LIU J M. Nonlinear dynamics of a semiconductor laser with delayed negative optoelectronic feedback [J]. IEEE Journal of Quantum Electronics，2003，39(4)：562-568.

［29］ YAN S L. Controlling chaos in a semiconductor laser via photoelectric delayed negative-feedback [J]. Acta Physica Sinica，2008，57(4)：2100-2106.

［30］ YAN S L. Control of chaos in a semiconductor laser using photoelectric nonlinear feedback [C]. Ninth International Conference on Natural Computation，2014.

［31］ 王安帮. 宽带混沌产生与混沌激光时域反射测量[D]. 太原：太原理工大学，2014.

［32］ LEE C H，SHIN S Y. Self pulsing, spectral bistability, and chaos in a semiconductor laser diode with optoelectronic feedback [J]. Applied Physics Letters，1993，62(9)：922-924.

［33］ LIN F Y，TSAI M C. Chaotic communication in radio-over-fiber transmission based on optoelectronic feedback semiconductor lasers [J]. Optics Express，2007，15(2)：302-311.

［34］ TANG S，LIU J M. Chaos synchronization in semiconductor lasers with optoelectronic feedback [J]. IEEE Journal of Quantum Electronics，2003，39(6)：708-715.

［35］ LIN F Y，LIU J M. Nonlinear dynamical characteristics of an optically injected semiconductor laser subject to optoelectronic feedback [J]. Optics Communications，2003，221(1)：173-180.

［36］ UCHIDA A，OKUMURA H，AIDA H，et al. Fast random bit generation with bandwidth-enhanced chaos in semiconductor lasers [J]. Optics Express，2010，18(6)：5512-5524.

［37］ ZHANG L M，PAN B W，CHEN G C，et al. 640-Gbit/s fast physical random number generation using a broadband chaotic semiconductor laser [J]. Scientific Reports，2017，7，45900.

［38］ LIN F Y，LIU J M. Chaotic lidar [J]. IEEE Journal of Selected Topics in Quantum

Electronics，2004，10(5)：991-997.

[39] KE J X，YI L L，XIA G Q，et al. Chaotic optical communications over 100km fiber transmission at 30Gb/s bit rate [J]. Optics Letters，2018，43(6)：1323-1326.

[40] WANG A B，WANG Y C，HE H. Enhancing the bandwidth of the optical chaotic signal generated by a semiconductor laser with optical feedback [J]. IEEE Photonics Technology Letters，2008，20(19)：1633-1635.

[41] ZHANG M J，LIU T G，LI P，et al. Generation of broadband chaotic laser using dual-wavelength optically injected Fabry-Pérot laser diode with optical feedback [J]. IEEE Photonics Technology Letters，2011，23(24)：1872-1874.

[42] 冯野，杨毅彪，王安帮，等. 利用半导体激光器环产生 27 GHz 的平坦宽带混沌激光[J]. 物理学报，2011，60(6)：325-329.

[43] HONG Y，SPENCER P S，SHORE K A. Flat broadband chaos in vertical-cavity surface-emitting lasers subject to chaotic optical injection [J]. IEEE Journal of Quantum Electronics，2012，48(12)：1536-1541.

[44] XIANG S Y，PAN W，LUO B，et al. Wideband unpredictability-enhanced chaotic semiconductor lasers with dual-chaotic optical injections [J]. IEEE Journal of Quantum Electronics，2012，48(8)：1069-1076.

[45] HONG Y，CHEN X，SPENCER P S，et al. Enhanced flat broadband optical chaos using low-cost VCSEL and fiber ring resonator [J]. IEEE Journal of Quantum Electronics，2015，51(3)：1-6.

[46] WANG L Y，ZHONG Z Q，WU Z M，et al. Bandwidth enhancement and time-delay signature suppression of chaotic signal from an optical feedback semiconductor laser by using cross phase modulation in a highly nonlinear fiber loop mirror [C] . Semiconductor Lasers & Applications Ⅶ，2016.

[47] WANG A B，WANG Y C，YANG Y B，et al. Generation of flat-spectrum wideband chaos by fiber ring resonator [J]. Applied Physics Letters，2013，102(3)：343-345.

[48] WANG A B，WANG B J，LI L，et al. Optical heterodyne generation of high-dimensional and broadband white chaos [J]. IEEE Journal of Selected Topics in Quantum Electronics，2015，21(6)：1-10.

[49] SYVRIDIS D，ARGYRIS A，BOGRIS A，et al. Integrated devices for optical chaos generation and communication applications [J]. IEEE Journal of Quantum Electronics，2009，45(11)：1421-1428.

[50] RONTANI D，LOCQUET A，SCIAMANNA M，et al. Loss of time-delay signature in the chaotic output of a semiconductor laser with optical feedback [J]. Optics Letters，2007，32(20)：2960-2962.

[51] WU J G，XIA G Q，TANG X，et al. Time delay signature concealment of optical feedback induced chaos in an external cavity semiconductor laser [J]. Optics Express，2010，18(7)：6661-6666.

［52］LEE M W，REES P，SHORE K A，et al. Dynamical characterisation of laser diode subject to double optical feedback for chaotic optical communications［J］. Optoelectronics，IEE Proceedings，2005，152(2)：97-102.

［53］XIA G Q，WU J G，WU Z M. Suppression of time delay signatures of chaotic output in a semiconductor laser with double optical feedback［J］. Optics Express，2009，17(22)：20124-20133.

［54］SHAHVERDIEV E M，SHORE K A. Impact of modulated multiple optical feedback time delays on laser diode chaos synchronization［J］. Optics Communications，2009，282(17)：3568-3572.

［55］LI S S，LIU Q，CHAN S C. Distributed feedbacks for time-delay signature suppression of chaos generated from a semiconductor laser［J］. IEEE Photonics Journal，2012，4(5)：1930-1935.

［56］LI S S，CHAN S C. Chaotic time-delay signature suppression in a semiconductor laser with frequency-detuned grating feedback［J］. IEEE Journal of Selected Topics in Quantum Electronics，2015，21(6)：541-552.

［57］WU J G，XIA G Q，CAO L P，et al. Experimental investigations on the external cavity time signature in chaotic output of an incoherent optical feedback external cavity semiconductor laser［J］. Optics Communications，2009，282(15)：3153-3156.

［58］WU Y，WANG B，ZHANG J，et al. Suppression of time delay signature in chaotic semiconductor lasers with filtered optical feedback［J］. Mathematical Problems in Engineering，2013，4：1-7.

［59］WU Y，WANG Y C，LI P，et al. Can fixed time delay signature be concealed in chaotic semiconductor laser with optical feedback［J］. IEEE Journal of Quantum Electronics，2012，48(11)：1371-1379.

［60］WU J G，WU Z M，XIA G Q，et al. Evolution of time delay signature of chaos generated in a mutually delay-coupled semiconductor lasers system［J］. Optics Express，2012，20(2)：1741-1753.

［61］LI N，PAN W，XIANG S，et al. Loss of time delay signature in broadband cascade-coupled semiconductor lasers［J］. IEEE Photonics Technology Letters，2012，24(23)：2187-2190.

［62］HONG Y，QUIRCE A，WANG B，et al. Concealment of chaos time-delay signature in three-cascaded vertical-cavity surface-emitting lasers［J］. IEEE Journal of Quantum Electronics，2016，52(8)：1-8.

［63］UCHIDA A，AMANO K，INOUE M，et al. Fast physical random bit generation with chaotic semiconductor lasers［J］. Nature Photonics，2008，2(12)：728-732.

［64］REIDLER I，AVIAD Y，ROSENBLUH M，et al. Ultrahigh-speed random number generation based on a chaotic semiconductor laser［J］. Physical Review Letters，2009，103(2)，024102.

[65] NGUIMDO R M，COLET P，LARGER L，et al. Digital key for chaos communication performing time delay concealment [J]. Physical Review Letters，2011，107(3)，034103.

[66] WANG A，YANG Y，WANG B，et al. Generation of wideband chaos with suppressed time-delay signature by delayed self-interference [J]. Optics Express，2013，21(7)：8701-8710.

[67] CHENG C H，CHEN Y C，LIN F Y. Chaos time delay signature suppression and bandwidth enhancement by electrical heterodyning [J]. Optics Express，2015，23(3)：2308-2319.

[68] KOBYAKOV A，SAUER M，CHOWDHURY D. Stimulated Brillouin scattering in optical fibers [J]. Advances in Optics and Photonics，2009，2：1-59.

光子集成混沌半导体激光器

目前混沌激光的产生系统,大多是利用半导体激光器结合各种外部分立光学元件搭建而成的,该系统具有体积庞大、易受外部环境影响以及输出不稳定等缺点,不利于混沌激光的进一步商业化应用。结合光子集成芯片的优势,光子集成混沌半导体激光器应运而生,它具有体积小、性能稳定等优点,是混沌激光走向实用化和市场化的关键。

2.1 研究概况

为了推进混沌激光的应用,国内外学者开展了一系列集成混沌激光器的研制工作,并取得了很多进展。根据现有技术方案,光子集成混沌激光器主要分为单片集成混沌激光器和混合集成混沌激光器。

2.1.1 单片集成混沌半导体激光器

单片集成混沌半导体激光器是将激光器、扰动元件及其他相关功能元件生长在同一衬底材料上制作而成,目前存在以下几种结构。

1. 单腔四段式结构

2008 年,希腊雅典大学信息与通信部光通信实验室阿里吉斯(A. Argyris)和德国海因里希-赫兹研究院弗劳恩霍夫电信研究所哈马赫尔(M. Hamacher)等提出了一种新型的光子集成芯片[1]。如图 2-1 所示,该芯片由 DFB 激光器区、增益/吸收区、相区和末端镀有高反膜的无源波导组成[2-6]。其中,无源波导末端所镀的高反膜为 DFB 激光器提供单腔反馈,增益/吸收区和相区可以分别控制、调节反馈光的强度和相位,使其能够产生高维的可控宽带混沌信号。

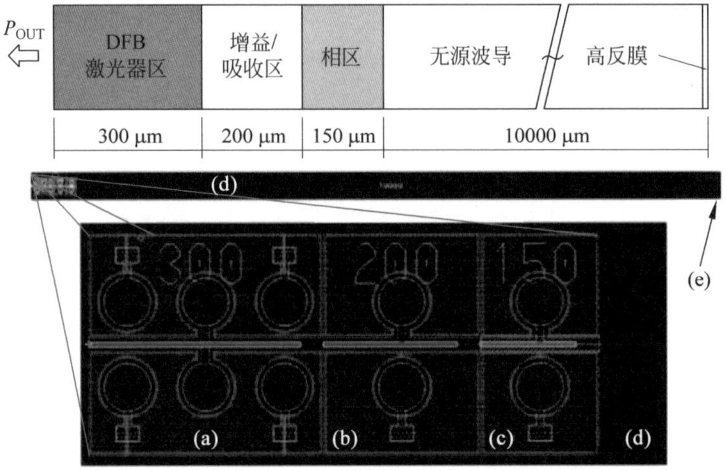

图 2-1　DFB 激光器区、增益/吸收区、相区和无源波导组成的四段式芯片结构示意图
(a) DFB 激光器区;(b) 增益/吸收区;(c) 相区;(d) 无源波导;(e) 高反膜

2. 空气隙多反馈结构

2009 年,德国柏林维尔斯特拉斯学院特隆尼库(V. Z. Tronciu)、西班牙巴利阿里群岛大学玛莉索(C. Mirasso)和科利特(P. Colet)、德国海因里希-赫兹研究院弗劳恩霍夫电信研究所哈马赫尔和意大利蒂帕维亚大学安诺瓦齐-洛迪(V. Annovazzi-Lodi)提出了带有空气隙的多反馈光子集成混沌半导体激光器芯片。如图 2-2 所示,包括一个 DFB 激光器区、两个相区、一个空气隙,以及无源波导部分。其中,空气隙的两面以及镀有高反射膜的面对 DFB 激光器区形成三腔反馈,两个相区可以控制反馈相位。2010 年,他们联合意大利蒂帕维亚大学班尼特(M. Benedetti)和韦尔切西(V. Vercesi)理论模拟并实验测试了该集成混沌半导体激光器的输出特性[7]。

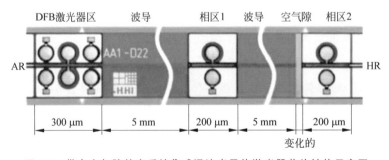

图 2-2　带有空气隙的多反馈集成混沌半导体激光器芯片结构示意图

3. 环形光波导结构

2011 年,日本 NTT 公司砂田(S. Sunada)和埼玉大学内田(A. Uchida)等研制出带有环形无源光波导的单片集成混沌半导体激光器[8]。如图 2-3 所示,该芯片由一个 DFB 激光器、两个半导体光放大器(SOA)、一个光电探测器和一段环形光波导组成[9]。其中,SOA 可以同时控制反馈信号的光强和相位,通过调节两个SOA 的注入电流,可产生混沌激光。

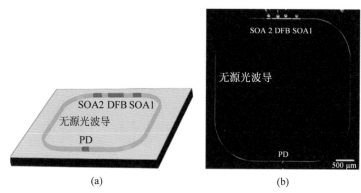

图 2-3　环形光波导结构的单片集成混沌半导体激光器

(a) 结构示意图;(b) 实物图

4. 单腔三段式结构

2013 年,西南大学吴加贵和中国科学院半导体研究所赵玲娟等合作研制了三段式单片集成混沌半导体激光器芯片[10]。如图 2-4 所示,该芯片包含一个 DFB 激光器区、相区、放大区,并在一端端面镀高反射膜以形成光反馈腔[11]。采用量子阱融合(QWI)技术降低相区的吸收损耗,涂覆高反射膜产生高反射率,通过放大区和相区分别控制反馈光强和反馈相位实现混沌激光输出。

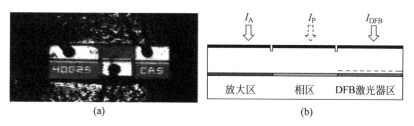

图 2-4　DFB 激光器区、相区和放大区组成的三段式单片集成混沌半导体激光器芯片

(a) 实物图;(b) 结构示意图

5. 二维外腔结构

2014年,日本金泽大学砂田(S. Sunada)和安达(M. Adachi)、冈山县立大学福岛(T. Fukushima)、NTT公司筱原尚之(S. Shinohara)以及东洋大学平山(T. Harayama)等共同研制出二维外腔结构的混沌半导体激光器芯片[12]。如图2-5所示,该芯片包括一个激光器部分和一个二维的外腔部分,尺寸小于 230 μm × 1 mm。其中,二维外腔部分能够使激光产生多次反馈以产生更大的光延迟,通过注入外腔的电流控制反馈强度产生混沌激光。

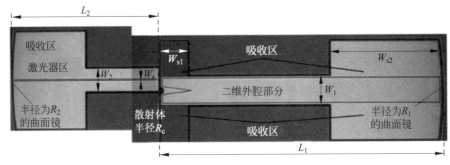

图 2-5　二维外腔结构的混沌半导体激光器芯片

6. 互注入耦合结构

2014年,清华大学孙长征等研制了一种超短延迟时间的互耦合单片集成混沌半导体激光器芯片[13]。如图2-6所示,该芯片由两个互耦合的 DFB 激光器和中间相区构成,通过改变相位区电流及激光器的偏置电流,可产生混沌信号。

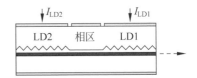

图 2-6　互耦合单片集成混沌半导体激光器芯片的结构示意图

2.1.2　混合集成混沌半导体激光器

混合集成混沌半导体激光器是将分立的激光器芯片、扰动元件及其他相关功能元件,组合安装在同一衬底上制作而成。

太原理工大学新型传感器与智能控制教育部重点实验室和中国科学院半导体研究所合作研制了混合集成混沌半导体激光器[14]。如图2-7所示为研制的集成混沌半导体激光器的结构示意图和实物图,其采用 DFB 激光器芯片、准直透镜、透反镜、聚焦透镜、光纤组件耦合的形式,其中透反镜对 DFB 激光器芯片提供单腔反馈,准直透镜和聚焦透镜整形光路以提高耦合效率,光束由光纤组件尾纤输出,可产生时序峰峰值为 30 mV、频谱宽度大于 5 GHz、无时延信息的混沌激光,具体将在2.2节详细介绍。

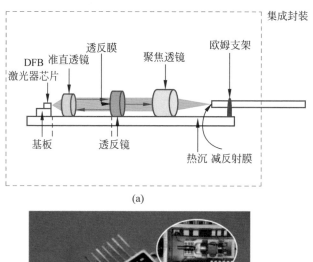

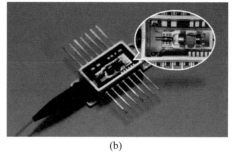

图 2-7　混合集成混沌半导体激光器

（a）结构示意图；（b）实物图

2.2　混合集成混沌半导体激光器

　　混合集成具有结构简单、易集成、低成本等优势，在集成混沌半导体激光器的研制中不可或缺。通常情况下，短腔光反馈结构易实现集成[15]。所谓短腔结构就是指激光器的弛豫振荡频率小于外腔谐振频率，反之则为长腔结构[16]。短腔结构的混沌激光器输出特性对外反馈腔长、反馈强度等外部条件非常敏感[17]，因此首先通过仿真模拟获得精确的制作参数，再进行混合集成混沌半导体激光器的器件制作。

2.2.1　参数提取与系统仿真

　　半导体激光器芯片的内部参数，如线宽增强因子、载流子寿命、光子寿命等对半导体激光器的动态特性影响很大，不同的激光器产生混沌所需要的外部条件也不相同。一般情况下，模拟速率方程中均采用激光器的典型内部参数[18-20]，模拟结果也仅代表了典型结果,不能为混合集成混沌半导体激光器的制作提供准确的制作参数。因此,应该首先提取出半导体激光器芯片内部参数的真实值,再理论模拟混合集成混沌半导体激光器的动态特性,指导混合集成混沌半导体激光器的实际制作。

1. 模型设计

图 2-8 所示为基于光反馈的短腔混合集成混沌半导体激光器示意图,半导体激光器芯片采用 DFB 激光器芯片,透反镜对光部分透射、部分反射。半导体激光器芯片发射的部分激光经过透反镜的反射作用回到芯片内部,对其进行扰动以产生混沌激光,另一部分激光经过透反镜的透射作用耦合进入光纤中,产生的混沌激光最终由尾纤输出。

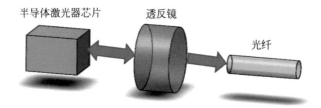

半导体激光器芯片　　　透反镜

光纤

图 2-8　基于光反馈的短腔混合集成混沌半导体激光器示意图

在制作前,需要通过理论模拟确定透反镜的强度反射率以及外反馈腔长的最佳值,才能确保所制作的混合集成混沌半导体激光器可以输出稳定的混沌激光。

结合半导体激光器的速率方程,可以推导出所设计的基于外光反馈短腔混合集成混沌半导体激光器的速率方程,即著名的 L-K 方程[21-22]。方程反映了半导体激光器的光子密度 $S(t)$、激光器有源腔内载流子密度 $N(t)$ 和相位 $\varphi(t)$ 随时间的动态变化:

$$\frac{\mathrm{d}S(t)}{\mathrm{d}t} = \left[\frac{\Gamma g_0 [N(t) - N_0]}{1 + \varepsilon S(t)} - \frac{1}{\tau_\mathrm{p}} \right] S(t) + \frac{2K_\mathrm{ap}}{\tau_\mathrm{in}} \sqrt{S(t - \tau_\mathrm{t})S(t)} \cos\theta(t) +$$

$$\frac{\Gamma \beta_\mathrm{sp} N(t)}{\tau_\mathrm{c}} \tag{2-1}$$

$$\frac{\mathrm{d}N(t)}{\mathrm{d}t} = \frac{I(t)}{qV_\mathrm{act}} - \frac{N(t)}{\tau_\mathrm{c}} - \frac{g_0 [N(t) - N_0]}{1 + \varepsilon E^2(t)} E^2(t) \tag{2-2}$$

$$\frac{\mathrm{d}\varphi(t)}{\mathrm{d}t} = \frac{\alpha}{2} \left[\frac{\Gamma g_0 [N(t) - N_0]}{1 + \varepsilon S(t)} - \frac{1}{\tau_\mathrm{p}} \right] - \frac{K_\mathrm{ap}}{\tau_\mathrm{in}} \sqrt{\frac{S(t - \tau_\mathrm{t})}{S(t)}} \sin\theta(t) \tag{2-3}$$

$$K_{ap} = (1 - R_2) \sqrt{\frac{R_3}{R_2}} \tag{2-4}$$

$$\theta(t) = \omega\tau_t + \varphi(t) - \varphi(t - \tau_t) \tag{2-5}$$

式(2-4)表示反馈强度,其中 $R_2 = 0.3$ 表示混沌半导体激光器芯片出光面的强度反射率,R_3 表示透反镜所镀膜的强度反射率,是可变参量。式(2-1)和式(2-3)中的 $\tau_{in} = 7.1 \times 10^{-12}$ s,表示光在混沌半导体激光器芯片有源区的往返时间;式(2-1)和式(2-3)中的 $\theta(t) = \omega\tau_t + \varphi(t) - \varphi(t - \tau_t)$ 表示反馈光相位,其中 ω 是静态激光器角频率,$\varphi(t)$ 表示电场相位,$\tau_t = (2n_{ext}L)/c$ 是外腔反馈延迟时间,$c = 3.0 \times 10^8$ m/s 表示光在真空中的速度,L 表示外反馈腔长,n_{ext} 表示外腔折射率。式(2-2)中 $V_{act} = 4.8 \times 10^{-18}$ m³ 为混沌半导体激光器芯片的有源区体积,$q = 1.602 \times 10^{-19}$ C 表示电子电荷,$I(t)$ 为偏置电流。

从上述式子可以看出,混合集成混沌半导体激光器的速率方程中包含许多半导体激光器的内部参数,见表 2-1,需要将其提取出来。

表 2-1　混沌半导体激光器芯片的内部参数

内　部　参　数	单　　　位
阈值电流 I_{th}	mA
线宽增强因子 α	
阈值载流子密度 N_{th}	m⁻³
透明载流子密度 N_0	m⁻³
光子寿命 τ_p	s
载流子寿命 τ_c	s
光场限制因子 Γ	
微分增益 g_0	m³/s
增益饱和系数 ε	m³

值得注意的是,半导体激光器芯片的内部参数与弛豫振荡频率、阻尼系数和阈值电流有很大的关系,半导体激光器芯片的内部参数满足以下公式推导[23-26]。

当偏置电流等于阈值电流时,由速率方程式(2-1)和式(2-2)表示半导体激光器处于稳态,$dN(t)/dt$ 和 $dS(t)/dt$ 都等于零,并且电场幅度 $E(t)$ 也近似为零,则式(2-2)可以近似等于

$$0 = \frac{I_{th}}{qV_{act}} - \frac{N_{th}}{\tau_c} \tag{2-6}$$

当偏置电流等于阈值电流时,自发辐射很小可以忽略

$$0 = \left[\frac{\Gamma g_0 [N(t) - N_0]}{1 + \varepsilon S(t)} - \frac{1}{\tau_p} \right] S(t) + \frac{\Gamma \beta_{sp} N(t)}{\tau_c} \tag{2-7}$$

又因为在阈值电流时，$\varepsilon S(t)$非常小可以忽略，式(2-7)可以化简得

$$0 = \Gamma g_0 [N_{th} - N_0] - \frac{1}{\tau_p} \qquad (2-8)$$

从上述关系式可以看出，半导体激光器的内部参数是相互关联的，由已知的几个参数就可以通过线性关系式计算出其他的内部参数值。而半导体激光器的内部参数又满足下式：

$$2\pi f_r = \left[\frac{\Gamma g_0 (I(t) - I_{th})}{q V_{act}} \right]^{\frac{1}{2}} \qquad (2-9)$$

$$v_o = \frac{1}{\tau_c} + K f_{ro}^2 \qquad (2-10)$$

$$K = 4\pi^2 (\tau_p + \tau_n) \qquad (2-11)$$

$$\tau_n = (2\pi f_c)/(2\pi f_{ro})^2 \qquad (2-12)$$

式中 f_r、v_o、f_c 分别表示半导体激光器在阈值电流下的弛豫振荡频率、阻尼系数和啁啾频率。根据上述关系式，可以通过实验测得芯片稳态下的 P-I 特性曲线和频率响应曲线，间接通过线性方程解出半导体激光器芯片的内部参数值。

2. 半导体激光器芯片的 P-I 特性曲线

由于半导体激光器在偏置电流等于阈值电流时满足式(2-6)和式(2-8)，则可以推出以下关系式：

$$I_{th} = \frac{q V_{act} N_{th}}{\tau_c} = \frac{q V_{act}}{\tau_c} \left(N_0 + \frac{1}{\Gamma g_0 \tau_p} \right) \qquad (2-13)$$

将稳态时光子方程(2-1)代入载流子方程(2-2)中，化简、移项可得

$$S(t) = \frac{\Gamma I \tau_p}{q V_{act}} - \frac{\tau_p}{\tau_c} (1 - \beta_{sp}) \Gamma N(t) \qquad (2-14)$$

将载流子方程(2-2)移项可以得到和载流子密度相关的方程式

$$N(t) = \frac{N_{th}}{1 + \dfrac{\beta_{sp}}{g_0 \tau_c} \dfrac{1 + \varepsilon S(t)}{S(t)}} \qquad (2-15)$$

将式(2-15)取代式(2-14)，并和式(2-13)联立可以得到

$$\frac{q V_{act} \beta_{sp}}{g_0 \tau_c \tau_p \Gamma} + \frac{q V_{act}}{\tau_p} \left(1 + \frac{\beta_{sp} \varepsilon}{g_0 \tau_c} \right) \frac{S}{\Gamma}$$

$$= \left(1 + \frac{\beta_{sp} \varepsilon}{g_0 \tau_c} \right) I + \frac{\Gamma}{S} \frac{\beta_{sp} \varepsilon}{g_0 \tau_c} I - (1 - \beta_{sp}) I_{th} \qquad (2-16)$$

半导体激光器的漏电流 I_s 满足

$$I_{\mathrm{s}} = \frac{qV_{\mathrm{act}}\beta_{\mathrm{sp}}}{g_0\tau_{\mathrm{c}}\tau_{\mathrm{p}}\Gamma} \tag{2-17}$$

将式(2-17)代入式(2-16),化简可以得到

$$I_{\mathrm{s}} + \frac{qV_{\mathrm{act}}}{\tau_{\mathrm{p}}}\left(1 + \frac{\beta_{\mathrm{sp}}\varepsilon}{g_0\tau_{\mathrm{c}}}\right)\frac{S}{\Gamma} = \left(1 + \frac{\beta_{\mathrm{sp}}\varepsilon}{g_0\tau_{\mathrm{c}}}\right)I + \frac{\Gamma}{S}\frac{1}{\dfrac{qV_{\mathrm{act}}}{\tau_{\mathrm{c}}}}I_{\mathrm{s}}I - (1-\beta_{\mathrm{sp}})I_{\mathrm{th}} \tag{2-18}$$

由于半导体激光器在阈值电流时,β_{sp} 和 $(\beta_{\mathrm{sp}}\varepsilon)/(g_0\tau_{\mathrm{c}})$ 远远小于 1,因此式(2-18)可以化简为

$$(FP)^2 - (I - I_{\mathrm{s}} - I_{\mathrm{th}})FP - I_{\mathrm{s}}I = 0 \tag{2-19}$$

式中,$F = (2q\lambda)/\eta hc$,其中:q 为电子电荷;λ 为半导体激光器工作波长,在本章中为 1550 nm;η 为半导体激光器的微分量子效率;h 为普朗克常量,$h = 6.626 \times 10^{-34}$ J·s;c 为光在真空中传播时的速度,$c = 3.0 \times 10^8$ m/s。

由式(2-19)可以得到,半导体激光器的输出功率 P 可表示为

$$P = \frac{I - I_{\mathrm{th}} - I_{\mathrm{s}} + \sqrt{(I - I_{\mathrm{th}} - I_{\mathrm{s}})2 + 4I_{\mathrm{s}}I}}{2F} \tag{2-20}$$

式(2-20)即半导体激光器稳态时的 $P\text{-}I$ 曲线满足的线性方程。从 $P\text{-}I$ 曲线中,可以得到半导体激光器的阈值电流、微分量子效率和漏电流,而阈值电流和漏电流又分别满足式(2-13)和式(2-17)。

图 2-9 为半导体激光器测量 $P\text{-}I$ 特性曲线的实验装置图,a 部分为自由移动平台,用来固定并移动芯片;b 部分为芯片的图像,通过探针加载偏置电流。图 2-9 的右半部分分别为低噪声直流源和光功率计,分别用来给芯片提供直流电流和记录芯片的输出功率。

图 2-9　测量 $P\text{-}I$ 特性曲线的实验装置

通过改变偏置电流,我们测试了两个芯片的 $P\text{-}I$ 特性曲线,实验测试结果如图 2-10 所示。

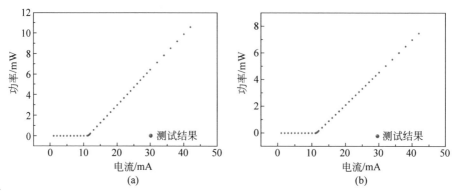

图 2-10　两个半导体激光器芯片 *P-I* 特性曲线实验测试结果

(a) 半导体激光器芯片 1；(b) 半导体激光器芯片 2

　　从图 2-10 中可以得出该半导体激光器芯片 1 的阈值电流为 11.3 mA，芯片 2 的阈值电流为 11.4 mA，对比图 2-10(a)和(b)，可以看出半导体激光器芯片 2 在偏置电流大于阈值电流后，*P-I* 曲线的斜率比半导体激光器芯片 1 的更大，这代表半导体激光器芯片 2 的外微分增益效率比半导体激光器芯片 1 的大。

　　将实验测试数据按照式(2-20)用最小二乘法拟合，拟合结果如图 2-11 所示。

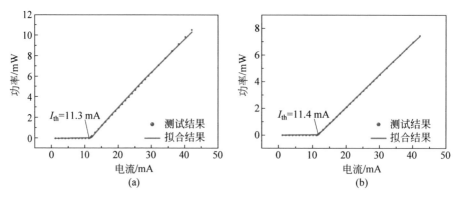

图 2-11　两个半导体激光器芯片 *P-I* 特性曲线的拟合结果

(a) 半导体激光器芯片 1；(b) 半导体激光器芯片 2

　　图 2-11(a)是半导体激光器芯片 1 的拟合结果，图 2-11(b)是半导体激光器芯片 2 的拟合结果。图中蓝色曲线是实验测试曲线，红色曲线为拟合曲线，拟合曲线和实验曲线吻合得较好，拟合得到的参数见表 2-2。

表 2-2　半导体激光器芯片的 *P-I* 特性曲线拟合结果

拟合参数	芯片 1	芯片 2	单位
阈值电流 I_{th}	11.3	11.4	mA
漏电流 I_s	1.27×10^{-6}	0.367×10^{-6}	A
中间参数 F	4.126×10^{23}	2.894×10^{23}	

3. 半导体激光器芯片小信号功率测试法

强度调制响应是反映半导体激光器在光波通信系统中调制速度快慢最重要的特性之一,小信号调制频率响应的原理是在半导体激光器的偏置电流大于阈值电流时,同时给半导体激光器加直流偏置电流和连续正弦波调制电流信号,半导体激光器的输出功率信号将随着连续正弦波调制电流信号的频率和功率的变化而变化,当半导体激光器直流偏置电流改变时,半导体激光器的输出功率会有不同的频率响应特性。图 2-12 是半导体激光器小信号电流调制原理图。常用的测试半导体激光器频率响应曲线的仪器为微波矢量网络分析仪和光波元件分析仪,这里采用的是微波矢量网络分析仪,以下统称为矢量网络分析仪。

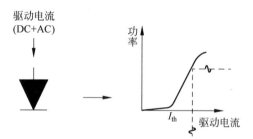

图 2-12　半导体激光器小信号电流调制原理图

由速率方程(2-1)和方程(2-2)得到,偏置电流很小时,稳态解可表示为式(2-7)和式(2-21)。当给半导体激光器加入小信号调制,半导体激光器工作在大于阈值电流时,激光器的自发辐射信号可以被忽略,此时半导体激光器的光子密度可以由式(2-22)表示,具体如下:

$$0 = \frac{I(t)}{qV_{act}} - \frac{N(t)}{\tau_c} - \frac{g_0[N(t) - N_0]}{1 + \varepsilon S(t)} S(t) \tag{2-21}$$

$$S(t) = \frac{\tau_p \Gamma}{qV_{act}} (I(t) - I_{th}) \tag{2-22}$$

设半导体激光器的偏置电流为 $I_0(I_0 > I_{th})$,半导体激光器的光子密度为 S_0,载流子密度为 N_0。$\Delta I(t)$ 表示小信号调制电流,则半导体激光器的总注入电流由式(2-23)表示,总的光子密度由式(2-24)表示,总的载流子密度由式(2-25)表示,具体如下:

$$I(t) = I_0 - \Delta I(t) \tag{2-23}$$

$$S(t) = S_0 - \Delta S(t) \tag{2-24}$$

$$N(t) = N_0 - \Delta N(t) \tag{2-25}$$

根据线性速率方程,半导体激光器光增益的泰勒级数展开可以表示如下:

$$g(N,S) = g(N_0,S_0) + \frac{\partial g}{\partial N}\Delta N(t) + \frac{\partial g}{\partial S}\Delta S(t) + \cdots \tag{2-26}$$

则将式(2-23)～式(2-26)代入式(2-1)和式(2-2)中,化简、移项可以得到如下关系式:

$$\frac{\mathrm{d}\Delta S}{\mathrm{d}t} = \left(\Gamma g_0 + \Gamma\frac{\partial g}{\partial S}S_0 - \frac{1}{\tau_\mathrm{p}}\right)\Delta S(t) + \left(\Gamma\frac{\partial g}{\partial N}S_0 + \frac{\Gamma\beta_\mathrm{sp}}{\tau_\mathrm{c}}\right)\Delta N(t) \tag{2-27}$$

$$\frac{\mathrm{d}\Delta N}{\mathrm{d}t} = \frac{\Delta I_{(t)}}{qV_\mathrm{act}} - \left(\frac{1}{\tau_\mathrm{c}} + \frac{\partial g}{\partial N}S_0\right)\Delta N(t) - \left(g_0 + \frac{\partial g}{\partial S}S\right)\Delta S(t) \tag{2-28}$$

另有

$$\Gamma g_0 - \frac{1}{\tau_\mathrm{p}} = -\frac{\beta_\mathrm{sp}N_0}{S_0\tau_\mathrm{c}} \approx 0 \tag{2-29}$$

$$\Gamma\frac{\partial g}{\partial S}S_0 \approx 0 \tag{2-30}$$

则由式(2-27)、式(2-29)和式(2-30)联立可得式(2-31),由式(2-28)和式(2-29)联立可得式(2-32),具体如下:

$$\frac{\mathrm{d}\Delta S}{\mathrm{d}t} = \left(\Gamma\frac{\partial g}{\partial N}S_0\right)\Delta N(t) \tag{2-31}$$

$$\frac{\mathrm{d}\Delta N}{\mathrm{d}t} = \frac{\Delta I(t)}{qV_\mathrm{act}} - \left(\frac{1}{\tau_\mathrm{c}} + \frac{\partial g}{\partial N}S_0\right)\Delta N(t) - \frac{1}{\Gamma\tau_\mathrm{p}}\Delta S(t) \tag{2-32}$$

半导体激光器的偏置电流、光子密度和载流子密度都是由幅度(实部)和频率(虚部)共同组成的,则它们分别表示为式(2-33)、式(2-34)和式(2-35),式中 Ω 表示角频率:

$$\Delta I(t) = \Re\{\Delta I(t)\exp(\mathrm{j}\Omega t)\} \tag{2-33}$$

$$\Delta S(t) = \Re\{\Delta S(t)\exp(\mathrm{j}\Omega t)\} \tag{2-34}$$

$$\Delta N(t) = \Re\{\Delta N(t)\exp(\mathrm{j}\Omega t)\} \tag{2-35}$$

和式(2-31)、式(2-32)联立可以得到下式:

$$\mathrm{j}\Omega\Delta S = \left(\Gamma\frac{\partial g}{\partial N}S_0\right)\Delta N(t) \tag{2-36}$$

$$\mathrm{j}\Omega\Delta N = \frac{\Delta I(t)}{qV_\mathrm{act}} - \left(\frac{1}{\tau_\mathrm{c}} + \frac{\partial g}{\partial N}S_0\right)\Delta N(t) - \frac{1}{\Gamma\tau_\mathrm{p}}\Delta S(t) \tag{2-37}$$

又因为

$$f_{\mathrm{ro}} = \left(\frac{\frac{\partial g}{\partial N}S_0}{\tau_{\mathrm{p}}}\right)^{\frac{1}{2}} = \left(\frac{\Gamma\frac{\partial g}{\partial N}(I_t - I_{\mathrm{th}})}{qV_{\mathrm{act}}}\right)^{\frac{1}{2}} = \left(\frac{\Gamma g_0(I(t) - I_{\mathrm{th}})}{qV_{\mathrm{act}}}\right)^{\frac{1}{2}} \tag{2-38}$$

$$v = \frac{1}{2}\left(\frac{1}{\tau_{\mathrm{c}}} + \frac{\partial g}{\partial N}S_0\right) = \frac{1}{2}\left(\frac{1}{\tau_{\mathrm{c}}} + \frac{g_0\Gamma\tau_{\mathrm{p}}}{qV_{\mathrm{act}}}(I_t - I_{\mathrm{th}})\right) = \frac{1}{2}\left(\frac{1}{\tau_{\mathrm{c}}} + \tau_{\mathrm{p}}f_{\mathrm{ro}}^2\right) \tag{2-39}$$

$$\frac{1}{\tau_{\mathrm{c}}} + \frac{\partial g}{\partial N}S_0 = 2v \tag{2-40}$$

式(2-38)中 f_{ro} 表示半导体激光器的弛豫振荡频率,式(2-39)中 v 表示半导体激光器的阻尼系数。将上式联立可以得到半导体激光器的输出和输入电流的关系式

$$\frac{\Delta S(t)}{S_0} = \frac{4\pi^2 f_{\mathrm{ro}}^2}{\mathrm{j}v\Omega + 4\pi^2 f_{\mathrm{ro}}^2 - \Omega^2}\frac{\Delta I(t)}{I_0} \tag{2-41}$$

化简虚部 j,则半导体激光器在小信号调制下的传递函数为式(2-42),其中 P_1 为小信号输出与输入比值,是因变量:

$$\mid P_1 \mid = \left(\frac{f_{\mathrm{ro}}^2}{\sqrt{(v_1\Omega)^2 + ((2\pi f_{\mathrm{ro}})^2 - \Omega^2)^2}}\right)^2 \tag{2-42}$$

因为 $\Omega = 2\pi f$,其中 f 表示正弦调制信号的调制频率,是自变量,则当功率为对数域时,半导体激光器的输出功率和输入信号的关系式可以表示为

$$\mid P_1 \mid = 20\lg\left(\frac{f_{\mathrm{ro1}}^2}{\sqrt{\left(\frac{v_1 f}{2\pi}\right)^2 + (f_{\mathrm{ro1}}^2 - f^2)^2}}\right) \tag{2-43}$$

用矢量网络分析仪测试半导体激光器芯片的频率响应曲线是一种比较传统的方法,但由于芯片和仪器之间的连接需要用到芯片夹具,会引入寄生参数,使测试结果存在误差,因此在使用矢量网络分析仪之前要先校准。

图 2-13 为半导体激光器芯片的频率响应实验测试装置。图中的光纤和掺铒光纤放大器在测光纤中混沌半导体激光器芯片的频率响应曲线时会用到,实验过程中矢量网络分析仪提供的交流信号功率为 -20 dBm,具体实验操作如下。

低噪声驱动直流电流源(ILX Lightwave,LDX3412)和矢量网络分析仪(ROHDE & SCHWARZ,ZVA24,带宽 10 MHz~24 GHz)分别给半导体激光器芯片提供直流电流和交流信号。直流电流和交流信号通过矢量网络分析仪同时给半导体激光器芯片提供驱动电流。电流源和矢量网络分析仪通过高频探头(Cascade Microtech,ACP40-GS-200,频率覆盖范围为从直流到 40 GHz)与半导体激光器芯片相连。当给半导体激光器芯片提供直流和交流驱动时,芯片发出连续光信号,光信号由光电探测器(Finisar,XPDV2120RA,50 GHz 带宽)转换成电信号,电信号由矢量网络分析仪测得,测得的结果即半导体激光器的频率响应曲线。分别测试了半导体激光器芯片 1 和半导体激光器芯片 2 的频率响应曲线,如图 2-14 所示。

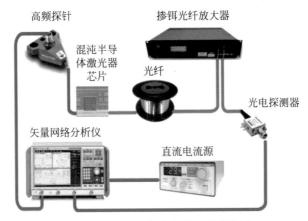

图 2-13　测量频率响应的实验装置图

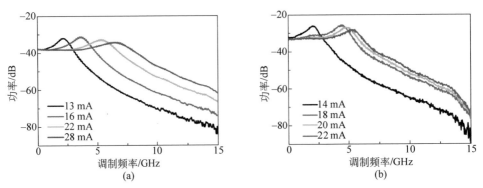

图 2-14　半导体激光器芯片不同偏置电流下的频率响应曲线
(a) 半导体激光器芯片 1；(b) 半导体激光器芯片 2

图 2-14(a)是偏置电流分别为 13 mA、16 mA、22 mA、28 mA 时半导体激光器芯片 1 的频率响应曲线,曲线上的峰值是由于调制频率值接近半导体激光器芯片的弛豫振荡频率造成的。从图中可以看到,随着偏置电流的增大,芯片 1 的弛豫振荡频率也在增大。图 2-14(b)是偏置电流分别为 14 mA、18 mA、20 mA、22 mA 时半导体激光器芯片 2 的频率响应曲线。对比芯片 1 和芯片 2 的频率响应曲线,3 dB 带宽较窄(3 dB 带宽是指激光器的频率响应度相对于激光器低频响应度变化达到 3 dB 的频率点),半导体激光器芯片 1 的高频率响应曲线更平坦、更光滑,意味着半导体激光器芯片 1 的高频响应性能更好。

为消除实验中电子元器件造成的频率响应不平坦问题,在提取参数的过程中我们采用了扣除法。扣除法就是用半导体激光器芯片较大偏置电流下的频率响应曲线,减去较小偏置电流下的频率响应曲线,相减的过程中可以消除系统中不随偏置电流的改变而改变的系统误差。在之前的推导中已经得出,频率响应的传递函数满足式(2-43),进一步可以推导出相减后的传递函数为

$$| P_2 - P_1 |=20\lg \left| \frac{f_{\mathrm{ro2}}^2 \sqrt{\left(\frac{v_1 f}{2\pi}\right)^2 + (f_{\mathrm{ro1}}^2 - f^2)^2}}{f_{\mathrm{ro1}}^2 \sqrt{\left(\frac{v_2 f}{2\pi}\right)^2 + (f_{\mathrm{ro2}}^2 - f^2)^2}} \right| \tag{2-44}$$

相减后的频率响应曲线拟合结果如图 2-15 所示,其中蓝色曲线表示测试结果,红色曲线为拟合结果。图 2-15(a)描述的是半导体激光器芯片 1 使用扣除法后的拟合结果,图中的三条曲线分别为偏置电流在 16 mA、22 mA、28 mA 减去偏置电流 13 mA 时的频率响应曲线;图 2-15(b)描述的是半导体激光器芯片 2 使用扣除法后的拟合结果,图中的三条曲线分别为偏置电流在 18 mA、20 mA、22 mA 减去偏置电流 14 mA 时的频率响应曲线。从图中可以看出使用扣除法后,消除了系统误差,曲线的测试结果和拟合结果吻合较好,这可以保证所提取的芯片的内部参数是准确的。

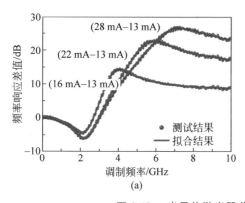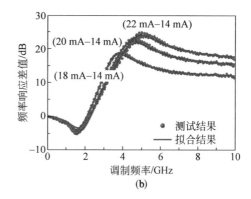

图 2-15　半导体激光器芯片频率响应曲线的拟合结果

（a）半导体激光器芯片 1 较大偏置电流下频率响应曲线减去 13 mA 的频率响应曲线的拟合结果；

（b）半导体激光器芯片 2 较大偏置电流下频率响应曲线减去 14 mA 的频率响应曲线的拟合结果

值得注意的是,根据式(2-44)拟合得到的半导体激光器芯片的弛豫振荡频率 f_{ro} 是近似值,弛豫振荡频率的准确值 f_{r} 满足下式:

$$f_{\mathrm{r}} = \frac{1}{2\pi} \sqrt{f_{\mathrm{ro}}^2 - 0.5 v^2} \tag{2-45}$$

通过拟合,得到半导体激光器芯片 1 的参数见表 2-3,半导体激光器芯片 2 的参数见表 2-4。

表 2-3　半导体激光器芯片 1 频率响应曲线拟合结果

拟 合 参 数	偏置电流/mA					
	13	16	22	28	34	40
$f_{ro}(\times 10^9)$	2.4148	3.815 476	5.643	6.942	8.032	8.9
$f_r(\times 10^9)$	2.3	3.708	5.474	6.681	7.673	8.463
$v(\times 10^9)$	6.53	7.981 481	12.182	16.751	21.092	24.474

表 2-4　半导体激光器芯片 2 频率响应曲线拟合结果

拟 合 参 数	偏置电流/mA					
	14	20	21	22	23	24
$f_{ro}(\times 10^9)$	2.23	4.471 621	4.685 72	4.936 44	5.137 84	5.367 319
$f_r(\times 10^9)$	2.127	4.386 65	4.58	4.817 677	5	5.2
$v(\times 10^9)$	6.163 57	7.709 192	8.781 19	9.563 708	10.718 57	11.7366

　　半导体激光器芯片弛豫振荡频率的平方 f_r^2 和阻尼系数 v 是线性关系,通过记录半导体激光器芯片不同偏置电流下的弛豫振荡频率 f_r 和对应的阻尼系数 v,可以得到一条曲线,对曲线进行线性拟合可以得到斜率 K,这个 K 值就是 K 因子[24],从式(2-11)可以看出 K 和半导体激光器芯片的内部参数光子寿命有关,根据上述实验结果,拟合 K 结果如图 2-16 所示。图中两个半导体激光器芯片的实验结果基本为一条直线,与拟合直线基本吻合,半导体激光器芯片 1 的 $K=0.3$ ns,半导体激光器芯片 2 的 $K=0.5$ ns。

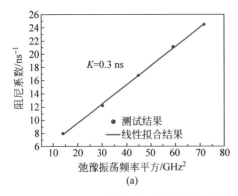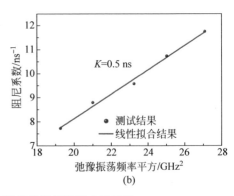

图 2-16　半导体激光器阻尼系数和弛豫振荡平方关系图

(a) 半导体激光器芯片 1 的 K 因子等于 0.3 ns 的拟合结果;

(b) 半导体激光器芯片 2 的 K 因子等于 0.5 ns 的拟合结果

4. 光纤系统中混沌半导体激光器芯片调制响应

由 DFB 激光器产生的光波信号并不是严格单色的,这个输出信号的频谱存在一个中心频率,并且具有一定的线宽。当用注入电流调制半导体激光器时,其输出光波信号的中心频率随输出功率的变化而变化,称为频率啁啾。由于频率啁啾特性的存在,当 DFB 激光器被调制时,光波的线宽变得更宽。当通过色散光纤传输啁啾信号时,光波携带的信号会失真,使得通过光纤的输出功率受到影响,并且芯片的啁啾频率和激光器的内部参数存在线性关系,因此需要通过小信号强度调制响应情况研究光纤系统中的半导体激光器特性。

输入光纤的直接强度调制信号特性为

$$\Delta S_{\mathrm{in}}(\mathrm{j}\omega) = \left(\frac{\tau_{\mathrm{p}}}{q}\right) H(\mathrm{j}\omega) \Delta I(\mathrm{j}\omega) \tag{2-46}$$

式中的 $H(\mathrm{j}\omega)$ 等于式(2-41)中的传递函数,则输出的光纤调制响应为

$$\Delta S_{\mathrm{out}}(\mathrm{j}\omega) = \left[\cos F_{\mathrm{D}}\omega^2 - \alpha\left(1 - \mathrm{j}\frac{\omega_{\mathrm{c}}}{\omega}\right)\sin F_{\mathrm{D}}\omega^2\right]\left(\frac{\tau_{\mathrm{p}}}{q}\right) H(\mathrm{j}\omega) \Delta I(\mathrm{j}\omega) \tag{2-47}$$

则由式(2-46)和式(2-47)可知,光纤中调制响应的传递函数为

$$
\begin{aligned}
H_{\mathrm{fiber,dB}} &= \Delta P_{\mathrm{fiber,dB}} - \Delta P_{\mathrm{LD,dB}} \\
&= 20\lg\left[\cos F_{\mathrm{D}}\omega^2 - \alpha\left(1 - \mathrm{j}\frac{\omega_{\mathrm{c}}}{\omega}\right)\sin F_{\mathrm{D}}\omega^2\right]\left(\frac{\tau_{\mathrm{p}}}{q}\right) H(\mathrm{j}\omega) \Delta I(\mathrm{j}\omega) \\
&= 20\lg\sqrt{\cos^2 F_{\mathrm{D}}(2\pi f)^2 + \alpha^2\left(1 + \frac{f_{\mathrm{c}}^2}{f^2}\right)\sin^2 F_{\mathrm{D}}(2\pi f)^2 - \alpha\sin 2F_{\mathrm{D}}(2\pi f)^2}
\end{aligned}
$$

$$\tag{2-48}$$

式中,f 为调制频率,f_{c} 为激光器芯片的啁啾频率,

$$F_{\mathrm{D}} = \frac{\lambda^2 D L_{\mathrm{fibre}}}{4\pi c} \tag{2-49}$$

式中,D 为光纤色散系数,L_{fibre} 为光纤长度,本文所用光纤色散系数为 17 ps/km,L_{fibre} 为 50 km,通过拟合可以得到该芯片的线宽增强因子 α 和啁啾频率 f_{c}。

图 2-17 为光纤中混沌半导体激光器芯片的频率响应的测试和拟合结果图。图中蓝色曲线为测试结果,红色曲线为拟合结果,图 2-17(a)表示混沌半导体激光器芯片 1 的拟合结果,图 2-17(b)表示混沌半导体激光器芯片 2 的拟合结果。为了消除实验系统中的系统误差,这里同样采用了扣除法,根据实验的结果,用混沌半导体激光器芯片 1 在光纤中偏置电流为 16 mA 时的响应减去同一偏置电流下芯片的频率响应,最终得到的曲线满足式(2-45),通过拟合结果可以得到芯片 1 在 16 mA 下的啁啾频率和线宽增强因子。同样,用混沌半导体激光器芯片 2 在光纤中偏置电流为 17 mA 时的响应减去同一偏置电流下芯片的频率响

应,最终得到的曲线满足式(2-47),通过拟合结果可以得到芯片 2 在 17 mA 下的啁啾频率和线宽增强因子。

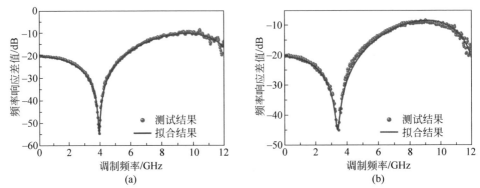

图 2-17　光纤中混沌半导体激光器芯片的频率响应曲线拟合结果
（a）混沌半导体激光器芯片 1；（b）混沌半导体激光器芯片 2

5. 芯片内部参数结果及验证

通过测试半导体激光器芯片的 P-I 曲线和频率响应曲线,得到两个芯片的直接参数,见表 2-5。已提取的参数根据下式计算：

$$N_{th} = \frac{\tau_c I_{th}}{q V_{act}} \tag{2-50}$$

$$0 = \Gamma g_0 [N_{th} - N_0] - \frac{1}{\tau_p} \tag{2-51}$$

$$(2\pi f_r)^2 = \frac{\Gamma g_0 [I(t) - I_{th}]}{q V_{act}} \tag{2-52}$$

$$v_o = \frac{1}{\tau_c} + K f_r^2 \tag{2-53}$$

$$K = 4\pi^2 (\tau_p + \tau_n) \tag{2-54}$$

$$\tau_n = 2\pi f_c / (2\pi f_{ro})^2 \tag{2-55}$$

$$I_{th} = \frac{q V_{act} N_{th}}{\tau_c} = \frac{q V_{act}}{\tau_c} \left(N_0 + \frac{1}{\Gamma g_0 \tau_p} \right) \tag{2-56}$$

$$I_s = \frac{q V_{act} \beta_{sp}}{g_0 \tau_c \tau_p \Gamma} \tag{2-57}$$

表 2-5　半导体激光器芯片的拟合结果

拟 合 参 数	芯　片　1	芯　片　2	单位
阈值电流 I_{th}	11.3	11.4	mA
漏电流 I_s	1.27×10^{-6}	0.367×10^{-6}	A

续表

拟 合 参 数	芯 片 1	芯 片 2	单位
中间参数 F	4.126×10^{23}	2.894×10^{23}	
弛豫振荡频率 f_r	2.3×10^9	2.127×10^9	Hz
阻尼系数 v	6.53×10^9	$6.163\,57\times10^9$	
线宽增强因子 α	3.0	3.8558	
啁啾频率 f_c	0.08×10^9	0.212×10^9	

得到的半导体激光器芯片的内部参数见表 2-6。

表 2-6　提取半导体激光器芯片内部参数结果

拟 合 参 数	芯 片 1	芯 片 2	单位
阈值电流 I_{th}	11.3	11.4	mA
光子寿命 τ_p	5.2×10^{-12}	5.2×10^{-12}	s
载流子寿命 τ_c	0.2×10^{-9}	0.256×10^{-9}	s
光场限制因子 Γ	0.01	0.01	
微分增益 g_0	9.434×10^{-12}	5.28×10^{-12}	m^3/s
线宽增强因子 α	3.0	3.8558	
增益饱和系数 ε	0.08×10^9	3.938×10^{-23}	m^3
阈值载流子密度 N_{th}	2.943×10^{24}	3.8×10^{24}	m^{-3}
透明载流子密度 N_0	0.905×10^{24}	0.16×10^{24}	m^{-3}

为了验证所提取参数的准确性,将提取的参数代入速率方程中,模拟半导体激光器芯片 1 和半导体激光器芯片 2 分别在偏置电流 13 mA 和 14 mA 时的频率响应曲线,并和同一偏置电流下的实验结果对比,对比结果如图 2-18 所示,图中红色曲线为模拟曲线,蓝色曲线为实验测得曲线。

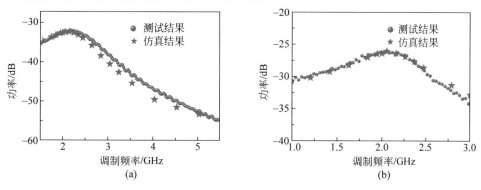

(a)　　　　　　　　　　　　　(b)

图 2-18　半导体激光器芯片 13 mA 时模拟频率响应曲线(红色曲线)和同一电流下实验数据(蓝色曲线)对比图

(a)芯片 1 的实验结果;(b)芯片 2 的实验结果

从图 2-18 中可以看到,实验结果与仿真结果吻合得较好。接下来将提取的内部参数代入仿真的速率方程中,对所设计混合集成混沌半导体激光器结构进行动态特性研究。

6. 混合集成混沌半导体激光器进入混沌路径

通过研究反馈强度从小到大变化时系统的振荡演变情况,可以得到系统进入混沌的路径,即观察系统的分岔图[27],本节中分岔图是从电场强度的输出中抽取的极大值样本。图 2-19(a)是混沌半导体激光器芯片 1 的分岔图,从图中可以看出随着反馈强度的增加,芯片 1 经历了稳态(A)、单倍周期振荡(B)、二倍周期振荡(C)、四倍周期振荡(D)、最终进入混沌态(E),从图中可以看出芯片 1 的混沌路径为倍周期路径;图 2-19(b)是混沌半导体激光器芯片 2 的分岔图,从图中可以看出随着反馈强度的增加,芯片 2 经历了稳态(A)、单倍周期振荡(B)、混沌态(C)、倍周期振荡(D),从图中可以看出芯片 2 进入混沌的路径与混沌半导体激光器芯片 1 的混沌路径不同,不存在二倍周期和四倍周期振荡过程。

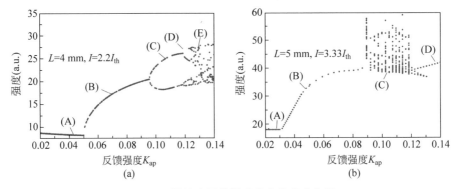

图 2-19 混沌半导体激光器芯片的分岔图

(a) 混沌半导体激光器芯片 1 的分岔图,其中(A)稳态,(B)单倍周期振荡,(C)二倍周期振荡,
(D)四倍周期振荡,(E)混沌态;(b) 混沌半导体激光器芯片 2 的分岔图,其中(A)稳态,
(B)单倍周期振荡,(C)混沌态,(D)倍周期振荡

7. 时域和频域特性

图 2-20 描述的是混沌半导体激光器芯片 1 的时域和频域特性曲线,从图中可以看出芯片 1 的混沌路径为倍周期路径。

图 2-20(a)表示反馈强度为 0.015 时,系统处于稳态。图 2-20(a-Ⅰ)是稳态的时序图,从图中可以看到此时激光器的输出为不变的恒定值,此时激光器为阻尼振荡;图 2-20(a-Ⅱ)是稳态的光谱图,可以看到光谱只有一个峰值;图 2-20(a-Ⅲ)是稳态的频谱图,可以看到此时的频谱能量很低,只在弛豫振荡频率处有一点抬升。

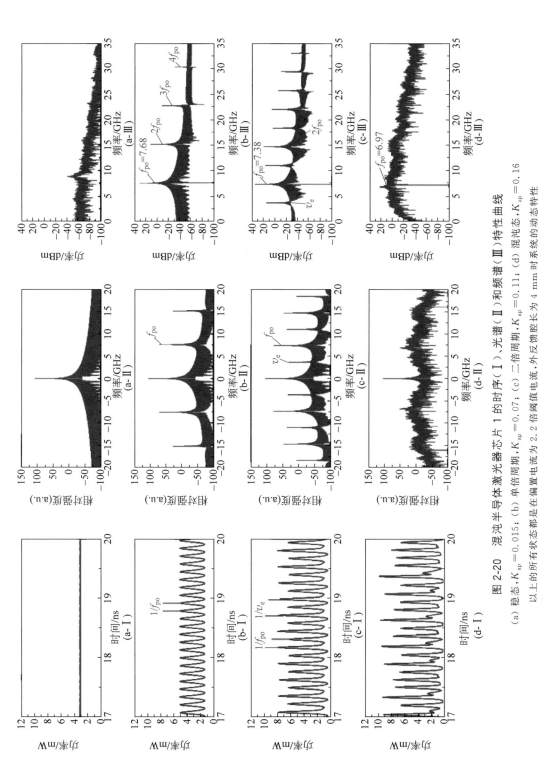

图 2-20　混沌半导体激光器芯片 1 的时序（Ⅰ）、光谱（Ⅱ）和频谱（Ⅲ）特性曲线

(a) 稳态，$K_{ap} = 0.015$；(b) 单倍周期，$K_{ap} = 0.07$；(c) 二倍周期，$K_{ap} = 0.11$；(d) 混沌态，$K_{ap} = 0.16$

以上的所有状态都是在偏置电流为 2.2 倍阈值电流、外反馈腔长为 4 mm 时系统的动态特性

图 2-20(b)表示反馈强度为 0.07 时,由于反馈扰动增强,激光器某些阻尼振荡变为非阻尼振荡。新振荡的增加使系统由稳态变为单倍周期振荡的状态。图 2-20(b-Ⅰ)是单倍周期的时序图,此时激光器的输出状态为周期等于 $1/f_{po}$ 的振荡波形,并且此时激光器的输出只有一个极大值;而此时图 2-20(b-Ⅲ)频谱上的四个峰值频率分别对应激光器的弛豫振荡频率及其高次谐波,高次谐波频率分别为 $2f_{po}$、$3f_{po}$ 和 $4f_{po}$。

图 2-20(c)表示反馈强度等于 0.11 时,系统进一步分岔,由单倍周期振荡进入二倍周期振荡状态。从该状态的时序图 2-20(c-Ⅰ)中可以看出,此时激光器的时序输出周期为 $1/v_e$,具有两个不同的极大值,而这两个极大值的周期间隔时间为 $1/f_{po}$;从光谱图 2-20(c-Ⅱ)和(c-Ⅲ)中也可以看到,在 f_{po} 和 $2f_{po}$ 之间出现了谐波,$f_{po}=2v_e$,这表示此时系统为二倍周期振荡状态[28-29]。

而当反馈强度继续增大,增大到 0.16 时,系统出现混沌态,如图 2-20(d)所示。图 2-20(d-Ⅰ)是此时混沌的时序图,此时激光器的输出没有规律,且有多个极大值点;而此时的光谱图 2-20(d-Ⅱ)和(d-Ⅲ)都呈连续态,证明此时系统已进入混沌状态。从图 2-20 可以发现,随着反馈强度的增大,混沌半导体激光器芯片 1 的弛豫振荡频率逐渐减小,这说明,此时频谱上的峰值并不完全等于芯片的弛豫振荡频率,而是在弛豫振荡频率附近[29]。

图 2-21 描述的是混沌半导体激光器芯片 2 的时域和频域特性曲线,此时的偏置电流为 3.33 倍阈值电流,外反馈腔长为 5 mm。

图 2-21(a)表示反馈强度为 0.02 时,系统处于稳态;图 2-21(b)描述的是反馈强度为 0.06 时芯片 2 的单倍周期振荡的状态;图 2-21(c)表示反馈强度等于 0.11 时,系统由单倍周期振荡进入混沌态,未经历二倍周期振荡。而当反馈强度继续增大,增大到 0.15 时,系统由混沌态又一次进入单倍周期振荡状态。与芯片 1 的路径不同,这主要是由于外腔长的增大以及产生混沌时芯片偏置电流的增大,使得外腔谐振频率和芯片弛豫振荡频率的比值减小造成的混沌路径不同。

8. 基于最大李雅普诺夫指数判定系统动态特性

最大李雅普诺夫指数是判定系统是否处于混沌态最重要的衡量指标之一[30]。最大李雅普诺夫指数描述的是空间距离最近的两个振荡轨迹的离散度。如果两个不同的初始点经过不断地迭算后相互分离,则此时系统的最大李雅普诺夫指数为正数,表明此时系统处于混沌态;如果两个不同的初始点经过不断地迭算后相互会聚,则此时系统的最大李雅普诺夫指数为负数或零附近的数,表明此时系统处于稳态或倍周期振荡状态。

图 2-22 描述的是混沌半导体激光器芯片 1 在反馈腔长为 4 mm,偏置电流为 2.2 倍阈值时,系统最大李雅普诺夫指数随反馈强度的变化图。从图中可以看出,

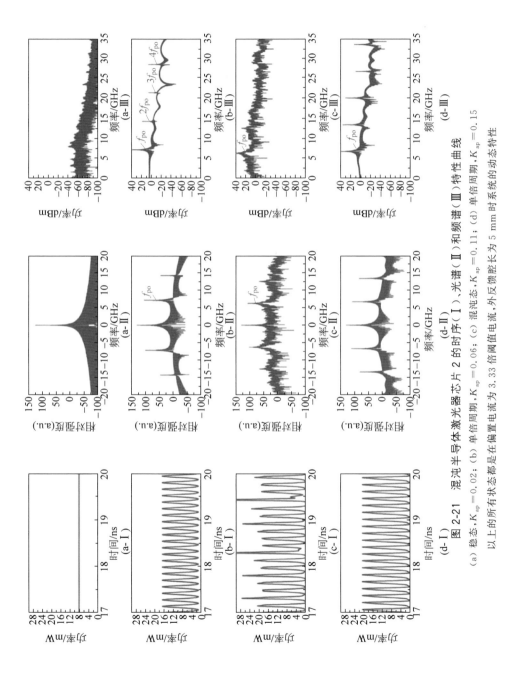

图 2-21　混沌半导体激光器芯片 2 的时序（Ⅰ）、光谱（Ⅱ）和频谱（Ⅲ）特性曲线

（a）稳态，$K_{ap}=0.02$；（b）单倍周期，$K_{ap}=0.06$；（c）混沌态，$K_{ap}=0.11$；（d）单倍周期，$K_{ap}=0.15$，以上的所有状态都是在偏置电流为 3.33 倍阈值电流、外反馈腔长为 5 mm 时系统的动态特性

当反馈强度小于 0.04 时,系统的最大李雅普诺夫指数远小于零,此时系统的振荡为阻尼振荡,系统处于稳态;随着反馈强度从 0.04 增大到 0.12,系统的最大李雅普诺夫指数在零附近,此时系统中某些振荡从阻尼振荡变为非阻尼振荡,系统从稳态进入倍周期;当反馈强度从 0.12 继续增大时,系统中出现了新的非阻尼振荡,此时的最大李雅普诺夫指数远大于零,这表明此时系统出现了混沌态。

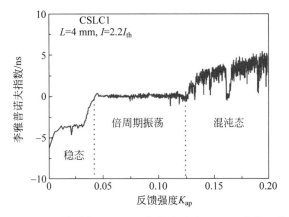

图 2-22　反馈腔长为 4 mm,偏置电流为 2.2I_{th},芯片 1 的
最大李雅普诺夫指数随反馈强度的变化曲线

为了通过理论研究得到该芯片产生混沌的具体制作参数,为后期混合集成混沌半导体激光器的制作提供理论指导,我们研究了混沌半导体激光器芯片 1 在偏置电流为 15～41 mA,反馈强度从 0 增加到 0.2 时不同的外腔长条件下的动态特性,并通过最大李雅普诺夫指数的动力学特性图对系统的状态进行了表征,如图 2-23 所示。

图 2-23 为混沌半导体激光器芯片 1 的动态特性图,图 2-23(a)～(f)分别表示处于不同的外腔长条件下。图中不同的颜色代表系统不同的状态特性,红色和黄色表示最大李雅普诺夫指数的数值大于零,此时系统为混沌态;绿色表示最大李雅普诺夫指数的数值在零附近,此时系统为倍周期振荡状态;蓝色表示最大李雅普诺夫指数的数值远小于零,此时系统处于稳态。

从图 2-23(a)、(b)可以看到,当反馈腔长等于 2 mm 和 3 mm 时,系统的最大李雅普诺夫指数远小于零,图中用蓝色表示,这代表此时系统的振荡为阻尼振荡,系统中不同的振荡轨迹将会聚在一起,此时系统为稳态。

图 2-23(c)描述的是外反馈腔长为 4 mm 时系统的动态特性。从图中可以看出,当反馈强度小于 0.12 时,系统的最大李雅普诺夫指数为负数。当反馈强度小于 0.04 时,系统的最大李雅普诺夫指数远小于零,此时系统为稳态,用蓝色表示。当反馈强度在 0.04～0.12 时,系统中出现了非阻尼振荡,系统的最大李

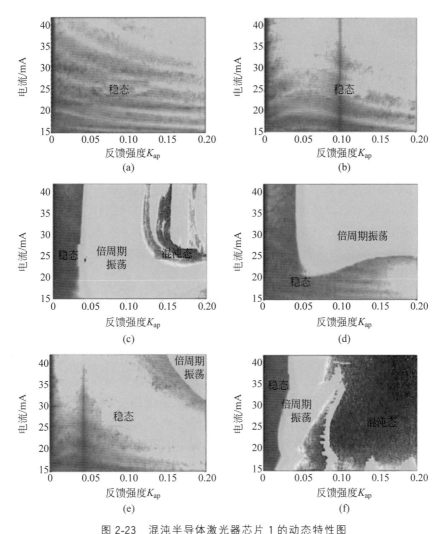

图 2-23　混沌半导体激光器芯片 1 的动态特性图

(a) $L=2$ mm；(b) $L=3$ mm；(c) $L=4$ mm；(d) $L=5$ mm；(e) $L=6$ mm；(f) $L=4$ cm

雅普诺夫指数在零附近,这表明此时系统已由稳态进入倍周期振荡状态,用绿色表示。当反馈强度继续增加,在 0.12～0.20 时,偏置电流在 22～41 mA 时,系统的最大李雅普诺夫指数出现了大于零的值,表明此时系统容易产生混沌激光,用红色和黄色表示。并且可以看到,系统在 22～25 mA,反馈强度大于 0.12 时,系统产生混沌区间较大。当偏置电流大于 25 mA,反馈强度在 0.14～0.16 时,图中红色最深,表明系统的最大李雅普诺夫指数值较大,此时系统容易产生维度较高的混沌激光。

　　当反馈腔长增加到 5 mm 时,系统的混沌态消失,稳态和倍周期振荡状态增加,如图 2-23(d)所示。当反馈强度小于 0.04,或电流小于 20 mA 时,系统处于稳态,由蓝色表示;反馈强度大于 0.04,偏置电流大于 20 mA 时,系统处于倍周期振荡状态,用绿色表示。

当外腔长增加到 6 mm 时,稳态增加,倍周期振荡状态减少,如图 2-23(e)所示。图中只有当反馈强度大于 0.15 并且偏置电流大于 30 mA 时,系统存在倍周期振荡状态。

同时,我们也对长腔情况下芯片 1 的动态特性进行了研究,如图 2-23(f)所示。此时反馈腔长为 4 cm,外反馈频率为 $f_{ext}=3.7$ GHz。当芯片的偏置电流在 15 mA 时,芯片 1 的弛豫振荡频率为 $f_r=3.7$ GHz。当偏置电流大于 15 mA 时,f_{ext}/f_r 小于 1,此时系统由短腔机制进入长腔机制,可以看出长腔机制更容易产生混沌激光。当反馈强度大于 0.05 时,系统容易产生高维混沌信号。但是,本节所设计的混合集成混沌半导体激光器需封装到商用蝶形壳体中,当反馈腔长大于 1 cm 时,该激光器难以实现最终封装。

根据数值模拟结果,不难得出结论,混沌半导体激光器芯片 1 产生混沌信号的最优制作参数为:反馈腔长为 4 mm,反馈强度在 0.12～0.2,偏置电流大于 22 mA。并且从模拟结果可以看出,长腔比短腔机制更容易产生高维混沌激光,对于短腔机制,系统状态对外部参数变化非常敏感。

图 2-24 描述了混沌半导体激光器芯片 2 在反馈腔长为 5 mm,偏置电流为 3.33 倍阈值时,系统最大李雅普诺夫指数随反馈强度的变化图。从图中可以看出,芯片 2 和芯片 1 产生混沌激光的区间范围完全不同。当反馈强度小于 0.03 时,系统的最大李雅普诺夫指数远小于零,系统中的振荡为阻尼振荡,此时系统为稳态;当反馈强度为 0.03～0.08 和 0.12～0.20 时,系统中出现非阻尼振荡,系统

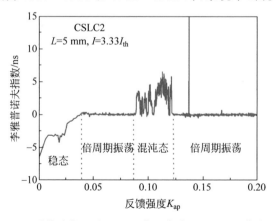

图 2-24　反馈腔长 L 为 5 mm,偏置电流为 3.33I_{th},芯片 2 的
最大李雅普诺夫指数随反馈强度的变化曲线

的最大李雅普诺夫指数在零附近,此时系统处于倍周期振荡状态;只有当反馈强度在 0.08～0.12 时,系统的最大李雅普诺夫指数远大于零,此时系统动力学状态为混沌态。

混沌半导体激光器芯片 2 的动态特性如图 2-25 所示。从图 2-25(a)和(b)中可以看到,当反馈腔长等于 2 mm 和 3 mm 时,系统的最大李雅普诺夫指数远小于零,图中用蓝色表示,这代表此时系统处于稳态,该结果和芯片 1 的动力学特性一致。

图 2-25(c)描述的是外反馈腔长为 4 mm 时系统的动态特性,从图中可以看出,当反馈强度在 0～0.03 和 0.16～0.20 时,系统处于稳态;当反馈强度在 0.03～0.16 时,系统处于倍周期振荡状态,系统不存在混沌态,这与芯片 1 在外腔长为 4 mm 时的动力学特性完全不同。

随着反馈腔长增加到 5 mm,系统出现了新的非阻尼振荡。从图 2-25(d)可以看到,当反馈强度小于 0.03 时,系统中振荡为阻尼振荡,系统仍然为稳态;随着反馈强度的增加,当反馈强度为 0.03～0.07 时,系统进入倍周期振荡状态;进一步增强反馈,当反馈强度为 0.07～0.12,偏置电流为 22～39 mA 时,最大李雅普诺夫指数大于零,系统出现新的非阻尼振荡,系统出现了混沌态;进一步增强反馈,系统再一次进入倍周期振荡状态。从图中可以看出,外长腔为 5 mm,反馈强度为 0.07～0.12 时,芯片 2 容易产生混沌激光,这和芯片 1 也不相同。

当外腔长增加到 6 mm 时,稳态增加,倍周期振荡状态减少,如图 2-25(e)所示。图中只有当反馈强度大于 0.15 并且偏置电流大于 32 mA 时,系统存在倍周期振荡状态。这一状态和芯片 1 的动态特性几乎一致。

长腔情况下,芯片 2 的动态特性如图 2-25(f)所示,此时反馈腔长为 4 cm,外反馈频率为 $f_{ext}=3.7$ GHz。从图中可以看出,当反馈强度大于 0.04 时,系统容易产生高维混沌信号。

根据数值模拟结果显示,混沌半导体激光器芯片 2 产生混沌信号的最优制作参数为:反馈腔长 5 mm,反馈强度在 0.07～0.12,偏置电流大于 22 mA。

从以上研究中可以得知,短腔光反馈结构的混沌维度较低,且不同的芯片由于内部参数的不同,产生的混沌激光的外部条件也不同;根据计算系统的最大李雅普诺夫指数,可以确定两个芯片产生混沌的最优制作参数,混沌半导体激光器芯片 1 的最优制作参数是外反馈腔长为 4 mm,反馈强度为 0.12～0.20;混沌半导体激光器芯片 2 的最优制作参数是外反馈腔长为 5 mm,反馈强度为 0.07～0.12,这对于制作出该混合集成混沌半导体激光器具有重要的指导意义,同时,也要考虑系统仿真和器件实际制作的差异性,并将二者有机结合起来。

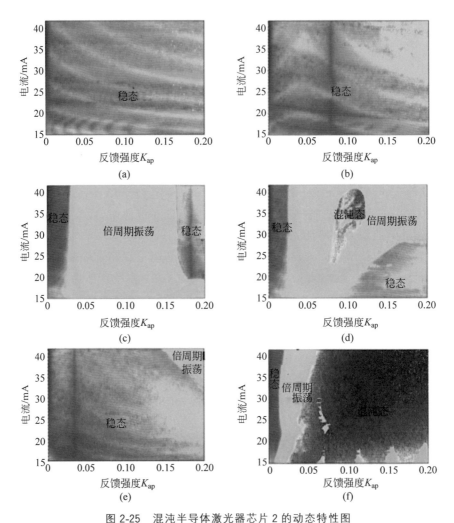

图 2-25　混沌半导体激光器芯片 2 的动态特性图

(a) $L=2$ mm；(b) $L=3$ mm；(c) $L=4$ mm；(d) $L=5$ mm；(e) $L=6$ mm；(f) $L=4$ cm

2.2.2　器件研制

1. 结构设计

基于现有的蝶形封装光发射器件的生产工艺,作者团队设计了两种混合集成混沌半导体激光器结构:内耦合结构和外耦合结构。值得提及的是,由于现有的蝶形封装半导体激光器的加工工艺限制,这两种结构的反馈腔长即激光器芯片和透反镜之间的距离被固定。其中,内耦合结构的反馈腔长为 2 mm,而外耦合结构的反馈腔长为 8.25 mm。下面分别对这两种结构作详细的介绍。

图 2-26 所示为混合集成激光器内耦合结构示意图,一个分布式反馈半导体激光器芯片、一个准直透镜、一个透反镜、一个聚焦透镜和一段光纤顺次排列,同轴耦合。分布式反馈半导体激光器芯片用导电胶粘合于芯片载体之上,以便供电。另外,为了监测分布式反馈半导体激光器芯片的温度,将热敏电阻粘合于芯片载体上,且靠近分布式反馈半导体激光器芯片的位置。而芯片载体、准直透镜、透反镜、聚焦透镜、光纤均固定在热沉上散热,其中,光纤通过 Ω-支架[31-34] 固定在热沉上。而整个热沉焊接于半导体制冷片上,以上所有器件封装于普通商用 14 脚蝶形激光器管壳中,并且管壳中充满氮气以提高器件的使用寿命和稳定性。

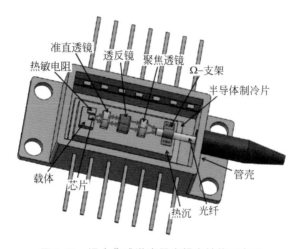

图 2-26　混合集成激光器内耦合结构示意图

图 2-27 所示为混合集成激光器外耦合结构示意图,从图中可以看出,这种结构与内耦合结构有相似之处,也是在 14 脚的蝶形金属管壳内集成了半导体激光器

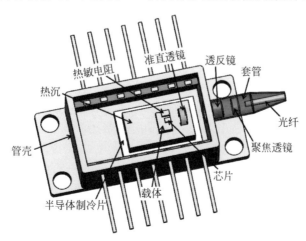

图 2-27　混合集成激光器外耦合结构示意图

芯片、热敏电阻、芯片载体、热沉、半导体制冷片等部件,然后通过准直透镜的准直作用和聚焦透镜的聚焦作用将激光器发出的光束耦合至光纤,并且采用透反镜对激光部分反射以产生混沌激光。不同的是,内耦合结构中,光纤的耦合采用的是伸入壳体内部的结构完成,而外耦合结构中,光纤的耦合在壳体出光口的套管中完成,由图2-27可以看出,此时的准直透镜固定在热沉上,而透反镜、聚焦透镜和光纤均在套管中完成耦合固定。

在以上两种结构设计中,采用反射率分别为20%、10%和5%的三种透反镜。准直透镜和分布式反馈半导体激光器芯片的耦合效率为90%,准直透镜和透反镜之间为平行光,耦合效率可视为100%。因此,根据光可逆原理,三种反射率的透反镜对于芯片的反馈率分别约为16.2%、8.1%和4.05%。其中,后两种情况的反馈率在产生混沌激光的理论范围−40 dB和−10 dB之间,而第一种情况的反馈率大于理论范围的上限,这是因为考虑到在实际的操作中准直透镜和透反镜之间的耦合效率可能达不到理想情况或者一些其他因素的影响造成实际光路中的损耗。

2. 器件制作

混合集成混沌半导体激光器的集成封装采用目前成熟的半导体器件封装工艺流程,包括贴片、金丝球焊、加热焊接、耦合对准、激光焊接等,最终,内耦合和外耦合两种结构的混合集成混沌半导体激光器被制作而成(图2-28)。

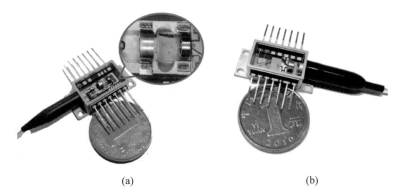

(a)   (b)

图 2-28　混合集成混沌半导体激光器实物图

(a) 内耦合结构;(b) 外耦合结构

3. 输出特性测试实验装置

作者还对混合集成混沌半导体激光器的输出特性进行了实验测试,实验装置如图2-29所示。其中,集成混沌半导体激光器由精密电流源(ILX Lightwave,LDX3412)驱动以提供偏置电流,由温度控制器(ILX Lightwave,LDT-5412B)调节芯片的工作温度。该集成混沌半导体激光器的输出光信号首先经过一个光隔离器(ISO,隔离度大于 50 dB)来阻止检测光路光反馈的影响,然后经由光耦合器(分光比为80∶20)分为两路,其中 20% 一路进入高分辨率光谱分析仪(APEX,AP2041B,波长分辨率可达 0.04 pm)观察光谱。80% 一路经过高灵敏掺铒光纤放大器(KEOPSYS,CEFA-C-HG)放大光信号,被放大的光信号经由光耦合器(分光比为50∶50)进一步地将光路分为两路,其中一路经过高速光电探测器(Finisar,XPDV2120RA,50 GHz 速率)转化为电信号进入高带宽实时示波器(TELEDYNELECROY,10-36Zi,36 GHz 带宽、80 GHz 采样率)来监测时序;另外一路经过相同型号的高速光电探测器,转化后的电信号进入频谱分析仪(Rohde&Schwarz,FSW-26,26.5 GHz 带宽)以观察频谱。图 2-29 中,实线表示光信号通路,虚线表示电信号通路。

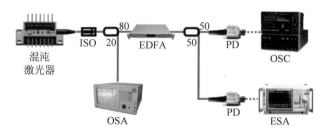

图 2-29　混合集成混沌半导体激光器输出特性测试实验装置图

经过实验测试,采用反射率为 20% 的透反镜和反馈腔长为 8.25 mm 结构($R=20\%$,$L=8.25$ mm)以及采用反射率为 5%,反馈腔长为 2 mm 结构($R=5\%$,$L=2$ mm)的混合集成混沌半导体激光器能够输出较为理想的混沌激光信号,它们的频谱带宽都在 4.5 GHz 以上。同时还发现后者的混沌输出状态不会随偏置电流的变化而改变,取得了比较理想的实验结果,下面将作具体介绍。

4. $R=20\%$,$L=8.25$ mm 激光器的输出特性

对于该激光器发现两个典型的输出状态:偏置电流为 20.9 mA,工作温度为 11.9℃时的单倍周期振荡状态和偏置电流为 20.9 mA,工作温度为 12.4℃时的混沌状态。图 2-30 为在这两种情况下的激光器 P-I 特性曲线。由图 2-30(a)可以看到,11.9℃的工作温度下该集成混沌半导体激光器的阈值电流为 10.1 mA,斜率效率为 0.1 W/A,在偏置电流为 40 mA 时,该集成混沌半导体激光器的功率为 3 mW。由图 2-30(b)可以看到,12.4℃的工作温度下该集成混沌半导体激光器的阈值电流为 10.4 mA,斜率效率为 0.098 W/A,在偏置电流为 40 mA 时,该集成混沌半导体激光器的功率为 2.94 mW。也就是说,对应工作温度为 11.9℃ 和

12.4℃的情况下,激光器外加偏置电流 20.9 mA 分别为 2.07 倍和 2.01 倍的阈值电流。

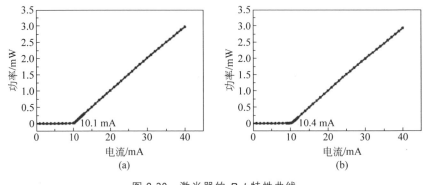

图 2-30　激光器的 *P-I* 特性曲线
（a）工作温度为 11.9℃；（b）工作温度为 12.4℃

　　图 2-31 为偏置电流为 20.9 mA,工作温度为 11.9℃时激光器的时序、频谱、光谱和自相关曲线图。从图 2-31（a）可以看到,此时的时序峰峰值在 25 mV 左右,时序图线的波动呈现明显的周期性,相邻两尖峰间隔为 0.19 ns,即最小正周期为 0.19 ns,则变化频率为 5.26 GHz。从图 2-31（b）可以明显看到,在频率为 5.2 GHz 左右出现强度为 −55 dBm 左右的尖峰,超出了系统固有噪声 27 dB。表明该激光器在外加电流为 20.9 mA,工作温度为 11.9℃时的弛豫振荡频率约为 5.2 GHz。此时输出频谱的 80% 带宽为 3.6 GHz。图 2-31（c）其光谱的 −20 dB 线宽为 0.4349 GHz,在 1549.02 nm 波长处呈现明显的尖峰,即中心波长为 1549.02 nm,左右对称分布波长分别为 1548.94 nm、1548.98 nm、1549.06 nm 和 1549.11 nm 的明显尖峰,并且相邻两尖峰的频率差在 5.2 GHz 左右。图 2-31（d）其自相关曲线整体呈现菱形分布,并且由一系列尖峰组成,相邻两尖峰间隔为 0.19 ns,对应于频率 5.26 GHz。因此,判断为偏置电流为 20.9 mA、工作温度为 11.9℃时的激光器处于单倍周期振荡状态输出,周期约为 0.19 ns。此时的输出能量主要集中在频率为 5.2 GHz 的弛豫振荡附近,时序呈现周期性起伏波动。

　　图 2-32 为偏置电流为 20.9 mA、工作温度为 12.4℃时激光器的时序、频谱、光谱和自相关曲线图。从图 2-32（a）可以看到,此时激光器的时序峰峰值在 10 mV 左右,此时时序波动无周期性,相比于工作温度为 11.9℃时较为随机。从图 2-32（b）可以看出,相较 11.9℃时,频谱更加的平缓且带宽增加,此时的输出能量分布趋于分散,此时频谱的 80% 带宽为 6.5 GHz。图 2-32（c）其光谱的 −20 dB 线宽为 1.1346 GHz,相比于 11.9℃时的 0.4349 GHz 增加了 1.5 倍多。中心波长为 1549.09 nm,相比

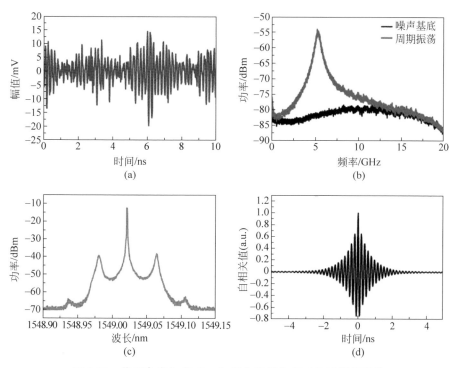

图 2-31 偏置电流为 20.9 mA、工作温度为 11.9℃时激光器的
(a)时序,(b)频谱,(c)光谱和(d)自相关曲线图

11.9℃时光谱的中心波长 1549.02 nm 有所增加,这是由于温度的升高导致半导体材料的禁带宽度变小,从而波长变大。图 2-32(d)此时的自相关曲线呈现图钉形状分布,这是典型的混沌状态分布特点。因此,判断为偏置电流为 20.9 mA、工作温度为 12.4℃时激光器处于混沌输出状态,此时时序呈现随机性起伏波动,光谱相比 11.9℃时展宽,且频谱趋于平缓,能量输出较为分散。

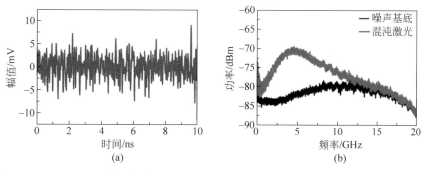

图 2-32 偏置电流为 20.9 mA、工作温度为 12.4℃时激光器的
(a)时序,(b)频谱,(c)光谱和(d)自相关曲线图

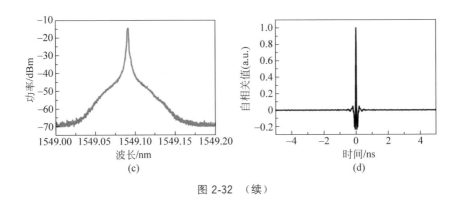

(c)   (d)

图 2-32 （续）

5. $R=5\%,L=2$ mm 激光器的输出特性

采用反射率为 5% 的透反镜和反馈腔长为 2 mm 结构的混合集成混沌半导体激光器的输出特性如下文所述。

图 2-33 所示为该激光器在 18.5℃ 下 P-I 特性曲线和此温度下偏置电流为 7.8 mA 即 1.345 倍阈值电流时的光谱图。如图 2-33(a) 所示，此温度下该集成混沌半导体激光器的阈值电流为 5.8 mA，斜率效率为 0.21 W/A，在偏置电流为 30 mA 时，该集成混沌半导体激光器的功率达到 5 mW。如图 2-33(b) 所示，在工作温度为 18.5℃、外加偏置电流为阈值电流的 1.345 倍时，该集成混沌半导体激光器的光谱中心波长约为 1551.10 nm，光谱 −3 dB、−10 dB 和 −20 dB 线宽分别为 0.32 GHz、0.85 GHz 和 3.1 GHz，且此时光谱无边模。

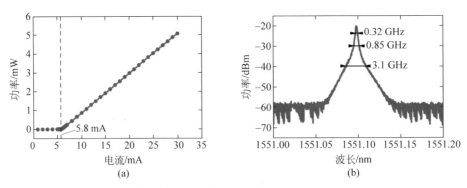

(a)   (b)

图 2-33 工作温度为 18.5℃ 时混合集成混沌半导体激光器的
(a)P-I 特性曲线和(b)典型光谱图

图 2-34 为混合集成混沌半导体激光器的光谱随温度的变化曲线图。图 2-34(a) 为工作温度为 19.7℃ 到 35.7℃ 时的光谱曲线图，可以看出，随着温度的升高，激光器的光谱中心波长增高，为了更直观地看出光谱中心波长随温度的变化情况，图 2-34(b) 为不同温度下的中心波长的折线图，从中可以看出，激光器的光谱中心

波长随温度的升高呈线性增长,斜率为 0.11 nm/℃。

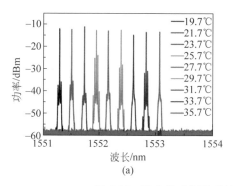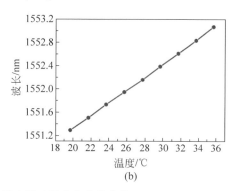

图 2-34　混合集成混沌半导体激光器随温度变化的曲线图

(a) 不同温度下的光谱图;(b) 不同温度下的中心波长

图 2-35 为混合集成混沌半导体激光器的典型输出状态,此时的外加偏置电流为 7.8 mA、温度控制器控制温度在 18.5℃。图 2-35(a)为该集成混沌半导体激光器的时序图,可以看到,时序峰峰值在 5 mV 左右,时序曲线在亚纳秒层面展现出一定幅度的振动和显著波动,波动起伏较为随机、无规律可循。图 2-35(b)中上方红色曲线为此时该集成混沌半导体激光器的频谱图,黑色曲线为系统噪声基底。可以发现,在频率为 2.3 GHz 左右时,激光器频谱出现一个较为平缓的峰值 −76 dBm,此峰值由芯片本身弛豫振荡引起,可以判断此时激光器的弛豫振荡频率在 2.3 GHz 左右。该峰值超出噪声基底大概 24 dB,此时能量分布较为分散,频谱在一个较为宽泛的频率范围连续抬升一直截至 9 GHz 左右,此时的频谱 80% 带宽为 5 GHz 左右。而此时的相图数据点分布分散,呈现出典型的混沌吸引子特性,复杂、遍历、有界,如图 2-35(c)所示。图 2-35(d)为此时的自相关曲线图,图像呈现出图钉形状分布,这也是典型的混沌状态分布特点。使用时序数据计算得出此时的最大李雅普诺夫指数为 0.049935,也表明激光器处于混沌输出状态。

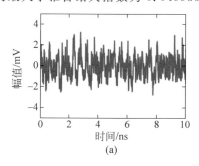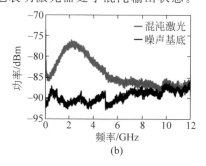

图 2-35　混合集成混沌半导体激光器的典型输出状态

(a) 时序图;(b) 频谱图;(c) 相图;(d) 自相关曲线图

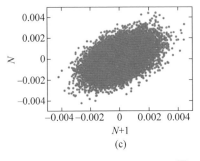
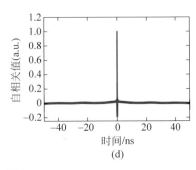

(c)　　　　　　　　　　　　　　　(d)

图 2-35　（续）

在此工作温度下，作者改变外加偏置电流，发现了更为广泛的混沌状态，如图 2-36(a)为 $T=18.5$℃时集成混沌半导体激光器在不同偏置电流下的几个典型频谱图，所有的频谱相对于噪声基底都有一个较大范围的连续抬升。图 2-36(b)为该温度下集成混沌半导体激光器的频谱 80% 带宽随偏置电流变化图，偏置电流已经作了对阈值电流的归一化处理。图中显示，随着偏置电流的增加，频谱 80% 带宽基本上呈现首先增大，然后再缓慢减小的趋势，仅在峰值处存在一个小的扭结。当偏置电流为 1.55 倍阈值电流即 9 mA 左右时，频谱 80% 带宽达到最大值 5.9 GHz。当归一化的偏置电流在 1.3～2.2 内，输出频谱的 80% 带宽在 4.5 GHz 以上。图 2-36(c)表示不同偏置电流下频谱的峰值功率变化，可以看出，当偏置电流持续增加时，频谱的峰值功率呈现先降低，然后缓慢增加的趋势。同样地，在偏置电流为 1.55 倍的阈值电流即 9 mA 左右时，频谱的峰值功率达到最低。可以判断出：随着偏置电流的变化，频谱 80% 的带宽和频谱的峰值功率成反比。而图 2-36(d)为频谱的峰值频率随偏置电流的变化，图中蓝色的点为实验数据点，红色的曲线为拟合曲线，实验数据点均匀地散布于拟合曲线两边，可以看出，实验数据点有些许波动，该波动由频谱峰值处自身的振荡引起，整体的趋势随偏置电流的增大缓慢增加，这是由于偏置电流的增加导致了激光器弛豫振荡频率的增加，反映到频谱上就是峰值频率的持续增加。

简而言之，在 $T=18.5$℃时，我们在多个偏置电流下发现了频谱的 80% 带宽在 4.5 GHz 以上的混沌状态。而随着电流的增大，频谱的 80% 带宽呈现首先增大，然后再缓慢减小的趋势。这是因为在一定的电流范围内，混沌状态的频谱带宽与激光器芯片的弛豫振荡频率有关，而弛豫振荡频率的大小又与外加偏置电流和自身阈值电流差的平方根成正比。因此，在图 2-36(b)中，最初随着电流的增大，频谱 80% 带宽首先增大，而后随着偏置电流的持续增大，激光器的输出能量开始向频谱峰值处集中，随机性减弱，周期性增强，但仍处于混沌状态输出。反映到图像上就是频谱的 80% 带宽增大到峰值之后，有缓慢减小的趋势，但最低值仍在 4.5 GHz 左右。该混合集成混沌半导体激光器的混沌输出状态不随偏置电流的变化而改变的

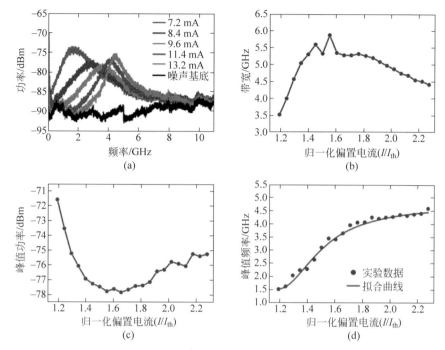

图 2-36　（a）在偏置电流分别为 7.2 mA、8.4 mA、9.6 mA、11.4 mA 和 13.2 mA 时混合集成
混沌半导体激光器的频谱图。不同归一化偏置电流下激光器的（b）频谱 80% 带宽，
（c）峰值功率和（d）峰值频率

性质对于应用是非常有利的。

　　除此之外，当偏置电流固定不变，改变芯片的工作温度时，发现此混合集成混沌
半导体激光器典型的倍周期状态输出。图 2-37 为在偏置电流为 7.8 mA，温度为
18.8℃ 时该激光器的时序、频谱、光谱和自相关曲线图。由图 2-37(a)，即该集成混
沌半导体激光器的时序图可以看出，此时的时序峰峰值在 11 mV 左右，并且具有
明显的周期性。在时序的 10 ns 可视范围内，可以发现 24.5 个周期，则最小正周期
约为 0.408 ns，对应频率约为 2.45 GHz。由图 2-37(b)所示的频谱图可以明显看
到，在频率 2.46 GHz 左右出现强度为 −54.6 dBm 左右的尖峰，在频率为
4.92 GHz 左右出现强度为 −76 dBm 左右的尖峰，表明该激光器在偏置电流为
7.8 mA，温度为 18.8℃ 时的弛豫振荡频率约为 2.46 GHz。此时的输出能量集中
在弛豫振荡频率附近。由图 2-37(c)可见，其光谱的中心波长约为 1551.22 nm，在
光谱的主峰两边对称出现两对尖峰。每两相邻尖峰的间隔约为 0.022 nm，对应的
相邻两尖峰的频率差在 2.47 GHz 左右，与 2.46 GHz 接近。由图 2-37(d)可见，其
自相关曲线整体呈菱形分布，存在一系列左右对称的尖峰，且相邻两尖峰间隔为
0.404 ns，对应于频率 2.47 GHz。非常明显，当偏置电流为 7.8 mA，工作温度为

18.8℃时激光器处于单倍周期状态,此时能量大部分集中在频率 2.46 GHz 附近,时序呈周期性起伏波动。

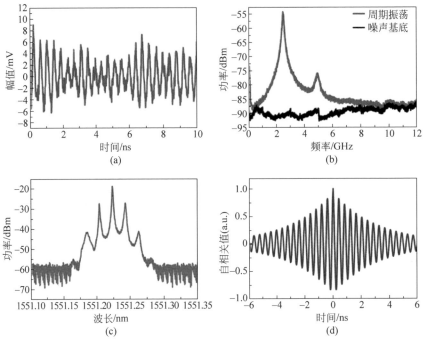

图 2-37　偏置电流为 7.8 mA,温度为 18.8℃时集成混沌半导体激光器的
(a) 时序;(b) 频谱;(c) 光谱;(d) 自相关曲线图

实际上,当保持集成混沌半导体激光器的偏置电流不变,而去改变工作温度的时候,发现激光器的输出特性在倍周期和混沌状态之间呈现周期性变化。偏置电流为 8 mA 时激光器的输出频谱带宽以及光谱线宽随温度的变化如图 2-38 所示。

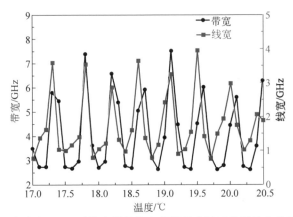

图 2-38　偏置电流为 8 mA 时激光器的输出频谱带宽以及光谱线宽随温度的变化图

图中黑色的圆点画线表示频谱带宽,红色的方块画线表示光谱线宽,这里的频谱带宽采用的是 80% 带宽,光谱线宽采用的是 −20 dB 线宽。从图中可以看出,随着温度的改变,频谱带宽和光谱线宽都呈现周期性变化,并且频谱带宽和光谱线宽的变化趋势基本一致,在可视范围 3.5℃ 的改变量之内,可以发现 7 个周期,平均最小半周期为 0.25℃,这和上述实验混沌状态和单倍周期状态 0.3℃ 的改变量基本相同(温度控制器的控温精度为 0.1℃)。

2.3　单片集成混沌半导体激光器

2.3.1　单片集成混沌半导体激光器芯片结构设计

作为光子集成芯片的一种,单片集成混沌半导体激光器具有结构紧凑、输出稳定、适宜大规模生产等优点,通过特殊设计和制造,可对其进行参数控制,输出不同动力学状态的信号。下面介绍作者团队设计的多种无时延、宽带的单片集成混沌半导体激光器的芯片结构。

1. 无时延、频谱平坦、宽带光子集成混沌半导体激光器

采用掺铒无源光波导作为连续散射体构成连续分布式反馈腔,采用无隔离双向放大的半导体光放大芯片控制左右分布式反馈半导体激光芯片互注入的光功率大小和无源光波导对左分布式反馈半导体激光芯片的反馈强度,以解决半导体激光器所产生的混沌激光暗含时延特征、信号带宽窄、频谱不平坦的问题。设计的无时延、频谱平坦、宽带光子集成混沌半导体激光器结构示意图如图 2-39 所示。

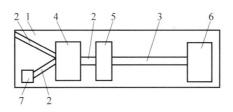

图 2-39　无时延、频谱平坦、宽带光子集成混沌半导体激光器结构示意图
1-芯片衬底;2-光波导;3-掺铒的无源光波导;4-左分布式反馈半导体激光器芯片;
5-无隔离双向放大的半导体光放大芯片;6-右分布式反馈半导体激光器芯片;7-高速光电探测芯片

2. 高散射掺杂光波导反馈产生混沌激光的单片集成激光器芯片

高散射掺杂光波导反馈产生混沌激光的单片集成激光器芯片利用高散射的掺杂光波导随机反馈产生混沌激光,消除了混沌激光的时延特征,并采用单片集成结

构,结构更紧凑,稳定性更好。该芯片包括 DFB 激光器结构、非掺杂光波导结构和高散射掺杂光波导结构,其中 DFB 激光器结构和高散射掺杂光波导结构分别分布在非掺杂光波导结构的两端。芯片中 DFB 激光器结构所对应的半导体材料带隙波长为 $1.55~\mu m$ 或大于 $1.55~\mu m$,非掺杂光波导结构以及高散射掺杂光波导结构所对应的半导体材料带隙波长为 $1.45~\mu m$ 或小于 $1.45~\mu m$。DFB 激光器结构使用的有源区材料为应变量子阱材料,高散射掺杂光波导结构和非掺杂波导结构所使用的有源区材料为体材料。高散射掺杂光波导结构的掺杂元素可以为硅、铁、硼。DFB 激光器结构、非掺杂光波导结构和高散射掺杂光波导结构的子器件集成在同一 InP 基片上,所使用的方法有量子阱混杂或选择区域外延。高散射掺杂光波导结构和非掺杂光波导结构的唯一区别在于波导的有源层掺杂与否。图 2-40 为所设计的高散射掺杂光波导反馈产生混沌激光的单片集成激光器芯片的结构示意图,图 2-41 为该激光器芯片的具体生长示意图。

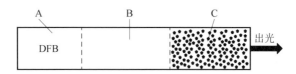

图 2-40　高散射掺杂光波导反馈产生混沌激光的单片集成激光器结构示意图

A-DFB 激光器结构；B-非掺杂光波导结构；C-高散射掺杂光波导结构

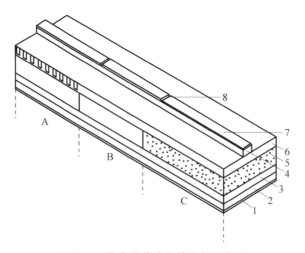

图 2-41　激光器芯片具体生长示意图

1-N⁺电极层；2-衬底；3-下限制层；4-波导层；5-有源层；6-上限制层；7-P⁺电极层；8-隔离沟

3. 基于随机分布布拉格反射光栅的 InP 基单片集成混沌半导体激光器

所设计的基于随机分布布拉格反射光栅的 InP 基单片集成混沌半导体激光器芯片结构示意图由图 2-42 给出。该激光器芯片主要包括以下几部分：左 DFB 激光器、双向放大的半导体光放大器、随机分布布拉格反射光栅和右 DFB 激光器。随机分布布拉格反射光栅部分利用相位掩膜法刻有随机分布布拉格反射光栅层；InGaAsP 上限制层在对应于左、右 DFB 激光器的区域均刻蚀有分布反馈布拉格光栅。其中左 DFB 激光器的长度为 $500~\mu m$，双向放大的半导体光放大器的长度为 $200~\mu m$，随机分布布拉格反射光栅部分的长度为 $4 \sim 10~mm$，右 DFB 激光器的长度为 $500~\mu m$。随机分布布拉格反射光栅部分和双向放大的半导体光放大器、右 DFB 激光器之间存在折射率差，起到光耦合和光随机反馈的作用；随机分布布拉格反射光栅部分会给左、右 DFB 激光器提供随机光反馈，使得其产生无时延特征的混沌激光。分布反馈布拉格光栅的材料为 InP 和 InGaAsP，厚度为 $50 \sim 200~nm$，布拉格光栅周期为 290 nm，对应 1550 nm 波段的激射峰。左、右 DFB 激光器之间存在参数失配，二者的中心波长的频率差为 $10 \sim 15~GHz$，二者的输出功率偏差低于 70%。

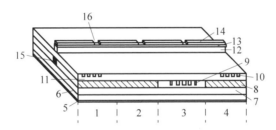

图 2-42　基于随机分布布拉格反射光栅的 InP 基单片集成混沌半导体激光器芯片结构示意图
1-左 DFB 激光器；2-双向放大的半导体光放大器；3-随机分布布拉格反射光栅部分；4-右 DFB 激光器；
5-N$^+$ 电极层；6-N 型衬底；7-InGaAsP 下限制层；8-无掺杂 InGaAsP 多量子阱有源区层；9-随机分布
布拉格反射光栅层；10-分布反馈布拉格光栅；11-InGaAsP 上限制层；12-P 型重掺杂 InP 盖层；
13-P 型重掺杂 InGaAs 接触层；14-P$^+$ 电极层；15-出光口；16-隔离沟

4. 随机散射光反馈 InP 基单片集成混沌半导体激光器

图 2-43 给出了随机散射光反馈的 InP 基单片集成混沌半导体激光器芯片的结构示意图，从图中可以看出该激光器芯片主要包括以下结构：左 DFB 激光器、双向放大的半导体光放大器、左无源光波导、掺杂无源光波导、右无源光波导和右 DFB 激光器，其中左无源光波导、掺杂无源光波导和右无源光波导三部分是同时外延生长在 InGaAsP 下限制层上，然后再在掺杂无源光波导部分中掺入杂质，所掺入杂质可以是增益介质铒粒子或锌粒子等。InGaAsP 上限制层在对应于左、右

DFB 激光器的区域均刻蚀有分布反馈布拉格光栅；掺杂无源光波导部分中掺有杂质。左、右 DFB 激光器长度分别为 500 μm，为整个芯片提供光信号，其对应的分布反馈布拉格光栅材料为 InP 和 InGaAsP，厚度为 50～100 nm，布拉格光栅周期为 290 nm，对应 1550 nm 波段的激射峰；双向放大的半导体光放大器长度为 200 μm。掺杂无源光波导部分中掺有一定浓度的杂质，杂质所在层对应于无掺杂 InGaAsP 多量子阱有源区层；杂质在连续光通过时，单位长度下可以产生较强的随机后向散射光，给左、右 DFB 激光器提供随机光反馈扰动。左、右 DFB 激光器之间存在参数失配，二者中心波长的频率差为 10～15 GHz，二者的输出功率偏差低于 70%。左 DFB 激光器在集成芯片的右面与双向放大的半导体光放大器的左面相连，双向放大的半导体光放大器的右面经过一段左无源光波导部分后与掺杂无源光波导部分的左面相连，掺杂无源光波导部分的右面经过一段右无源光波导部分后与右 DFB 激光器的左面相连，以此实现两个 DFB 激光器的光互注入扰动过程。

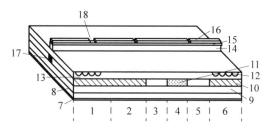

图 2-43　随机散射光反馈 InP 基单片集成混沌半导体激光器芯片结构示意图

1-左 DFB 激光器；2-双向放大的半导体光放大器；3-左无源光波导部分；4-掺杂无源光波导部分；5-右无源光波导部分；6-右 DFB 激光器；7-N$^+$电极层；8-N 型衬底；9-InGaAsP 下限制层；10-无掺杂 InGaAsP 多量子阱有源区层；11-杂质；12-分布反馈布拉格光栅；13-InGaAsP 上限制层；14-P 型重掺杂的 InP 盖层；15-P 型重掺杂 InGaAs 接触层；16-P$^+$电极层；17-出光口；18-隔离沟

5. 基于随机光栅反馈的单片集成混沌激光器

基于随机光栅反馈的单片集成混沌激光器芯片结构如图 2-44 所示，该激光器芯片主要包括 DFB 激光器区和随机反馈区。DFB 激光器区为整个芯片提供输出光和反馈光，其对应的上限制层部分制作有分布反馈布拉格光栅层；DFB 激光器区通过部分增益耦合光栅或者 $\lambda/4$ 相移光栅实现单纵模振荡；DFB 激光器区的长度为（300±50）μm。随机反馈区对所述 DFB 激光器区发出的光进行随机多反馈，该随机反馈区对应的有源层部分制作有随机反馈光栅。本结构采用随机光栅反馈结构产生混沌激光，彻底消除了单腔光反馈混沌激光器的时延特性。

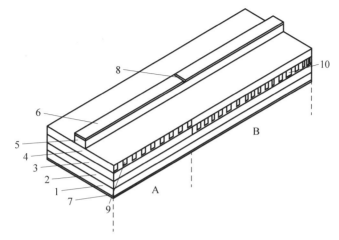

图 2-44　基于随机光栅反馈的单片集成混沌激光器芯片结构示意图

1-衬底；2-下限制层；3-有源层；4-上限制层；5-波导层；6-P⁺ 电极层；7-N⁺ 电极层；8-隔离沟；

9-分布反馈布拉格光栅层；10-随机反馈光栅层；A-分布式反馈半导体激光器区；B-随机反馈区

2.3.2　三段式单片集成 DFB 激光器的仿真研究

基于光互注入耦合法，我们提出了一种三段式单片集成 DFB 激光器结构，该结构可直接基于目前的单片集成工艺整体生长制作而成，性能稳定，利于大规模应用。在具体制作前，先利用仿真模拟对该结构产生优质激光的可行性进行了验证。基于传输线模型，推导出集成激光器的行波速率方程组，对三段式单片集成 DFB 激光器的静态特性和动态特性进行了仿真分析，为单片光子集成器件的具体制作与应用提供了理论支持。

我们利用 MATLAB 仿真软件，对集成激光器动态特性仿真计算，产生微波信号，分析了激光器光栅耦合常数、各段偏置电流、失谐量等参数对集成激光器微波信号的影响，为集成半导体激光器生成微波信号提供了理论支持。

1. 半导体激光器仿真原理及仿真模型

三段式单片集成 DFB 激光器结构如图 2-45 所示，设计的激光器由两个 DFB 激光器和无源光波导（waveguide，WG）三部分构成。两端 DFB 激光器出射的激光通过无源光波导互注入耦合，利用 MATLAB 等软件对其计算模拟，分析所设计集成激光器的电学特性与光学特性。

三段式单片集成激光器采用对称结构，两端的 DFB 激光器结构相同。具体生长结构如图 2-46 所示，由下至上依次为 N 型金属接触层、衬底层、下限制层、量子阱（由交替排列的势阱势垒层构成）、上限制层、波导层、P 型金属接触层，其中交替

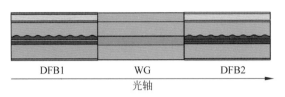

图 2-45 三段式单片集成 DFB 激光器结构示意图

排列的势阱势垒(共 9 层)构成 DFB 激光器的有源区,布拉格光栅刻蚀在 DFB 激光器的上限制层中,腔长为 $300~\mu m$。

上述 DFB 激光器在仿真计算时采用脊波导结构。在激光器中,脊波导具有长主模截止波长,波导尺寸可以缩小,单模工作频带较宽,等效阻抗低等优势,因此在单片集成结构中采用脊波导结构可优化集成激光器性能。

中间的 WG 段长度为 $300~\mu m$,同样采用脊波导结构,生长结构如图 2-47 所示,由下至上依次为 N 型金属接触层、衬底层、波导传输芯层、波导层、P 型金属接触层。其中,WG 传输芯层厚度与 DFB 激光器中上下限制层和有源区的总厚度相当。

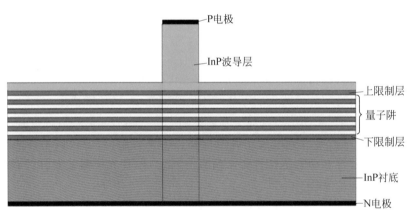

图 2-46 DFB 段外延层结构示意图

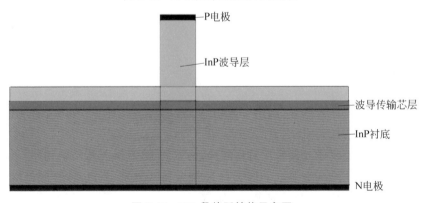

图 2-47 WG 段外延结构示意图

我们利用二能级原子模型,推导出有关电场 E、偏振 P 和粒子数反转 W 的麦克斯韦-布洛赫方程,并以此为基础,构建半导体激光器行波速率方程组,对其相关特性仿真计算。如图 2-48 所示为二能级原子模型图,该模型利用量子力学理论,对原子能量进行量化,只考虑激光跃迁的上下能级。

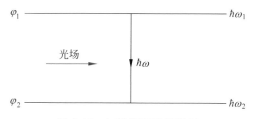

图 2-48　二能级原子模型图

在二能级原子模型下,电场麦克斯韦方程为

$$\nabla \boldsymbol{\varepsilon}(z,t) - \frac{1}{c^2}\frac{\partial^2 \boldsymbol{\varepsilon}(z,t)}{\partial t^2} = \mu_0 \frac{\partial^2 \boldsymbol{P}(z,t)}{\partial t^2} \tag{2-58}$$

式中,$\boldsymbol{\varepsilon}(z,t)$ 为电场矢量函数,$c = 3 \times 10^8$ m/s 为真空中光速,ε 为介电常数,μ_0 为真空磁导率,$\boldsymbol{P}(z,t)$ 为偏振矢量函数。假设激光介质的折射率均匀,x 和 y 方向的线性极化空间模式随 z 轴的传播而变化,则场和物质的极化会减少到仅向 z 方向传播的标量,并且式(2-58)可以简化为以下方程:

$$\frac{\partial^2 \boldsymbol{\varepsilon}(z,t)}{\partial z^2} - \frac{\eta^2}{c^2}\frac{\partial^2 \boldsymbol{\varepsilon}(z,t)}{\partial t^2} = \mu_0 \frac{\partial^2 \boldsymbol{P}(z,t)}{\partial t^2} \tag{2-59}$$

η 表示激光介质折射率。z 方向上,在缓变包络近似条件下,上述方程可写成:

$$\boldsymbol{\varepsilon}(z,t) = \frac{1}{2}\boldsymbol{E}(z,t)\exp[\mathrm{i}(kz - w_0 t)] + c^* \tag{2-60}$$

$$\boldsymbol{P}(z,t) = \frac{1}{2}\boldsymbol{P}(z,t)\exp[\mathrm{i}(kz - \omega_0 t)] + c^* \tag{2-61}$$

式中,c^* 表示前一项的复共轭,波数 $k = \eta\omega_0/c$,ω_0 为角振荡频率,$\boldsymbol{E}(z,t)$ 为电场振幅函数,$\boldsymbol{P}(z,t)$ 为偏振振幅函数。忽略二阶小无穷大,将式(2-60)和式(2-61)代入式(2-59),可得以下有关电场和偏振的振幅方程:

$$\frac{\partial \boldsymbol{E}(z,t)}{\partial z} + \frac{\eta}{c}\frac{\partial \boldsymbol{E}(z,t)}{\partial t} = \mathrm{i}\frac{k}{2\varepsilon_0 \eta^2}\boldsymbol{P}(z,t) \tag{2-62}$$

在二能级原子模型中存在光的吸收和发射,考虑原子量子态,可导出布洛赫方程。二能级原子模型中,哈密顿量

$$H = H_0 - \boldsymbol{\mu} \cdot \boldsymbol{\varepsilon} \tag{2-63}$$

式中,H_0 为不受电场矢量扰动的哈密顿量,$\boldsymbol{\mu} = e \cdot r$ 为两个能级之间的过渡时刻(r 表示位置矢量,基本电荷量 $e = 1.6 \times 10^{-19}$ C)。对于二能级的本征态 φ_1、φ_2,每

个能级的本征能量为 $\hbar\omega_j(j=1,2;$ 普朗克常量 $\hbar=6.626\times10^{-34}$ J·s)，两个能级间的相互作用为

$$\langle\varphi_j\mid H_0\mid\varphi_k\rangle=\hbar\omega_j\delta_{jk} \tag{2-64}$$

式中，δ_{jk} 代表克罗内克函数(克罗内克函数：若输入两自变量相等，则 δ 值为 1，否则 δ 值为 0)，二能级发射或吸收的角频率为 $\omega_A=\omega_2-\omega_1$。光场存在时，二能级原子的量子态 $|\psi\rangle$ 通过二能级各自量子态的线性叠加计算得到：

$$|\psi\rangle=c_1(t)\exp(-i\omega_1t)\mid\varphi_1\rangle+c_2(t)\exp(-i\omega_2t)\mid\varphi_2\rangle \tag{2-65}$$

将上述方程替换为薛定谔方程，二能级各自量子态的系数 c_1 和 c_2 由下述布洛赫耦合方程求解：

$$\frac{dc_1(t)}{dt}=\frac{c_2(t)}{i\hbar}\exp(-i\omega_At)\langle\varphi_1\mid\boldsymbol{\mu}\cdot\boldsymbol{\varepsilon}\mid\varphi_2\rangle \tag{2-66}$$

$$\frac{dc_2(t)}{dt}=\frac{c_1(t)}{i\hbar}\exp(-i\omega_At)\langle\varphi_2\mid\boldsymbol{\mu}\cdot\boldsymbol{\varepsilon}\mid\varphi_1\rangle \tag{2-67}$$

利用阿伏伽德罗常量 $N_A(N_A=6.022\times10^{23})$，介质宏观偏振函数由下式定义：

$$P=N_A\langle\psi\mid\mu\mid\psi\rangle \tag{2-68}$$

由式(2-62)和式(2-65)可推出如下方程：

$$P=N_A\{p(t)\mu_{12}+p^*(t)\mu_{21}\} \tag{2-69}$$

式中，$\mu_{ij}(i,j=1,2)$ 是从下能级状态到上能级状态的过渡时刻，反之亦然。每个原子的微观偏振函数 $p(t)$ 由下式给出：

$$p(t)=c_1^*(t)c_2(t)\exp(-i\omega_At) \tag{2-70}$$

$$\mu_{ij}=\langle\varphi_j\mid\mu\mid\varphi_i\rangle \tag{2-71}$$

最后，将上述方程代入式(2-63)和式(2-64)，可得原子偏振方程：

$$\frac{dp(t)}{dt}=-i\omega_Ap(t)+\frac{i}{\hbar}E(t)\mu_{21}\omega(t) \tag{2-72}$$

二能级原子模型粒子数反转分布 $\omega(t)=\mid c_2(t)\mid^2-\mid c_2(t)\mid^2$，粒子数反转方程如下：

$$\frac{dw(t)}{dt}=\frac{2}{i\hbar}E(t)\{p^*(t)\mu_{21}-p(t)\mu_{12}\} \tag{2-73}$$

重新整理得到场和极化方程，考虑到激光介质中粒子数反转的时间变化，导出与洛伦兹混沌方程相同的完整的激光速率方程。对式(2-58)微分，结合式(2-66)和式(2-69)，可得到如下宏观偏振函数方程：

$$\frac{d\boldsymbol{P}(z,t)}{dt}=-i(\omega_A-\omega_0)\boldsymbol{P}(z,t)+\frac{i\mu^2}{2\hbar}W(z,t)[E(z,t)+$$

$$E^*(z,t)\exp\{-2i(kz-\omega_0t)\}] \tag{2-74}$$

式中，ω_A 是二能级原子中发射或吸收的光角频率，$\mu = |\mu_{12}|$，$\hbar$ 是普朗克常量（$\hbar = 6.626 \times 10^{-34}$ J·s），$W(z,t) = N_A \omega(z,t)$ 是宏观粒子数反转函数，$E(z,t)$ 是电场函数。由式(2-70)，粒子数反转函数方程可由下式得到：

$$\frac{\mathrm{d}W(z,t)}{\mathrm{d}t} = \frac{1}{\mathrm{i}\,\hbar}\left[E(z,t)P^*(z,t) - E(z,t)P(z,t)\exp\{2\mathrm{i}(kz - \omega_0 t)\} - c.\right]$$

(2-75)

方程中仅考虑相对光频变化较为缓慢的变量，因此可忽略式(2-71)和式(2-72)中与角频率 $2\omega_0$ 有关的快速振动项。半导体激光器需要外部泵浦激光，所以在式(2-72)中增加一个额外项表示实际泵浦激光项。此外，考虑到阻尼振荡现象的存在，在式(2-59)、式(2-71)和式(2-72)中同样增加一项，最终得到在缓变包络近似条件下，分别表示电场 E、偏振 P 和粒子数反转 W 的麦克斯韦-布洛赫方程：

$$\frac{\partial E(z,t)}{\partial z} + \frac{\eta}{c}\frac{\partial E(z,t)}{\partial t} = \mathrm{i}\frac{k}{2\varepsilon_0 \eta^2}P(z,t) - \frac{\eta}{2T_{\mathrm{ph}}c}E(z,t)$$

(2-76)

$$\frac{\partial P(z,t)}{\partial t} = -\mathrm{i}(\omega_A - \omega_0)P(z,t) + \frac{\mathrm{i}\mu^2}{2\,\hbar}E(z,t)W(z,t) - \frac{P(z,t)}{T_2}$$

(2-77)

$$\frac{\mathrm{d}W(z,t)}{\mathrm{d}t} = \frac{1}{\mathrm{i}\,\hbar}\{E(z,t)P^*(z,t) - E^*(z,t)P(z,t)\} +$$

$$\frac{W_0 - W(z,t)}{T_1}$$

(2-78)

式中，W_0 是激光阈值处的粒子数反转值，T_{ph}、T_1 和 T_2 分别表示光子寿命、偏振（横向弛豫）时间、粒子数反转（纵向弛豫）时间。

假定 m 段构成的多段式激光器 S_r 总长度为 L，各段长度分别为 $l_r(r=1, 2, \cdots, m)$，考虑到激光发射的光在载流子频率附近是准单色的，因此将场表示为左行波和右行波的叠加。沿多段式激光器光轴方向，光场函数 $E(z,t) = (E^+, E^-)^\mathrm{T}$，偏振函数 $P(z,t) = (P^+, P^-)^\mathrm{T}$，推出下述方程：

$$-\mathrm{i}\partial_t E^\pm = v_\mathrm{g}\left[(\pm \mathrm{i}\partial_z - \beta(n))E^\pm - \kappa E^\mp + \mathrm{i}\frac{g}{2}(E^\pm - P^\pm)\right]$$

(2-79)

$$-\mathrm{i}\partial_t P^\pm = -\mathrm{i}\bar{\gamma}(E^\pm - P^\pm) + \bar{\omega}P^\pm$$

(2-80)

$$\begin{cases} \beta(n) \stackrel{\mathrm{def}}{=} \delta - \mathrm{i}\dfrac{\alpha}{2} + \tilde{n}(n) + \dfrac{\mathrm{i}}{2}g(n) \\ g(n) \stackrel{\mathrm{def}}{=} g'(n - n_{\mathrm{tr}}) \\ \tilde{n}(n) = \dfrac{\alpha_H g(n)}{2} \end{cases}$$

(2-81)

式中，v_g 是群速度，κ 是光栅耦合因子，β 是传播因子，δ 是静态失谐量，α 是激光器内部光损耗,g'表示包括横向约束因子在内的有效二次增益值,n_{tr}是激光器透明载流子密度,α_H表示线宽增强因子。偏振方程中用洛伦兹函数确定频域上各激光段的增益色散,$\bar{g}$定义了洛伦兹曲线高度($\bar{g}>0$),$\bar{\gamma}$定义了洛伦兹半高全宽,$\bar{\omega}$则定义了其峰值频率。

光场在多段式激光器端面处边界条件为

$$E^+(0,t)=r_0E^-(o,t), \quad E^-(L,t)=r_LE^+(L,t) \tag{2-82}$$

场函数范数($|E(z,t)|^2=|E^+|^2+|E^-|^2$)表示局部光子密度(即$z$方向功率除以全局常量$v_g\sigma \cdot hc/\lambda_0$),变量$n(t)$线性进入增益函数$g(n)$后表示多段式激光器的平均载流子密度,载流子$n_r(t)$速率方程为

$$\begin{cases} \partial_t n_r = I_r(z,t)-U_N-\dfrac{v_{gr}}{l_r}\Im m\left(\sum_{v=\pm}E^{v*}(2\beta^vE^v-\mathrm{i}\bar{g}(E^v-P^v))\right)_r \\ U_N = A_rn_r+B_rn_r^2+C_rn_r^3, \quad r=1,\cdots,m \end{cases} \tag{2-83}$$

式中,$I_r(z,t)$为相应位置处注入电流,A_r表示 SL 非辐射复合系数,是由非辐射俘获(反射、吸收)所引起的内部光损耗,B_r表示 SL 双原子辐射复合系数,C_r表示 SL 俄歇复合系数。

初始时刻t_0处,光场、偏振和载流子密度值分别为

$$E(z,t_0)=E_{in}(z), \quad P(z,t_0)=P_{in}(z), \quad n(t_0)=n_{in} \tag{2-84}$$

最终得到多段式激光器行波速率方程如下:

$$\frac{\mathrm{d}}{\mathrm{d}t}n(z,t)\,|_{z\in S_r}=I_r(z,t)-(A_rn+B_rn^2+C_rn^3)-$$
$$v_{gr}\Im m\left(\sum_{v=\pm}E^{v*}(2\beta^vE^v-\mathrm{i}\bar{g}(E^v-P^v))\right)_r \tag{2-85}$$

$$-\mathrm{i}\frac{\partial}{\partial t}\begin{pmatrix}E(z,t)\\P(z,t)\end{pmatrix}=\begin{pmatrix}H_0(\beta^\pm)+\mathrm{i}v_{gr}\dfrac{\bar{g}}{2} & -\mathrm{i}v_{gr}\dfrac{\bar{g}}{2}\\ -\mathrm{i}\bar{\gamma} & \omega_P+\mathrm{i}\bar{\gamma}\end{pmatrix}\begin{pmatrix}E\\P\end{pmatrix} \tag{2-86}$$

$$\beta^\pm(n,|E|^2)\,|_{z\in S_r}=\sigma-\mathrm{i}\frac{\alpha}{2}+\frac{\mathrm{i}+\alpha H}{2}g'(n-n_{tr}) \tag{2-87}$$

2. 三段式单片集成 DFB 激光器动态特性仿真分析

本节利用半导体激光器行波速率方程对三段式单片集成 DFB 激光器的动态特性进行仿真模拟分析。

(1)光栅对三段式单片集成 DFB 激光器动态特性的影响

两端激光器的光栅设置会影响三段式单片集成 DFB 激光器的动态特性。对多段式集成激光器仿真计算时,优先对激光器尺寸及相关参数进行设置,三段式单

片集成 DFB 激光器激射波长 $\lambda=1550$ nm、非辐射复合系数 $A=1\times10^8$ s^{-1}、双原子辐射复合系数 $B=7\times10^{-10}$ $\mathrm{cm}^3\cdot\mathrm{s}^{-1}$、俄歇复合系数 $C=1\times10^{-29}$ $\mathrm{cm}^6\cdot\mathrm{s}^{-1}$、透明载流子密度 $N_0=1\times10^{18}$ cm^{-3}、群速度 $v_\mathrm{g}=8.4\times10^7\mathrm{m}\cdot\mathrm{s}^{-1}$、双极扩散因子 $a=12$ $\mathrm{cm}^{-2}\cdot\mathrm{s}^{-1}$、最大饱和增益 $\chi=72$ cm^{-1}、内部强度损耗系数 $\alpha=14.4$ cm^{-1}、带内弛豫时间 $\tau_k=125$ fs 条件下,考虑集成工艺中器件尺寸,将三段式集成激光器总长 L 设置为 1050 $\mu\mathrm{m}$,其中两端 DFB 激光器长度 $L_\mathrm{DFB}=350$ $\mu\mathrm{m}$,中间 WG 段长度 $L_\mathrm{WG}=350$ $\mu\mathrm{m}$。

将两 DFB 激光器的偏置电流均设置为 $1.5I_\mathrm{th}$,同时 WG 段偏置电流值与带隙失谐量均设为 0,改变 DFB 激光器 2 的光栅常数参量(分别将 DFB 激光器 2 光栅耦合因子 κ 设置为 12.5、25 和 37.5),对集成激光器的时序、光谱和频谱分别进行分析。图 2-49、图 2-50、图 2-51 分别为 κ 值在 12.5、25、37.5 条件下的动态特性结果图。

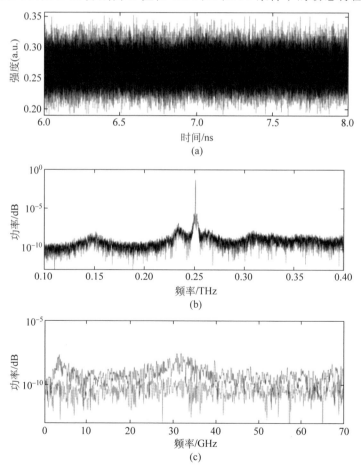

图 2-49　DFB 激光器 2 光栅耦合因子 $\kappa=12.5$ 时的动态特性结果图

(a) 时序图;(b) 光谱图;(c) 频谱图

图 2-49 所示为三段式单片集成激光器中 DFB 激光器 2 光栅耦合因子 $\kappa =$ 12.5 时生成信号的动态信号结果图,红色曲线表示 DFB 激光器 1 激射激光信号相关特性,黑色曲线表示 DFB 激光器 2 激射激光信号特性。时序图(a)信号无规则输出;光谱图(b)中两激光器曲线完全重合,未出现频率失谐;频谱图(c)峰值频率为 1.342 GHz。

图 2-50 所示为三段式单片集成激光器中 DFB 激光器 2 光栅耦合因子 $\kappa = 25$ 时生成信号的动态信号结果图,红色曲线为 DFB 激光器 1 激射激光信号相关特性,黑色曲线为 DFB 激光器 2 激射激光信号特性。时序图(a)无周期,时序信号无规则输出,但两激光器时序强度有明显区别,DFB 激光器 2 时序强度远大于 DFB 激光器 1;虽然两者时序强度明显不一,但光谱图(b)中两激光器曲线完全重合,仍未出现频率失谐;频谱图(c)峰值频率为 3 GHz,且强度相较图 2-49 而言略有提升。

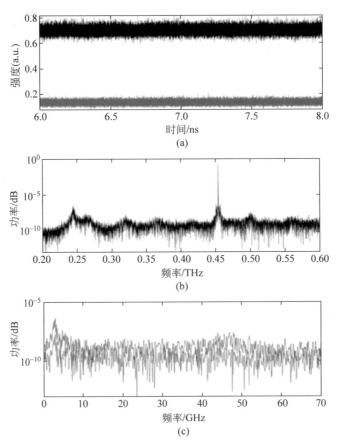

图 2-50 DFB 激光器 2 光栅耦合因子 $\kappa = 25$ 时的动态特性结果图
(a) 时序图;(b) 光谱图;(c) 频谱图

图 2-51 所示为三段式单片集成激光器中 DFB 激光器 2 光栅耦合因子 $\kappa =$ 37.5 时生成信号的动态信号结果图,红色曲线和黑色曲线分别为 DFB 激光器 1 和 DFB 激光器 2 激射激光信号相关特性。时序图(a)仍无周期,时序信号无规则输出,DFB 激光器 2 时序强度大于 DFB 激光器 1,但差别小于图 2-50 中两激光器时序强度;光谱图(b)中两激光器曲线依然未出现频率失谐,但光谱两峰差值明显大于图 2-50 中光谱差值;频谱图(c)峰值频率为 3.6 GHz,强度与图 2-49 相当。

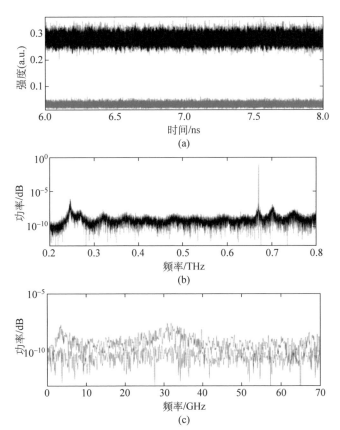

图 2-51　DFB 激光器 2 光栅耦合因子 $\kappa = 37.5$ 时的动态特性结果图

(a) 时序图;(b) 光谱图;(c) 频谱图

(2) 电流对三段式单片集成 DFB 激光器动态特性的影响

本小节仿真分析了三段式单片集成 DFB 激光器不同区段电流对其动态特性的影响,多段式集成激光器尺寸参数与相关基本参数设置同小节(1)。

利用控制变量法,改变三段式 DFB 激光器中 DFB 激光器 2 的偏置电流(分别将 DFB 激光器 2 偏置电流设置为 $2I_{th}$、$4I_{th}$、$6I_{th}$),观察整体激光器输出信号的动态特性变化并分析。在本小节中,保证两 DFB 激光器(左端 DFB 激光器 1 与右端 DFB 激光器 2)光栅耦合因子相同,并将两 DFB 激光器的失谐量设置为 1.5 GHz,DFB 激光器 1 偏置电流设置为 $1.5I_{th}$,同时 WG 段偏置电流值设为 0,对集成激光器的时序、光谱和频谱分别进行分析,得到如图 2-52 所示结果。

由图 2-52 可看出,在上述条件下,三段式单片集成 DFB 激光器整体输出信号为微波信号。当 DFB 激光器 2 偏置电流为 $2I_{th}$ 时,本节所用互注入耦合多段式激光器出现频率锁定,光谱中有两个主要模式激射,分别为 458 GHz 和 462 GHz,频谱中能量最高的频率分量为两个模式的差频,为 4.105 GHz。时序为脉冲输出形式,其周期与差频频率相对应。DFB 激光器 2 偏置电流为 $4I_{th}$ 时,由拍频导致的频率分量减少。DFB 激光器 2 偏置电流为 $6I_{th}$ 时,形成强注入锁定状态,其频谱中不再存在拍频分量。

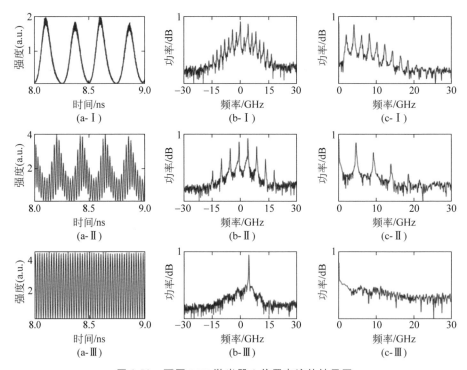

图 2-52 不同 DFB 激光器 2 偏置电流的结果图

Ⅰ、Ⅱ、Ⅲ 表示 DFB 激光器 2 偏置电流分别为 $2I_{th}$、$4I_{th}$、$6I_{th}$;

(a)、(b)和(c)分别为集成激光器输出时序、光谱和频谱

同样利用控制变量法,改变三段式单片集成 DFB 激光器中 WG 段的偏置电流(分别将 WG 偏置电流设置为 $2I_{th}$、$3I_{th}$、$4I_{th}$、$5I_{th}$),观察分析整体激光器输出信号的动态特性变化。将两段激光器 DFB 激光器 1 和 DFB 激光器 2 内部布拉格光栅

设置为周期相同的光栅,DFB 激光器 2 和 DFB 激光器 1 之间的带隙失谐量设为 800 GHz,DFB 激光器 1 偏置电流设为 $1.5I_{th}$,DFB 激光器 2 偏置电流设为 $5I_{th}$,WG 段的失谐量为零,分析得到如图 2-53 所示结果。由图 2-53 可看出,在上述条件下,三段式单片集成 DFB 激光器整体输出信号仍为微波信号。WG 段偏置电流为 $2I_{th}$ 时,得到频率为 11.76 GHz 的微波信号,与光谱中主模式之间差频相吻合。而且可以看到,DFB 激光器 2 和 DFB 激光器 1 间的失谐量与所得到的差频不相同,这是集成激光器中腔的模式与光栅共同作用的结果。且随着波导偏置电流的逐渐增大,集成激光器输出微波的频率基本保持不变,说明在波导区无失谐时,其偏置电流对微波生成的影响很小,可能是 DFB 激光器 2 的注入锁定引起的。

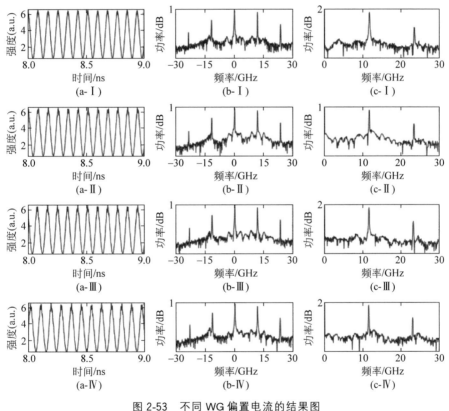

图 2-53　不同 WG 偏置电流的结果图

Ⅰ、Ⅱ、Ⅲ、Ⅳ表示 WG 偏置电流分别为 $2I_{th}$、$3I_{th}$、$4I_{th}$、$5I_{th}$;

(a)、(b)、(c)分别为集成激光器输出时序、光谱和频谱

(3) 失谐量对三段式单片集成 DFB 激光器动态特性的影响

首先依照小节(1),设置与其相同的三段式单片集成 DFB 激光器相关基础参数。在本小节中,改变 WG 段的带隙失谐量并分析其对整体激光器输出信号的影

响。将三段式单片集成 DFB 激光器中的两段激光器内部布拉格光栅设置为周期相同的光栅,DFB 激光器 1 与 DFB 激光器 2 的带隙失谐量设为 5 GHz,DFB 激光器 1 和 DFB 激光器 2 的偏置电流均设为 $1.5I_{th}$,WG 段注入电流设为 $2I_{th}$,将 WG 段带隙失谐量分别设为 0 THz、5 THz、24 THz,分析得到如图 2-54 所示结果。

对图 2-54 分析可得,波导区失谐量为零时,类似于之前的分析,三段式单片集成 DFB 激光器可产生 6.1 GHz 的微波信号。波导区的失谐量为 5 THz 时,其对集成激光器的光场有较强的调制作用,DFB 激光器 1 激光器区的主模式被抑制,所以相应得到 19 GHz 的微波信号。波导区的失谐量增大到 24 THz 时,波导区对光场基本没有调制作用,集成 DFB 激光器出射激光进入非稳态,频谱出现抬升,频谱宽度约为 23 GHz,激光器光谱也有所展宽,3 dB 线宽约为 25 GHz,时序没有明显规律。所以,不同失谐量的波导区对该集成激光器的光场状态具有不同的调谐作用,通过调节失谐量,可以实现约 13 GHz 的调谐范围,这为实验研究提供了必要的理论指导。针对波导段不同作用下的两激光器的失谐量分别仿真计算,分析其对整体激光器输出信号的影响。图 2-55 所示结果的条件为 WG 段带隙失谐量为

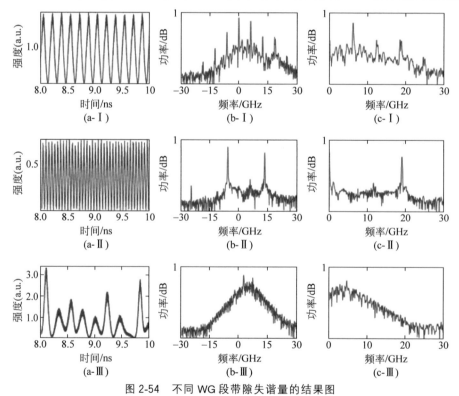

图 2-54 不同 WG 段带隙失谐量的结果图

Ⅰ、Ⅱ、Ⅲ表示 WG 段带隙失谐量分别为 0 THz、5 THz、24 THz;

(a)、(b)、(c)分别为集成激光器输出时序、光谱和频谱

0 THz,WG 偏置电流设为 $2I_{th}$;两 DFB 激光器光栅完全相同,偏置电流均设为 1.5I_{th},DFB 激光器 1 和 DFB 激光器 2 的失谐量分别为 0 GHz、5 GHz、10 GHz、15 GHz、20 GHz。图 2-56 所示结果的条件为 WG 段带隙失谐量为 5 THz,WG 偏置电流为 $2I_{th}$;两 DFB 激光器光栅完全相同,偏置电流均设为 1.5I_{th},DFB 激光器 1 和 DFB 激光器 2 的失谐量分别为 0 GHz、5 GHz、10 GHz、15 GHz、20 GHz。图 2-57 所示结果的条件为 WG 段带隙失谐量为 24 THz,WG 偏置电流为 0;两 DFB 激光器光栅完全相同,偏置电流均设为 1.5I_{th},DFB 激光器 1 和 DFB 激光器 2 的失谐量分别为 0 GHz、5 GHz、10 GHz、15 GHz、20 GHz。

　　对图 2-55 分析,WG 段带隙失谐量 0 THz 条件下,三段式单片集成 DFB 激光器可产生 6.1 GHz 的微波信号,与光谱中主模式之间的差频相吻合,且多段式激光器呈现频率锁定,光谱中显示出 448.9 GHz 和 455.0 GHz 两个主要模式激射,

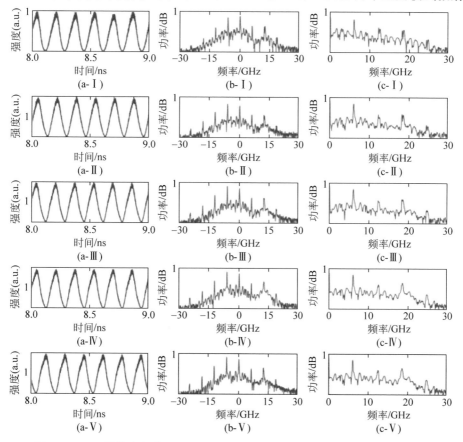

图 2-55　WG 段带隙失谐量为 0 THz 条件下,不同 DFB 激光器失谐量的结果图
Ⅰ、Ⅱ、Ⅲ、Ⅳ、Ⅴ表示两激光器失谐量分别为 0 GHz、5 GHz、10 GHz、15 GHz、20 GHz;
(a)、(b)、(c)分别为集成激光器输出时序、光谱和频谱

频谱中能量最高的频率分量为 6.1 GHz,且时序图可显示出多段式激光器输出时序为脉冲,周期为 0.164 ns。随着两 DFB 激光器失谐量的变化,集成激光器输出微波的频率基本保持不变,说明在 WG 段无失谐时,两激光器失谐量对微波生成的影响很小。

对图 2-56 分析,WG 段在集成激光器中主要起调制作用时,DFB 激光器 1 主模式被抑制,三段式单片集成 DFB 激光器产生 19.0 GHz 的微波信号,多段式激光器输出时序仍为脉冲,周期为 0.053 ns。随着两 DFB 激光器失谐量的变化,集成激光器输出微波的频率依然基本保持不变,说明在 WG 段主要起调制作用时,两激光器失谐量对微波生成同样影响较小。

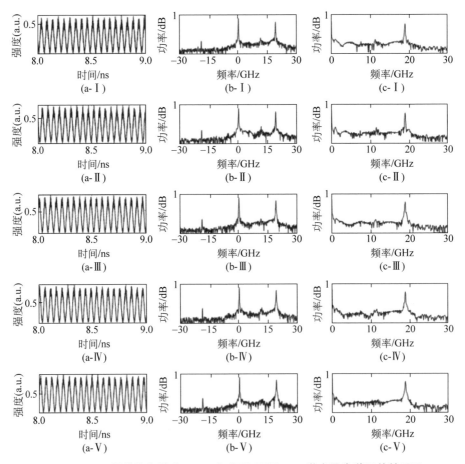

图 2-56 WG 段带隙失谐为 5 THz 条件下,不同 DFB 激光器失谐量的结果图

Ⅰ、Ⅱ、Ⅲ、Ⅳ、Ⅴ表示两激光器失谐量分别为 0 GHz、5 GHz、10 GHz、15 GHz、20 GHz;

(a)、(b)、(c)分别为集成激光器输出时序、光谱和频谱

对图 2-57 分析，WG 段失谐量在 24 THz 时，WG 段仅用于传输波导，多段式单片集成 DFB 激光器生成信号的光谱展宽，频谱抬升，时序无序变化。随着两 DFB 激光器失谐量的变化，整体激光器输出信号的动态特性稳定不变，两激光器失谐量依然对集成激光器输出信号无影响。

综合分析图 2-55、图 2-56 和图 2-57，无论 WG 段主要起增益、调制还是传输作用，两激光器之间的失谐量均影响较小，这种现象的具体原因仍需后续继续分析。

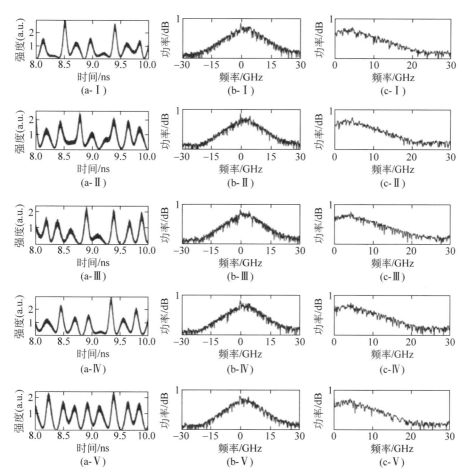

图 2-57　WG 段带隙失谐为 24 THz 条件下，不同 DFB 激光器失谐量的结果图
Ⅰ、Ⅱ、Ⅲ、Ⅳ、Ⅴ表示两激光器失谐量分别为 0 GHz、5 GHz、10 GHz、15 GHz、20 GHz；
（a）、（b）、（c）分别为集成激光器输出时序、光谱和频谱

2.4　面向集成混沌激光器的驱动及温控系统设计

2.4.1　驱动及温控的硬件电路设计

光子集成混沌激光器目前普遍使用商品化的温控源和驱动源,但市场上商用的温控源存在控制精度低的问题,光子集成混沌激光器的波长和阈值电流都对温度变化非常敏感,波长和阈值电流的改变会导致其输出的混沌状态不稳定,商用驱动源提供的 0.1 mA 调节精度已经不能满足需要。另外,商用的温控源和驱动源仪器体积较大,二者分立存在的情况也不利于整个系统的集成。

针对以上问题,作者团队设计了一种面向光子集成混沌激光器的高精度温控与直流驱动电路系统,实现了对光子集成混沌激光器温度调节精度 0.01℃,驱动电流调节精度 0.01 mA,以及驱动电流稳定度 0.02％的控制效果。实验表明:120 min 内通过控制温度使激光器的输出波长波动稳定在 9 pm 以内。与Newport 驱动源的相比,本设计将发射光组件(transmitter optical subassemby,TOSA)激光器的输出波长的归一化均方差从 0.0044 降到了 0.0020,控制稳定性得到了提高。

1. 温控与直流驱动电路系统的总体设计

图 2-58 为面向光子集成混沌激光器的高精度温控与直流驱动电路系统设计原理图,由电源电路、STM32 控制电路、激光器电流控制电路和温度控制电路以及插件接口和调试接口六部分组成。

电源电路为整个电路提供所需电压,电路中的 STM32 和 ADN8830 两种芯片所需要的供电电压为 3.3 V,ADN2830 所需电压为 5 V,因此电源电路需要产生5 V 和 3.3 V 两种供电电压。外接 12 V 的直流电源,经过滤波处理后,接入选用的 L7805 芯片产生 5 V 电压,L7805 产生的 5 V 电压一部分输送到电路中供电,另一部分供给 AME1084 产生 3.3 V 电压。

STM32 控制电路负责信号处理,该部分与插件接口电路连接在一起,通过插件接口电路可以外接显示屏及按键,操纵按键可对当前驱动激光器的温度和电流状态进行设置并通过显示屏显示出来,以实现人机交互;调试接口电路可进行程序的烧写。

以 ADN2830 为核心的激光器电流控制电路,根据 STM32 的控制信号进行调节,进而转化为所要输出的电流信号,为激光器提供恒流驱动。

以 ADN8830 为核心的激光器温度控制电路,同样根据主控 STM32 芯片的控制信号对激光器的温度进行调节,通过惠斯通电桥电路测量激光器内热敏电阻的

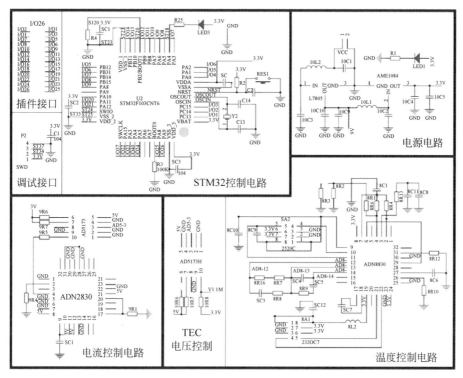

图 2-58　面向光子集成混沌激光器的高精度温控与直流驱动电路系统设计原理图

阻值,得到实时的激光器温度,据此对半导体制冷器(TEC)制冷或制热进行调节,进而达到设定的温度值;通过 TEC 电压控制电路的控制,温控与直流驱动电路系统可以做到对具有不同型号 TEC 的激光器调节出所需的 TEC 两端最大电压值,可实现对具有不同 TEC 激光器的温度调节,拓展了本电路系统的应用范围。

2. 温控系统设计原理

根据 TEC 制冷制热的原理,利用激光器内部的热敏电阻的阻值大小来感知激光器芯片的温度,进而根据激光器内温度的变化情况对流过 TEC 的电流加以控制,最终实现所要达到的温度,并设计 TEC 端电压调控电路,实现对具有不同 TEC 激光器的温度控制。

热敏电阻紧挨激光器芯片,能够检测激光器芯片的温度,根据该温度变化其阻值;激光器内部的热敏电阻通常采用负温度系数(NTC)的热敏电阻,该类型的热敏电阻的阻值随着温度的减小呈增大的趋势。

NTC 热敏电阻温度计算公式为

$$R_T = R \mathrm{e}^{B(1/T_1 - 1/T_2)} \tag{2-88}$$

$$B = \frac{\ln R_1 - \ln R_2}{1/T_1 - 1/T_2} \tag{2-89}$$

式中：T_1 和 T_2 指的是开尔文温度，$1\text{K}=273.15$（绝对温度）+ 摄氏度；其中 $T_2 =$ $(273.15+25)\,℃$；R_T 是热敏电阻在 T_1 温度下的阻值；R 是热敏电阻在 T_2（常温，通常为 25 ℃）下的标称阻值；R_1 为温度 T_1 时零功率电阻值；R_2 是温度 T_2 时的零功率电阻值；B 值是热敏电阻的重要参数。

各种元件下方的热沉具有导热的作用，其下部是负责对激光器进行制冷制

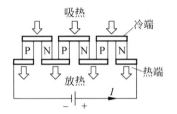

图 2-59　半导体制冷片工作原理图

热的 TEC；TEC 是基于珀耳帖效应制成的一种半导体冷却装置，如图 2-59 所示。其工作原理是由直流电源提供电子流所需的能量，接通电源后，电子从负极（－）出发，首先经过 P 型半导体，于此吸热量，到了 N 型半导体，又将热量放出，每经过一个 NP 模块，就有热量由一边被送到另外一边造成温差而形成冷热端。冷热端分

别由两片陶瓷片构成，冷端要接热源，也就是打算冷却的位置。当通过半导体制冷片的电流为正向电流时，上表面呈现制冷的功能，此时热量流到 TEC 的下表面，而当流过 TEC 的电流为反向电流时，热量又会流传到 TEC 的上表面，呈现加热的功能。

半导体制冷系统由热电堆、冷端换热器、热端换热器及控制器组成，其中热电堆是制冷器件。由于热电堆是由多对电偶组成，如图 2-59 所示的 PN 结构，且对电流而言，各电偶对是串联的；而对热流，各电偶对是并联的，因此，分析热电堆的性能时，只需分析电偶对的制冷性能即可。一对电偶的制冷量、电压、输出功率和制冷系数分别为

$$Q = AIT_c - K\Delta T - I^2 R/2 \tag{2-90}$$

$$V = IR + A\Delta T \tag{2-91}$$

$$N = VI = I^2 R + AI\Delta T \tag{2-92}$$

$$C = \frac{AIT_c - K\Delta T - I^2 R/2}{I^2 R + AI\Delta T} \tag{2-93}$$

式中：Q 为电偶对的制冷量（W）；I 为工作电流（A）；K 为电偶对的导热率（W/K）；T 为冷热端温差（K）；R 为电偶对的电阻（Ω）；A 为电偶对的温差电势率（V/K）；T_c 为电偶对冷端温度（K）。

如图 2-60 所示，激光器的温控电路单元采用 ADN8830 温控芯片为核心的温度控制电路。该控制电路主要由温度设置反馈单元、PID（proportion integration differentiation）调控网络、ADN8830 温控芯片、桥式驱动电路以及 TEC 端电压调

节单元组成。

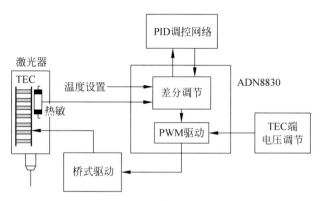

图 2-60　激光器温度控制模块示意图

3. 半导体制冷器端电压调节电路

在对芯片进行研究的过程中,可以通过控制温控芯片 ADN8830 的 VLIM 的输出电压实现对加载到激光器 TEC 两端电压的调节[35]。本设计中输出到 TEC 端的最大电压与 ADN8830 的 VLIM 引脚的关系为

$$V_{\text{TEC,MAX}} = (1.5 - V_{\text{VLIM}}) \times 4 \tag{2-94}$$

式中:$V_{\text{TEC,MAX}}$ 为 TEC 端的等效直流电压;V_{VLIM} 为 VLIM 引脚的输入电压,该电压不能超过 1.5 V,否则会导致电路输出紊乱。$V_{\text{TEC,MAX}}$ 的最大电压为芯片供电电压,即 3.3 V。根据式(2-94)设计相应的 TEC 电压控制电路;当电路出现故障时,可以在不切断电源的情况下设置 V_{VLIM} 为 1.5 V 使 $V_{\text{TEC,MAX}}$ 为 0,进而使 TEC 停止工作,减少对其他控制电路的影响。式(2-94)的对应关系如图 2-61 所示,当 V_{VLIM} 小于 0.675 V 时,$V_{\text{TEC,MAX}}$ 为恒定的 3.3 V;当 V_{VLIM} 大于 0.675 V 时,$V_{\text{TEC,MAX}}$ 与 V_{VLIM} 呈线性关系,随着 V_{VLIM} 的增大而减小。

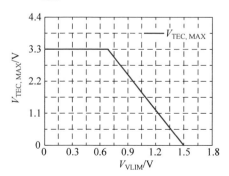

图 2-61　TEC 端最大电压 $V_{\text{TEC,MAX}}$ 与 V_{VLIM} 对应关系

由于需要通过控制 TEC 制冷片来控制激光器的温度,因此,电路需要满足既能控制 TEC 制冷,又能控制 TEC 制热的要求。而 TEC 制冷器是利用半导体材料的珀耳帖效应制成的,是制冷还是制热,及其制冷和加热的速率,都通过它的电流的大小和方向来决定。该电流的大小可由 PID 网络输出的偏差电压来控制,控制电流的流向需要该输出控制电路解决。该控制电流最大可达 2 A。

电路的输出控制单元如图 2-62 所示,该电路采用的是全桥式驱动电路[36],晶体管选用的是 FDW2520C,该晶体管内部具有 1 个 N 型场效应管(metal oxide semiconductor,MOS)和一个 P 型 MOS,选用两个 FDW2520C 可以组成全桥式驱动电路,通过控制电路中 MOS 的导通进而控制电流的流动方向。而 MOS 的电流是受脉冲宽度调制(pulse width modulation,PWM)波控制的[37],P1 与 N1 脚输出 PWM 波到 MOS P1 与 N1,PWM 波中的高低电平对 MOS 的导通进行控制。P1 与 N2 为一对控制组合,当 P1 脚为低电平时,该组合导通,电流从 TEC＋流向 TEC－;P2 与 N1 组成另一对控制组合,当 N1 脚为低电平时,该组合导通,电流从 TEC－流向 TEC＋。

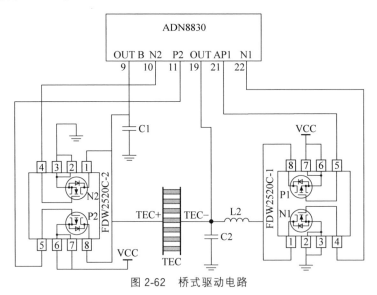

图 2-62　桥式驱动电路

温度设置电阻端的输入电压和激光器热敏电阻的输入电压之间的差值是引起该 PWM 波的占空比的源信号,该差值影响电流的流向,而该差值通过影响 PID 网络的输出,实现对输出到 TEC 端电压幅值的影响,进而实现对流过 TEC 的电流大小的控制。通过以上过程实现对 TEC 的控制。TEC 端的输出对应的方程如下:

$$V_{\text{OUT A}} = 4(V_{\text{COMPOUT}} - 1.5) + V_{\text{OUT B}} \tag{2-95}$$

$$V_{\text{OUT B}} = -14(V_{\text{COMPOUT}} - 1.5) + 1.5 \tag{2-96}$$

上述两式中,$V_{\text{OUT A}}$ 是 OUT A 脚的电压,$V_{\text{OUT B}}$ 是 OUT B 脚的电压,

V_{COMPOUT} 是 COMPOUT 脚的电压。

从图 2-63 可以看出,随着 V_{COMPOUT} 的增大,$V_{\text{OUT A}}$ 和 $V_{\text{OUT B}}$ 都随之减小;从图 2-64 看出,随着 $V_{\text{OUT A}}$ 和 $V_{\text{OUT B}}$ 的增大,虽然 TEC 两端电压 $V_{\text{OUT A}} - V_{\text{OUT B}}$ 的数值在减小,但其幅值呈现先减小再增大的趋势;$V_{\text{OUT A}} = V_{\text{OUT B}} = 1.5 \text{ V}$ 处是临界点,电压差的幅值在该点发生反转,相对应的电流的方向也发生改变,控制 TEC 的制冷制热也相应地发生改变。由式(2-94)、式(2-95)可知:$V_{\text{OUT A}}$ 和 $V_{\text{OUT B}}$ 的大小受 V_{COMPOUT} 的影响,差值的绝对值的大小反映调节电压的大小。

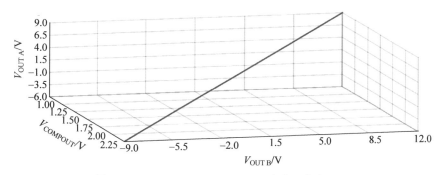

图 2-63　$V_{\text{OUT A}}$、$V_{\text{OUT B}}$ 及 V_{COMPOUT} 脚电压变化关系

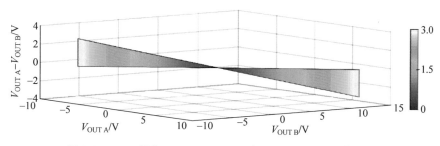

图 2-64　TEC 端电压 $V_{\text{OUT A}} - V_{\text{OUT B}}$ 与 $V_{\text{OUT A}}$ 及 $V_{\text{OUT B}}$ 的关系

由于激光器的温度的调节是一个动态过程,因此,在调节过程中,激光器热敏电阻端的输入电压是在不断改变的,相应的 V_{COMPOUT} 也在不断变化;当温度将要达到设定值时,输入端电压与输出端电压的电压差在 0 V 振荡调整,造成 V_{TEMPCTL} 在 1.5 V 附近上下振荡,然后经过 COMPOUT 输入端造成 $V_{\text{OUT A}}$ 和 $V_{\text{OUT B}}$ 在 1.5 V 左右振荡,造成 $V_{\text{OUT A}}$ 和 $V_{\text{OUT B}}$ 的电压差值为驱动 TEC 的工作电压差值在 0 V 左右振荡,使 TEC 的电流流向不断调整,促使 TEC 制冷制热不断调整,进而使温度趋于稳定,达到设定的值。

激光器 TEC 端电压控制电路的原理框图如图 2-65 所示,利用 AD5173 芯片组成电压控制电路对 ADN8830 的 VLIM 端的电压进行控制。AD5173 是一种高精度的数字电位器,由于其稳定性高,温度系数为 35 ppm/℃(1 ppm=0.0001%,即百万分之一),而且可以编写程序对其进行控制,提高控制的精确度和自动化。对该数字电位器的控制由 STM32 芯片实现,通过对该数字电位器的电阻值的调节,实现对加载到 VLIM 端电压的调控。该 VLIM 控制电压又进一步控制 ADN8830 内部所产生的 PWM 波的幅值[38],最终实现对加载到激光器 TEC 端的电压幅值的调节。

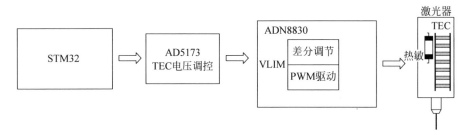

图 2-65　激光器 TEC 端电压控制示意图

4. 温度设置及反馈设置电路

温度设置和反馈单元如图 2-66 所示,图中激光器的温度设置引脚为 4 脚 TEMPSET 脚,通过设置该引脚所连接阻值的大小实现对激光器温度的设置,在电路设计中,该引脚通过与数字电位器连接,实现对所需温度值的设定。2 脚 THERMIN 连接激光器的热敏电阻的一脚,该热敏电阻的另一脚与地相连,7 脚 VREF 提供 2.5 V 的参考电压。

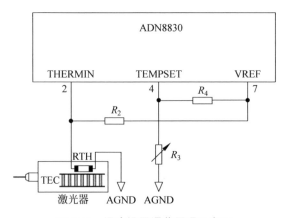

图 2-66　温度设置调节原理示意图

2 脚和 4 脚分别通过电阻 R_2 和 R_4 连接到 7 脚上,这两个电阻的阻值及特性必须一致。因为 7 脚提供的参考电压相当于提供了一个电压源:4 脚的电压是 R_4

与数字电位器 R_3 组成的分压电路中数字电位器 R_3 分得的电压；2 脚的电压是 R_2 与热敏电阻所组成的分压电路中热敏电阻所分得的电压。而激光器的温度是根据 2 脚和 4 脚的电压进行调节的,若需改变激光器的温度,需要对 4 脚所连接的数字电位器的阻值进行改变,数字电位器阻值的变化会引起数字电位器所分得的电压发生变化,进而改变输入到 4 脚的电压值。该设定所引起的变化,促使温控电路进行调节,控制激光器内部的 TEC 制冷器进行相应的制冷或制热,进而使激光器的内部温度发生变化,该温度的变化会引起激光器内部热敏电阻阻值的变化,该阻值的变化引起激光器热电阻分到的电压发生变化,即 2 脚的电压发生变化。当 2 脚的电压达到稳定且与 4 脚的电压相等时,温度的调控达到稳定状态,温度达到设定的值。

5. 温度调节控制电路

如图 2-67 所示,对激光器的温度进行处理的过程中,温度设定端电压(4 脚电压)与温度反馈端电压(2 脚电压)被输入到输入放大器,该放大器对两引脚的信号差分电压起到放大作用,其增益放大倍数为 20。经过处理该放大电路会输出信号进入随后的 PID 调控网络,该输出信号与两个输入信号的对应关系为

$$V_{\text{TEMPCTL}} = 20(V_{\text{TEMPSET}} - V_{\text{THERMIN}}) + 1.5 \tag{2-97}$$

其中：V_{TEMPCTL} 为输入放大器的输出电压,其输出到 12(TEMPCTL)脚；V_{TEMPSET} 为温度设定端(2 脚)输入电压；V_{THERMIN} 为激光器热敏电阻端的输入电压；由方程可知,当激光器的温度达到设定值时,V_{TEMPSE} 与 V_{THERMIN} 相等,V_{TEMPCTL} 的值变为 1.5 V。

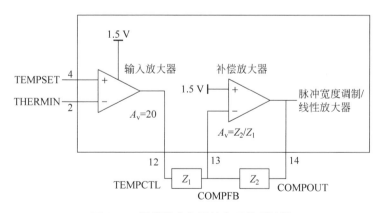

图 2-67　温度设定与反馈电压处理过程

该误差信号输入到补偿放大器,该补偿放大器外围电路是一个由电阻和电容组成的补偿网络,本节使用的是 PID 温度补偿网络。如图 2-67 所示,温度补偿调控网络连接在 12、13、14 脚,记 12 和 13 脚的传递函数为 Z_1,13 和 14 脚的传递函

数为 Z_2,则该补偿放大器的增益为 Z_2/Z_1;该补偿网络的输出信号被输入到线性放大器和 PWM 放大器,上述两个放大器的输出与激光器的 TEC 制冷器直接相连,控制 TEC 的制冷和制热。

PID 补偿网络的连接图如图 2-68 所示,该 PID 网络的 s 域传递函数如下:

$$G = \frac{(1+sR_{14}C_{14})[1+s(R_{12}+R_{13})C_{12}]}{sR_{12}(C_{14}+C_{13})(1+sR_{13}C_{12})[1+sR_{14}(C_{14}C_{13})/(C_{14}+C_{14})]} \tag{2-98}$$

式中:R_{12} 和 R_{14} 组成比例(proportion)放大电路;R_{12} 和 C_{14} 组成积分(integration)电路;C_{12} 和 R_{14} 组成微分(differentiation)电路;R_{13} 起到限流的作用,而且其还能通过调整 R_{13} 的大小灵活地调整电路零极点的分布;C_{13} 用来补偿输出电容的等效串联电阻所造成的零点。

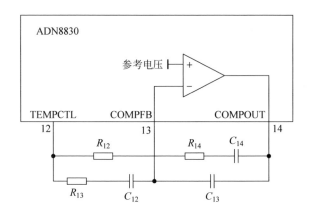

图 2-68 PID 控制网络

比例放大电路所实现的比例系数越大,调整速度越快,但是振荡的幅值也会增大;积分控制的系数越小,积分作用越强,控制的速度越快,然而,如果积分系数值太大,调整效果则不明显;微分控制使得系统控制能够预判参数的变化,提前控制误差。电路中的归一化增益交界频率与补偿网络参数的对应关系如下:

$$f_{0dB} \propto \frac{1}{2\pi R_{12}C_{14}} \tag{2-99}$$

上式表明:归一化增益交界频率与 R_{12}、C_{14} 成反比关系。为了保持温度控制的稳定性,归一化增益交界频率 f_{0dB} 应小于激光器中 TEC 制冷器及热敏电阻的热时间常数。然而,该时间常数并不是特定的,而且十分难于表征,为了能够设置合适的 PID 网络控制参数,本节用以下步骤对各元件进行设定。

首先设定比例放大电路部分,补偿控制网络控制电路中只连接 R_{12} 和 R_{14},C_{14} 短路,其他部分开路,增大 R_{14}/R_{12} 的比值,即增大比例增益,直至环路振荡出现,然后该比值减小一半,该增益能够满足绝大多数激光器的要求;然后加入电容 C_{14},减小电容值直至振荡出现,然后将电容值增至此时的 2 倍;然后短接 R_{13},增大 C_{12} 的值直至开始振荡,此时,减小 C_2 或加入 R_{13} 都会使系统变稳定,但 R_{13} 的值要大于 R_{12},C_{12} 的值至少比 C_{14} 小一个数量级;加入 C_{13} 会使系统更加稳定。

6. 驱动系统的总体设计

电流控制采用电流控制芯片 ADN2830,该芯片能输出的最大电流为 200 mA。激光器的输出电流与 PSET 脚的电阻有关,其对应关系为

$$I_{LD} \propto 1.23\ V/R_{PSET} \tag{2-100}$$

式中 1.23 V 是 PSET 脚对地的恒定电压;R_{PSET} 是连接在 ADN2830 和地之间的电阻;I_{LD} 是流过激光器的注入电流。

LD 电流驱动电路如图 2-69 所示,电流控制芯片 ADN2830 的 PSET 与 IBMON 相连接,组成闭环反馈控制电路,通过调节 PSET 端的电阻实现对激光器电流的调节。为了提高电流控制的稳定性与自动化性,本系统采用数字电位计对 ADN2830 的 PSET 端的电阻进行控制,由于温控单元的 TEC 电压控制及温度设置也都采用数字电位器控制,因此数字电位器要满足多个数字电位器芯片能够被 STM32 芯片的 I²C 端口独立控制的要求。

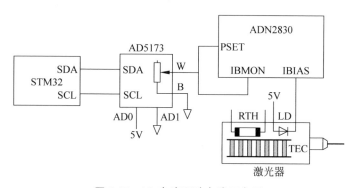

图 2-69　LD 电流驱动电路示意图

数字电位器 AD5173 芯片的 AD1 和 AD0 引脚对应其地址控制字的 AD1 和 AD0 控制位,根据硬件电路中相应引脚所接电平的高低对相应的控制位进行设置,可实现对目标电位器的独立控制。由于 AD5173 有 AD0 和 AD1 两个地址控制位,则 STM32 的 I²C 端口可以实现对 2^2 即 4 个数字电位器的独立控制。编写 AD5173 相应控制程序,通过 STM32 的 I²C 端口的 SDA 和 SDL 实现对数字电位器阻值的调节,进而实现对 LD 电流的控制。

7. 印制电路板的设计

图 2-70 为电路的印制电路板(printed circuit board,PCB)四层布线图,图(a)和图(d)分别为顶层和底层,为数据信号的走线层,该层焊接电子元器件及接口器件,采用大面积铺铜可减小电子元件之间的电磁干扰;图(b)和图(c)分别为电源层和地层,电源层划分为 3.3 V 和 5 V 两部分,不同电压区域又根据元件的输入/输出端进一步划分区域,采用星型及总线布局防止回路及输入/输出信号之间的串扰,同样,地层也根据该原理划分。

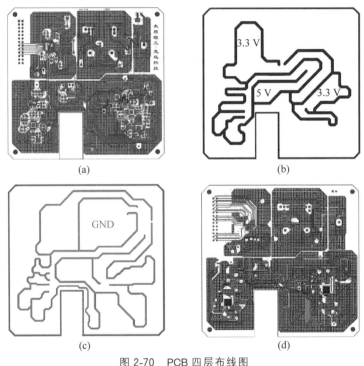

(a) (b)

(c) (d)

图 2-70   PCB 四层布线图

(a) 顶层;(b) 电源层;(c) 地层;(d) 底层

图 2-71 为核心控制电路的 PCB 板 3D 效果图,其中 1 为电路的电源模块,为电路提供 3.3 V 和 5 V 的供电电压,在电源的输入端设有控制电流流向的二极管,防止电压接反对电路造成损坏;2 为 STM32 控制电路,通过程序实现对芯片及外围器件的控制;3 为外部接口电路,通过该接口连接其他元器件;4 为 STM32 调试接口电路;5 为激光器电流控制接口,通过它能够对激光器芯片驱动电流的开/关实现控制,并能通过该端口反馈出激光器衰减和损坏的信号,实现对驱动电路的保护;6 为激光器驱动电流控制模块;7 为 TEC 电压控制模块;8 为激光器温度控制电路;9 为激光器温度控制接口,控制激光器温度调控的

开/关,此接口也反馈激光器的温度信息及 TEC 端电压的信息,可用于激光器温度的保护。

8. 操作面板设计

为了设计系统的人机交互操作便捷性,还设计了操作控制面板。操作面板上设置有按键,可对系统的温度及电流进行设置,同时在该面板上设置有显示屏,以显示当前激光器的设定状态及可调节的内容。

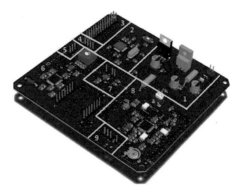

图 2-71　核心控制板 3D 效果图

图 2-72 为设计所选用的显示屏,该屏幕为 1.3 英寸的 OLED 显示屏,128×64 点阵,其有四个连接引脚,分别负责供电的模拟信号地(GND)和模拟信号电源(VCC)引脚,负责数据通信的 SCL 和 SDA 引脚,其中 SCL 为显示屏的参考时钟输入端,SDA 为控制数据输入端。

图 2-72　1.3 英寸的 OLED 显示屏

图 2-73 所示为该系统所用的按键及按键电路,该按键为单刀双掷按键,中间有发光二极管指示灯,当按键按下时该按键亮。图中 SC、SU 和 SD 三个按键都是低电平有效,其中 SC 用以切换当前调控的内容,是调节温度还是调节电流;SU 用来调节设定值的升高;SD 用来调节设定值的降低。

图 2-74 为连接到 ADN2830 和 ADN8830 的开关按键电路连接图,由于 ADN2830 的开关输入端对高电平有效,其原理图设计如图 2-74(a)所示,当开关未按下时,输出到 ADN2830 的 ALS 端通过电阻 RI 接地,此时电压为零,当按键按下时,电阻 RI 的远地端从 3.3 V 的供电段分得电压,输出到 ALS 的电压为高电平;虽然 ADN8830 的开关控制电平为低电平有效,但其原理相同,当按键未按下时 SD 端的电压为电阻 RT 另一端的电压 3.3 V,为高电平,而当按键按下时,SD 端接地为低电平。

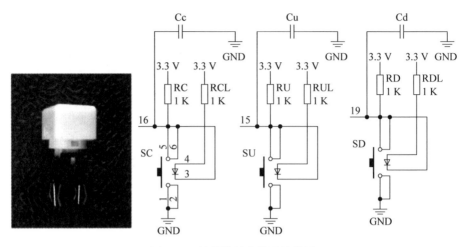

图 2-73　控制按键实物及连接图

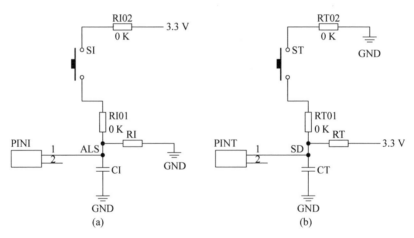

图 2-74　电流及温度开关电路连接图

2.4.2　系统各控制单元的软件设计

1. 软件总体功能架构

系统的软件总体架构如图 2-75 所示,该系统的功能主要有三个:激光器温度及驱动电流的设定、激光器温度及驱动电流的调节控制,以及激光器设定状态信息的显示。对于激光器温度及电流的设定,需在系统内部存储器中写入温度及电流的初始值,根据按键信息在此初始值的基础上进行相应的加减,并通过数据的处理运算转化为所需的温度或电流值;在温度和电流数据操作过程中,需根据硬件电路的特征,编写相应的温度及电流的对照公式,根据公式转化为所要输出的控制信息,并能够实现对所控制芯片的交互通信;在温度显示的过程中,要根据数据处理的结果显示当前的温度及驱动电流的信息,并显示当前可调节的内容。

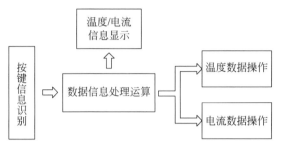

图 2-75　系统软件总体架构

设计系统的软件开发是基于 MDK-ARM 软件开发环境完成的,在所设计的含有 ARM 芯片 STM32F103 硬件电路的基础上,在 PC 端搭建系统所需的开发环境。上述硬件环境主要由芯片底层硬件、存储器地址分配及时钟晶振的驱动组成,系统的程序主要实现数据的处理转化、硬件接口的读取识别、芯片之间通信控制字的控制,以及芯片与外部器件的通信控制等。图 2-76 为搭建的软件开发工程架构的界面。

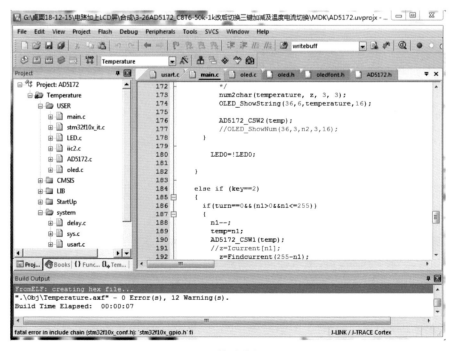

图 2-76　软件编辑界面

2. 按键程序设计

按键程序使激光器控制的温度及驱动电流的调节能够通过按键实现，其程序流程如图 2-77 所示，主要完成主控芯片 STM32 对按键信息的读取识别及存储变换。

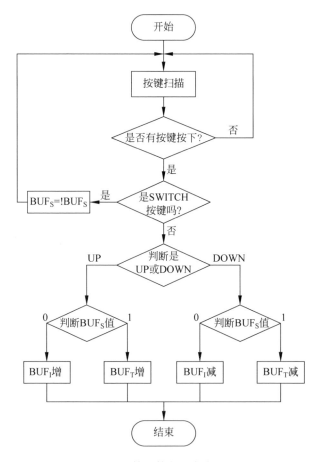

图 2-77　按键控制程序流程图

首先，程序完成对所使用的 STM32 引脚、用来对按键进行处理的中断程序及对按键进行扫描频率及反应时间进行控制的定时器的初始化；然后申请三个寄存器 BUF_S、BUF_T 和 BUF_I，用来存储按键调节后的参数值，其中，BUF_S 用来存储温度/电流切换按键（SWITCH）的控制结果，由于该寄存器所需处理的调节的量只有两个——温度和电流，因此，BUF_S 中所存储的数值也只设置为两种——0 和 1。其默认的初始值为 0，当 BUF_S 中的数值为 0 时，可对激光器驱动电流进行设置；当 SWITCH 按键按下时，执行 $BUF_S = !BUF_S$ 的操作，即对 BUF_S 中的值取反，此时

BUF$_S$中的数值变为1,当BUF$_S$中的数值为1时,表示当前可对激光器的温度进行设定。由此实现激光器温度及电流调节的转换。

按键扫描控制过程如下:当样机开机时,系统进行初始化,其中BUF$_S$中的初始化值为0,BUT$_I$中的初始化值为255,对应着输出的激光器控制电流的最小值,BUF$_T$中的初始化值为128,此时对应的激光器的温度为25℃。初始化完成后,程序开始对按键进行扫描,首先判断有无按键按下,若没有,则程序继续对按键进行扫描,若检测到有按键按下,则进一步判断该按键是否为SWITCH键,若是,则BUF$_S$中的值取反为1,表示当前可对激光器的温度进行调节,否则,若SWITCH键未按下,则默认是对电流进行调节;然后判断是否有UP或DOWN按键按下,若按下则对BUF$_S$中的值进行读取判断,若BUF$_S$中的值为0,则对电流寄存器BUT$_I$中的值进行相应的加减操作,若BUF$_S$中的值为1,则对温度寄存器BUT$_T$中的值进行相应的加减操作,通过上述调节过程实现对激光器驱动电流和温度的设置。当BUF$_T$中的值和BUT$_I$中的值达到最大值后,再按UP键,程序不再对按键作处理;同理,达到最小值后,再按DOWN键,程序也不再作处理。

3. 温度及电流控制程序设计

对温度的控制,本质上还是依据激光器内的热敏电阻的阻值来实现的。因此,要实现对激光器温度控制的程序设计,需要求出激光器热敏电阻的特性曲线方程,依据该特性曲线的方程编写相应的控制程序。同理,对激光器驱动电流的设置也需要通过求解相应的电流-电阻特性曲线方程,设计相应的控制程序。

4. 控制设置电路程序

为了提高所设计电路的稳定性及自动化性,本系统采用数字电位器AD5173对ADN2830的PSET端的电阻进行控制,该芯片是双通道、8位的数字电位器,因此BUF$_T$和BUT$_I$的变化范围设置为0～255。图2-78是其中一个通道的控制示意图,STM32芯片通过I^{2}C输出口对AD5173进行控制,通过SCL输出控制时钟信号,通过SDA控制字的写入,经过AD5173的I^{2}C交互端口将控制字传输到一次编程区,处理后的数据存入熔断寄存器中,根据该寄存器的值对D0～D7的8位并行控制端口的输出进行控制,由此设定芯片内部电阻刷的开/断,最终实现所要设置的电阻值,由寄存器的位数可得出该控制输出共有2^8种,即数字电位器有256种电阻值。

数字电位器的阻值与8位电阻值控制信号之间的对应关系为

$$R_{WA} = \frac{D-255}{256}R_{AB} + 2R_W \tag{2-101}$$

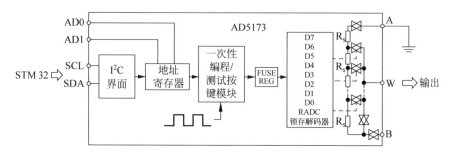

图 2-78　数字电位器控制示意图

式中：D 为 8 位电阻控制二进制字所对应的十进制值；R_{AB} 为数字电位器所对应的总的电阻值；R_W 为电位器的接触电刷的阻值。

在本设计系统中，不只温控电路使用了 AD5173 数字电位器，激光器驱动电流控制电路及 TEC 电压控制电路也同样使用了该数字电位器，即本设计系统共需控制三个 AD5173 数字电位器。

由于 STM32 芯片的 I^2C 输出端口只有两个，其中一个用于控制显示屏，因此另一个需要控制多个数字电位器，这需要对不同的数字电位器进行身份设置以便于识别控制。该数字电位器提供了地址设置端口 AD0 和 AD1，每个设置端口可以设置两个值：0 和 1。对其身份地址的设置通过硬件电路的连接实现，利用高低电平进行控制，即接地和接 5 V 电压，然后根据该硬件地址设置相应的软件地址控制字。由此，STM32 芯片单个 I^2C 端口能够独立控制 4 个 AD5173 数字电位器。

图 2-79 所示为数字电位器的控制时序，其中 SDA 控制时序的开头为 AD5173 的地址控制字，若写入地址控制字，则 R/$\overline{W}$ 位的控制字应设置为 0，例如，控制字为 01011010，末位为 0 代表是向芯片写控制字，第二位为 1、第三位为 0 表示该 I^2C 信号控制的为硬件电路中 AD1 脚接地、AD0 接 5 V 的数字电位器。如图 2-79 中时序所示，要实现对芯片电阻的控制，不仅要有数据传输信号 SDA 而且还需要提供时序信号 SCL，AD5173 根据 SCL 信号的高低电平及上升沿和下降沿时 SDL 信号的状态对控制信号进行识别。

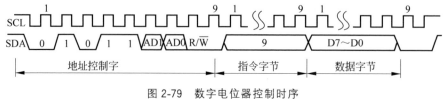

图 2-79　数字电位器控制时序

数字电位器控制程序的正确与否可以通过逻辑分析仪进行分析,逻辑分析仪可以采集时序输出的时序,本设计系统使用的是 Saleae Logic16 逻辑分析仪,其支持 17 种通信协议,包括 I^2C、JTAG 及 SPI 等。其使用十分方便,可以通过 USB 把数据传输到计算机端,其有 16 个采集通道,每个通道都支持 4 种触发方式:上升沿、下降沿、高电平和低电平。

5. 按键值运算输出程序

要使按键控制的值转化为最终设定的温度或激光器驱动电流的输出值,需要确定寄存器中的数值与最终输出值之间的关系方程。首先需确定激光器温度与激光器热敏电阻的关系及激光器驱动电流与电流设定电阻的关系。

表 2-7 为电流设定电阻与激光器驱动电流的对应关系,输入值一栏为按键的设定值,该设定值也是写入数字电位器的相应数据值;数字电位器阻值一栏为在该输入值下数字电位器输出的电阻值;电流值一栏为在该设定阻值下控制电路输出的激光器驱动电流值,表中所示的驱动电流值为在相应输入值下实际测得的电流。表 2-8 为激光器热敏电阻的阻值与激光器温度的对应图表,由于激光器的温度设定电阻的阻值大小与激光器内的热敏电阻的阻值保持一致,因此该表所反映的也是激光器温度设定电阻与激光器温度的对应关系。根据上述的对照表对相应参数之间的关系方程式进行求解,进而求得拟合曲线。本设计使用 MATLAB 求解拟合曲线方程,首先需要对 Excel 表格中的数值进行读取,然后编写相应的求解程序,进而得出方程式。图 2-80 为利用 MATLAB 对拟合曲线方程求解的界面,图中红线下划线部分为求解得到的拟合曲线方程。

表 2-7　数字电位器阻值与 LD 电流关系

输入值	数字电位器阻值/kΩ	LD 电流/mA
0	10.0609375	116.698
1	10.021875	112.387
2	9.9828125	108.385
⋮	⋮	⋮
122	5.2953125	20.695
123	5.25625	20.555
124	5.2171875	20.417
⋮	⋮	⋮
253	0.178125	11.231
254	0.1390625	11.192
255	0.1	11.151

表 2-8　激光器温度与热敏电阻关系

温度值/℃	热敏电阻/kΩ
12	18.296
13	17.423
14	16.600
⋮	⋮
24	10.449
25	10.000
26	9.5757
⋮	⋮
50	3.5880
51	3.4541
52	3.3254

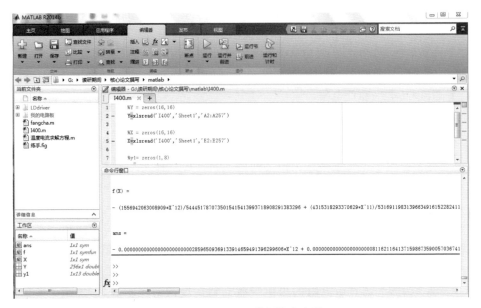

图 2-80　MATLAB 求解拟合方程

　　图 2-81 为激光器的温度及激光器驱动电流与设定电阻的对应关系,图(a)中星号数据点为激光器内的热敏电阻在给定阻值下所对应的温度值,绿色曲线为该数据的拟合曲线;图(b)中,星号数据为在设定电阻下实际测得的激光器驱动电流值,绿色曲线为其拟合曲线。如图 2-81 所示,所求拟合曲线与数据点的重合度非常好。

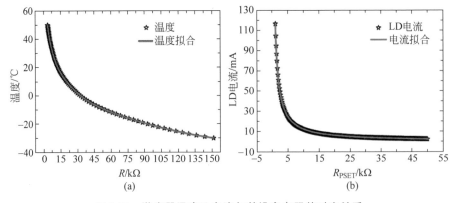

图 2-81　激光器温度及电流与其设定电阻的对应关系

　　数字电位器控制流程如图 2-82 所示,首先读取 BUF 中的数据值,然后将本次读到的数据值与上次的数值进行比较判断,若值没有变化则继续对 BUF 值进行读取;若该值与上次读取的不同,则读取 BUF_s 的值,判断当前是调整电流还是调整温度；然后根据调整的对象生成相应的控制地址，该地址用来控制相应的数字电位器；程序根据 BUF 中的数值生成相应控制数据，该数据为二进制码；然后将二进制控制地址及控制数据转化为相应的高低电平，通过 I^2C 端口输出到数字电位器，实现对数字电位器的控制，进而完成对激光器温度或激光器驱动电流的调节。

6. 屏幕显示控制程序设计

屏幕显示内容为当前所进行调整的内容：激光器驱动电流或激光器温度、激光器驱动电流值、激光器的温度值。本系统所使用的 OLED 显示屏的物理参数特性为：屏幕尺寸 1.3 英寸，128×64 像素，要实现温度、电流及调节项三项内容的显示，需要设置三行字，由于屏幕列只有 64 个像素，因此每行的字的点阵大小不能超过 21×21，本系统所使用的字的点阵大小为 16×16。

显示界面如图 2-83 所示，其中屏幕最上面一行显示的是当前可调节的内容，中间一行显示的是当前所设定的电流值，最下面一行显示的是当前所设定温度的值。当系统开启时，初

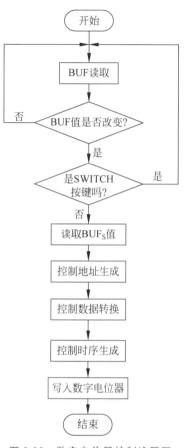

图 2-82　数字电位器控制流程图

始设置为调节激光器的电流值，在显示界面中，最上方显示为"Current"，表示当前可对电流值进行调节；当按下切换键（SWITCH）进行调节时，上方显示的数值会变为"Temperature"，表示当前的 UP 和 DOWN 按键只对温度按键寄存器中的数值进行控制。当通过按键对电流或温度调整时，程序会对相应的显示区块进行刷新显示处理。

图 2-83　屏幕显示界面

如图 2-84 所示,在本设计中,将控制电路中输出的激光器驱动电流的多次平均值的数据存储在 Icurrent[ ]数组中,将由温度-电阻拟合曲线生成激光器的温度数据值存储在 Ttemperature[ ]数组中,当按键控制信号有变化时,就对上述两个数组中的数据进行调用。为提高数据调用处理的便捷性,编写相应的 Findcurrent(u8 num)和 Findtemperature(u8 num)调用函数,其中:Findcurrent(u8 num)为驱动电流数值调用函数,Findtemperature(u8 num)为激光器温度数值调用函数。在函数中,u8 表示的是数据的类型:无符号字符类型,num 代表的是所要调用的第 num+1 个数据,执行该查找程序,函数会给出查找到的相应数据值。

```
double Icurrent[256]=
|{
    115.00,96.95 ,83.72,73.67,
    24.33 ,23.39 ,22.52,21.71,
    13.52 ,13.23 ,13.08,12.85,
    9.44  ,9.3   ,9.157,9.017,
    7.21  ,7.126 ,7.043,6.964,
    5.807 ,5.751 ,5.697,5.644,
    4.889 ,4.85  ,4.812,4.775,
    4.2   ,4.171 ,4.142,4.114,
    3.687 ,3.665 ,3.643,3.622,
    3.294 ,3.276 ,3.259,3.241,
    2.969 ,2.955 ,2.941,2.927,
    2.709 ,2.697 ,2.685,2.673,
    2.489,2.478,2.469,2.46 ,2.
};
```

```
double Ttemperature[256]=
{
    35.973 ,35.313 ,34.726 ,34.197 ,
    30.081 ,29.887 ,29.704 ,29.531 ,
    27.912 ,27.823 ,27.736 ,27.653 ,
    26.808 ,26.757 ,26.708 ,26.660 ,
    26.143 ,26.110 ,26.078 ,26.047 ,
    25.699 ,25.676 ,25.654 ,25.632 ,
    25.382 ,25.365 ,25.348 ,25.332 ,
    25.143 ,25.130 ,25.118 ,25.105 ,
    24.958 ,24.947 ,24.937 ,24.927 ,
    24.809 ,24.801 ,24.793 ,24.784 ,
    24.687 ,24.681 ,24.674 ,24.667 ,
    24.586 ,24.580 ,24.575 ,24.569 ,
    24.500 ,24.495 ,24.490 ,24.485 ,
    24.426 ,24.422 ,24.418 ,24.414 ,
    24.363 ,24.359 ,24.355 ,24.352 ,
    24.307 ,24.303 ,24.300 ,24.297 ,
};
```

图 2-84　激光器电流及温度数据存储

由于按键运算输出控制程序和屏幕显示控制程序需要同步处理,即当按键设置调整时,对相应的数字电位器进行控制写入的同时,也要对屏幕中相应的显示内容进行更改。因此它们的运行判断条件相同,均为按键值有变化时。屏幕显示控制流程图如图 2-85 所示:首先对按键的 BUF 值进行读取,判断其值是否有改变,若没有则表示无按键按下,若有则判断所按按键的类型,首先判断是否为 SWITCH 按键,若是,表示对所要调整的选项有改变,相应地对显示屏上端所显示的字进行切换,例如:操作之前所显示操作提示为"Temperature",当 SWITCH 键按下后显示内容变为"Current",表示当前可对激光器的驱动电流进行调节;若不是 SWITCH 按键按下,则表示是 UP 或 DOWN 按键按下,对相应的寄存器中的数值进行更改;之后对 BUF_S 的值进行判断,若其值为 0,表示是对激光器的驱动电流进行更改,主程序进入电流处理运算子程序,根据 BUF_I 中的信息查找读取相应的电流值,然后将读出的数值提取转换,调用屏幕显示程序进行显示。当 BUF_S 的值为 1 时,对激光器温度的显示采用同样的方法。以此完成系统的人机交互,实现操作的可视化。

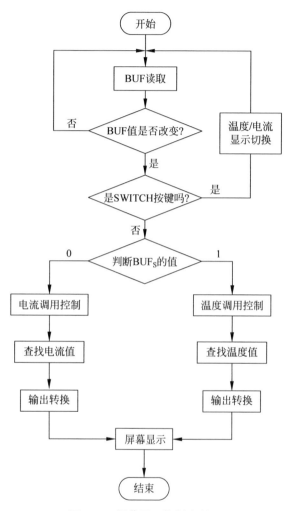

图 2-85　屏幕显示控制流程图

2.4.3　系统的输出特性及分析

1. 供电电压模块测试

激光器温度及 LD 驱动电流控制系统设计完成之后,首先对为本系统提供电源的变压电路的输出进行测试,由于激光器的驱动电流是毫安级别,因此需要对电路输出电压的纹波进行抑制。为此,设计了本系统专用的电压控制转换电路及滤波输出控制电路,用示波器对该电压转换模块的输出性能进行测试。

图 2-86 为测得的电路输出纹波,其中图(a)为 3.3 V 供电电压的输出纹波,其

峰峰值大小为 6.6 mV；图(b)为 5 V 供电电压的输出纹波的波形图，其峰峰值大小为 6.48 mV。上述测试结果表明，本系统的电压供电电路符合设计的要求。

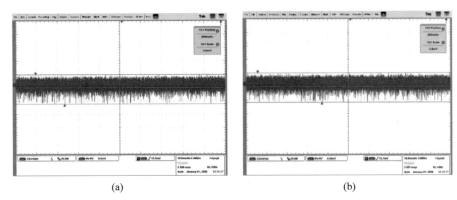

(a)   (b)

图 2-86　供电模块输出纹波

(a) 3.3 V；(b) 5 V

2. 激光器驱动电流性能测试

在对 LD 输出电流测试的过程中，输出的电流大小同样为毫安级别，为减小测试过程中人为因素的影响，也将测试表笔通过导线连接到电路的驱动电流输出端。测试电流所使用的为安捷伦的 34410A 型台式万用表，最大输出电流可达 116.698 mA。对电路输出的 LD 控制电流的稳定性进行测试，每 10 s 记录一次，记录时长为 100 min，所测数据如图 2-87 所示。其中图 2-87(a)、(b)、(c)、(d)分别为 20 mA、40 mA、60 mA 和 80 mA 四种量级的 LD 电流在 100 min 内的波形。所对应的电流波动幅度分别为 0.003 mA、0.008 mA、0.009 mA 和 0.008 mA，相应的电流稳定度[39]分别为 0.015%、0.02%、0.015% 和 0.01%，电流的稳定度在 0.02% 范围内。

图 2-88 为对输出电流每 10 min 为一时间段，统计每段段内电流的波动范围，从图中可以看出，每一段的电流波动都在 0.004 mA 以内。

3. 激光器温控性能测试

激光器温度控制主要是为了控制其输出光的中心波长，本实验采用 APEX 型号为 AP2041B 的光谱仪，在 1.12 pm 分辨率下对激光器输出光的中心波长进行测试，中心波长每 12 s 记录一次，记录时长为 120 min。

用 Newport 的驱动源对 DFB 激光器进行测试，在温度为 25℃，LD 工作电流为其 2 倍阈值电流条件下，激光器输出光的中心波长在 120 min 内的波动幅度为 8 pm；本设计电路在相同条件下，激光器输出光的中心波长的波动幅度为 7 pm。

然而，两种驱动源对 TOSA 激光器的控制效果有很大的不同，图 2-89(a)为用 Newport 的驱动源驱动 TOSA 激光器所得到的中心波长在 120 min 内的变化图，

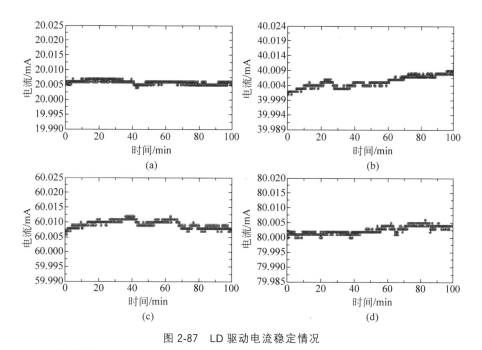

图 2-87　LD 驱动电流稳定情况

（a）20 mA 量级输出电流；（b）40 mA 量级输出电流；（c）60 mA 量级输出电流；（d）80 mA 量级输出电流

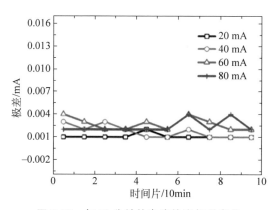

图 2-88　每 10 分钟的电流输出极差变化

变化范围为 1548.291～1548.305 nm，变化幅度为 14 pm，中心波长的归一化均方差[40]为 0.0044。本设计对 TOSA 激光器控制输出的中心波长的变化情况如图 2-89(b)所示，在 120 min 内的中心波长的变化范围为 1548.272～1548.281 nm，变化幅度为 9 pm，中心波长的归一化均方差为 0.0020。本设计控制系统对 TOSA 激光器的中心波长控制效果得到了提高，弥补了 Newport 驱动源对 TOSA 激光器波长控制效果不佳的问题。

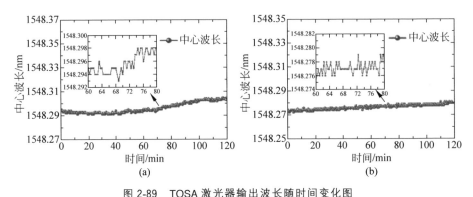

图 2-89　TOSA 激光器输出波长随时间变化图

(a) Newport 驱动 TOSA 激光器；(b) 本设计驱动 TOSA 激光器输出

图 2-90 为根据 TOSA 激光器控制的输出光中心波长标准差所绘制的相应的高斯分布图，为了使高斯分布图反映的数据的离散情况对比更加清晰，将高斯分布的平均值统一在 1548.279 nm。从图中可以看出，本设计系统控制输出的中心波长的高斯分布更窄，这说明输出波长的分布更加聚集，相比于 Newport 驱动源对 TOSA 激光器的控制，其控制稳定性得到了很好的提升，弥补了 Newport 驱动源对 TOSA 激光器控制效果不佳的问题。

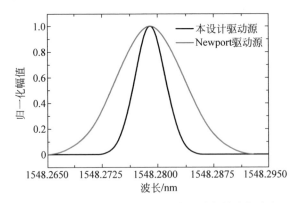

图 2-90　不同驱动源控制 TOSA 输出波长的高斯分布图

2.5　宽带混沌信号源

为了解决混沌激光存在的频谱不平坦、带宽窄等问题，进一步推动混沌激光的产业化应用，作者团队基于放大自发辐射（ASE）噪声扰动和半导体激光器互注入的方法，设计并研制了一款高带宽、高平坦度的宽带混沌信号发生器。该信号发生器主要包括两个 DFB 激光器和一个半导体光放大器,利用半导体光放大器产生的 ASE 噪声扰动 DFB 激光器产生混沌激光,DFB 激光器互注入的拍频效应进一步实现频谱整形和带宽增强。在反馈强度为 9.096%、频率失谐量为 −32.75 GHz、耦合强度为 1.635 的状态下,信号发生器可以产生频谱带宽超过 50 GHz、平坦度为 ±2.5 dB、光谱线宽为 0.56 nm 的混沌激光。进一步,研究了混沌激光在不同频率失谐量下输出光谱和频谱的状态,实现了对混沌激光带宽的控制。

2.5.1　结构及原理

1. 外观及驱动模块设计

50 GHz 宽带混沌信号发生器的实物图如图 2-91 所示,图(a)为样机外观,图(b)为样机内部结构。样机是由太原理工大学新型传感器与智能控制教育部重点实验室和武汉光迅科技股份有限公司合作设计与研制的,其外壳尺寸为 250 mm× 115 mm×270 mm,体积小、便于携带。宽带混沌激光源内部包括 2 个 DFB 激光器、2 个 90∶10 光纤耦合器、1 个半导体光放大器、1 个偏振控制器、1 个光衰减器和 4 个光隔离器。其结构简单、成本较低,有助于实现混沌激光源的实用化和市场化。样机共有四个输出端口:监测信号 1、输出信号 1、输出信号 2、监测信号 2,宽带混沌信号由输出信号 1 端口输出。监测信号端口可以对注入光实时监测,以防注入功率过大损坏激光器。输出信号端口可实时监测输出光的变化,以便得到合适带宽的混沌激光。

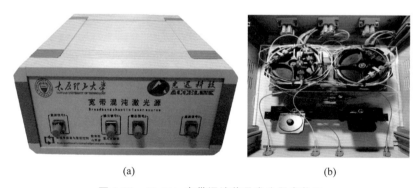

(a)　　　　　　　　　　　　　　(b)

图 2-91　50 GHz 宽带混沌信号发生器实物图

宽带混沌激光源内部的 DFB 激光器和 SOA 均焊接在自行设计的 PCB 电路板上,如图 2-92 所示。将导线分别与各个器件的引脚焊接,并接入排针串口,实现对器件驱动电路的连接。为使 DFB 激光器和 SOA 有效散热,在器件底部连接一块紫铜。经过驱动电路的测试,各个器件工作稳定。驱动电路板的设计取代了传统的商用激光器夹具,降低了研发成本,减小了体积,有利于集成化样机的研制。

图 2-92　宽带混沌激光源驱动电路板

　　样机驱动源由作者课题组自行设计[35]，如图 2-93 所示为驱动控制模块结构图。模块的设计满足了 SOA 的大范围电流调节，可以实现 DFB 激光器 1、DFB 激光器 2 及 SOA 的偏置电流和 TEC 温度的稳定、准确控制，也就是说实现了对 DFB 激光器输出功率和中心波长的调节，以及对 SOA 的 ASE 噪声和激光器互注入功率的有效控制。驱动源可通过按键操作，输入设定的偏置电流、TEC 温度，此时 DFB 激光器输出端即宽带混沌激光输出。

图 2-93　驱动控制模块结构图

2. 实验装置图及工作原理

　　基于 ASE 噪声扰动联合互注入产生宽带混沌激光的实验装置图如图 2-94 所示，蓝色区域为宽带混沌信号发生器的内部结构图，宽带混沌信号由 b 端口输出，对应图 2-91 中的输出信号 1。采用两个波长和性能均相近的普通商用 DFB 激光器，从而实现在合适的频率失谐和耦合强度下互注入产生宽带混沌激光。系统中，SOA 产生的 ASE 噪声扰动 DFB 激光器 1 产生混沌激光，且 SOA 实现互注入功率的双向放大，实现强光注入，有利于增强 DFB 激光器的拍频效果。PC 控制偏振状态，VOA 控制耦合强度，ISO(隔离度≥48 dB)防止外部光对激光器产生影响。

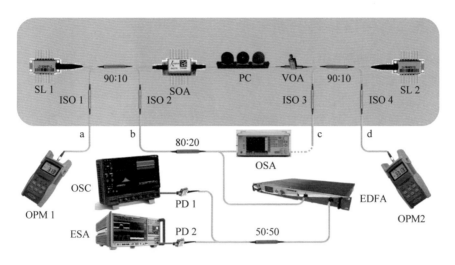

图 2-94　宽带混沌信号发生器实验装置图

　　DFB 激光器 1 的输出经左 90∶10 光纤耦合器分为两路,90％路与 SOA 连接,ASE 噪声扰动 DFB 激光器 1 产生混沌激光,经 10％路输出。SOA 将 DFB 激光器 1 输出放大后通过 PC、VOA、右 90∶10 光纤耦合器的 90％路与 DFB 激光器 2 连接,实现 DFB 激光器 1 与 DFB 激光器 2 的互注入,从而使 DFB 激光器 1 输出频谱平坦、宽带的混沌激光。

　　样机共有 4 个端口,a、b 分别为 DFB 激光器 1 的监测端和输出端,c、d 分别为 DFB 激光器 2 的输出端和监测端。监测端通过光功率计监测反馈光的变化,从而计算得到反馈强度和耦合强度的变化,且能防止反馈光强度太大损坏激光器。反馈强度为 DFB 激光器 1 的反馈光功率与输出功率的比值,耦合强度为 DFB 激光器 1 的注入功率与输出功率的比值。DFB 激光器 1 的输出端通过 80∶20 光纤耦合器分为两路,20％路接入 0.03 nm 分辨率的光谱分析仪,同时监测 DFB 激光器 1 输出功率及中心波长的变化状态。80％路输出信号经掺铒光纤放大器放大后,通过 50∶50 光纤耦合器分为两路。一路接入带宽为 50 GHz 的 PD1,经 PD1 将光信号转换为电信号,带宽为 50 GHz 的频谱分析仪监测混沌电信号的频谱状态变化;另一路接入 PD2 和带宽为 36 GHz 的高速实时示波器,对输出信号的时间序列变化实时监控。DFB 激光器 2 的输出端接入 OSA 可监测其输出功率及中心波长的变化,从而得到频率失谐量 $\Delta\nu$ 的变化,即 $\Delta\nu = \Delta\nu_2 - \Delta\nu_1$,其中 $\Delta\nu_2$ 为 DFB 激光器 2 的中心频率,$\Delta\nu_1$ 为 DFB 激光器 1 的中心频率。

2.5.2 输出特性分析

1. 典型输出状态

将 DFB 激光器 1 的偏置电流设置为
1.3 倍阈值状态,此时的输出功率为
0.403 mW,其温度控制在 25℃,输出光
谱的中心波长为 1548.177 nm。调节
SOA 的驱动模块,设置 SOA 的偏置电流
为 1.5 倍阈值状态,其 ASE 噪声输出为
0.04 mW。因此,DFB 激光器 1 的反馈强
度为 9.096%。此时,DFB 激光器 1 经过
SOA 产生的 ASE 噪声扰动,输出混沌激
光,其−5 dB 线宽为 2.09 GHz,如图 2-95
所示。

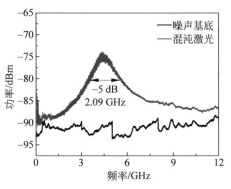

图 2-95　ASE 噪声扰动产生混沌
激光频谱图

进一步调节 DFB 激光器 2 的偏置电流为 2.6 倍阈值状态,输出功率为
1.87 mW,其温度控制在 25.1℃,输出光谱的中心波长为 1548.439 nm。经计算
可得,耦合强度为 1.635,频率失谐量为−32.75 GHz。

此时,宽带混沌信号发生器的输出特性如图 2-96 所示。图 2-96(a)为混沌信
号的频谱,受频谱仪带宽范围的限制,带宽覆盖范围应超过 50 GHz,平坦度为
±2.5 dB。图 2-96(b)为混沌信号的光谱,−20 dB 线宽为 0.56 nm,其线宽大幅度
展宽。图 2-96(c)为混沌信号的时间序列,呈现大幅值的随机分布,峰峰值电压为
22.7 mV。图 2-96(d)为混沌信号的相图,呈现出典型的混沌吸引子特性。

2. 正失谐时光谱和频谱的分析

通过调节宽带混沌信号发生器的驱动模块,可以实现对混沌激光带宽的控制,
混沌激光在不同频率失谐量下输出光谱和频谱的状态不同。

正失谐时光谱和频谱随频率失谐量的变化如图 2-97 所示,图(a-Ⅰ)~(e-Ⅰ)
为光谱,图(a-Ⅱ)~(e-Ⅱ)为频谱。图(a)~图(e)分别对应频率失谐量在 51.75 GHz、
44.12 GHz、37.5 GHz、29.5 GHz、18 GHz 时的光谱、频谱变化。图 2-97(a-Ⅰ)中
紫色曲线为 DFB 激光器 1 自由输出光谱,其对应的中心波长如蓝色虚线所示;绿
色曲线为 DFB 激光器 2 自由输出光谱,其对应的中心波长如黑色虚线所示;红色
曲线为 DFB 激光器 1 输出混沌激光的光谱。图 2-97(a-Ⅱ)所示的频谱图中,灰色
曲线为噪声基底,蓝色曲线为 DFB 激光器 1 输出混沌激光的频谱。固定 DFB 激
光器 1 的反馈强度为 9.096%,耦合强度为 1.635,保持 DFB 激光器 1 的中心波长
不变,调节 DFB 激光器 2 温控在 18.2~20.9℃,使 DFB 激光器 1 和 DFB 激光器 2
的频率失谐量发生改变,得到如图 2-97 所示的光谱和频谱变化。

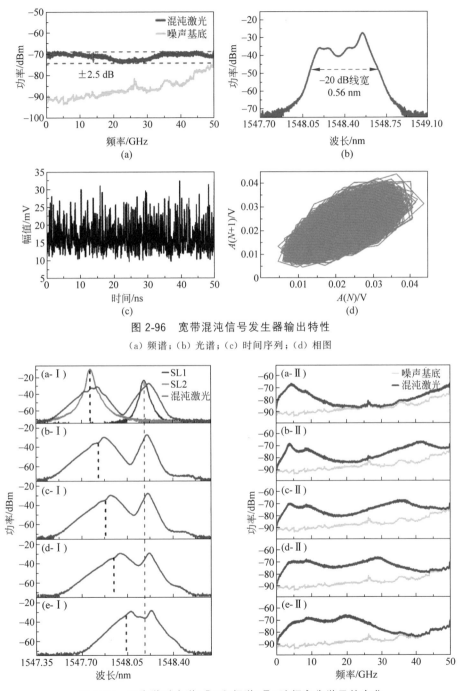

图 2-96　宽带混沌信号发生器输出特性

（a）频谱；（b）光谱；（c）时间序列；（d）相图

图 2-97　正失谐时光谱（Ⅰ）和频谱（Ⅱ）随频率失谐量的变化

可以看出,正失谐时的频率失谐量逐渐增大时,光谱的－20 dB线宽和频谱的
－5 dB带宽均呈现先增后减的变化趋势。在18～29.5 GHz失谐范围时,由于
激光器拍频引入高频振荡,激发了原始混沌振荡与高频振荡相结合,实现了光谱
和频谱的展宽。在37.5～51.75 GHz失谐范围时,频率失谐量进一步增大,混
沌振荡与高频振荡逐渐分离,这是由拍频效果降低导致的,因此混沌频谱带宽逐
渐降低。

3. 负失谐时光谱和频谱的分析

负失谐时光谱和频谱随频率失谐量的变化如图2-98所示。固定DFB激光器
1的反馈强度为9.096%,耦合强度为1.635,保持DFB激光器1的中心波长不变。
调节DFB激光器2温控在23～28.7℃,DFB激光器1和DFB激光器2的频率失
谐量变化如图(a)～图(e)所示,分别为－6.87 GHz、－28.87 GHz、－32.75 GHz、
－51.37 GHz、－77.25 GHz。

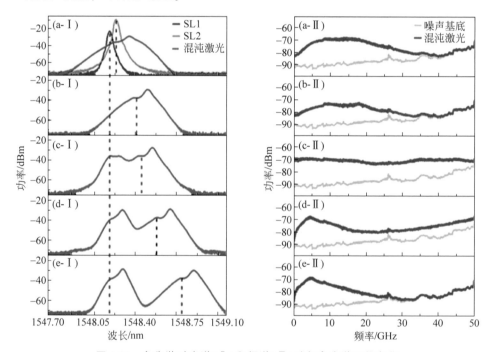

图2-98 负失谐时光谱(Ⅰ)和频谱(Ⅱ)随频率失谐量的变化

可以看出,负失谐时的频率失谐量逐渐增大时,光谱的－20 dB线宽和频谱的
－5 dB带宽均呈现先增后减的变化趋势。在－6.87～－32.75 GHz失谐范围时,
拍频效果逐渐增强,光谱和频谱展宽,且频谱平坦度得以优化。失谐量为
－32.75 GHz时,频谱平坦度达到最佳为±2.5 dB,频谱覆盖范围超过50 GHz。

在 $-51.37 \sim -77.25\,\mathrm{GHz}$ 失谐范围时,拍频效果降低,高频振荡无法增强带宽,因此混沌频谱开始凹陷,频谱不再平坦,带宽降低。

4. 频率失谐量对频谱带宽的影响

图 2-99 所示即频谱带宽随频率失谐量的变化图。同样固定 DFB 激光器 1 的反馈强度为 9.096%,耦合强度为 1.635,保持 DFB 激光器 1 的中心波长不变。改变 DFB 激光器 2 的温控在 $28.7 \sim 17.6\,℃$,此时的频率失谐量在 $-77.25 \sim 59\,\mathrm{GHz}$。从图中可以明显看出,频率失谐量为 $-32.75\,\mathrm{GHz}$ 时,$-5\,\mathrm{dB}$ 带宽最大为 $50\,\mathrm{GHz}$。相比正失谐状态,在负失谐范围内混沌带宽显著增强,这是由于光的注入导致 DFB 激光器 1 的光谱发生红移,频谱带宽的变化呈现不对称分布[41]。

失谐量在 $-28.87 \sim 4.37\,\mathrm{GHz}$ 范围时,混沌带宽增加幅度较小,这是由于 DFB 激光器 2 发生注入锁定,增大了 DFB 激光器 1 的弛豫振荡频率。而在 $4.37 \sim 22.75\,\mathrm{GHz}$ 和 $-28.87 \sim -35.87\,\mathrm{GHz}$ 失谐范围内,当失谐量增加时,通过 ASE 噪声扰动产生的原始混沌振荡与光互注入引起的高频周期振荡叠加耦合,混沌带宽得到展宽。

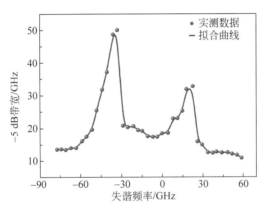

图 2-99　频谱带宽随频率失谐量的变化图

但是,频率失谐量并不是越大越好。在 $22.75 \sim 59\,\mathrm{GHz}$ 及 $-35.87 \sim -77.25\,\mathrm{GHz}$ 失谐范围内时,带宽随着失谐量的增加呈逐渐减小。当失谐量太大时,DFB 激光器 2 的出射激光处于 DFB 激光器 1 输出混沌激光增益谱的边缘位置,拍频效果降低,互注入扰动对于原始混沌振荡的影响较小,此时的混沌振荡主要由光反馈作用引起,因此混沌带宽降低。

5. 讨论与分析

$50\,\mathrm{GHz}$ 宽带混沌信号源首先是基于 SOA 的 ASE 散射引入外部光反馈,DFB 激光器 1 内部载流子数和光子数的动态平衡被破坏,同时弛豫振荡也得到激发。

弛豫振荡与外腔模式间的非线性作用增加了激光的自由度,因此产生混沌激光。

进一步,DFB 激光器 1 腔内的混沌激光的光场与 DFB 激光器 2 的光场拍频耦合,即 DFB 激光器 1 的弛豫振荡模式与 DFB 激光器 2 的主模之间的相互拍频。由于激光器在一定的光频失谐范围产生拍频效应,不同光频成分之间的拍频耦合使能量由弛豫振荡峰传递到高频位置产生高频周期振荡,因此宽带的高频周期振荡与原始混沌振荡叠加耦合,实现频谱平坦、宽带混沌激光的产生。而波长相接近的激光器在互注入时产生非线性作用,激发了大量新的光频成分,光谱相较于 ASE 散射引入的光反馈进一步展宽。

同时,激光器在非锁定注入的过程中产生了高频混沌振荡,而锁定注入时由于功率谱的能量主要集中在弛豫振荡频率周围,导致高频振荡难以产生,因此实现了对混沌激光不同幅度的带宽展宽。其不对称地分布在正负失谐范围内,并且激光器在负失谐范围内输出的非线性现象更为丰富。这是由于半导体激光器的注入强度和频率失谐量影响混沌状态的变化,当激光器的注入强度和频率失谐量发生改变时,DFB 激光器 1 会呈现不同的振荡状态。

参考文献

[1] ARGYRIS A, HAMACHER M, CHLOUVERAKIS K E,et al. Photonic integrated device for chaos applications in communications [J]. Physical Review Letters, 2008, 100(19),194101.

[2] CHLOUVERAKIS K E, ARGYRIS A, BOGRIS A, et al. Hurst exponents and cyclic scenarios in a photonic integrated circuit [J]. Physical Review E, 2008, 78 (6): 0662151-0662155.

[3] SYVRIDIS D, ARGYRIS A, BOGRIS A, et al. Integrated devices for optical chaos generation and communication applications [J]. IEEE Journal of Quantum Electronics, 2009, 45(11): 1421-1428.

[4] ARGYRIS A, GRIVAS E, HAMACHER M, et al. Chaos-on-a-chip secures data transmission in optical fiber links [J]. Optics Express, 2010, 18(5): 5188-5198.

[5] TOOMEY J P, KANE D M, MCMAHON M,et al. Integrated semiconductor laser with optical feedback: transition from short to long cavity regime [J]. Optics Express, 2015, 23(14): 18754-18762.

[6] TOOMEY J P, ARGYRIS A, MCMAHON C,et al. Time-scale independent permutation entropy of a photonic integrated device [J]. Journal of Lightwave Technology, 2017, 35(1): 88-95.

[7] TRONCIU V Z, MIRASSO C, COLET P,et al. Chaos generation and synchronization using an integrated source with an air gap [J]. IEEE Journal of Quantum Electronics, 2010, 46(12):1840-1846.

[8] SUNADA S, HARAYAMA T, ARAI K,et al. Chaos laser chips with delayed optical

feedback using a passive ring waveguide [J]. Optics Express, 2011, 19(7):5713-5724.

[9] SUNADA S, HARAYAMA T, ARAI K, et al. Random optical pulse generation with bistable semiconductor ring lasers [J]. Optics Express, 2011, 19(8): 7439-7450.

[10] WU J G, ZHAO L J, WU Z M, et al. Direct generation of broadband chaos by a monolithic integrated semiconductor laser chip [J]. Optics Express, 2013, 21(20): 23358-23364.

[11] YU L Q, LU D, PAN B W, et al. Monolithically integrated amplified feedback lasers for high-quality microwave and broadband chaos generation [J]. Journal of Lightwave Technology, 2014, 32(20): 3595-3601.

[12] SUNADA S, FUKUSHIMA T, SHINOHARA S, et al. A compact chaotic laser device with a two-dimensional external cavity structure [J]. Applied Physics Letters, 2014, 104(24),241105.

[13] LIU D, SUN C Z, XIONG B, et al. Nonlinear dynamics in integrated coupled DFB lasers with ultra-short delay [J]. Optics Express, 2014, 22(5): 5614-5622.

[14] ZHANG M J, XU Y H, ZHAO T, et al. A hybrid integrated short-external-cavity chaotic semiconductor laser [J]. IEEE Photonics Technology Letters, 2017, 29(21): 1911-1914.

[15] SORIANO M C, GARCÍAOJALVO J, MIRASSO C R, et al. Complex photonics: dynamics and applications of delay-coupled semiconductors lasers [J]. Reviews of Modern Physics, 2013, 85(1): 421-470.

[16] TOOMEY J P, KANE D M, MCMAHON C, et al. Integrated semiconductor laser with optical feedback: transition from short to long cavity regime [J]. Optics Express, 2015, 23(14): 18754-18762.

[17] PARK J K, WOO T G, KIM M, et al. Hadamard matrix design for a low-cost indoor positioning system in visible light communication [J]. IEEE Photonics Journal, 2017, 9(2): 1-10.

[18] XIANG S Y, WEN A J, ZHANG H, et al. Effect of gain nonlinearity on time delay signature of chaos in external-cavity semiconductor lasers [J]. IEEE Journal of Quantum Electronics, 2016, 52(4): 1-7.

[19] WANG A, WANG D, GAO H, et al. Time delay signature elimination of chaos in a semiconductor laser by dispersive feedback from a chirped FBG [J]. Optics Express, 2017, 25(10): 10911-10924.

[20] WANG A B, WANG Y C, WANG J F. Route to broadband chaos in a chaotic laser diode subject to optical injection [J]. Optics Letters, 2009, 34(8): 1144-1146.

[21] LANG R, KOBAYASHI K. External optical feedback effects on semiconductor injection laser properties [J]. IEEE Journal of Quantum Electronics, 1980, 16(3): 347-355.

[22] RONTANI D, LOCQUET A, SCIAMANNA M, et al. Time-delay identification in a chaotic semiconductor laser with optical feedback: a dynamical point of view [J]. IEEE Journal of Quantum Electronics, 2009, 45(7): 879-891.

[23] BJERKAN L，ROYSET A，HAFSKJAER L，et al. Measurement of laser parameters for simulation of high-speed fiberoptic systems [J]. Journal of Lightwave Technology，2002，14(5)：839-850.

[24] OLSHANSKY R，HILL P，LANZISERA V，et al. Frequency response of 1. 3μm InGaAsP high speed semiconductor lasers [J]. IEEE Journal of Quantum Electronics，1987，23(9)：1410-1418.

[25] CARTLEDGE J C，SRINIVASAN R C. Extraction of DFB laser rate equation parameters for system simulation purposes [J]. Lightwave Technology Journal of，1997，15(5)：852-860.

[26] ANDRE P S，PINTO A N. Extraction of DFB laser rate equations parameters for optical simulation purposes [C]. Conference on Telecommunications，Conftele'9 Conference on Telecommunications，1999.

[27] 王安帮. 宽带混沌产生与混沌激光时域反射测量[D]. 太原：太原理工大学，2014.

[28] YE J，LI H，MCINERNEY J G. Period-doubling route to chaos in a semiconductor laser with weak optical feedback [J]. Physical Review A，1993，47(3)：2249-2252.

[29] AHMED M，YAMADA M，ABDULRHMANN S. Numerical modeling of the route-to-chaos of semiconductor lasers under optical feedback and its dependence on the external-cavity length [J]. International Journal of Numerical Modelling Electronic Networks Devices & Fields，2009，22(6)：434-445.

[30] LEI Y M，ZHANG H X. Homoclinic and heteroclinic chaos in nonlinear systems driven by trichotomous noise [J]. Chinese Physics B，2017，26(3)：242-250.

[31] KUANG J H，SHEEN M T，WANG S C，et al. Post-weld-shift in dual-in-line laser package [J]. IEEE Transactions on Advanced Packaging，2001，24(1)：81-85.

[32] LIN Y M，LIU W N，SHI F G. Laser welding induced alignment distortion in butterfly laser module packages：effect of welding sequence [J]. IEEE Transactions on Advanced Packaging，2002，25(1)：73-78.

[33] HSU Y C，HUANG W K，SHEEN M T，et al. Fiber-alignment shifts in butterfly laser packaging by laser-welding technique：measurement and finite-element method analysis [J]. Journal of Electronic Materials，2004，33(1)：40-47.

[34] LIN Y M，EICHELE C，FRANK G. Effect of welding sequence on welding-induced-alignment-distortion in packaging of butterfly laser diode modules：simulation and experiment [J]. Journal of Lightwave Technology，2005，23(2)：615-623.

[35] 杨帅军，张建忠，刘毅，等. 面向混沌激光器的高精度温控与驱动电路设计[J]. 深圳大学学报理工版，2018，35(5)：516-522.

[36] 靳晓丽，苏静，靳丕铦，等. 全固态单频绿光激光器高精度数字温度控制系统的研究[J]. 中国激光，2015，42(9)：80-86.

[37] 王冬，吕勇. 调制型半导体激光器恒流驱动电路设计[J]. 现代电子技术，2010，7：92-94.

[38] 王聪，王畅，蒋向北，等. 程红新型大功率级联式二极管 H 桥整流器[J]. 电网技术，2015，

39(3)：829-836.

[39] 陈颖源，李会艳，王若凡，等. 基于 PWM 思想的深度脑刺激波形成型方案[J]. 计算机工程与应用，2015，16：259-264.

[40] 郭凤玲，徐广平，黄宝库. 基于 DRV595 的激光器恒温控制系统[J]. 激光技术，2017，41(5)：734-737.

[41] TAKIGUCHI Y，OHYAGI K，OHTSUBO J. Bandwidth-enhanced chaos synchronization in strongly injection-locked semiconductor lasers with optical feedback [J]. Optics Letters，2003，28(5)：319-321.

第 **3** 章

混沌布里渊分布式光纤传感

传统布里渊分布式光纤传感技术中,光时域系统脉冲宽度受限于声子寿命(10 ns),导致空间分辨率难以突破 1 m,光相干域系统周期性相关峰致使其传感距离仅有数十米,即传统布里渊分布式光纤传感技术无法同时满足高空间分辨率与长传感距离的监测,难以实现被测参量的精准定位,严重限制其实际应用。本章提出一种全新的混沌布里渊分布式光纤传感系统,采用宽带混沌激光代替脉冲光作为探测信号,利用其自相关特性进行探测,克服脉冲宽度与空间分辨率的矛盾,混沌激光类 δ 函数特性消除了周期性相关峰对传感距离的限制,打破了传统技术中监测距离与空间分辨率无法兼顾的瓶颈。最终,混沌布里渊分布式光纤传感技术将传感距离拓展至 10.2 km,空间分辨率最高可达 3.5 mm。

3.1 分布式光纤传感研究现状

3.1.1 光纤传感技术概述

光纤传感技术是 20 世纪 80 年代随着光纤技术和光纤通信技术发展而兴起的一种新型传感技术。光纤传感系统中,光波为探测信号,光纤既为传输介质又为传感介质,感知与探测外界的温度、压力、应变、电场、位移等环境变化。光纤本身不带电、体积小、质量轻、易弯曲、抗电磁干扰、抗辐射性能好,特别适合在易燃易爆、空间严格受限及强电磁干扰等恶劣环境下使用。在现代信息技术中,传感技术已经被视为第三大高新技术,同时人们也将其作为一个国家信息化实力是否强大的标志。因此,光纤传感技术作为传感网络的重要一环,一经问世就受到了极大的重视,获得广泛的研究,取得了长足的发展[1-4]。

目前,按照光纤的感知范围,光纤传感可分为点式[5]、准分布式[6]及全分布式[7]三大类。点式传感器也称为分立式光纤传感器,利用单个传感单元感知和测量预先确定的某一点附近很小范围内的参量变化。通常使用的点式传感单元有光纤布拉格光栅、马赫-曾德尔干涉仪等为测量某一特征物理量而专门设计的传感器,可精确测得某一确定位置的特征参量变化。

准分布式传感器通过布置多个传感单元,组成传感单元阵列,可以实现多点传感。这类传感系统是将多个点式传感单元按照一定的顺序连接,并利用波分复用、时分复用和频分复用等技术共用一个或多个信道构成分布式系统。该系统既可被认为是点式传感器,也可被认为是分布式传感器,故被称为准分布式光纤传感技术。

全分布式光纤传感系统中,光纤既是信号传输介质,又是传感单元,即利用光纤这一传感/传输元件可实现光纤沿线任意位置的监测。因此,分布式光纤传感系统受到本领域国内外同行的极度重视,成为时下研究的热点。分布式光纤传感器的工作原理主要是基于光纤中的光散射,根据散射光信号的不同,主要分为基于光纤中的瑞利散射、拉曼散射和布里渊散射三种类型。基于瑞利散射的分布式光纤传感技术主要为光时域反射(optical time domain reflectometry,OTDR)技术,通过检测瑞利散射信号的功率、偏振态、相位变化等信息,主要实现对光纤损耗、弯曲、断点、振动等的检测。基于拉曼散射的分布式光纤传感技术利用拉曼-反斯托克斯散射光的光强对光纤所处环境温度变化敏感的特性,实现对待测物体温度变化的监测,且该技术的研究已十分成熟并已经实现商品化。

基于布里渊散射的分布式光纤传感技术由于其可实现温度、振动、应变等多个外界参量的同时监测,已成为最具代表性的传感技术之一,经过数十年的发展,取得了一系列成果,传感性能得到了很大提升。它不仅具有一般光纤传感器尺寸小、重量轻、灵敏度高、抗电磁干扰能力强等诸多优越特性,而且能够实现对光纤沿线任意位置处温度和应变信息的连续测量,具有测量精度高、传感距离长和空间分辨率高等优势,因此在油气输运管道、电力网络、海底光缆、城市基础设施、公路、铁路桥梁隧道路网、大型结构健康监控、地质灾害检测等应用领域具有突出的技术优势和广阔的应用前景(图 3-1)。

3.1.2　布里渊分布式光纤传感技术

1972 年,美国贝尔实验室伊本(E. P. Ippen)等首次在光纤中观察到受激布里渊散射现象[8]。最初,布里渊散射只用于光纤的光学特性、特征参数研究[9-11]。直到1989 年,英国肯特大学卡尔弗豪斯(D. Culverhouse)等首次发现布里渊频移与温度的线性变化关系[12],日本电报电话公司崛口(T. Horiguchi)等发现布里渊频移与应变有

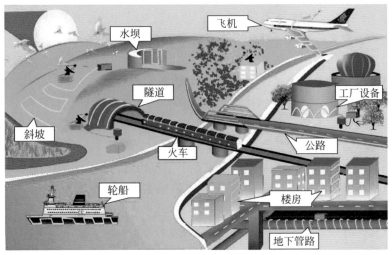

图 3-1　分布式光纤传感在各领域中应用示意图

着很好的线性关系[13]。光纤布里渊频移与温度、应变线性变化关系的发现,奠定了光纤布里渊传感的基石,从此揭开了光纤布里渊传感研究的大幕。

目前,根据光纤探测信号与传感机理的不同,布里渊分布式光纤传感技术主要有以下 5 种:布里渊光时域反射(Brillouin optical time domain reflectometry,BOTDR)技术、布里渊光时域分析(Brillouin optical time domain analysis,BOTDA)技术、布里渊光频域分析(Brillouin optical frequency domain analysis,BOFDA)技术、布里渊光相干域反射(Brillouin optical correlation domain reflectometry,BOCDR)技术,以及布里渊光相干域分析(Brillouin optical correlation domain analysis,BOCDA)技术。

1. 布里渊光时域反射技术

BOTDR 技术利用光纤中自发布里渊散射光功率或频移的变化量与温度和应变的线性关系进行全分布式传感。日本 NTT 公司黑岛(T. Kurashima)等于 1993 年提出并搭建了第一套 BOTDR 实验系统[14],其基本原理如图 3-2 所示。角频率为 ω_0 的连续光被调制成脉冲泵浦光从传感光纤的一端注入,产生频率为 $\omega_0 \pm \Omega_B$ 的后向自发布里渊散射光,散射光沿光纤返回并进入信号检测和处理系统,对信号检测和处理系统获得的不同时间的布里渊信号进行洛伦兹拟合,便可得到光纤沿线的布里渊频移,进而获得温度和应变信息。同时根据 OTDR 技术的定位原理,通过测量脉冲光和散射光之间的时延可获得位置信息,结合上述温度(应变)信息和位置信息,最终可实现分布式温度(应变)传感。BOTDR 系统只需在光注入端进行测量(单端测量)且原理简单,因此较为实用。但由于自发布里渊散射的强度非常微弱(相对于瑞利散射低大约 2 个量级),而且相对于入射光的频移很小(入射波长为 1550 nm 时对应频移约 11 GHz),因而 BOTDR 系统的信号检测难度较大。

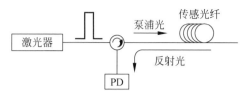

图 3-2　BOTDR 技术工作原理示意图

基于自发布里渊散射的光纤传感系统中,微弱的布里渊信号可以通过直接探测和相干探测两种方法得到。直接探测型 BOTDR 系统中,一般采用高精度、高稳定性的光学滤波器,如马赫-曾德尔干涉仪[15]、F-P 干涉仪[16]或光纤光栅[17]等,对传感光纤的后向散射光进行滤波,滤除瑞利散射光,获得自发布里渊散射光,从中解调出应变或温度分布信息。直接检测对光学滤波器的要求十分苛刻,不仅要求滤波器带宽要小于 11 GHz,而且中心波长要稳定。相干检测是将自发布里渊散射光与参考光直接拍频,通过外差检测来获取布里渊频移。由于布里渊频移高达11 GHz 左右,布里渊散射光与光源发出的激光直接拍频检测难度很大,因而实际测量系统中,往往对拍频信号进行频移或下变频到低频频域进行检测[18]。目前,较为常见的相干检测法大都采用单一光源,光源输出光经耦合器分束后,分别产生脉冲泵浦光和连续光,然后采用参考光源法[14]、参考光纤法[19]、声光循环移频技术[20]、微波电光调制移频技术[21]等,产生具有布里渊频移的本地参考光,使得拍频信号处于较低频域,降低对光电探测器和信号处理系统的要求。

目前,得益于微波相干外差检测的高信噪比,BOTDR 技术可以实现 100 km 的分布式传感[22]。如果结合分布式拉曼/布里渊放大技术,BOTDR 技术的传感距离可以扩展到 150 km[23]。BOTDR 技术的空间分辨率受限于光纤中的声子寿命10 ns,传统的系统空间分辨率被限制在 1 m 以上。采用双脉冲技术[24]、等效脉冲光拟合法[25],BOTDR 技术可以突破声子寿命的限制,已能达到分米量级的空间分辨率。此外,BOTDR 技术的最大优势在于单端测量,使用方便,特别适合一些只能在光纤一端测量的场合,国内外多家公司均已开发出商业化的 BOTDR 产品并投放市场。典型的 BOTDR 分布式传感系统包括日本 YOKOGAWA 的 AQ8603光纤应变分析仪、英国 Sensornet 有限公司的 DTSS 分布式温度应变传感器,国内中国电子科技集团公司第四十一研究所的 AV6419 光纤应力分布测试仪、太原理工大学的 HR10 高速分布式应变监测仪等。

2. 布里渊光时域分析技术

基于自发布里渊散射的 BOTDR 技术,拥有单端测量的优点,但由于自发布里渊散射光较弱,检测困难,传感器性能受到很大制约。1989 年,崛口等首次提出利用光纤中的受激布里渊散射机制进行传感的 BOTDA 技术,基本原理如图 3-3 所示[26]。激光器 1 发出的连续光经调制后作为脉冲泵浦光,激光器 2 发出频率比泵浦光低一个布里渊频移的连续探测光(斯托克斯光),脉冲泵浦光和连续探测光分别从传感光纤的两端注入,在传感光纤中相向传播。当两束光在光纤中相遇时,由于受激布里渊放大作用,脉冲泵浦光的一部分能量通过声波场转移给斯托克斯光。改变探测光的频率,在泵浦端测量随时间变化的探测光功率,获得光纤不同位置的布里渊增益,从而解调出布里渊频移沿光纤的分布。利用布里渊频移与环境温度、应变的线性关系,实现对温度或应变的分布式传感,这种传感系统被称为增益型BOTDA 技术。

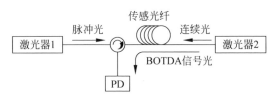

图 3-3　BOTDA 技术工作原理示意图

在增益型 BOTDA 技术中,由于泵浦脉冲光的能量不断转移给作为斯托克斯光的连续光,从而导致泵浦脉冲光沿光纤前进时的能量不断减小,不利于长距离的传输。因此,加拿大渥太华大学鲍晓毅课题组于 1993 年提出了损耗型 BOTDA 技术[27]。如图 3-3 所示,损耗型系统中激光器 1 的出射光频率比激光器 2 的出射光频率低一个布里渊频移,即脉冲光为斯托克斯光,连续光为泵浦光。由于脉冲光在光纤中前进时能量不断增大,因此可实现更长距离的传感。但实际上,增益型和损耗型两种方案中都存在因泵浦消耗而引起的非局域效应[28],在传感距离较长时,均会影响系统的测量准确性。

基于布里渊散射的分布式光纤传感技术中,空间分辨率与测量精度相互制约。为获得高的空间分辨率,传感系统必须采用窄脉宽的脉冲光,然而窄脉宽的探测光引起布里渊增益谱展宽,导致布里渊频移测量精度降低。此外,窄脉宽的探测光意味着泵浦光、探测光与声子相互作用的空间长度变短,布里渊信号变弱,探测误差变大,从而降低应变和温度的分辨率。为了克服以上困难,研究者们提出了多种方法。2008 年,鲍晓毅研究团队提出基于差分脉冲对技术的 BOTDA(DPP-BOTDA),在保证布里渊频移测量精度的同时,将空间分辨率提高到了 0.2 m[29]。此外,该团队对 DPP-BOTDA 技术不断改进,并结合脉冲编码技术、光学差分量放大技术,在 50 km 光纤上实现了 0.5 m 空间分辨率的传感[30]。2011 年,董永康等采用时分/频分复用技术,分别将 BOTDA 技术的传感距离拓展到了 100 km[31]和 75 km[32];2012 年,在频分复用技术方案中引入在线 EDFA,将传感距离进一步拓展到 150 km[33]。

同时,瑞士洛桑联邦理工学院(EPFL)的韦纳兹(L. Thévenaz)等采用电光微波移频技术实现了布里渊边带调制,依此提出单光源的 BOTDA 系统,提高了系统的稳定性[34],并研究了单模光纤的布里渊增益谱特性[35]。2008 年,韦纳兹提出布里渊回声技术用于提高 BOTDA 技术的空间分辨率,并在 5 km 光纤上实现了 5 cm 空间分辨率、3 MHz 频移精度的分布式传感[36]。此外,该团队在长距离 BOTDA 系统方面也进行了大量的研究,如采用 Simplex 码对泵浦脉冲进行编码,大大改善了系统的信噪比,在 50 km 光纤上实现了 1 m 空间分辨率的分布式传感[37-38]。将分布式拉曼远程放大技术用于长距离布里渊分布式传感,在 100 km 光纤上进行温度传感实验研究,空间分辨率达到 2 m[39]。2013 年,该团队就泵浦消耗对 BOTDA 技术长距离传感的影响进行了详细的理论分析,得到了可忽略泵浦消耗不利影响的极限探测光功率,为 BOTDA 系统功率预算提供重要指南[40]。同年,利用布里渊增益和损耗,采用双极格雷(Golay)互补码进行脉冲编码,提高了传感系统的信噪比,在 100 km 光纤上实现了 2 m 空间分辨率的温度传感[41]。此外,2014 年,电子科技大学饶云江等提出混合分布式拉曼放大的 BOTDA 技术,实现了 154.4 km 的长距离传感和 5 m 的空间分辨率[42]。张超等将脉冲编码技术应用于双向拉曼泵浦的 BOTDA 系统,分析了脉冲编码对系统的影响,在约 50 km 距离上获得了 2.5 m 的空间分辨率和 1℃ 的温度测量精度[43]。2016 年,电子科技大学王子南等利用基于贝叶斯阈值(Bayes shrink)的小波去噪算法提升 BOTDA 系统信噪比,并在 155 km 的传感光纤上实现了测量不确定度由 ±1.52 MHz 到 ±1.03 MHz 的降低[44]。同年,他们将脉冲编码技术与非局部均值算法相结合,并在 158 km 的传感光纤上实现了 8 m 空间分辨率的光纤传感[45]。脉冲预泵浦[46]、暗脉冲[47]等技术也被先后提出并实现长距离、高空间分辨率的分布式温度、应变传感。

经过 30 多年的发展,BOTDA 技术已经相当成熟,不管是传感精度、传感距离,还是空间分辨率,都基本满足了实用化要求。

3. 布里渊光频域分析技术

空间分辨率是分布式光纤传感系统的一个重要指标,受声子寿命(10 ns)的限制,布里渊光时域系统的空间分辨率被限制在 1 m 量级,为进一步提高空间分辨率,差分脉冲、暗脉冲等技术先后被实现,同时,布里渊光频域分析传感技术也被提出来。

BOFDA 是 1996 年由德国加鲁斯(D. Garus)等提出的,是利用受激布里渊效应与光学频域反射技术相结合的一种分布式光纤传感技术[48]。相较于时域分析技术,BOFDA 具有高空间分辨率、低探测光功率等优点。BOFDA 的实质是基于测量光纤的复合基带传输函数实现空间定位,这个传输函数将探测光和经过光纤传输的泵浦光的复振幅与光纤的几何长度相互关联起来,通过计算光纤的冲击响应函数实现对测量点定位的一种传感方法。

BOFDA 技术工作原理如图 3-4 所示。一束连续泵浦光从传感光纤的一端入射,另一束连续探测光经过电光强度调制器(EOM)进行幅度调制后,从传感光纤的另一端注入。泵浦光与探测光的频差近似等于光纤的布里渊频移,改变 EOM 的调制频率,用光电检测器分别检测探测光和泵浦光的光强,PD 输出信号送入到矢量网络分析仪,由矢量网络分析仪计算出传感光纤的基带传输函数。对传感光纤的基带传输函数进行快速傅里叶反变换(IFFT),对于线性系统,这一结果可类似于传感系统的脉冲响应函数,该函数包含了沿光纤分布的温度或应变信息。

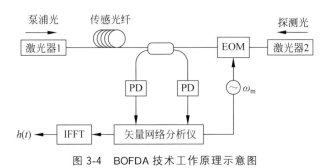

图 3-4   BOFDA 技术工作原理示意图

利用 BOFDA 技术,加鲁斯等进行了分布式温度和应变传感实验,在 1 km 长的传感光纤上实现了温度分辨率为 5℃、应变分辨率为 0.01% 和空间分辨率为 3 m 的分布式传感[49]。加鲁斯提出的 BOFDA 技术,采用快速傅里叶反变换将数据转换到时域进行处理,这种方法假设布里渊信号与布里渊增益的线性近似关系,不考虑布里渊放大的非线性效应。2002 年,意大利那不勒斯第二大学米纳尔多(A. Minardo)课题组改进了 BOFDA 的信号处理方法,计入布里渊放大非线性效应的影响,严格推导出 BOFDA 信号的表达式,不采用快速傅里叶逆变换,引入一个代价函数,完全在频域分析和处理数据[50]。基于此,该课题组在 BOFDA 方面进行了大量的研究:2004 年,进行了改进的 BOFDA 分布式传感实验,验证了该方法的可行性[51];2007 年,对 BOFDA 的泵浦光进行强度调制,采用锁相放大器进行外差探测,不需要矢量网络分析仪和高速探测器,有效降低系统成本[52];2008 年,将 BOFDA 用于高双折射微结构光纤布里渊特性的研究[53];2009 年,利用光纤端面的反射,实现了单端的 BOFDA 系统[54];2012 年,采用一种迭代算法,消除了声场调制的伪信号影响,实现了 3 cm 的高空间分辨率传感[55];2014 年,将 BOFDA 用于聚合物光纤的布里渊特性的研究[56]。

BOFDA 理论上具有极高的空间分辨率(约 1 mm)和测量精度,可并行测量,不需要高速数据采样和抓取,对硬件要求较低、成本低。但声场调制产生的伪信号,使得空间分辨率受限[55]。同时 BOFDA 传感距离有限,测量时间较长,未有实用化仪器的报道。

4. 布里渊光相干域反射技术

鉴于声子寿命对布里渊光时域系统空间分辨率的限制,日本东京大学的水野义介(Y. Mizuno)课题组于 2008 年提出了一种基于自发布里渊散射的光相干域反射分布式光纤传感技术[57],此类技术将相关峰定位法和 OTDR 技术结合起来,其基本原理如图 3-5 所示。

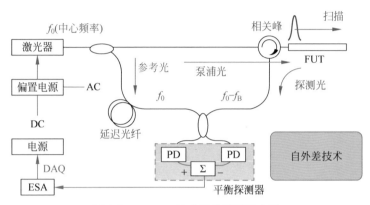

图 3-5　BOCDR 技术工作原理示意图

激光器被正弦信号进行强度调制,输出的连续光经耦合器分束后,一束经延时光纤作为参考光,另一束经环形器注入传感光纤作为泵浦光。泵浦光在传感光纤中发生自发布里渊散射,产生的后向布里渊散射光经环形器返回探测端。因为光源被正弦调频,一系列相关峰会等间隔地出现在传感光纤的不同位置,而且在相关峰位置处,布里渊散射光与本地参考光的频差正好等于该位置处光纤的布里渊频移。而在其他位置处,由于两束光不相关因此频差是时刻变化的[58]。通过选择合适的光源调制频率使得传感光纤内只有一个相关峰,然后扫描调制频率,使得光纤中相关峰的位置连续改变,实现整根光纤的分布式传感。

BOCDR 的空间分辨率和传感距离可以用式(3-1)、式(3-2)表示,其中,f_{m} 为光源调制频率,v_{g} 为光纤中光的群速度,Δf 为频率调制深度,$\Delta \nu_{\mathrm{B}}$ 为布里渊增益谱谱宽。由上述两式可以看出,空间分辨率 Δz 和传感长度 d_{m} 两者相互制约,并和调制频率 f_{m} 及频率调制深度 Δf 密切相关。f_{m} 越低,有效传感距离越长,但调制频率降低又会使得 Δz 增大,而最大频率调制深度受限于光纤的布里渊频移值,故不能无限制增大 Δf 来保持空间分辨率,否则将导致 BOCDR 系统的信噪比下降。

$$d_{\mathrm{m}} = \frac{v_{\mathrm{g}}}{2 f_{\mathrm{m}}} \tag{3-1}$$

$$\Delta z = \frac{v_{\mathrm{g}} \Delta \nu_{\mathrm{B}}}{2 \pi f_{\mathrm{m}} \Delta f} \tag{3-2}$$

自 2008 年提出 BOCDR 技术后,水野义介等实现了 100 m 距离和 40 cm 空间分辨率、50 Hz 动态采样的单端分布式应力测量,之后该课题组不断优化 BOCDR 技术,提升了系统的传感性能。2009 年采用分时选通技术,在 1 km 传感距离上实现了 66 cm 空间分辨率、50 Hz 动态采样的单端分布式应力测量[59];2010 年采用双频调制技术,进一步将传感距离拓展至 1.5 km,空间分辨率提高至 27 cm[60]。2016 年,水野义介等提出了一种超快测量的 BOCDR 装置,以较差的空间分辨率、小的动态范围和恶化的测量精度实现了最高 100 kHz 的高速采集,实验验证了 1 kHz 动态应变的实时测量[61]。此外,该课题组还验证了斜率辅助式 BOCDR 装置的可行性,并证明该方法可用于实现小于空间分辨率尺度下的应变、温度区测量,成功将传感距离拓展至 10 km[62]。

BOCDR 技术的优点在于单端测量,且系统空间分辨率较高,测量时间较短,可用于动态应变的分布式测量。但是 BOCDR 系统结构复杂,信号解调难度大,相比于 BOTDR 和 BOTDA 而言,其传感距离也较短,目前仍然处在实验研究阶段。

5. 布里渊光相干域分析技术

基于受激布里渊散射的光相干域分析技术是比 BOCDR 技术更早的一项高分辨率分布式传感方案,2000 年由日本东京大学保立和夫(K. Hotate)等提出[63]。BOCDA 也采用相关峰定位的方法,其基本结构如图 3-6 所示:光源受到正弦调制后分束,一路经过移频布里渊频移 ν_B 作为探测光;另一路经过电光调制器强度调制后作为泵浦光,用于锁相放大检测。和 BOCDR 系统相似,一系列相关峰会等间隔地出现在传感光纤的不同位置,且相关峰峰值位置处泵浦光与探测光的频差正好等于该处光纤的布里渊频移,受激布里渊散射持续发生。而在其他位置,由于探测光被调频,泵浦光与探测光的频差始终是变化的,使得两者之间的布里渊相互作用非常微弱。连续改变光源调制频率,就可改变相关峰的位置从而实现整根光纤的分布式传感。BOCDA 的空间分辨率 Δz 和传感长度 d_m 同样可用式(3-1)、式(3-2)表示,两者同样是相互制约的。

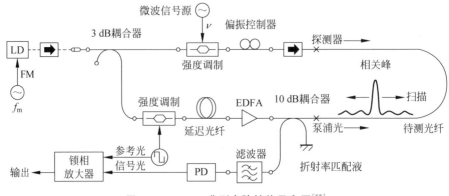

图 3-6　BOCDA 典型实验结构示意图[63]

为了解决传统 BOCDA 系统中监测距离与空间分辨率相矛盾的问题[64]，保立和夫等分别采用时域门控技术[65]和双锁相检测技术[66]，在保持高空间分辨率的前提下，增加了系统的有效传感距离，最终在 1 km 距离上实现了空间分辨率为 7 cm 的分布式传感。此外，还采用光源强度调制技术抑制系统噪声，并提出双调制技术与差分测量相结合，提高系统信噪比，优化系统的传感性能[67]。BOCDA 系统的优点是测量时间很短，可以实现分布式动态应变测量，同时在传感距离较短的情况下，可以获得极高的空间分辨率(毫米量级)。目前，利用 BOCDA 系统已经实现了 5 m 传感距离上空间分辨率约为 1.6 mm 的分布式传感[68]；同时，在 1 kHz 动态采样率条件下，实现了 200 Hz 动态应变信号的测量[69]。此外，以色列巴伊兰大学扎多克(Zadok)研究小组利用放大自发辐射噪声信号具有单相关峰的相关函数特性，构建了空间分辨率 4 mm、传感距离 5 cm 的 BOCDA 传感系统[70]；同时，该研究小组将经伪随机序列 (PRBS)[71-74]和格雷码[75]进行相位调制的连续光作为探测光源，实现了传感位置扫描更加灵活的 BOCDA 系统。但为得到更高的空间分辨率，需要更高的调制速率和调制器件，这无疑会提高 BOCDA 传感系统的成本。BOCDA 技术的突出优势在于测量时间短，空间分辨率高。但是 BOCDA 的系统较复杂，且受相关峰特性的影响，传感距离有限，通常为几米到数百米。

基于上述分析可知，布里渊分布式传感技术已经得到了大量的研究，其在工程领域等的广泛应用必然成为未来的发展趋势。但是，由于 BOTDR 技术和 BOTDA 技术的光源采用脉冲光，本质上限制了传感距离的提高，提高传感距离需要增加脉冲宽度，但会使空间分辨率严重降低。基于 BOCDR 和 BOCDA 技术的分布式光纤传感，虽然系统空间分辨率较高(可达毫米量级甚至亚毫米量级)，但不能保证较长的传感距离。因此，在基于布里渊散射的分布式光纤传感技术中空间分辨率和传感距离相矛盾是目前需要研究的难点问题。

3.2　混沌激光在光纤中的布里渊散射特性

基于布里渊散射的分布式光纤传感系统，其性能主要由空间分辨率和传感距离衡量。混沌激光传感系统的空间分辨率主要由光源的带宽决定，光源带宽越宽，其相干长度越短，则空间分辨率越高。基于自发布里渊散射效应的反射型布里渊传感系统中，传感距离主要由光源的受激布里渊散射阈值决定，阈值越高，进入光纤的光功率越高，则系统的信噪比越高，可传输的距离越远。若发生受激布里渊散射，使布里渊增益达到饱和，则光纤末端几乎没有光通过，限制了传输距离，且受激布里渊散射造成的非线性效应会引入更多的噪声，降低系统的信噪比。此外，自发的受激布里渊散射效应也会加速泵浦功率的耗尽，从而严重制约双端入射的分析型布里渊系统的传感距离。综合上述因素,考虑到混沌激光具有宽带宽、高受激布里渊散射阈值的特点,故将混沌激光引入基于布里渊散射的分布式光纤传感系统。由于分析混沌激光在光纤中的布里渊散射光特性对提高系统的空间分辨率和传感距离具有重要的指导意义,因此,混沌布里渊散射光特性的研究,对进一步改善传感系统的性能具有重要的应用价值。

3.2.1 光纤中布里渊散射的机理

光纤是一种低损耗、高速光传导介质,但是由于介质本身存在一定的不均匀性,因此光纤中的光波或因介质,或因与介质间的作用,其中的部分光就会发生各类如图 3-7 所示的后向散射[76]。

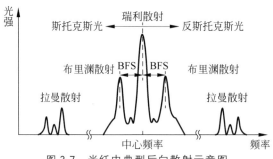

图 3-7　光纤中典型后向散射示意图

其中,瑞利(Rayleigh)散射是由光纤局部密度及成分的不均匀性所造成的一种弹性散射,其中心频率与入射光相同。而剩余两者属于非弹性散射,其频率相对于入射光会发生变化。当散射光频率高于入射光频率时,其被称为反斯托克斯光(anti-Stokes);反之,则被称为斯托克斯光(Stokes)。在布里渊(Brillouin)散射中,这种频率变化被称为布里渊频移(Brillouin frequency shift,BFS)。

布里渊散射在本质上是由入射光与声学声子间的相互作用引起的[76-80]。根据声学声子产生方式的不同,又可将其分为自发布里渊散射(spontaneous Brillouin scattering)和受激布里渊散射(stimulated Brillouin scattering,SBS),以下对这两种散射分别介绍。

组成介质的粒子(原子、分子或离子)由于自发热运动会在介质中形成连续的弹性力学振动,这种力学振动会导致介质密度随时间和空间周期性变化,从而在介质内部产生一个自发的声波场,该声波场使介质折射率被周期性调制并以声速 V_a 在介质中传播,这种作用如同光栅(称为声场光栅)。当光波入射到介质中时受到声场作用而发生散射,其散射光因多普勒频移而产生与声速相关的频率漂移,这种带有频移的散射光称为自发布里渊散射光[77]。

在光纤中,自发布里渊散射的物理模型如图 3-8 所示[78]。不考虑光纤对入射光的色散效应,设入射光的角频率为 ω,移动的声场光栅通过布拉格衍射反射入射光,当声场光栅与入射光方向相同时,由于多普勒效应,散射光相对入射光频率发生下移,此时散射光称为布里渊斯托克斯光,角频率为 ω_S,如图 3-8(a)所示。当声场光栅与入射光运动方向相反时,由于多普勒效应,散射光相对入射光频率发生上移,此时散射光称为布里渊反斯托克斯光,角频率为 ω_{AS},如图 3-8(b)所示。

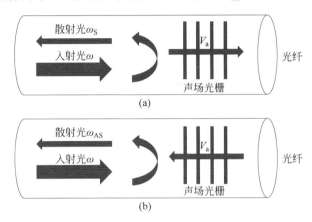

图 3-8　光纤中自发布里渊散射的物理模型图[78]
(a) 布里渊斯托克斯光产生过程示意图;(b) 布里渊反斯托克斯光产生过程示意图

受激布里渊散射过程可以描述为布里渊泵浦光和斯托克斯光通过声波进行的非线性相互作用,其基本原理如图 3-9 所示。在光纤中相向传播的泵浦光和斯托克斯光发生干涉,两者的干涉电场通过电致伸缩效应使得光纤产生周期性形变或者弹性振动,从而激励起声波场。该声波场在光纤中的传播方向与泵浦光一致,并使得光纤的折射率发生周期性变化,形成沿光纤以声速移动的折射率光栅。泵浦光和斯托克斯光共同作用产生的折射率光栅,通过布拉格衍射效应散射泵浦光。与自发布里渊散射类似,由于运动光栅的多普勒效应,泵浦光的散射光产生频率下移,形成具有新频率的光,称为斯托克斯光。这样,泵浦光将能量转移给斯托克斯光,斯托克斯光被泵浦光放大。放大的斯托克斯光又与泵浦光作用,激励起更强的声波场,声波场又反过来作用于斯托克斯光。如此周而复始,泵浦光、斯托克斯光和声波场相互之间不断进行着耦合作用,不断增强布里渊散射效应,最终达到一个稳定状态。

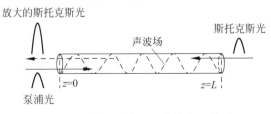

图 3-9　光纤中受激布里渊散射物理模型图

由此可以得出,受激布里渊散射过程必须保证泵浦光的频率 ν_P 和探测光的频率 ν_S 满足 $\nu_P - \nu_S = \nu_B$ 这一先决条件,其中 ν_B 为布里渊频移量。这样,当泵浦光的功率达到一定程度时,在光纤中相向传播的泵浦光和探测光在某些位置发生干涉作用,并通过电致伸缩效应激发出声波场,该声波场随之诱导出折射率光栅,此时该光栅会将二者进行耦合。在量子力学中,该散射过程中一个泵浦光子消失,与此同时产生一个斯托克斯光子和一个声子,而该过程同样遵守物理学中的能量和动量守恒定律。因此最终的结果便表现为泵浦光的功率转移给了探测光,同时声波场被增强。因此,这一过程也可被形象地描述为探测光发生了受激布里渊散射放大作用[76-80]。

3.2.2　混沌激光在光纤中的后向布里渊散射特性

图 3-10 为研究混沌激光在光纤中的后向布里渊散射特性的实验装置。利用光纤环构成的光反馈对半导体激光器(DFB-LD)进行扰动后产生混沌激光,如图中虚线框所示。隔离器用来避免不必要的光进入反馈环而影响混沌激光的产生。输出的混沌激光经过一个 20∶80 的光纤耦合器,20％一路用来实时监测混沌激光的输出状态,80％一路作为泵浦光注入 SMF(型号为 G. 655)。混沌激光在光纤中传输时,其偏振态极易发生改变,因此实验中使用扰偏器(PS)使通过扰偏器的混沌激光失去偏振特性,从而避免偏振态引入的影响。注入单模光纤的混沌激光功率大小由掺铒光纤放大器控制,其最大输出功率为 2 W。光纤折射率匹配液用来吸收光纤末端强的菲涅耳反射。5 MHz 超高分辨率的光谱分析仪(APEX)用来测量和分析混沌激光和布里渊散射光的光谱。带宽为 26.5 GHz 低噪声的频谱分析仪和带宽为 36 GHz、采样率为 80 GS/s 的高带宽实时示波器(LeCroy)分别用来分析混沌激光的功率谱和时序。

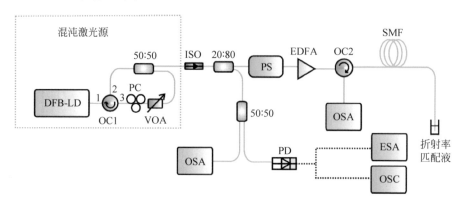

图 3-10　混沌激光在光纤中的后向布里渊散射特性研究实验装置

为了探明混沌激光在光纤中的布里渊散射机理,为混沌布里渊分布式光纤传感技术提供理论支持与指导,我们对混沌布里渊后向散射谱、混沌注入功率及混沌受激布里渊散射阈值等特性进行了理论分析和实验研究。

1. 混沌激光在光纤中的布里渊后向散射谱

混沌激光的输出功率经由 EDFA 放大到不同功率值并注入不同长度的单模光纤后,可得到不同的布里渊散射谱。基于布里渊散射的分布式光纤传感系统,光源的线宽直接决定了系统的空间分辨率,因此,确保混沌激光经 EDFA 放大后其特性不会发生改变,尤为重要。实验监测了由 EDFA 放大到不同倍数的混沌激光光谱,如图 3-11(a)所示。黑线代表线宽为 1.7 GHz 的原始混沌激光谱,其他均为由 EDFA 分别放大到 22 dBm、26 dBm 和 31 dBm 的混沌激光谱。从图中可以看出,不同放大倍数的混沌激光谱均表现为整体放大。经 5 MHz 的高分辨率光谱仪测量,放大后的混沌激光谱的线宽和中心波长均与原始混沌激光谱相同,且 1.7 GHz 线宽的混沌激光经 EDFA 放大后其性质并未发生改变。

基于上述分析,又实验研究了不同混沌激光功率注入 5.05 km 光纤中的布里渊后向散射光谱,如图 3-11(b)所示。黑色曲线是 1.7 GHz 线宽的混沌泵浦光,其余曲线为不同混沌激光功率注入光纤时得到的布里渊后向散射光谱。从图中可以看出,布里渊频移量为 10.27 GHz。当混沌注入功率较低时,布里渊散射光强较弱,尤其是反斯托克斯光,甚至很难辨认出,此时为自发布里渊散射状态。随着混沌注入功率的增大,布里渊后向散射光强迅速增大,斯托克斯光功率急剧增加,发生受激布里渊散射。

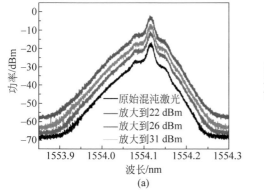
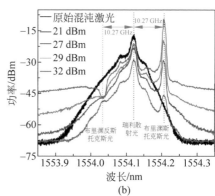

图 3-11　混沌激光及后向布里渊散射光谱

(a) 原始混沌激光谱和由 EDFA 放大后的混沌激光谱;

(b) 原始混沌泵浦光谱和不同功率的混沌激光注入 5.05 km 光纤中的布里渊后向散射光谱

值得注意的是,从图 3-11 中可以看出,混沌激光后向布里渊散射光谱的反斯托克斯光频位置处出现了凹陷现象,随着混沌注入功率的增大,其凹陷程度逐渐增大,这一现象在传统激光作为泵浦光时并未观察到。为解释该现象,我们研究了 DFB-LD 自由运转时输出的连续激光在光纤中的后向布里渊散射光谱,与混沌后向布里渊散射光谱进行对比分析,如图 3-12 所示。当注入功率较低时,混沌泵浦光(图 3-11(b)中 21 dBm 所示红色曲线)和 DFB-LD 泵浦光(图 3-12 中 4.3 dBm 所示红色曲线)对应的布里渊散射光谱中反斯托克斯光频的位置处均表现为一个峰,此峰值即布里渊反斯托克斯散射光。这是因为该过程为自发布里渊散射,产生的反斯托克斯光的光功率随着注入功率的增大而增加,并未发生任何能量转换。当注入的光功率足够高时,混沌布里渊散射光谱反斯托克斯光频的位置处出现凹陷(图 3-11(b)中 32 dBm 所示粉色曲线),但 DFB-LD 布里渊散射光谱的反斯托克斯光消失(图 3-12 中 16.5 dBm 所示粉色曲线)。

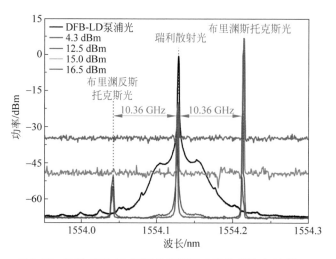

图 3-12　原始 DFB-LD 泵浦光和不同功率的光注入 5.05 km 光纤中的后向布里渊散射光谱

对于上述现象的解释,我们认为其物理过程如下:光纤中的受激布里渊散射可描述为泵浦光和斯托克斯光通过声波而发生的非线性效应。当泵浦光功率增加到一定程度时,泵浦光和斯托克斯光发生干涉现象,绝大多数的泵浦光转化为斯托克斯光。混沌激光具有光谱成分相关的特性,即反斯托克斯光频位置处的混沌激光和中心波长处的混沌激光具有相似的性质,且混沌激光覆盖了整个反斯托克斯光频的区域,如图 3-11 所示。因此,在受激布里渊散射的过程中,反斯托克斯光频位置处的混沌激光转化为斯托克斯光,导致反斯托克斯光频的位置处出现凹陷。对于 DFB-LD 产生的布里渊散射光谱,当泵浦光功率增大时,由

EDFA 引发的 ASE 噪声也会随之增大。但 ASE 噪声不满足受激布里渊散射发生的条件,故其不参与受激布里渊散射的过程,且因其功率高于反斯托克斯光的功率而将反斯托克斯光覆盖,故在受激布里渊散射过程中只表现为斯托克斯光。

　　混沌激光在光纤中产生的后向布里渊散射信号的频谱如图 3-13 所示。图 3-13(a)中黑色曲线为频谱仪的本征噪声基底,红色曲线为混沌激光在光纤中的后向布里渊散射信号的频谱。可看出混沌激光的后向布里渊散射信号的频谱仍具有高带宽的特性,覆盖了 15 GHz 的频率范围。为分析该信号的功率谱细节,我们将频谱仪的频率范围设置为 150 MHz,可看到其频谱呈周期性,如图中小方框显示,且周期为 9.29 MHz,等于混沌激光源的腔长,表明混沌激光在光纤中的后向布里渊散射频谱依然携带混沌信号的时延信息。实验进一步分析了不同光功率的混沌激光注入光纤所得的后向散射频谱,如图 3-13(b)所示。当 EDFA 的放大倍数较小,即注入光纤的光功率较低时,其频谱表现为整体放大,如图中 22 dBm 和 24 dBm 所对应的曲线。当 EDFA 的放大倍数逐渐增大,即注入光纤的光功率逐渐增大时,由后向散射光自拍频产生的布里渊增益峰越来越明显,且其均具有宽带宽特性。布里渊增益峰对应的频率为 10.27 GHz,即布里渊频移。注意到图 3-13 中的频谱看起来并非完全相同,这是由其纵坐标的范围比例不同导致的。

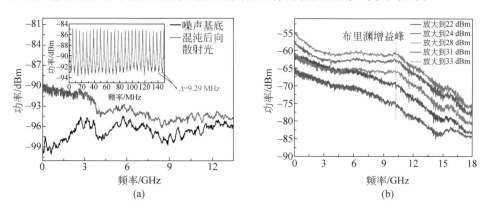

图 3-13　混沌激光产生的后向布里渊散射频谱
(a) 后向散射频谱;(b) 不同功率的光注入光纤所得后向散射频谱

　　实验利用高速实时示波器测量了混沌激光在光纤中产生的后向散射信号的时序,如图 3-14(a)所示。由图可看出其在时域上随机起伏,具有类噪声的随机特性。将混沌激光在光纤中的后向散射信号作自相关,可得其自相关曲线,如图 3-14(b)所示。混沌激光后向散射光信号的自相关曲线具有类 δ 函数的性质,表明混沌激光在光纤中的后向散射信号具有混沌激光的性质。

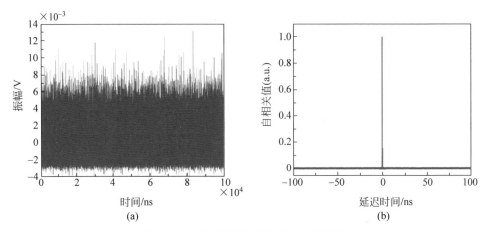

图 3-14　后向散射混沌激光的时序特性

(a) 混沌激光后向散射时序；(b) 混沌激光后向散射时序自相关曲线

　　为进一步证明光纤中后向布里渊散射反斯托克斯光频位置处的凹陷并非由于反斯托克斯光频的光被吸收导致，故将混沌激光和可调谐激光器输出的光分别反向、同向注入 10 km 单模光纤中进行研究，其中可调谐激光器的输出光频设置为等于反斯托克斯光频。

　　(1) 混沌激光和光频等于反斯托克斯光频率的连续光反向注入光纤时的相互作用。

　　混沌激光和可调谐激光器(TLS)产生的光频等于反斯托克斯光频的连续光反向注入光纤中相互作用的实验装置如图 3-15 所示。混沌激光经 EDFA 放大后由 OC2 注入到单模光纤的一端，TLS 输出的连续激光注入单模光纤的另一端，其输出功率的大小由 VOA2 控制，两者在光纤中相互作用的光谱通过 5 MHz 高分辨率光谱仪进行分析，结果如图 3-16 所示。由于将各个功率值所对应的曲线置于一张图中不易分辨，故将其以 5 mW 为界限分为两个图表示。图 3-16(a)中，红色曲线为关闭 TLS 的输出直接测得的混沌激光的后向散射光谱，且其反斯托克斯光、斯托克斯光和瑞利光频处的光谱均和之前一样平滑。黑色曲线为关闭混沌激光的输出，TLS 自由运转时输出的激光经光纤由 OC2 直接输出测得的光谱，可看到中心波长的两侧出现边带，但其边模抑制比较高。其余曲线为保持混沌激光的输出不变，将 TLS 的输出功率分别设置为 0.3 mW、1 mW、5 mW、8 mW、10 mW、12 mW 和 15 mW 时，TLS 输出光和混沌激光在光纤中相互作用的光谱。随着 TLS 输出功率的增加，其相互作用的光谱几乎完全重合，只有反斯托克斯光频处的光谱所对应的光功率随着 TLS 输出功率的增加而增大，说明反斯托克斯光频的光在传输过程中并未被吸收。

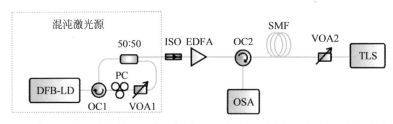

图 3-15　混沌激光和可调谐激光器输出的光(f＝反斯托克斯光频率)反向作用的实验装置

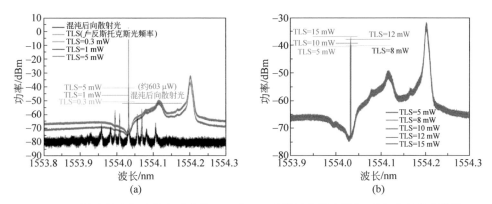

图 3-16　混沌激光与不同光功率的 TLS 光(f＝反斯托克斯光频率)反向作用的光谱图
(a) TLS＜5 mW；(b) TLS＞5 mW

(2) 混沌激光和光频等于反斯托克斯光频率的连续光同向注入光纤时的相互作用。

混沌激光和 TLS 产生的光频等于反斯托克斯光频的连续光同向注入光纤中相互作用的实验装置如图 3-17 所示。混沌激光经 EDFA 放大后注入 50∶50 光纤耦合器一端,可调谐激光器输出的不同光功率的光注入 50∶50 光纤耦合器另一端,经 OC2 注入单模光纤,光纤末端置于折射率匹配液中,以吸收其较强的菲涅耳反射。它们相互作用的光谱通过 5 MHz 高分辨率光谱仪进行分析。

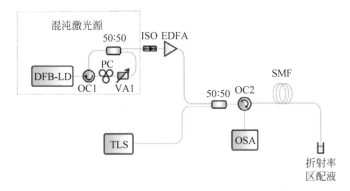

图 3-17　混沌激光和可调谐激光器输出的光(f＝反斯托克斯光频率)同向作用的实验装置

图 3-18(a)为不同功率的 TLS 光注入光纤中所得的后向散射光谱图。中间峰为瑞利散射光谱,左右两侧分别为反斯托克斯和斯托克斯光谱。随着 TLS 输出功率的增大,后向散射光功率也逐渐增大,表明 TLS 输出光在光纤中传输状态正常。基于此,继续分析其相互作用的光谱。

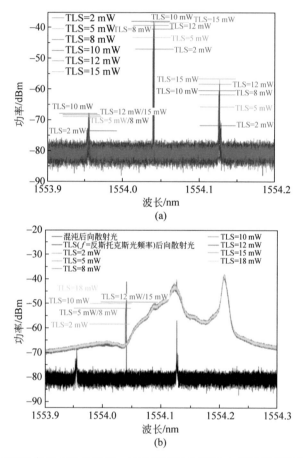

图 3-18 不同功率 TLS 输出光($f=$反斯托克斯光频率)与混沌激光同向作用结果
(a) 不同功率的 TLS 输出光注入光纤得到的后向散射光谱;
(b) 混沌激光和 TLS 输出光同向作用的光谱图

图 3-18(b)中红色曲线为关闭 TLS 的输出测得的混沌激光的后向散射光谱,黑色曲线为关闭混沌激光所测得的 TLS 输出光在光纤中的后向散射光谱,其余曲线为不同 TLS 输出功率下,混沌激光在光纤中产生的后向散射光和 TLS 输出光在光纤中产生的后向散射光相互作用的光谱。随着 TLS 输出功率的逐渐增大,其相互作用功率缓慢增加,反斯托克斯光频率位置处所对应的光功率也逐渐增加,说明反斯托克斯光频率的光并未被吸收。

（3）混沌激光和光频等于斯托克斯光频率的连续光反向注入光纤时的相互作用。

混沌激光和 TLS 产生的光频等于斯托克斯光频的连续光反向注入光纤中相互作用的实验装置如图 3-15 所示。它们相互作用的光谱通过 5 MHz 高分辨率光谱仪进行分析，其结果如图 3-19 所示。由于将各个功率对应的曲线置于一张图中不易分辨，故将其以 8 mW 为界限分为两个图。图 3-19（a）中，红色曲线为关闭 TLS 的输出时测得的混沌激光的后向散射光谱，此时光功率计测得其功率为 900 μW，且其反斯托克斯光、斯托克斯光和瑞利光频处的光谱均平滑无毛刺，与前述实验现象一致，也说明了混沌激光输出稳定。黑色曲线为关闭混沌激光的输出，TLS 输出的光经光纤由 OC2 输出测得的光谱，此时 TLS 输出功率为 1 mW。其余曲线为保持混沌激光的输出不变，将 TLS 的输出功率分别设置为

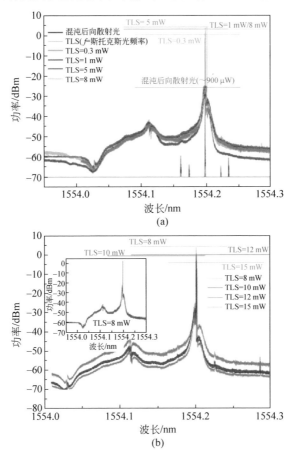

图 3-19　混沌激光与不同光功率的 TLS（f=斯托克斯光频率）光反向作用的光谱图
（a）TLS＜8 mW；（b）TLS＞8 mW

0.3 mW、1 mW、5 mW、8 mW、10 mW、12 mW 和 15 mW 时,TLS 输出光和混沌激光在光纤中相互作用的光谱。为更清晰地观察每条曲线,图 3-19(b)小方框中将 TLS=8 mW 的光谱单独标记出来,其余曲线均为在此基础上的放大和缩小。随着 TLS 输出功率的增加,TLS 输出光和混沌激光的后向散射光相互作用的光功率逐渐增大;当 TLS 输出功率大于 10 mW 时,其相互作用光谱开始下降,功率也随之减小。相互作用后反斯托克斯光、斯托克斯光和瑞利光频处的光谱均出现了分叉和毛刺,经初步分析可能是相互作用过强、功率增益过大所致。

(4) 混沌激光和光频等于斯托克斯光频率的连续光同向注入光纤时的相互作用。

混沌激光和 TLS 产生的光频等于斯托克斯光频率的连续光同向注入光纤中相互作用的实验装置如图 3-17 所示,其相互作用的光谱通过 5 MHz 高分辨率光谱仪进行分析。

图 3-20(a)为不同功率的 TLS 光注入光纤中所得的后向散射光谱图。中间峰为瑞利散射光谱,左右两侧分别为反斯托克斯和斯托克斯光谱。随着 TLS 输出功率的增大,后向散射光功率也逐渐增大,表明 TLS 输出的光在光纤中传输状态正常。基于此,继续分析其相互作用的光谱。

图 3-20(b)中红色曲线为关闭 TLS 的输出测得的混沌激光的后向散射光谱图。黑色曲线为关闭混沌激光所测得的 TLS 输出光在光纤中的后向散射光谱图,其余曲线为不同 TLS 输出功率下,混沌激光在光纤中产生的后向散射光和 TLS 输出光在光纤中产生的后向散射光相互作用的光谱图。随着 TLS 输出功率的逐渐增大,其相互作用光功率缓慢增加,斯托克斯光频位置处所对应的光功率也逐渐增加。

(5) 混沌激光和光频等于混沌激光频率的连续光反向注入光纤时的相互作用。

混沌激光和 TLS 产生的光频等于混沌激光频率的连续光反向注入光纤中相互作用的实验装置如图 3-15 所示。它们相互作用的光谱通过 5 MHz 高分辨率光谱仪进行分析,其结果如图 3-21 所示。由于将各个功率对应的曲线置于一张图中不易分辨,故将其以 5 mW 为界限分为两个图。图 3-21(a)中,红色曲线为关闭 TLS,直接测得的混沌激光的后向散射光谱。黑色曲线为关闭混沌激光的输出,TLS 输出光经光纤由 OC2 直接输出测得的光谱。其余曲线为保持混沌激光的输出不变,将 TLS 的输出功率分别设置为 0.3 mW、1 mW、5 mW、8 mW、10 mW、12 mW 和 15 mW 时,TLS 输出光和混沌激光在光纤中相互作用的光谱。随着 TLS 输出功率的增加,TLS 输出光和混沌激光的后向散射光相互作用的光功率逐渐增大,相互作用的光谱随着功率的增加整体上移,光谱依然未出现任何毛刺或畸变。

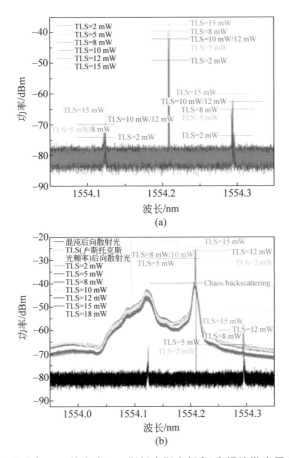

图 3-20 不同功率 TLS 输出光($f=$斯托克斯光频率)和混沌激光同向作用结果

（a）不同功率的 TLS 注入光纤得到的后向散射光谱；（b）混沌激光和 TLS 输出光同向作用的光谱图

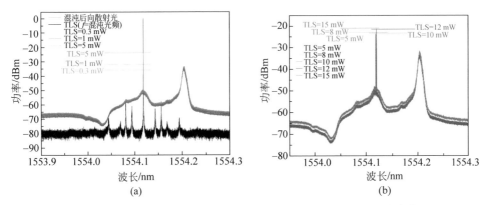

图 3-21 混沌激光与不同功率的 TLS($f=$混沌光频)光反向作用的光谱图

（a）TLS＜5 mW；（b）TLS＞5 mW

（6）混沌激光和光频等于混沌激光频率的连续光同向注入光纤时的相互作用。

混沌激光和 TLS 产生的光频等于混沌激光频率的连续光同向注入光纤中相互作用的实验装置如图 3-17 所示。它们相互作用的光谱通过 5 MHz 高分辨率光谱仪进行分析。图 3-22(a)为不同功率的 TLS 光注入光纤中所得的后向散射光谱图。中间峰为瑞利散射光谱,左右两侧分别为反斯托克斯和斯托克斯光谱。随着 TLS 输出功率的增大,后向散射光功率也逐渐增大,表明 TLS 输出光在光纤中传输状态正常。基于此,继续分析其相互作用的光谱。图 3-22(b)中红色曲线为关闭 TLS 输出测得的混沌激光的后向散射光谱图,黑色曲线为关闭混沌激光所测得的 TLS 输出光在光纤中产生的后向散射光谱图,其余曲线为不同 TLS 输出功率下,混沌激光在光纤中

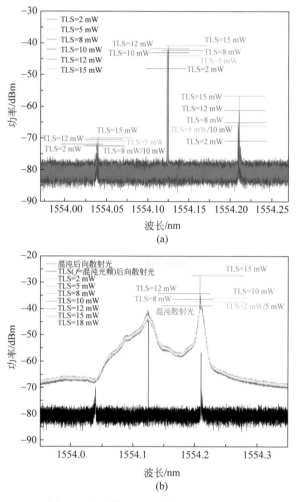

图 3-22　不同功率 TLS 输出光(f = 混沌光频)和混沌激光同向作用结果

(a) 不同功率的 TLS 光注入光纤得到的后向散射光谱；(b) 混沌激光和 TLS 输出光同向作用的光谱

产生的后向散射光和 TLS 输出光在光纤中产生的后向散射光相互作用的光谱图。随着 TLS 输出功率的逐渐增大,其相互作用光功率缓慢增加。

　　基于上述系列实验及分析,证明了后向布里渊散射光反斯托克斯光频处出现凹陷是由于混沌激光的光谱成分相关的特性,即中心波长处的混沌激光和反斯托克斯光频处的混沌激光具有相似的性质,因此在受激布里渊散射过程中反斯托克斯光频率处的混沌激光转化为斯托克斯光,出现凹陷。

2. 混沌布里渊斯托克斯光的线宽影响因素

　　首先探讨布里渊散射斯托克斯光的线宽与注入功率的关系。将混沌激光注入 5.05 km 光纤中所得的后向布里渊散射光谱进行数据处理,得到了布里渊散射斯托克斯光线宽和混沌激光注入功率的关系,如图 3-23(a)中红线所示。随着混沌激光注入功率的增大,布里渊散射斯托克斯光线宽几乎不变;继续增大混沌激光注入功率,斯托克斯光的线宽逐渐减小;当混沌激光功率达到某一值时,即使继续增大混沌激光注入功率,布里渊散射斯托克斯光线宽仍趋于不变。其理论原因可从能量保持的角度解释:在自发布里渊散射阶段,斯托克斯光的线宽随着混沌注入功率的增大变化很小;随着混沌激光注入功率的增大,发生受激布里渊散射,混沌泵浦光几乎都转变为斯托克斯光,此时斯托克斯光的能量越来越集中,因此其线宽逐渐减小;当混沌激光注入功率远大于受激布里渊散射光阈值时,斯托克斯光功率趋于饱和,其能量几乎不变,因此其线宽也趋于不变。实验进一步研究了 3.18 km、10.35 km、15.41 km、21.64 km 和 24.82 km 不同光纤长度下,混沌激光注入功率对布里渊散射斯托克斯光线宽的影响,并得到了同样的变化关系。鉴于其变化趋势类似,本节选取了三种不同长度的光纤,如图 3-23 所示。然而,宽带混沌要得到较强的布里渊散射光,则需要较大的混沌激光注入功率,如果注入的混沌

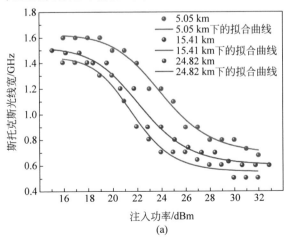

图 3-23　不同光纤长度下,布里渊斯托克斯光线宽和注入功率的关系

(a) 1.7 GHz 线宽的混沌激光;(b) 3.2 GHz 线宽的混沌激光

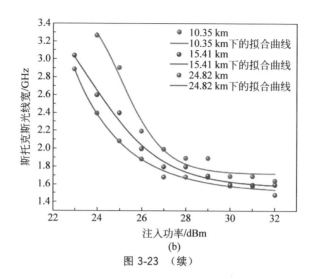

(b)

图 3-23 （续）

激光功率相对较低，得到的布里渊散射斯托克斯光很弱，其－3 dB 线宽无法测量，短光纤更是如此。因此，对于 3.2 GHz 线宽的混沌激光，当注入的混沌激光功率低于 23 dBm 时，图中没有对应的测量点。

经过分析，同样也得到了布里渊散射斯托克斯光线宽和光纤长度的关系，如图 3-24 所示。当注入的混沌激光功率相同时，布里渊散射斯托克斯光线宽随着光纤长度的增加而变小；当光纤超过 10.35 km 时，布里渊散射斯托克斯光线宽趋于不变。其理论原因为：光纤长度越长，布里渊散射斯托克斯光功率越大，能量越集中，致使其线宽变小；继续增加光纤长度使其超过有效光纤作用长度时，布里渊散射斯托克斯光功率趋于饱和，其线宽也趋于不变。

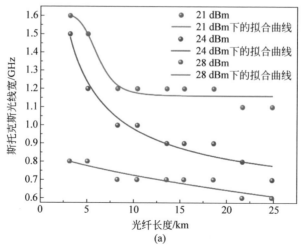

(a)

图 3-24　不同注入功率下，布里渊斯托克斯光线宽和光纤长度的关系

(a) 1.7 GHz 线宽的混沌激光；(b) 3.2 GHz 线宽的混沌激光

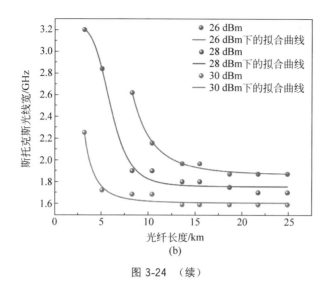

图 3-24　（续）

由图 3-23 和图 3-24 对比可得,在相同的光纤长度和混沌激光注入功率下,线宽为 1.7 GHz 的混沌激光得到的布里渊散射斯托克斯光线宽比线宽为 3.2 GHz 的混沌激光得到的布里渊散射斯托克斯光线宽窄,表明布里渊散射斯托克斯光线宽的变化和光源线宽的变化一致。这是因为信号光的增益谱 $g(\nu)$ 等于受激布里渊散射本征增益谱 $g_{\mathrm{B}}(\nu)$ 与泵浦功率谱 $I_{\mathrm{P}}(\nu)$ 的卷积,$g(\nu) = g_{\mathrm{B}}(\nu) * I_{\mathrm{P}}(\nu)$ [49]。当泵浦功率谱的带宽远大于受激布里渊散射本征增益谱带宽时,$g(\nu)$ 的带宽近似等于 $I_{\mathrm{P}}(\nu)$ 的带宽。因此,加宽泵浦光源带宽可导致受激布里渊散射增益谱谱宽的展宽。

为了确保传感系统有较高的空间分辨率,注入的光功率不能过大,否则会导致布里渊散射斯托克斯光线宽变小。然而,注入的功率过小同样也会导致系统信噪比降低,故根据图 3-23 可以选择合适的注入功率。当注入功率一定时,光纤长度越短,布里渊散射斯托克斯光线宽越大,空间分辨率越高。但传感系统需要较长的传感距离,当传感光纤较长时,即使注入功率较低,仍可获得较强的布里渊散射功率。因此,根据布里渊散射斯托克斯光线宽与注入功率和光纤长度的关系,可为实际应用选取合适的注入功率和光纤长度提供依据。

3. 混沌布里渊散射光功率影响因素

图 3-25 为不同光纤长度下,后向散射功率和注入功率的关系。从图 3-25(a) 可看出,后向散射功率随着注入功率的增大而逐渐增大;当注入功率达到某一值(受激布里渊散射阈值)时,后向散射功率开始急剧增大。这是由于受激布里渊散射效应会导致更多的功率补充到后向散射波中。不同长度的光纤对应的拐点处的

注入功率值不同。对于 3.2 GHz 线宽的混沌激光，如图 3-25(b)所示，后向散射功率随着注入功率的增大一直增大。若要得到和图 3-25(a)相同的变化趋势，宽带宽的混沌激光需要更高的注入功率，受限于 EDFA 的最大输出功率(33 dBm)，其后向散射功率不能继续增大，因此在图 3-25(b)中没有后向散射功率急剧增大的拐点值。

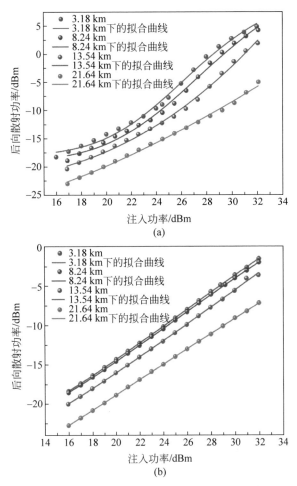

图 3-25　不同光纤长度下，后向散射功率和注入功率的关系
(a) 1.7 GHz 线宽的混沌激光；(b) 3.2 GHz 线宽的混沌激光

　　不同注入功率下，后向散射功率和光纤长度的关系如图 3-26 所示。注入光纤的混沌激光功率一定时，后向散射功率随着光纤长度的增加而增大；当光纤长度超过 15.41 km 时，后向散射功率趋于饱和。基于混沌布里渊散射的光纤传感期望得到较强的携带有温度和应变信息的布里渊散射光信号，从而解调出光纤上任

何一点参量的变化。因此,当传感光纤的长度已经超过某一长度时,不能仅靠增加光纤长度来提高布里渊散射光功率。

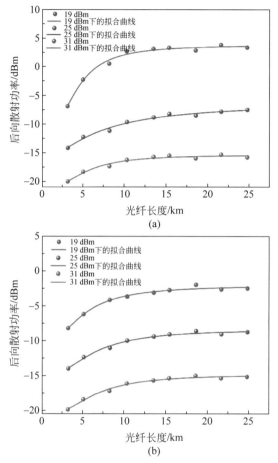

图 3-26　不同注入功率下,后向散射功率和光纤长度的关系

(a) 1.7 GHz 线宽的混沌激光;(b) 3.2 GHz 线宽的混沌激光

4. 混沌受激布里渊散射的阈值特性

关于受激布里渊散射阈值的定义有很多种[81-85],本节选择一种最常见的定义:受激布里渊散射阈值为当布里渊后向散射功率是注入功率的 μ 倍时的注入功率[1],其中 μ 为 0.001。受激布里渊散射阈值可近似表示为[85]

$$P_{th} \approx 21 \frac{A_{eff}b}{g_{B}L_{eff}}\left(1 + \frac{\Delta\nu_{source}}{\Delta\nu_{B}}\right) \tag{3-3}$$

式中:P_{th} 为布里渊散射阈值;A_{eff} 为光纤有效面积;修正因子 b 介于 1 和 2 之间,

它取决于泵浦波与斯托克斯波的相对偏振方向;$\Delta\nu_{source}$ 为光源线宽;L_{eff} 为光纤有效作用长度,$L_{eff}=[1-\exp(-\alpha L)]/\alpha$,其中 L 为光纤长度,α 为光纤衰减系数;g_B 为布里渊增益系数,其值接近于 4×10^{-11} m/W,且与波长无关。由式(3-3)可见,受激布里渊散射阈值功率随着光源线宽的变宽而上升。

图 3-27 为受激布里渊散射阈值和光纤长度的关系。受激布里渊散射阈值随光纤长度的增加而减小。当混沌泵浦光注入相同长度的光纤中时,宽带宽混沌激光的受激布里渊散射阈值要比窄带宽混沌激光的阈值高。因此,受限于实验中 EDFA 的最大输出功率,对于 3.2 GHz 线宽的混沌激光,无法达到 3.18 km 和 5.05 km 长度光纤的受激布里渊散射阈值功率,所以图中没有相应的阈值测量点。

为进一步比较混沌激光和传统光源的受激布里渊散射阈值,实验测量了 DFB-LD 的受激布里渊散射光阈值功率,如图 3-27 所示。1.7 GHz 线宽和 3.2 GHz 线宽的混沌激光产生的受激布里渊散射阈值功率比 DFB-LD 产生的受激布里渊散射阈值功率分别高约 15 dB 和 19 dB。因此,具有高受激布里渊散射阈值功率的混沌激光在基于自发布里渊散射的分布式光纤传感系统中具有重要的应用价值。

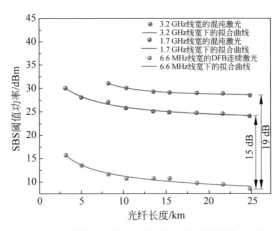

图 3-27 受激布里渊散射阈值和光纤长度的关系

3.3 混沌布里渊光相干域反射传感技术

基于布里渊散射的分布式传感技术[86-90]已经得到了大量的研究,其在工程领域等的广泛应用必然成为未来的发展趋势。但是,由于 BOTDR[91]技术和 BOTDA[92]技术的光源采用脉冲光,提高传感距离需要增加脉冲宽度,但会使空间分辨率严重降低,本质上限制了传感距离的提高。基于 BOCDR 技术[57]和基于 BOCDA 技术[63]的分布式光纤传感,虽然系统空间分辨率较高(可达毫米量级甚至亚毫米量级),但它不能保证较长的传感距离。因此,基于布里渊散射的分布式光纤传感技术中空间分辨率和传感距离之间的矛盾是目前需要研究的难点问题。与基于窄线宽激光器的传统时域和相干域系统相比,利用混沌激光作为系统的探测信号,由于混沌激光具有比布里渊谱宽大得多的带宽,在理论上可实现与混沌激光带宽成反比的厘米量级空间分辨率,解决传统的分布式光纤传感技术中空间分辨率和传感距离无法调和的矛盾。此外,混沌激光的宽带、类噪声特性、图钉形模糊函数所体现出的强抗干扰特性,都使混沌激光可以作为分布式传感系统的理想信号源。可实现长距离、高精度且空间分辨率与测量距离无关的测量。

本节提出一种基于混沌激光布里渊光相干域反射(Chaotic-BOCDR)技术的分布式光纤传感系统。当参考光路的光程等于探测光路的光程时,混沌斯托克斯光与混沌参考光具有相同的混沌态,通过连续调节参考光路长度,可以获得沿着待测光纤不同位置处的布里渊增益谱。最终,我们的分布式温度传感测量实验在 155 m 的传感光纤上获得了 96.25 cm 的空间分辨率。

3.3.1　Chaotic-BOCDR 技术的传感机理

图 3-28 为混沌激光布里渊光相干域反射系统温度传感实验装置图。如虚线框 1 所示,混沌激光源由一个可调谐激光源、一个电光调制器和一个混沌信号发生器组成。可调谐激光器输出的激光,通过电光调制器,被混沌信号发生器 2 产生的混沌信号调制。虚线框 2 所示为混沌信号发生器的结构图,它包括一个带有外部光纤环形腔的光学反馈分布反馈半导体激光器、宽带光电探测器和一个电放大器。实验中分布式反馈半导体激光器的反馈强度由 VOA1 来调节。PC1 用来调整反馈光路的偏振态。ISO1 用来阻止不必要的光反馈到 DFB-LD。选取合适的反馈强度及偏振态,方可获得实验所需的混沌信号。最后,混沌激光信号通过 PD1 转换为混沌电信号,再利用电放大器对混沌电信号进行放大。

混沌激光源输出混沌激光,经高功率掺铒光纤放大器进行放大,然后被 1:99 光耦合器分成两路光。一路(1%)直接用来作为混沌参考光,参考光路光程长度用 L_{Ref} 表示。通过使用不同长度的延迟光纤选择大致的探测位置,再结合可调光延迟线延迟距离为 0~168 mm (0~560 ps),延迟分辨率为 0.3 μm (1 fs)来精确定位。另一路(99%)作为混沌泵浦光直接注入待测光纤(FUT)中,L_X 为光环形器到探测位置的光纤长度。

当混沌泵浦光入射到待测光纤中,光纤中的声频声子与入射的混沌泵浦光相

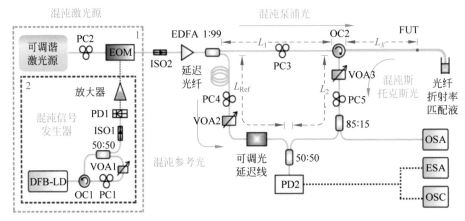

图 3-28　混沌激光布里渊光相干域反射实验装置图

互作用,产生后向布里渊散射,称为混沌斯托克斯光。频谱被定义为布里渊增益谱,具有洛伦兹函数的形状。当注入光的波长为 1550 nm 时,布里渊增益谱的中心频率相对入射光的频率下移 10.8 GHz 左右。当后向散射混沌斯托克斯光和混沌参考光处于相同的混沌态时,意味着它们具有相同的相干态,干涉拍频信号通过一个 3 dB 耦合器后被探测。实验系统的定位原理是通过调节参考光路的光程来实现的。探测位置的确定是通过式(3-4)来确定的,表达式为

$$L_{\text{Ref}} = L_1 + L_2 + 2L_X \tag{3-4}$$

式中,L_{Ref} 为参考光路中延迟光纤、PC4、VOA2 和可变光延迟线内部所有光纤的长度,L_1 为 1:99 耦合器到 OC2 红端的光纤长度,L_2 为后向散射光路中 VOA3、PC5 以及 85:15 耦合器的光纤长度。

当参考光路的光程等于探测光路的光程时,混沌斯托克斯光与混沌参考光具有相同的混沌态,通过连续调节参考光路长度,可以获得沿着待测光纤不同位置处的布里渊增益谱。实验中通过手动调节偏振控制器来控制两条光路的实时偏振态。干涉拍频的光谱变化情况采用光谱仪来监测。拍频光信号被 45 GHz 带宽的 PD2 转换成电信号后,利用 26.5 GHz 的频谱分析仪和 6 GHz 的实时示波器进行观测。

3.3.2　光源特性分析

实验中,波长为 1550 nm 的 DFB-LD 偏置电流设为 33 mA(1.5 倍阈值电流),温度和波长由温度控制器控制,反馈强度锁定在 −10 dB。可调谐激光源(1550 nm)发出的光经 EOM 被单反馈混沌信号调制后获得实验所需的混沌激光,如图 3-29 所示。

图 3-29(a)为混沌激光的光谱,通过延迟自外差[93]的方法测得光谱线宽为

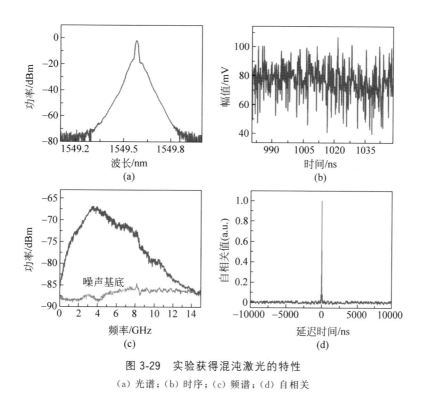

图 3-29 实验获得混沌激光的特性

（a）光谱；（b）时序；（c）频谱；（d）自相关

71.91 MHz。根据相干长度的计算公式：

$$L_c = \frac{c}{\pi n \Delta f} \tag{3-5}$$

计算可得对应的相干长度为 88.53 cm。式中 L_c 是混沌激光的相干长度，c 是光在真空中的传播速度，n 和 Δf 分别代表光纤的折射率和光源的线宽。这里的相干长度等效于分布式传感系统的空间分辨率。图 3-29（b）～（d）分别为混沌激光的时序、频谱和自相关图。图 3-29（b）是混沌信号的时序，从图中可以看出它具有快速和无规则的振荡变化，无明显周期。其功率谱如图 3-29（c）中蓝色曲线所示，可以看出混沌激光的频率范围在 0～14 GHz。图 3-29（d）是时序长度为 10000 ns 的类 δ 函数的自相关曲线，可以看出噪声水平很低，作为传感系统的光源具有很大的优势。

当混沌激光被 EDFA 放大到 1.25 W 后注入 155 m 长的 G.655 型号单模光纤，混沌参考光和混沌斯托克斯光的拍频信号如图 3-30 所示。图 3-30（a）中蓝色曲线表示混沌参考光的光谱信号，绿色曲线表示混沌斯托克斯光的光谱信号，灰色曲线圈住的地方是瑞利散射光频所在的位置，可以看出混沌后向散射光对瑞利散射具有很好的抑制作用，混沌布里渊散射光的中心频率比瑞利散射的中心频率峰值高 30 dBm 左右。红色曲线表示干涉拍频后的光谱图。图 3-30(b)为混沌参考光和混沌斯托克斯光的拍频后用频谱仪测量的布里渊增益谱,从图中可以看出 −3 dB 带宽为 19.2 MHz。

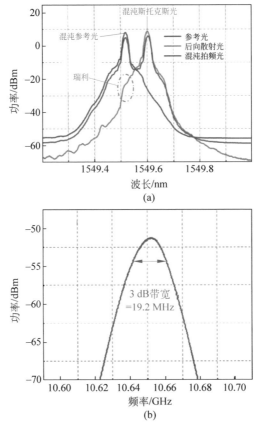

图 3-30　混沌参考光和混沌斯托克斯光的拍频信号

(a) 光谱;(b) 布里渊增益谱

3.3.3　温度测量结果

图 3-31 为实验中传感光纤的结构示意图,总长度为 155 m 的单模光纤中后 50 m 放在恒温箱内部。调整参考光路的延迟光纤和可变光延迟线,使参考光的光程与待测光纤中放置于恒温箱中 125 m 处的光纤产生的散射光的光程相等,即定位于恒温箱内光纤的中间位置处。然后调节恒温箱的温度设置,从 25℃ 到 45℃ 以 5℃ 的间隔改变温度进行测温实验。

图 3-32(a)为测得的不同温度下的布里渊增益谱,从图中可以看出,随着温度

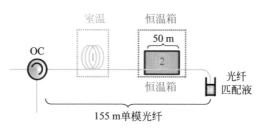

图 3-31　实验中传感光纤的结构示意图

的升高,布里渊增益谱逐渐向高频率的方向移动。从布里渊增益谱中获得不同温度下的布里渊频移,对不同温度对应的布里渊频移量进行拟合,所得拟合曲线如图 3-32(b)所示。由图可发现,随着温度的升高布里渊频移呈线性增大趋势,且拟合曲线的斜率为 1.07 MHz/℃,即实验测得的温度系数为 1.07 MHz/℃,与理论值相符。同时,拟合曲线的拟合度为 0.99784,证明布里渊频移与温度的线性关系很好,实验结果与理论分析一致。

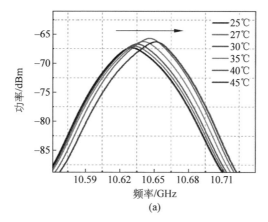

图 3-32　布里渊频移随温度变化关系

(a) 不同温度下的布里渊增益谱；(b) 温度系数拟合曲线

为了获得本方案对温度的分辨率,调节恒温箱温度,探究系统可以分辨的最小温度范围。从 25℃ 变为 27℃,可以明显从频谱仪上观测到布里渊增益谱的变化。因此,目前系统对温度的分辨率为 ±1℃。

实验中先后在恒温箱内放置 50 m、10 m 和 3 m 光纤,分别对恒温箱进行低温和高温设置,利用本系统方案进行 155 m 传感光纤的分布式温度测量。首先将待测光纤后 50 m 放置在恒温箱内,分别设置恒温箱的温度为 10℃ 和 45℃,此时室温保持在 24℃。待光纤恒温箱温度恒定后,手动更换不同长度的延迟光纤,结合可变光延迟线连续调节参考光路的光纤长度,使对应待测光纤的位置从始端到末端连续扫描,实现对 155 m 整条待测光纤的温度分布测量。

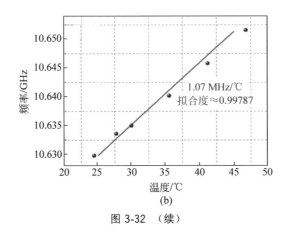

1.07 MHz/℃
拟合度≈0.99787

(b)

图 3-32　（续）

　　图 3-33 所示为沿待测光纤的布里渊频移分布情况,从图中可以明显观测到温度变化区域。图 3-33(a)中,布里渊频移的变化量约为 15 MHz,与 14℃的温度变化相匹配。图-33(b)所示的频移量变化为 20 MHz 左右,对应温度差为 21℃。

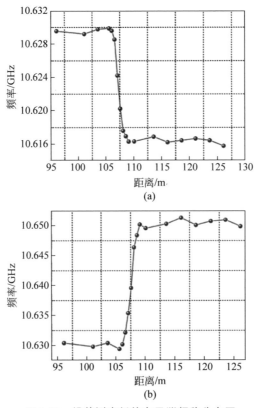

(a)

(b)

图 3-33　沿待测光纤的布里渊频移分布图

(a) 50 m,10℃；(b) 50 m,45℃

调整恒温箱内光纤的长度,再次分别放置 10 m 和 3 m 的光纤,结构如图 3-34 所示。首先,将待测光纤的 110～120 m 放置在光纤恒温箱中,分别将恒温箱的温度设置为 13℃和 45℃,待光纤恒温箱温度恒定后,通过改变延迟光纤和可变光延迟线来调节参考光路的光纤长度,实现对 155 m 待测光纤温度分布的测量。

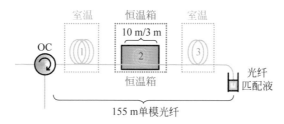

图 3-34　实验中传感光纤的结构示意图

图 3-35 为低温时的实验测量结果。图 3-35(a)为布里渊增益谱三维分布情况,图 3-35(b)为沿待测光纤的布里渊频移分布情况,从图中可以明显观测到温度变化区域。室温保持在 23℃,布里渊频移的变化量约为 11 MHz,与 10℃的温度变化相匹配。图 3-36 是恒温箱温度设置为 45℃时的布里渊增益谱三维分布图和布里渊频移分布图,在 21℃温差条件下,布里渊频移量为 20 MHz 左右。

然后调整恒温箱内的待测光纤,将实验中待测光纤的 130～133 m 放置在光纤恒温箱中,调节恒温箱的温度至 8℃,待光纤恒温箱温度恒定后,通过调节延迟光纤和可变延迟线来连续改变参考光路的光纤长度,实现对 155 m 整条待测光纤温度分布的测量。图 3-37(a)是沿待测光纤的布里渊增益谱(BGS)的三维分布图,可以明显观测到温度变化区域。图 3-37(b)是沿待测光纤的布里渊频移分布情况。从图中可以看出,布里渊频移的变化量约为 17 MHz,与 15℃的温度变化相对应。

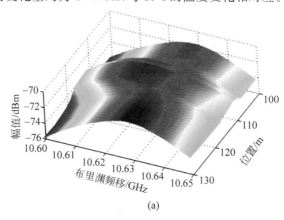

(a)

图 3-35　待测光纤沿线布里渊频移分布图

(a) 沿待测光纤(10 m,10℃)的布里渊增益谱分布; (b) 对应布里渊频移分布

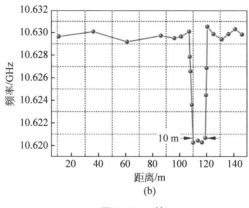

(b)

图 3-35 （续）

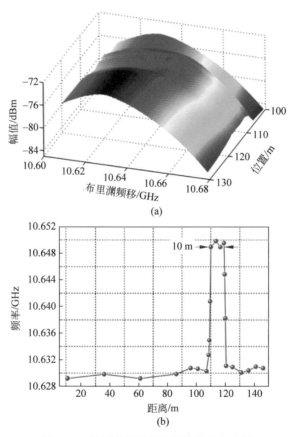

(a)

(b)

图 3-36　待测光纤沿线布里渊频移分布图

（a）沿待测光纤(10 m,45℃)的布里渊增益谱分布；（b）对应布里渊频移量分布

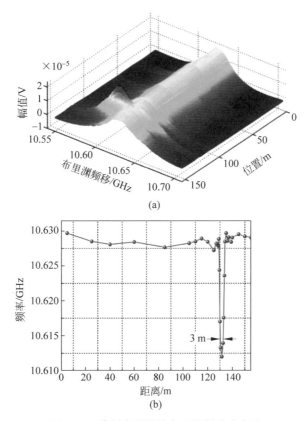

图 3-37　待测光纤沿线布里渊频移分布图

（a）沿待测光纤（3 m,8℃）的布里渊增益谱分布；（b）对应布里渊频移分布

　　调节光纤恒温箱的温度到 50℃,测量结果如图 3-38 所示。图 3-38（a）为布里渊增益谱的三维分布图,高温区域可以明显辨识。待测光纤沿线的布里渊频移分布情况如图 3-38（b）所示。混沌 BOCDR 系统的空间分辨率可以通过计算光纤温度变化区域上升和下降时间对应的长度平均值来衡量,从插图中可以看出,10%～90% 上升和下降区域的平均值为 96.25 cm,即所得空间分辨率。上文中提到混沌激光的相干长度为 89 cm,我们认为测量值和理论值在一个水平上。数据处理过程中对布里渊增益谱采取平均处理,平均次数为 300 次。

　　实验中发现光纤中后向散射混沌斯托克斯光与混沌激光具有相似的混沌特性。从原理上分析,本传感系统的空间分辨率应该等于混沌激光源的相干长度。然而,我们发现混沌斯托克斯光的线宽比混沌泵浦光的要窄,是由于泵浦光和斯托克斯光的非线性效应导致混沌参考光和混沌斯托克斯光的相干性出现不同。同时非线性放大引起退相干,导致相干长度变长。对于本系统,空间分辨率主要取决于

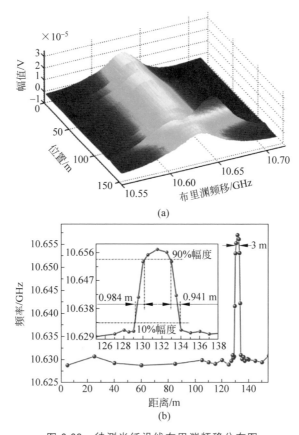

图 3-38　待测光纤沿线布里渊频移分布图

（a）沿待测光纤（3 m,50℃）的布里渊增益谱分布；（b）对应布里渊频移量分布

混沌激光的相干长度,如果使用更低相干长度的混沌激光作为光源,将可以获得更高的厘米量级的空间分辨率。然而,厘米量级的空间分辨率意味着弱的布里渊散射信号,将导致系统的信噪比降低,低的信噪比进一步使测量距离受限。

对于本方案可实现的最大传感距离和最高空间分辨率,我们将使用可编程光延迟发生器和在光域直接产生相干长度可调谐的混沌激光来进行深入研究。相比于传统的 BOCDR 系统,本方案克服了正弦周期调制导致测量距离较短的限制,理论上来说,利用本方法可以获得厘米级的分辨率和数千米的传感距离。

3.4　混沌布里渊光相干域分析传感技术

为了从根本上解决现有传感系统中存在的传感距离和空间分辨率之间的矛盾,许多新形式的光信号被探索并被作为分布式光纤传感的探测信号。例如 2012 年以色列巴伊兰大学扎多克(Zadok)等和 2016 年瑞士杰尼索夫(Denisov)等在实验中采用伪随机码调制激光信号[71-72]，2014 年以色列巴伊兰大学科恩(Cohen)等在实验中采用 ASE 噪声信号[70]。但是，伪随机码的周期性及码长都会影响系统的探测性能。宽谱的 ASE 噪声在系统中会引入不可解决的光谱重叠问题，从而严重影响系统的信噪比，使传感距离严重受限。3.3 节我们提出的混沌 BOCDR 系统，理论和实验验证了厘米量级的空间分辨率。然而，受传感光纤中自发布里渊散射的限制，混沌 BOCDR 系统仅具有 155 m 的传感长度[94]。

本节将提出一种基于混沌激光布里渊光相干域分析(Chaotic-BOCDA)技术的分布式光纤传感系统，它利用传感光纤中的受激布里渊散射提高系统的传感距离，同时由于混沌信号的低相干性，系统也可获得高的空间分辨率。

3.4.1　Chaotic-BOCDA 技术的传感机理

1. 物理机制

基于受激布里渊散射过程的布里渊光相干域分析技术主要依赖于泵浦光、探测光和布里渊声场复振幅三者之间的相互耦合。其中，光波之间的耦合是通过声波场引起介质折射率的变化而实现，而声波场与光波间的耦合是由两束相向传播的光对声波场的激励(电致伸缩)产生。该过程在数理上可以通过 SBS 耦合方程进行描述。

在不考虑光纤中的光损耗的情况下，SBS 过程可以通过下面三个耦合方程表示[95]：

$$\left[\frac{\partial}{\partial t}+v_{\mathrm{g}}\frac{\partial}{\partial z}\right]E_1=\mathrm{i}\kappa_1E_2\rho \tag{3-6}$$

$$\left[\frac{\partial}{\partial t}-v_{\mathrm{g}}\frac{\partial}{\partial z}\right]E_2=\mathrm{i}\kappa_1E_1\rho^* \tag{3-7}$$

$$\left[\frac{\partial}{\partial t}+\frac{\Gamma}{2}+\mathrm{i}\delta\omega_{\mathrm{B}}\right]\rho=\mathrm{i}\kappa_2E_1E_2^* \tag{3-8}$$

式中：v_{g} 为光在光纤中的群速度；布里渊频移相对其均值的偏差为 $\delta\omega_{\mathrm{B}}(z)$；与布里渊增益线宽相关的声波场阻尼率 $\Gamma=2\pi\Delta\nu_{\mathrm{B}}$；耦合系数 $\kappa_1=\pi v_{\mathrm{g}}\gamma\rho/2n\lambda\rho_0$，$\kappa_2=\pi n\varepsilon_0\gamma\rho/4\lambda\nu_a$，其中 ε_0 为真空中的介电常数；E_1、E_2、ρ 分别为缓慢变化的泵浦光、探测光及声波场的幅度，它们是时间 t 和光纤位置 z 的函数。

根据扰动理论求解耦合方程，所得到的探测光在待测光纤中传播时所经历的增益函数为增益谱的解调提供了数理支持，具体公式如下[63]：

$$g=\frac{v_{\mathrm{g}}\bar{P}_1}{A_{\mathrm{eff}}}\int_{-\infty}^{\infty}\mathrm{d}\zeta\int_{-\infty}^{\infty}\frac{\mathrm{d}\omega}{2\pi}g_{\mathrm{B}}(\zeta,\omega)S_{\mathrm{b}}(\zeta,\omega) \tag{3-9}$$

式中，$\zeta = z/v_g$，$\bar{P}_1$ 为泵浦光的平均功率，A_{eff} 为有效纤芯面积，$g_B(\zeta,\omega)v_g d\zeta$ 是长度为 $v_g d\zeta$ 光纤区域上位置 ζ 处的布里渊增益谱，$S_b(\zeta,\omega)$ 为泵浦光和探测光在位置 ζ 处的拍频谱。由此可见，光纤上位置 ζ 处探测光的增益谱实为布里渊增益谱和泵浦光与探测光的拍频谱间的卷积，最终的总增益便是根据这个积分获取的。

上述公式合理地阐述了 BGS 的一般获取方法：在泵浦光与探测光极度相关位置处（即相关峰处），拍频谱 S_b 是有关于频率的类 δ 函数，当通过改变泵浦光与探测光之间的频率差使拍频谱沿着频率 ω 方向移动时，探测光在该相关峰处所产生的增益会依照此处的 BGS 变化；相反，在相关峰之外的其他地方拍频谱 S_b 展宽，此时再移动拍频谱时，探测光的增益很小且近乎常数。因此，相关峰位置处的 BGS 可以等效地反映在光纤输出端的探测功率变化上。

另外，声波场密度分布的复振幅函数在 BOCDA 技术中是至关重要的，它的波形既决定了相关峰的宽度与强度，更是直接关系着系统的定位方式。声波场密度分布的复振幅函数如下式所示[70]：

$$\rho(z,t) = jg_1 \int_0^t \exp[-\Gamma_A(t-t')]E_1\left(t'-\frac{z}{v_g}\right)E_2^*\left[t'-\frac{z}{v_g}+\theta(z)\right]dt' \quad (3\text{-}10)$$

式中：g_1 为电致伸缩系数；在这里假设待测光纤长度为 L，泵浦光和探测光从光纤两端相向入射；与位置相关的时间偏移量 $\theta(z) = (2z - L)/v_g$；当 $\nu = \nu_B$ 时，带宽 $\Gamma_A = 1/(2\tau)$。这样，有效的声场被限制在一个很短的范围内，该范围对应于光源的相干长度，坐落于待测光纤的中间位置 $\theta(z/2) = 0$ 处。对于传统方案中采用正弦调制信号作为激光源时，由于此时光源本身所具备的周期性，得到周期性的相关峰。在这类情况下，就需要调节可变光延迟线使待测光纤中仅存在一个相关峰，再改变正弦调制信号的频率方可对待测光纤进行完整的扫描。传统方案中存在的传感距离与空间分辨率的矛盾的根源便在于此。近年来，采用低相干态的宽谱激光作为光源的方案，克服了光源的周期性问题，在待测光纤中产生的相关峰是唯一的，因此在定位时仅需调节可变光延迟线来改变待测光纤中相干峰的位置便可实现对整条光纤的扫描。

2. 分布式传感系统

基于混沌布里渊光相干域分析的分布式光纤温度传感实验装置如图 3-39 所示。其中，虚线框为混沌激光源，其由目前广泛使用的光反馈结构产生。该结构包括分布反馈式半导体激光器和由光环形器、偏振控制器、可调光衰减器、50∶50 光纤耦合器四个分立器件构成的单反馈外腔。DFB-LD 的输出光注入单反馈环路，通过调节 VOA 和 PC1 选择合适强度的反馈光，从而驱动 DFB-LD 进入混沌振荡状态。混沌激光经光隔离器，然后被 20∶80 光纤耦合器分成两路：其中一路

（20%）作为混沌泵浦光,通过 PC2 后,被（EDFA1）放大,并通过 OC2 注入待测光纤的其中一端。另一路（80%）作为混沌探测光,被由微波信号发生器驱动的电光强度调制器以载波抑制、双边带的模式进行调制。而 EOM 的偏压通过偏压控制电路板进行自动调节,以选择不同的工作模式。混沌探测光经过可变光延迟线,再被 EDFA2 放大,经 ISO 从待测光纤的另一端相向注入。此外,探测路中加入光扰偏器是为了削弱布里渊信号对偏振态的依赖。最终,在经历了待测光纤中混沌泵浦光的放大作用后的混沌探测光经 OC2 被带通滤波器滤波处理。此外,滤波输出信号的 20%连接光谱分析仪用来监测其光谱,80%的一路连接带有积分球光电二极管功率探头的数字光功率计,用来进行功率采集。另外,待测光纤结构如图 3-39 中黑色线框所示,是一段长 906 m 的 SMF（型号为 G.655）,其中将 883.8 m 附近一段长为 1.03 m 的光纤置于恒温箱内进行变温控制,其余的光纤置于室温内。

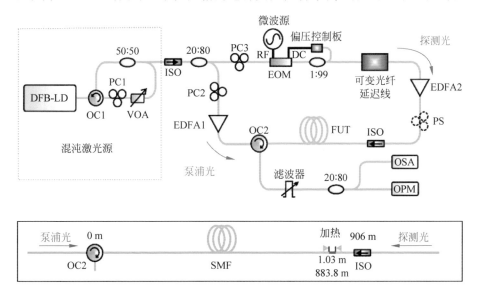

图 3-39　基于混沌布里渊光相干域分析的分布式光纤温度传感实验装置图

　　实验中,将无内置隔离器且中心波长为 1550 nm 的 DFB-LD 偏置电流设置为 33 mA（激光器阈值电流的 1.5 倍）,温度控制器的值设置为 10.14 kΩ,用来控制激光的温度进而调节其波长,再通过调节可调谐衰减器和偏振控制片来改变反馈光强度,从而得到不同线宽的混沌激光源。通过以上操作便可实现相干长度可调谐、光谱可控的混沌激光。混沌激光有诸多特性,描述其特性的方式也多种多样,下面我们从光谱、频谱、时序及自相关四方面对混沌激光的特性进行简单分析。

　　图 3-40(a)所示为混沌激光的光谱图,可见混沌激光的中心波长为 1554.164 nm;

通过高分辨率光谱仪(最小分辨率为 5 MHz)测得混沌激光的-3 dB、-10 dB、-20 dB 线宽分别为 2.020 GHz、6.626 GHz、19.040 GHz,具有宽谱特性(相比于传统的连续光激光器),也具有低相干特性。图 3-40(b)是通过带宽为 26.5 GHz 的频谱分析仪所测的混沌激光频谱,可以看到其频率几乎覆盖 0～15 GHz 的频率范围。图 3-40(c)是通过 36 GHz 带宽的实时示波器(最大采样率为 40 GS/s)测取的混沌激光的时序,可以看出其时序呈现快速、无规则振荡,具有类噪声特性。由于所使用的光电探测器为负增益类型,因此时序的中心幅度并不在 0 mV。图 3-40(d)为混沌激光信号的自相关曲线,可以看出相关峰极窄且呈现类 δ 函数型,可以证明混沌信号具有极好的抗干扰特性。综上特性,混沌激光极适用于布里渊光相干域传感系统。

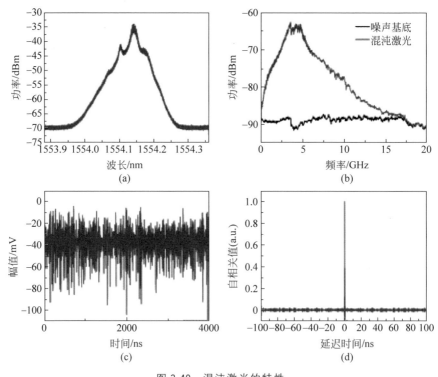

图 3-40　混沌激光的特性

(a) 光谱图;(b) 频谱图;(c) 时序图;(d) 自相关曲线

基于混沌激光布里渊光相干域分析的传感系统中不同支路的光谱及频谱情况如图 3-41 所示,根据光谱图便可直观地理解系统的工作机理。从图 3-41(a)中可以看出:在泵浦路中,中心频率 $\nu_0 = 1.9303 \times 10^{14}$ Hz 的混沌激光的光谱在图中用黑线表示;在探测路中,经双边带调制($\nu_0 \pm \nu$)后的混沌激光光谱用红色曲线表示,

调制频率 ν 一般在布里渊频移量 ν_B 附近进行选择。这样，当混沌泵浦光和混沌探测光在待测光纤上某处相遇时，第一个低频边带 $\nu_0 - \nu$ 会发生受激布里渊散射放大作用。放大后的混沌探测光的光谱如图 3-41(a)中蓝色曲线所示。从中可以看出，当调制频率 ν 与 ν_B 匹配时，在混沌探测光的第一个低频边带处存在 8.74 dB 的有效放大。

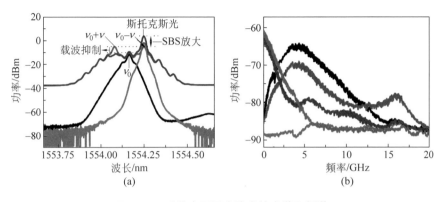

图 3-41　系统中不同支路光的光谱和频谱

图 3-41(a)中青色曲线描述了经带宽为 6 GHz 的可调谐光滤波器所滤出的混沌斯托克斯光的光谱。上述的各路光谱所对应的频谱如图 3-41(b)所示，可以看出本系统与基于混沌布里渊光相干域反射系统有所不同，本系统很难从频谱中解调出混沌泵浦光和混沌探测光的拍频信息，从而也得不出系统的增益谱。基于布里渊光相干域分析技术的本质表现为混沌泵浦光功率向混沌探测光的转移，并且只有在混沌泵浦光频率与混沌探测光频率相差布里渊频移量时，该功率转移量达到最大。根据这一现象，同时结合基于混沌布里渊光相干域分析系统的优势，我们引入了一种分布式光纤传感系统的增益谱解调新方法：当调制频率在布里渊频移周围扫描时，通过采集每个频率点所对应的混沌斯托克斯光的平均功率，便可等效获取相关峰处的混沌布里渊增益谱。实验中，利用带有积分球光电二极管功率探头的数字光功率计同步地进行功率采集。此外，信号发生器的扫频范围设置为 10.5～10.7 GHz，步进设置为 1 MHz。

　　根据 3.1.2 节可知，基于布里渊光相干域分析的分布式光纤传感系统通常是通过改变待测光纤上相关峰的位置从而实现对整条待测光纤的扫描。在混沌布里渊光相干域分析系统中也不例外，更重要的是泵浦路和探测路中的光纤长度需相等，两束混沌序列间所产生的唯一相关峰才会落于待测光纤上。本系统中相关峰是唯一的且不具有周期性，这是因为混沌激光的相关序列仅有一个窄相关峰，正如图 3-40(d)所示。仅在该相关峰内，具有相同混沌态的混沌泵浦光和混沌探测光间的受激布里渊散射放大作用才会有效发生。因此,通过调节探测路上的可变光延迟线便可使相关峰的位置在待测光纤范围内进行扫描。这里的可变光延迟线由不同长度的光纤跳线和两个可编程光延迟线构成。而这两个可编程光延迟线的其中一个具有 0～20 km 的延时范围,同时具有 30 cm 的延时精度(General Photonics ODG-101),另外一个则具有 0～168 mm 精准的延时范围同时具有 0.3 μm 的延时精度(General Photonics MDL-002)。调节过程中,首先改变光纤跳线的长度使相关峰的初始位置位于待测光纤与 OC2 相连的这一端,再结合使用两个可编程光延迟线使相关峰在待测光纤上进行扫描。为了得到优良的系统性能,本节对系统中各关键器件及其参数的设定进行了初步探究。

3. 系统关键器件参数选择

根据前述相关内容可知,基于混沌布里渊光相干域分析技术中泵浦光与探测光的频率只有在相差 ν_B 的情况下,两束光才会有效地发生受激布里渊散射作用,进而探测光才会被放大,因此系统的探测路中必须使用电光调制器将混沌激光进行频率搬移。本系统中所使用的 EOM 是美国 EOSPACE 生产的小型 12.5 GHz 电光调制器,具有 SMA 型射频输入口及针型偏置电压输入口,其主要技术指标见表 3-1,能够满足本系统的实际需求。电光调制器是一类主要借助晶体中的普克尔斯电光效应将电信号调制到光信号上的光电元件。目前,大多电光调制器采用的是传输损耗及色散小、带宽及电光系数高的铌酸锂晶体($LiNbO_3$)。而在实际应用中,环境温度、机械式振动、应力及光的偏振态等外界因素,都会间接通过晶体的光电、热电等效应使晶体的折射率发生改变,最终导致 EOM 的工作点的漂移,这一现象可用图 3-42 中 EOM 传输曲线的变化来表示。

表 3-1 EOSPACE 电光调制器的主要技术指标

技术指标	系数
工作波长	C-和 L-Band
3 dB 带宽	＞ 12.5 GHz
RF 消光比	＞ 12 dB
插入损耗	＜ 3 dB
DC 偏压端口 V_π	＜ 10 V
调制端口 V_π	＜ 5.5 V

由图 3-42 可以看出,当 EOM 的偏置电压不变,而真实的传输特性曲线已经发生移动时,就会导致其实际的工作点已经和初始值相背离,调制效率被严重影响,直接导致分布式光纤传感系统的测量结果恶化。例如,在基于脉冲光的分布式光纤传感中,如果 EOM 的工作点偏移,就会使其消光比发生变化,最主要的是会给脉冲信号引入大量的直流基底,从而限制系统的信噪比。在本系统中 EOM 的射

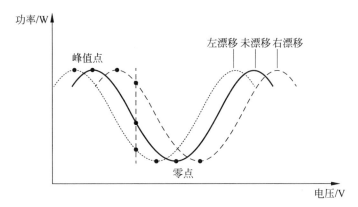

图 3-42　电光调制器工作点漂移现象的示意图

频输入信号为高频正弦信号,目的是移频,但是当其工作点漂移后,已调信号的实际 V_{pp} 值会随之改变,进而给泵浦光和探测光彼此间的作用引入不稳定因素。可见在使用 EOM 的分布式光纤传感系统中引入偏压控制系统,让其对 EOM 的偏压自动调节而不用手动补偿是很有必要的。

　　自 EOM 工作点漂移现象被发现后,世界各国的研究者便针对此提出了众多的解决方案,最常用的是引入 EOM 的偏压控制系统。目前,EOM 偏压控制的方法众多,可大致分为两类:直接检测法[96] 和扰动法[97]。直接检测法是利用光电探测器监测 EOM 输出光信号的功率,并借鉴现代自动控制技术中的闭环反馈控制方法,使用硬件电路结合软件算法实现对 EOM 偏置电压的自动控制。扰动法则是在 EOM 输入端引入微弱的扰动信号,通过检测其输出端扰动信号的参数变化从而得到其实际工作状态。前者响应速度快、稳定性高且简单实用,市面上已有大量成熟的产品。在课题研究中,为了不偏离课题的主要研究方向,我们采用了国内某公司生产的 Mini-MBC3 型偏压控制电路板。

　　偏压电路板的性能可以通过 EOM 的静态直流消光比(static extinction ratio)反映,需要得到电光调制器的最大、最小稳定光强。这里,EOM 的射频端无输入信号,对使用偏压控制电路和不使用偏压控制电路时 EOM 的最小光强分别进行了120 min 时长的测试,结果如图 3-43 所示。可以看出,在 EOM 输入光相对稳定的情况下,不使用偏压控制时,其最小光强随着测量时间缓慢增大;而使用偏压控制后,其最小光强十分稳定,功率浮动在 0.2 μW 以内。由此可见,引入偏压控制电路后,EOM 工作点漂移问题得到了很好的解决,其工作稳定性有了很大提高,因此在混沌布里渊光相干域分析系统里使用偏压控制电路很有必要。

　　本系统基于光纤中的受激布里渊散射过程,该过程要求相向传播的泵浦光和探测光之间的频率正好相差 ν_B,探测路中的电光强度调制器正是为了使探测光发

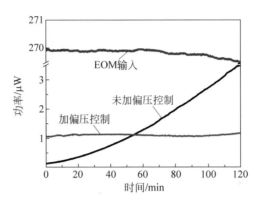

图 3-43　使用和未使用偏压控制电路时 EOM 的最小输出光强对比

生频谱搬移,而电光强度调制器的射频信号正是由微波源(射频信号发生器)输出。考虑到光纤中典型的布里渊频移范围,本系统中所使用的微波源是 Keysight 公司生产的 N5173B EXG Analog Signal Generator,所产生正弦电信号的频率在 9 kHz~13 GHz 之间,频率分辨率为 0.001 Hz;幅度范围为 −20~19 dBm,幅度分辨率为 0.01 dB。更重要的是,该微波源具有丰富的扫描模式,支持步进扫描(相同间隔的频率和幅度或对数间隔频率步进)、列表扫描(频率步进和幅度步进的任意列表),频率点的驻留时间范围在 100 μs~100 s,此外,还具有自由运行、触发键、外部、计时器、总线(GPIB、LAN、USB)等多种触发方式,其丰富的功能使系统能够成功实现自动扫频功能。

　　微波源的扫频范围及步进的选取直接决定了信号的采集时间,更影响增益谱的获取进而影响系统的性能。实验进行之初,通过混沌激光后向散射光谱不能准确获得混沌布里渊频移量,同时考虑光纤中典型的布里渊频移量的情况,先将初始的频率范围设置为 10~11 GHz,扫频步进设置为 500 kHz,并调节探测路中的可调光延迟线使定位点位于恒温箱,但此时恒温箱并不工作(即处于室温状态下)。这样仅为了从感温方面验证增益谱的正确性,此时所得到的增益谱如图 3-44 中黑色曲线所示,从曲线中可以看出整个谱线的包络很宽,显然不符合洛伦兹型,但是顶部却有一个明显的尖峰,其所对应的频率为 10.612 GHz,该值也符合光纤中布里渊频移量在室温情况下的典型值。为了进一步验证,将恒温箱的温度设置为 53℃,再次测量探测光所经受的布里渊增益,其测量结果如图 3-44 中红色曲线所示,依然是一个宽谱,但是顶部的尖峰却发生了频移。从图中的局部放大图可以看出当温度由 26℃ 变为 53℃ 时,增益谱的峰值所对应的频率由 10.612 GHz 变为 10.645 GHz,发生了 33 MHz 的频移。这一现象在一定程度上为系统所获取的增益谱的正确性提供了有力的证据,但是增益谱的宽谱特性又限制了这一现象的说服力。

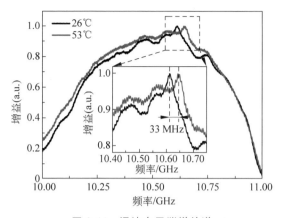

图 3-44　混沌布里渊增益谱

综合分析本系统的结构及增益谱的获取方式,不难发现所得这一宽谱在很大程度上是由于过大的扫频范围而引入了噪声。为了验证这一猜想,进一步调节探测路中的长距离可编程光延时线,从而使定位点“坐落”于待测光纤以外的某一点(由于待测光纤两端连接的光纤环形器和光隔离器都有隔离作用,所以这一点在理论上应该不存在),因此理论上如果使用同样的方法在 $10 \sim 11$ GHz 的范围内进行扫频所得到的布里渊增益应该仅在小范围内波动,因为此时探测光并不会发生受激布里渊散射放大作用。但实际测得的增益谱如图 3-45(a)中黑色曲线所示,谱宽依然很宽,但还可以明显看出已经被初步验证的、能够感知温度变化的尖峰消失。而当调节探测路中可变光延迟线使相干峰再次位于置于室温内的待测光纤上时,以同样的测量条件获取到的增益谱如图 3-45(a)中红色曲线所示,在此曲线上又可明显地观察到感知温度变化的尖峰,甚至由于噪声的随机不确定性使得该信息近乎被淹没,由此证明该扫频范围所获取的增益谱中除了包含感知温度变化的布里渊频率信息外,更包含了大量的噪声。除此之外,该现象还有效地验证了本系统定位方式的准确性。图 3-45(b)所示为二者作差后的结果图,经过这种处理方法后增益谱的信噪比被成功地提高至 4.37 dB,并且该增益谱符合洛伦兹型,其 -3 dB 线宽为 43 MHz,但该去噪过程的引入却会使系统的测量效率降低,这一部分内容将会在下一步工作中进行详细的优化。这里始终本着不增加系统复杂度的原则,紧紧围绕系统本身,将扫描范围确定在 $10.5 \sim 10.7$ GHz,该范围有效地包括了上述所述的混沌布里渊频率信息。

由于本系统所使用的微波源具备自动扫描功能,且扫描步进可以根据需要自行设置,而不同的扫描步进除影响增益谱的采集时间外,更会影响增益谱的优劣,影响系统的温度测量精度。为了使系统能够获得最优的增益谱,进而实现分布式传感测量。这里在 $10.5 \sim 10.7$ GHz 的扫描范围同时考虑系统的测量时间及测量

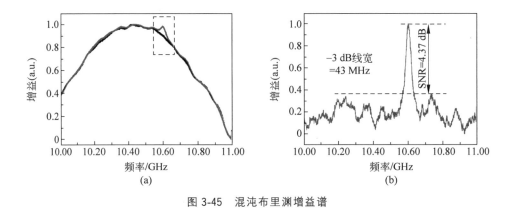

(a)   (b)

图 3-45　混沌布里渊增益谱

精度的基础上,分别测量了扫描步进为 100 kHz、200 kHz、1 MHz 时的增益谱,结果如图 3-46 所示。三者都符合洛伦兹型,并且线宽分别为 33.4 MHz、29.3 MHz、44.9 MHz。由于此线宽并无规律性但又都在合理的范围内,因此仅从数量上难以反映增益谱的优劣。理论上在不考虑系统测量时间时,扫频步进越小,所对应的增益谱频率精度越高(即测温精度越高),但直观地观察图中所示的增益谱就会发现

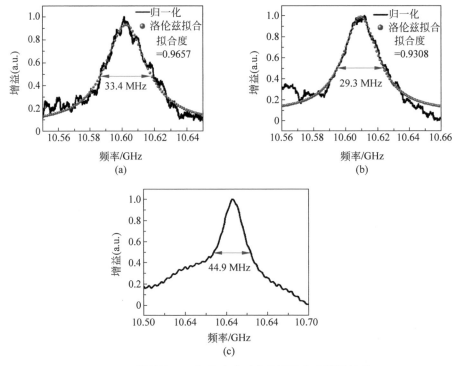

图 3-46　微波源不同扫频步进对应的混沌布里渊增益谱

扫频步进过小时,所得的增益谱曲线会有很多毛刺,并且增益谱的中心频率误差较大,这正是增益谱不稳定的体现,需借助拟合曲线来优化。但扫频步进为 1 MHz 时所测得的原始增益谱就比较稳定且曲线光滑,布里渊频率精度较高,同时还保证了系统的测量时间。综上可知,选择合适的扫频范围及扫频步进可以在不借助去噪、拟合等方式的情况下有效地去除噪声对增益谱的影响,从而得到性能优良、稳定的增益谱,确保系统分布式传感测量的实现。

4. 分布式温度传感

在确定系统中各关键仪器参数设定、优化混沌布里渊增益谱的过程中,仅对增益谱的感温能力作了初步验证,并没有进行系统研究分析。这里,对基于混沌激光布里渊光相干域分析系统的温度传感能力作了系统的研究、分析。

混沌布里渊增益谱和温度的关系如图 3-47 所示,其中图(a)表示待测光纤中随温度变化的混沌布里渊增益谱。具体来说,通过合理调节探测路中的可变光延时线,使系统中唯一的相关峰移动至恒温箱内的光纤上,再将光纤恒温箱的温度由 23.97℃ 依次变为 55.30℃。此时可以明显观察到混沌 BGS 的中心频率从 10.608 GHz 移动至 10.646 GHz,其中 BGS 的线宽稳定在 44.9 MHz 附近。根据这些随温度变化的增益谱,可以得到如图 3-47(b)所示的待测光纤中随温度变化的混沌布里渊频移的关系图。根据图中的拟合曲线,其拟合度为 0.9975,并且可以得到 1.24 MHz/℃ 的温度系数,证明布里渊频移与温度间有很好的线性关系,本系统有良好的感温性能。

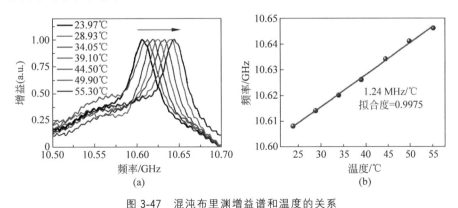

图 3-47　混沌布里渊增益谱和温度的关系

（a）待测光纤中随温度变化的混沌布里渊增益谱；（b）待测光纤中随温度变化的混沌布里渊频移量

合理调节探测路中的可变光延迟线,使系统中唯一的相关峰扫描过整条待测光纤,从而可以得到如图 3-48 所示的系统分布式温度传感测量结果。从图 3-48(a)所给的 FUT 沿线的 BGS 分布的三维图,可以清楚地辨别出接近 884 m 处的 1 m 长加热光纤。在实验中,光纤恒温箱温度设置为接近该仪器最高温度(60℃)的

55℃，并且室温保持恒定，约为25℃。图3-48(b)描述了FUT沿线的BFS分布测量结果，其中的插图展示出了沿1.03 m长的加热光纤的BFS分布的放大图。从中可以看出BFS的变化量约为37 MHz，这与30℃的温度变化相匹配。Chaotic-BOCDA系统的空间分辨率可达4 cm，该值可以通过加热光纤段的上升和下降区域的10%～90%间的时间差所对应长度（以米为单位）的平均值[29]来衡量。根据混沌泵浦光和探测光之间的SBS放大机理，系统的空间分辨率理论上仅由混沌激光的相干长度确定。根据公式$L_c = c/(\pi n \Delta f)$，相干长度L_c与光谱的光谱宽度Δf相关，其中$c = 3 \times 10^8$ m/s是光速，$n = 1.5$为光纤折射率。根据图3-48(a)，混沌激光的光谱线宽为$\Delta f = 2.020$ GHz，因此Chaotic-BOCDA系统的理论空间分辨率为3.15 cm，这与实验测得的结果几乎一致。实际上，通过增加混沌激光器的线宽，可以将Chaotic-BOCDA系统的空间分辨率进一步提高至毫米或亚毫米级别。

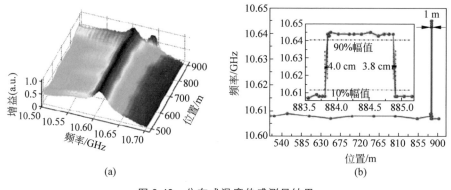

图 3-48　分布式温度传感测量结果

（a）待测光纤沿线的混沌布里渊增益谱分布；（b）待测光纤沿线的混沌布里渊频移量分布

3.4.2　长距离 Chaotic-BOCDA 系统

我们已经实验验证了Chaotic-BOCDA分布式光纤传感系统，它利用传感光纤中的受激布里渊散射进一步提高了系统的传感距离，同时由于混沌信号的低相干性，系统也获得了更高的空间分辨率，在906 m的传感光纤上获得了4 cm的空间分辨率[98]。

由于混沌半导体激光器外腔产生的混沌激光具有时延特征信号，通过数值模拟结果表明，混沌信号在外腔时延处发生弱幅自相关导致受激声波场出现了虚假次峰。这些虚假次峰会加大布里渊增益谱的背景噪声，降低Chaotic-BOCDA系统的性能。理论分析混沌半导体激光器的偏置电流和反馈强度对混沌激光时延特征信号抑制的影响后，通过优化激光器这两个自由参数，将时延特征信号抑制较好的混沌激光源应用于分布式光纤传感系统[99]。然而,系统噪声仍随光纤长度不断累积,传感距离的增加仍然严重受限。基于此,我们提出了时域门控优化方案,以实现时延特征及自相关非零基底等背景噪声的抑制,在保持高分辨率的同时继续拓展了传感距离[100]。

1. 时延特征抑制 Chaotic-BOCDA 系统

时延特征抑制 Chaotic-BOCDA 系统的实验装置如图 3-49 所示。图中的虚线框表示由一个无内置光隔离器的温度电流可调谐的分布式反馈半导体激光器和一个光纤反馈回路组成的混沌激光源。其中,DFB-LD 的阈值电流和中心波长分别为 22 mA 和 1550 nm。光纤反馈回路由 OC1、一个 3 dB 光耦合器(50∶50)、VOA 和 PC1 组成。通过调整外部反馈光的偏振态、反馈强度以及激光器的偏置电流,激光器会产生混沌激光。用 20∶80 的光纤耦合器将产生的混沌激光分为两路,一路作为混沌布里渊泵浦光(20%),另一路作为探测光(80%),中心频率为 ν_0。探测光(上路)通过电光调制器进行双边带调制以抑制载波,它主要是由一个输出正弦信号的微波信号发生器进行驱动。调制频率位于被测光纤的布里渊位移 ν_B 附近。然后混沌激光依次经过可编程的光延迟发生器(PODG)、偏振扰偏器、EDFA1 以及 ISO2,从光纤的一端注入被测光纤中。其中,可编程的光延迟发生器用来控制相关峰的位置,EDFA1 将混沌探测光放大到 7 dBm,以满足实验要求。扰偏器置于 EDFA1 之后是为了当两路光相遇发生受激布里渊散射时可以消除偏振效应对系统的影响。另一路混沌泵浦光(下路)经过 PC3 和 EDFA2,从光纤的另一端注入被测光纤中。其中,EDFA2 将泵浦光的功率提升至 27 dBm,以满足实验要求。两路光在沿着被测光纤进行受激布里渊散射放大之后,通过 OC2 输出,通过可调带通滤波器对混沌探测光进行滤波,滤出所需的混沌斯托克斯光,滤波后的斯托克斯光的光功率由具有积分球传感器的数字光功率计记录。

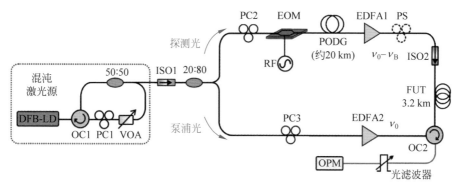

图 3-49 时延特征抑制 Chaotic-BOCDA 系统的实验装置图

其中,被测光纤(型号为 G.655)总长为 3.2 km,恒温箱内放置 60 m。另外,将可调节高精度恒温槽的温度设置成 55℃,室内温度维持在 25℃左右。可通过改变可编程光延迟发生器的长度,将待测点定位在恒温箱内,进而进行相关温度信息的采集。

图 3-50 描绘了混沌激光的自相关曲线。从混沌激光的自相关曲线来看,其具有类似于 δ 函数的线形,这说明混沌信号的抗干扰性极强,因此,用于测量抗干扰信号,混沌激光是一个非常好的选择。从图中也可以看到,自相关曲线在零时延位置有一个主相关峰,当混沌泵浦光与混沌探测光相遇发生受激布里渊散射时,只在这个相关峰内进行受激布里渊散射放大。因此,理论上系统的空间分辨率可由相关峰的半高全宽决定。图 3-50(a)的插图为自相关曲线主相关峰的放大图。在主相关峰的周围,出现了一些轻微的波动和激光弛豫振荡周期现象。对主相关峰进行高斯拟合,可以看到相关峰的半高全宽为 0.4 ns,则 Chaotic-BOCDA 系统的理

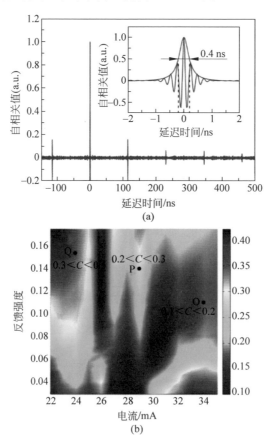

图 3-50　混沌激光时延特征调试结果

(a) 混沌激光的自相关曲线;(b) 在不同的注入电流和反馈强度下,外腔反馈时延 $\tau=115$ ns 时的相关系数分布图。从三个时延特征信号分布区域中任意选择三个具有代表性的操作点,即 O (34, 0.112)、P (29, 0.139)和 Q (24, 0.156)

论空间分辨率为 4 cm。在自相关曲线的主相关峰附近存在一些次相关峰,可以看到混沌半导体激光器的外腔反馈时延 $\tau=115$ ns,并且这些次相关峰呈周期性的分布是在外腔反馈时延处,混沌信号产生的弱振幅自相关导致的。这些次相关峰的存在使混沌半导体激光器外腔产生的次相关峰会因受激布里渊散射的放大作用产生额外的噪声,从而降低整个 Chaotic-BOCDA 系统的信噪比。

在不同的偏置电流和反馈强度下,外腔反馈时延 $\tau=115$ ns 时的相关系数分布如图 3-50(b)所示。首先,通过实验分析了不同的偏置电流和反馈强度对混沌半导体激光器时延特征信号抑制的影响。反馈强度用前面提到的反馈比率 k 按比例进行选择,它被定义为反馈光功率与激光器输出功率的比值。实验中选定的外腔长度约为 11.5 m,相应的外部反馈时延为 115 ns。从图 3-50(b)中可以看到,混沌激光时延特征信号的分布可以大致分为三个区域,即 $0.1<C<0.2$, $0.2<C<0.3$ 和 $0.3<C<0.5$。尤其是,$0.1<C<0.2$ 的时延特征信号抑制区占整个面积的比例很大。此外,通过实验发现,偏置电流越高,混沌激光时延特征信号的抑制效果就越好,这与前述理论分析一致。因此,通过优化偏置电流和反馈强度两个参数可以有效抑制混沌激光的时延特征信号。

图 3-51 是图 3-50(b)描述的不同工作点下混沌激光源的输出特性。这里,分别从图 3-50(b)所示的三个混沌激光时延特征信号抑制分布区中任意选择三个具有代表性的工作点,即 O (34, 0.112)、P (29, 0.139) 和 Q (24, 0.156)。图 3-51(a)~(c)分别显示了对应于 O、P 和 Q 工作点下输出的混沌特性。从混沌激光的光谱、功率谱和时序图可以看出,混沌激光在这三个工作点下并没有明显的差异。我们用李雅普诺夫指数来描述这三个工作点下的混沌状态。其中,李雅普诺夫指数是用来定量测量动力系统中的渐近扩张和收缩率的一个指数参数[101],在这三种混沌态下,混沌激光的李雅普诺夫指数分别为 0.0819、0.0511 和 0.0123。这说明在 O、P 和 Q 这三个工作点下,混沌半导体激光器输出的混沌激光具有不同的混沌状态。图 3-51(a-Ⅳ)~(c-Ⅳ)进一步显示了混沌激光的自相关曲线。从图 3-51(a-Ⅳ)~(c-Ⅳ)可以看到,当混沌半导体激光器的偏置电流设置为 34 mA,反馈强度为 0.112,即工作点在 O 点时,对应的混沌激光在外腔时延 $\tau=115$ ns 的自相关系数为 0.179;而当工作点在 Q 和 P 点时,对应的混沌激光在外腔时延 $\tau=115$ ns 的自相关系数分别为 0.280 和 0.374。说明当混沌激光的状态不同时,会对混沌激光的特性产生一定的影响。如图 3-51(c-Ⅳ)所示,工作点 Q 下的自相关曲线在 $\tau,2\tau,\cdots,9\tau$ 分别有 9 个次相关峰,并且高度逐渐减小。同时,在工作点 P 下自相关曲线也出现多个高的次相关峰。这些次相关峰会使混沌泵浦光和混沌探测光发生受激布里渊散射放大作用时引起额外的噪声,降低 Chaotic-BOCDA 系统的传感性能,使得到的布里渊增益谱的背景噪声变高,限制了传感距离的提高。相比

之下,在工作点 O 下所得到的自相关曲线的次相关峰明显少于 Q 和 P 工作点下的,这表明通过选择合适的工作点可以提高 Chaotic-BOCDA 系统的性能。

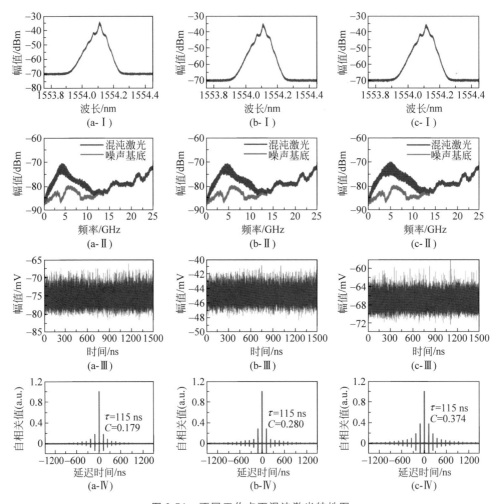

图 3-51　不同工作点下混沌激光特性图

(Ⅰ)光谱;(Ⅱ)功率谱;(Ⅲ)时序;(Ⅳ)自相关曲线;

(a)、(b)和(c)分别对应于图 3-53 中所示的三个操作点,即 O(34,0.112)、P(29,0.139)和 Q(24,0.156)

将上述图 3-51 提到的三个工作点 O、P 和 Q 下的混沌激光源的输出分别作为泵浦光和探测光。然后将两路混沌激光分别从光纤的两端注入被测光纤中。当混沌泵浦光和探测光被可编程的光延迟发生器定位在光纤的某个位置时,混沌探测光在该位置会发生受激布里渊散射放大作用,产生相关峰。布里渊增益谱是通过记录光滤波器滤出的混沌斯托克斯探测波的平均功率与调制频率来实现的。每一个得到的布里渊增益谱都是通过平均 20 次重复测量得到的,如图 3-52 所示。图 3-52(a)~(c)分别对应于工作点 O、P 和 Q 下的布里渊增益谱。蓝线表示的是在整条被测光纤的中间位置(1.6 km 位置处)的布里渊增益谱,此时的室温为 25℃。红线表示温度为 55℃时位于温度箱内的热点部分(在 60 m 加热光纤的中间位置)的布里渊增益谱。

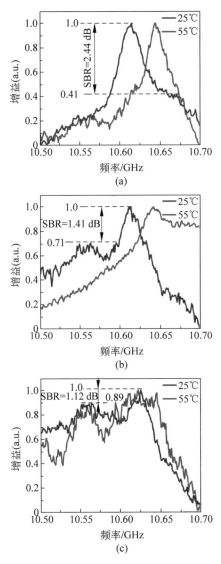

图 3-52　与上述操作点相对应的布里渊增益谱:O、P 和 Q

蓝线表示位于待测光纤 1.6 km 处的相关峰,其环境温度为 25℃,红线表示位于 60 m 加热光纤中部的温度为 55℃的相关峰

可以看到混沌自相关曲线的相关系数越小，即混沌激光的时延特征信号抑制的效果越好，获得的布里渊增益谱的背景噪声越低。其中，布里渊增益谱的信号峰值与背景峰值的幅度比值被定义为信号背景噪声比。随着混沌状态的优化，即混沌激光的时延特征信号抑制的程度不同，当温度为25℃时，布里渊增益谱的背景噪声从1.12 dB增加到2.44 dB。同样，对于55℃的温度，工作点O下所得到的布里渊增益谱与工作点Q下的布里渊增益谱相比情况明显得到改善，即背景噪声较低。同时，我们发现在工作点Q下，在光纤加热区测得的布里渊增益谱明显比在室温下测得的布里渊增益谱要差许多。这是因为当相关峰定位在光纤加热区（60 m加热光纤的中间位置）时，光纤加热区和非加热区存在一些由混沌时延特征信号引起的旁瓣。当温度不同时，旁瓣在光纤所处的位置也不同，从而导致不均匀的非峰值放大，这最终导致了布里渊增益谱的恶化。然而，在工作点O下，当定位光纤位于加热部分时，由于混沌激光的时延特征信号得到很好的抑制，使所有的旁瓣都位于加热光纤中。因此，所测得的布里渊增益谱几乎与室温下所测得的相同，没有明显的变化。因此，选择合适的混沌状态，即选择时延特征信号被抑制的混沌激光来改善混沌布里渊增益谱是至关重要的。

接下来，以工作点O产生的混沌激光为探测信号，实验测得到的布里渊增益谱与光纤所受温度的关系如图3-53所示，其中图(a)表示待测光纤中随温度变化的混沌布里渊增益谱二维图。通过调节可编程光延迟发生器，将混沌激光的单个相关峰定位于光纤恒温箱中。光纤恒温箱的温度从25℃连续变为55℃。可以明显观察到混沌布里渊增益谱的中心频率从10.607 GHz移动到10.644 GHz，其中布里渊增益谱的线宽稳定在45 MHz。在光纤加热区有大约37 MHz的布里渊频移量。布里渊频移量与30℃的实际温度相匹配。

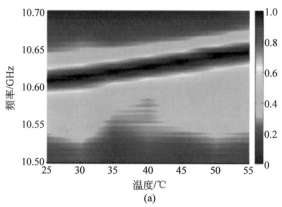

图 3-53　混沌布里渊增益谱与光纤所受温度的关系

（a）被测光纤中不同温度下的混沌布里渊增益谱二维图；

（b）被测光纤不同温度下的混沌布里渊频移量

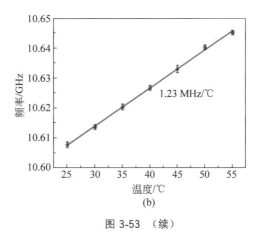

图 3-53　（续）

此外,在测量布里渊增益谱和布里渊频移与温度的关系时,光纤恒温箱的温度从 25℃连续变为 55℃。每 5℃为一个间隔,共选择 7 个典型的温度点,即 25℃、30℃、35℃、40℃、45℃、50℃ 和 55℃。在每个温度点下,布里渊增益谱都是通过平均 20 次重复测量得到的。假设每个测量的布里渊增益谱的中心频率表示为 f_i ($i=1,2,\cdots,20$)。布里渊频移的标准偏差 δ_f 根据以下公式计算:

$$\delta_f = \sqrt{\frac{\sum_{i=1}^{n}(f_i - \bar{f})}{n(n-1)}} \tag{3-11}$$

式中,$\bar{f} = \sum_{i=1}^{n}\dfrac{f_i}{n}$ 是布里渊频移的平均值,n 是测量次数,实验中的测量次数是 20 次。在这些代表性温度点中,布里渊增益谱的最大标准偏差被视为布里渊频移的测量不确定度。因此,经过计算,得到的布里渊频移的最大不确定度值为 ±1.2 MHz,温度系数为 1.23 MHz /℃,如图 3-53(b)所示。

接下来,使用操作点 O 下的混沌激光输出作为光源来感知被测光纤的温度。图 3-54(a)显示了沿被测光纤测量的布里渊增益谱的三维图。显然,光纤加热部分和非加热部分的布里渊频移是明显区分的。在实验中,光纤恒温箱的温度设置为 55℃,室温恒定在 25℃。图 3-54(b)描述了沿被测光纤测量的布里渊频移的分布情况。Chaotic-BOCDA 系统的空间分辨率可以用上升沿和下降沿 10%～90%对应的光纤长度的平均值来度量,其中上升沿和下降沿所对应的光纤长度分别为 6.2 cm 和 8.5 cm。因此,当放入恒温箱中的光纤为 60 m 时,所得到的空间分辨率大约为 7.4 cm。实验获得的空间分辨率几乎与上述理论值一致。在实验中,一共测了大约 100 个光纤位置处的布里渊增益谱。同时,在图 3-54(a)中可以看到,在

2700 m、2900 m 和 3200 m 处,由于光纤可能受到外部其他因素的干扰,布里渊增益谱存在一个较大的频率间隔。

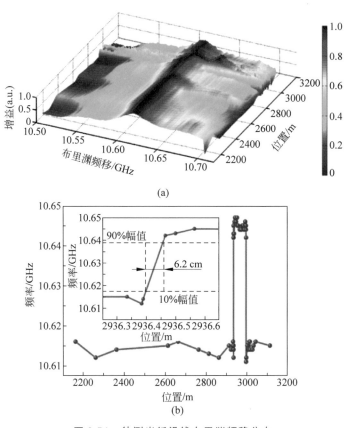

图 3-54　待测光纤沿线布里渊频移分布
(a) 沿被测光纤测得的布里渊增益谱;(b) 沿被测光纤测得的布里渊频移曲线

2. 时域门控 Chaotic-BOCDA 系统

前文已知,Chaotic-BOCDA 系统中,相向传输的混沌探测光与泵浦光在光纤中位置 z 处激发产生受激布里渊声波场,声波场密度分布的复振幅函数如下[70]:

$$Q(z,t) = \frac{1}{2T_\mathrm{B}} \int_0^t \exp\left(\frac{t'-t}{2T_\mathrm{B}}\right) A_\mathrm{p}\left(t' - \frac{z}{v_\mathrm{g}}\right) A_\mathrm{s}^*\left[t' - \frac{z}{v_\mathrm{g}} + \theta(z)\right] \mathrm{d}t' \quad (3\text{-}12)$$

式中,v_g 为光纤中的光传播群速度,T_B 为声子寿命,$A_\mathrm{p}(t)$ 为由光纤位置 $z=0$ 处入射且沿 z 轴正向传播时泵浦 SBS 的瞬时复包络,$A_\mathrm{s}(t)$ 则为由 $z=L$ 处入射相向传输的探测光的复包络,位置相关的时间偏移量 $\theta(z) = (2z-L)/v_\mathrm{g}$,$L$ 为实际光纤长度。在 Chaotic-BOCDA 系统中,泵浦光与探测光来自同一个混沌源,随后分为频率偏移 v_B 的两束光,泵浦路由脉冲信号进行强度调制,泵浦/探测路信号包络则如下：

$$A_p(z=0,t)=A_{p0}u(t)\text{rect}\left(\frac{t}{\tau_{\text{pulse}}}\right) \tag{3-13}$$

$$A_s(z=L,t)=A_{s0}u(t) \tag{3-14}$$

式中，$u(t)$ 为混沌信号通用的、归一化的、每单位平均振幅的包络函数，A_{p0}、A_{s0} 分别为恒定的泵浦路、探测路平均振幅，方波函数 $\text{rect}(\xi)$ 等于 $1(|\xi|<0.5)$ 或 0，脉冲持续时间 τ_{pulse} 大于声子寿命。当 $t\ll\tau_{\text{pulse}}$ 时，位置 z 处声波场振幅期望值为

$$\overline{Q(t,z)}=\frac{A_{p0}A_{s0}^*}{2T_B}\int_0^t\text{rect}\left(\frac{t'}{\tau_{\text{pulse}}}\right)\exp\left(\frac{t'-t}{2T_B}\right)\cdot$$

$$\overline{u\left(t'-\frac{z}{v_g}\right)u^*\left[t'-\frac{z}{v_g}+\theta(z)\right]}dt'=C\langle\theta(z)\rangle \tag{3-15}$$

式中，$C\langle\theta(z)\rangle$ 表示混沌泵浦光与探测光的互相关，混沌信号时序快速、无规则振荡，呈现类噪声特性，且其自相关曲线为类 δ 函数型，具有极窄的相关峰。由式(3-15)可知，SBS声波场将被限制于相关峰内，该位置 z 满足 $\theta(L/2)=0$，且系统空间分辨率取决于相关峰的半高全宽[102]。同时，从理论上讲，脉冲调制为声波场提供 1/0 系数分布，即仅在 $\text{rect}(\xi)=1$ 处混沌信号相关峰内存在声波场分布，其余位置声波场均为零。当泵浦脉冲到达位置 z 处时，相关峰出现并激励产生 SBS 效应；在脉冲持续时间内，SBS声波场逐渐达到稳定状态；经历时间 τ_{pulse} 后，相关峰消失，SBS声波场迅速降为零。

常规的混沌布里渊光相干域分析系统原理如图 3-55(a)所示，混沌信号被分为探测光与泵浦光，分别注入待测光纤两端。相向传输的具有相同相干态的混沌探测光与泵浦光在经历相同光程后，根据光学相干合成函数原理在相遇处产生唯一无周期的相关峰，仅在相关峰内产生稳定的受激布里渊散射效应。然而混沌激光自身的时延特征导致中心峰位置两侧会产生周期性旁瓣峰，同时，混沌信号的固有振荡导致自相关曲线的非中心峰位置平均值并不为零，这些因素均会激发产生微弱的 SBS 声波场，非相干声波场强度随光纤距离增长逐渐累积，系统噪声水平不断升高。

时域门控 Chaotic-BOCDA 系统中(图 3-55(b))，泵浦路经调制后由于脉冲函数 1/0 开关系数，混沌探测信号仅与脉冲持续时间等长的混沌泵浦信号发生相关作用，其余时间均置零，相关峰被限制于脉冲持续时间内。通过选择合适的脉宽，混沌时延位置处的旁瓣峰值可置零，且泵浦光与探测光互相关作用积分函数时间被缩短，混沌固有振荡均值也无限接近于零，系统中非相干声波场强度被抑制，即系统噪声基底被抑制。

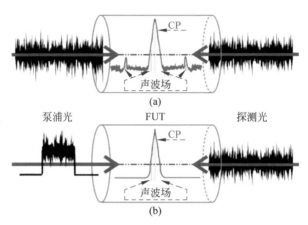

图 3-55　Chaotic-BOCDA 系统传感机理模型图

（a）常规 Chaotic-BOCDA；（b）时域门控 Chaotic-BOCDA

然而，实验过程不可能存在式（3-13）所述泵浦路幅值为零的情况，如图 3-56（a）中蓝色曲线即常规 Chaotic-BOCDA 系统混沌时序信号，红色曲线为脉冲调制后混沌激光的后向散射时序，可观察到 $280\sim400$ ns 附近散射光强度被明显增强。由图 3-56（b）中混沌自相关曲线可知，两种情况下时延腔长并未发生变化，均保持为 $\tau_d=123.8$ ns，这也符合混沌激光的散射特性，但是旁瓣峰值却由 $C_1=0.205$ 下降至 $C_2=0.053$。同时，脉冲调制后自相关曲线噪声基底被部分抑制，光纤中不断累积的微弱声栅被抑制，系统噪声基底被大幅抑制。基于此，我们在长距离 Chaotic-BOCDA 系统中对上述理论进行了实验验证。

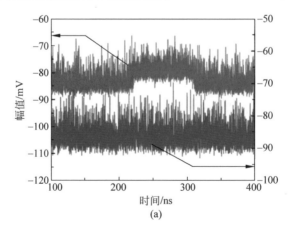

图 3-56　脉冲调制前后（a）混沌泵浦光时序及（b）自相关特性

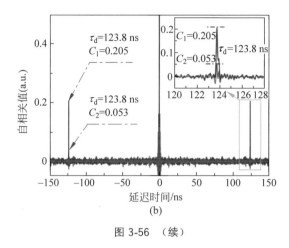

图 3-56　（续）

时域门控 Chaotic-BOCDA 系统实验装置如图 3-57 所示，混沌源输出的混沌激光经过 90∶10 耦合器分为两路，上支路作为探测光，下支路作为泵浦光。探测路由中心频率 ν_B 匹配光纤布里渊频移量的正弦信号控制的电光调制器进行双边带调制，混沌探测光产生 $\nu_0 \pm \nu_B$ 的两个边带且中心频率 ν_0 处载波被抑制。经调制后探测光进入可编程光延迟发生器，手动调节探测光光程实现相关峰定位。经 EDFA 放大后注入扰偏器，避免布里渊增益偏振敏感的影响，最后通过隔离器注入待测光纤末端 $z = 10.2$ km 处。泵浦光则经过 EDFA 放大后利用 EOM 进行脉冲

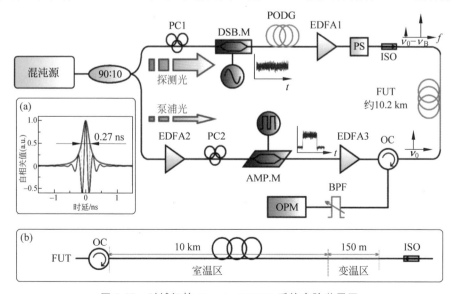

图 3-57　时域门控 Chaotic-BOCDA 系统实验装置图

强度调制，脉冲持续时间选择最佳值 120 ns(下文讨论)，重复周期 110 μs 对应脉冲于待测光纤中的飞行时间。调制后的信号中心频率保持 ν_0 不变，经过 EDFA 放大后由环形器的入射端注入待测光纤前端 $z=0$ 处。插图(a)所示为混沌信号自相关曲线中心峰附近会有轻微周期振荡，根据其高斯拟合半高全宽可得理论空间分辨率为 2.7 cm。待测光纤分布情况如插图(b)所示，待测光纤总长约为 10 km，其中末端约 150 m 放置在加热区，通过环形器反射端与带通滤波器相连，待测光纤均为普通单模硅光纤(型号为 G.655)。环形器输出的经混沌布里渊放大后的探测光的低频部分(斯托克斯光)被带通滤波器滤出，最后通过光功率计采集斯托克斯信号，利用功率信息解调得出布里渊增益谱。

首先，比较泵浦脉冲调制前后 Chaotic-BOCDA 系统测得的布里渊增益谱。如图 3-58 所示，分别为光纤位置 5.0 km、8.5 km、10.0 km 处利用不同装置测量的 BGS，易得常规 Chaotic-BOCDA 系统噪声基底逐渐升高；相反，在时域门控系统中，噪声基底始终维持在一个较低的水平，并且 BGS 线宽也稳定在约 49.6 MHz。信号背景噪声比(SBR)定义为 BGS 中信号峰与背景噪声峰的强度比，以此来定量

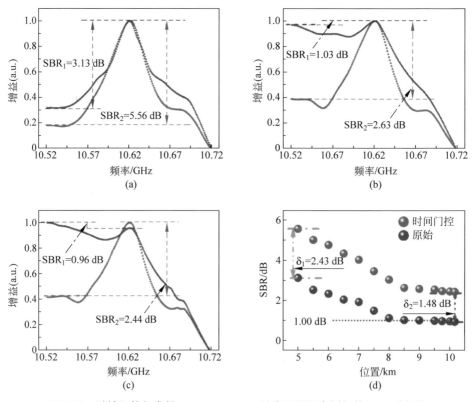

图 3-58　时域门控与常规 Chaotic-BOCDA 系统不同距离测得的 BGS 对比图

地描述 BGS 质量与传感性能[102]。采用时域门控装置,整条待测光纤沿线的 SBR 得到明显的提升,如图 3-58(d)所示。当传感光纤长度超过 8.0 km 时,无脉冲调制系统的 SBR 几乎恒定在 1.00 dB,这意味着布里渊增益信号已被非峰值放大所诱发的背景噪声基底所淹没。然而,利用时域门控方案抑制非相干峰的干扰后,当传感光纤达到 10 km 时,仍然可以准确提取出 BFS 信号。

　　基于此,我们利用常规 Chaotic-BOCDA 系统与改进后装置对整条光纤特定点进行了 BFS 的标定,室温稳定在约 21℃,变温区为 55℃,图 3-59 的二维图展示了脉冲调制前后 BFS 随传感距离增加的变化情况。根据图 3-59(a)可知常规系统在 $z=8.0$ km 之后噪声基底逐步占据主导地位。而时域门控系统在 $z=10$ km 处仍可以明确地观测到布里渊频移分布,可准确分辨室温区与变温区。

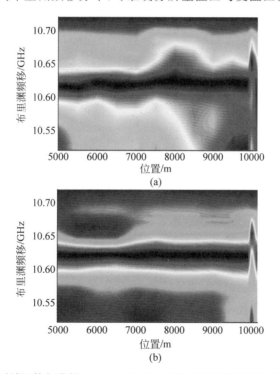

图 3-59　时域门控与常规 Chaotic-BOCDA 系统不同距离测得的 BFS 对比图

　　以上实验结果与分析均采用持续时间为 120 ns 的脉冲,由式(3-15)可知,限制于相关峰内的声波场强度与脉冲持续时间密切相关,只有最优化的脉冲宽度才可以充分激发中心峰位置的声波场同时抑制非中心峰处的 SBS 效应。同时,根据图 3-56(a)可得,当泵浦脉冲调制消光比足够大时,后向散射光才会出现明显的脉冲调制信息,进而实现对非中心峰的抑制,因此对于脉冲调制信号我们也需要选择最佳的消光比。图 3-60(a)所示为不同脉宽 10～200 ns 下 BGS 的 SBR 曲线,实验中选取相关峰位置处于 $z=7.5$ km,此时常规系统的 SBR≈0.00 dB。经过 60～160 ns 脉冲调制后系统中心峰作用的同时非相干声波场被抑制,且脉冲持续时间为 120 ns 时 SBR 达最大值 3.46 dB,此时脉冲信号将中心峰声波场充分激发,且混沌旁瓣等非中心峰位置 SBS 作用被抑制,噪声累积达到最小水平。当脉宽小于50 ns 时,中心峰声波场无法被完全激发,未能达到稳定状态;当脉宽大于时延腔长 $\tau_d=123.8$ ns 后,混沌旁瓣及固有振荡等非中心峰 SBS 声波场重新出现,噪声基底持续累积,系统信噪比恶化。

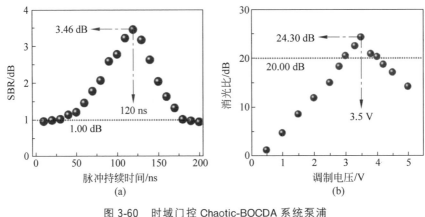

图 3-60　时域门控 Chaotic-BOCDA 系统泵浦
(a) 脉冲宽度的选择;(b) 调制电压的选择

图 3-60(b)显示了不同调制电压下的脉冲调制消光比变化趋势,当 RF 电压为3.5 V 时,消光比达到最大值 24.3 dB,此时非相干声波场被最大程度抑制。同时,本小节中泵浦脉冲调制器件采用 EOM,由于器件本身特性导致最大消光比仍较低,因此可采用更高消光比调制器件对本系统进行优化尝试。

为了保证温度测量的准确性,时域门控 Chaotic-BOCDA 中重新进行了温度系数的测量与标定,如图 3-61 所示。通过调整 PODG,将单个相关峰定位在加热区,温度依次从 21℃ 变为 55℃,BGS 的中心频率从 10.616 GHz 移到 10.658 GHz。根据这些 BGS,可以绘制出 BFS 与温度关系曲线和估算出 BFS 不确定性,如图 3-61(b)所示。根据拟合曲线,温度系数为 1.22 MHz/℃,重构的本征 BFS 的最大标准偏差为 ±1.8 MHz,平均次数为 25 次。BFS 的测量不确定度略高于常规Chaotic-BOCDA 系统的测量不确定度,BFS 测量不确定度的微小增加可能与泵浦脉冲对混沌激光的调制有关。测量的不确定度是通过计算最大标准偏差来实现的。因此,BFS 的测量不确定度是由 BGS 宽度决定的,BGS 越宽,测量不确定度越高。如我们所知,实验测量的 BGS 是泵浦谱和实际的布里渊谱的卷积,在时域门控 Chaotic-BOCDA 系统中,混沌泵浦光的脉冲调制在一定程度上展宽其光谱,使得 BGS 的线宽由 45 MHz 增加到 49.6 MHz,最终导致了 BFS 测量不确定度的增加。

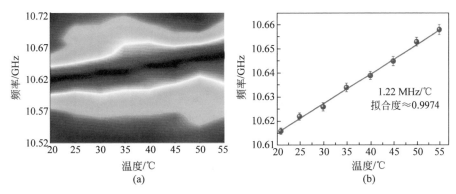

图 3-61　时域门控 Chaotic-BOCDA 系统 BGS 和温度的关系

(a) 待测光纤中随温度变化的混沌布里渊增益谱;(b) 待测光纤中随温度变化的混沌布里渊频移量

图 3-62 显示了沿被测光纤测量的布里渊增益谱的三维图及布里渊频移的分布情况,光纤加热部分和非加热部分的布里渊频移可以明显区分。在实验中,光纤恒温箱的温度设置为 55℃,室温恒定在 21℃。Chaotic-BOCDA 系统的空间分辨率可以用上升沿和下降沿 10%～90% 对应的光纤长度的平均值来度量,其中上升沿和下降沿所对应的光纤长度分别为 8.86 cm 和 9.24 cm,取平均可得该系统空间分辨率约为 9 cm。

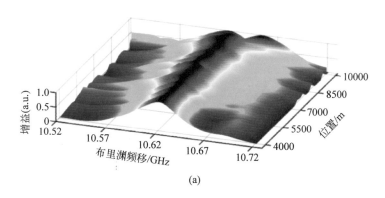

(a)

图 3-62　待测光纤沿线布里渊频移分布

(a) 沿被测光纤测得的布里渊增益谱;(b) 沿被测光纤测得的布里渊频移曲线

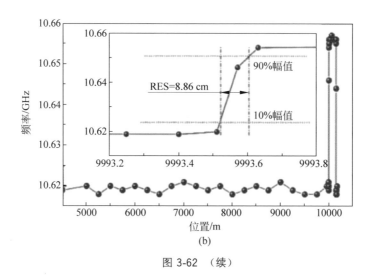

图 3-62　（续）

此外,实验进一步分析了时域门控 Chaotic-BOCDA 系统中泵浦脉冲损耗对实验结果的影响,如图 3-63 所示。本次实验选择较短的 1 km 光纤,一方面短光纤具有很好的均匀性,可以忽略 BFS 波动的影响,另一方面可以避免光纤衰减等引起信噪比降低的影响。实验中,泵浦脉冲持续时间为 120 ns,混沌探测光工作在双边带抑制载波模式下。这里,引入一个损耗因子 d 来描述损耗量[40]。图 3-63(a)表征低频边带下,损耗因子 d 与探测光功率的函数关系,此时将输入泵浦峰值功率固定为 6 W。图 3-63(b)表示在保持探测光功率恒定(3.6 mW)的情况下,损耗因子 d 与泵浦峰值功率的关系。实验结果可得,在两种情况下,泵浦功率的损耗均低于

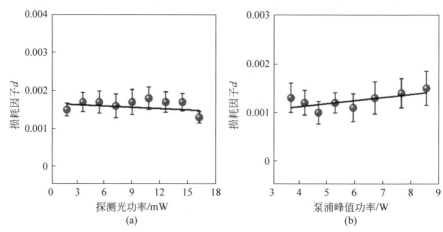

图 3-63　时域门控 Chaotic-BOCDA 系统中泵浦损耗的影响分析

(a) 固定泵浦光功率,损耗因子 d 与探测光功率的关系; (b) 固定探测光功率,损耗因子 d 与泵浦峰值功率的关系

0.2%,对测量的影响可以忽略不计。一个可能的原因是,在混沌泵浦和探测光之间的 SBS 相互作用过程中,泵浦脉冲仅对抑制峰外放大起重要作用,而不参与能量传递;另一个可能的原因是,使用双边带调制的对称探测光对损耗的耐受性更强。

3.4.3　毫米级空间分辨率 Chaotic-BOCDA 系统

如上所述,目前,基于受激布里渊散射的分布式光纤温度和应变传感技术已被广泛应用于各种大型土木建筑结构的健康监测[8-10],然而在应用过程中仍存在一些技术瓶颈,如传感系统空间分辨率难以突破毫米量级,导致无法满足精准定位和监测的需求。BOTDA 技术受限于脉冲作用原理,空间分辨率仅为亚米量级[29-45];BOCDA 系统可实现毫米级的空间分辨率,但周期性正弦信号、低功率谱密度 ASE 信号均导致传感距离仅数十米[63-71]。Chaotic-BOCDA 系统传感距离已拓展至10.2 km,但受限于混沌信号带宽,系统空间分辨率仍保持厘米量级[98-100]。

本节提出了一种毫米级高分辨率的宽带 Chaotic-BOCDA 系统,实验通过改变光反馈混沌的外部参数,在最佳偏振匹配状态且反馈强度为 0.12 时获得了−3 dB 带宽为 10 GHz 的宽带混沌激光源,其理论空间分辨率为 3 mm[103]。为了提升系统信噪比,我们首次在 Chaotic-BOCDA 系统中引入锁相探测技术,同时测量时间大幅减少,最终在 165 m 传感光纤上实现了 3.5 mm 空间分辨率的测量[102]。

1. 毫米级空间分辨率的理论实现

本实验中,单反馈环结构用于产生混沌激光。其动态特性满足 L-K 速率方程,理论表达见式(2-1)～式(2-5)。由上述公式可知,实验中可通过改变反馈光的偏振匹配态及反馈光强度得到不同混沌状态。本实验中,反馈强度定义为反馈光与 DFB 激光器自由输出时的功率比。通常情况下,选择合适的反馈强度,并使反馈光与 DFB 自由输出偏振态相匹配,即可产生稳定的混沌激光。

我们知道,混沌激光的时延特征、自相关非零基底和带宽均会直接影响Chaotic-BOCDA 系统的性能,前两项的分析与优化已经完成[99-100],本节将重点阐述混沌带宽对系统的影响。Chaotic-BOCDA 系统中,仅在混沌自相关中心峰内激发产生布里渊声波场,空间分辨率即取决于中心峰的半高全宽。此外,中心峰的宽度与混沌带宽成反比,带宽越宽,中心峰越窄。因此,Chaotic-BOCDA 系统混沌带宽越宽,理论空间分辨率也越高。基于 ASE 噪声源的 BOCDA 系统中[95],空间分辨率取决于光谱宽度的二次计算,由于光谱读取的不准确及公式误差导致该方法理论空间分辨率出现计算误差,混沌系统中不予采用。图 3-64 所示为不同状态下混沌激光的典型特征图。随着混沌带宽从 3 GHz 增加至 10 GHz,自相关曲线中心峰半高全宽逐渐减小,最终在 10 GHz 带宽混沌中得到 0.03 ns 的中心峰,此时系统理论空间分辨率可达 3 mm。

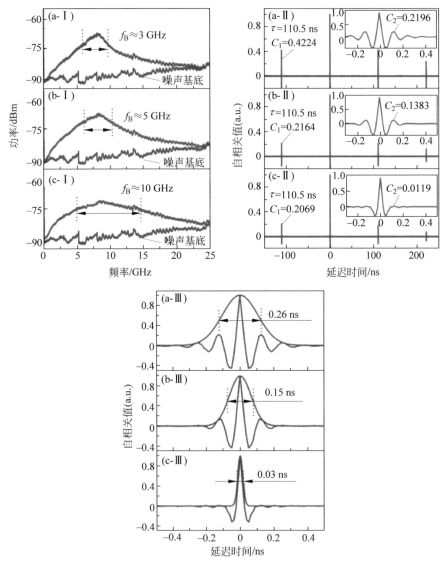

图 3-64　三种典型状态下混沌激光特性图

（Ⅰ）频谱；（Ⅱ）自相关曲线；（Ⅲ）自相关中心峰及其高斯拟合曲线

　　为了研究宽带混沌激光的产生路径,我们测量了不同偏振匹配态时混沌带宽与反馈强度的关系,如图 3-65 所示。当偏振匹配态一定时,随着反馈强度(FBS)的增加,混沌带宽呈先增后减的趋势。当设置在最佳工作区 0.10～0.15 时,时延特征得到最大程度抑制,混沌带宽达到最大值附近。与反馈强度不同,偏振匹配态无法定量计算,实验中利用最佳匹配态 A 和一般匹配态 B 分别表示。由图 3-65 可知,在匹配态 A 时混沌带宽明显更宽,且在最佳工作点附近带宽最大差值达 6 GHz。因此,实验中我们可选择反馈强度为 0.12,此时时延特征值约为 0.2069,同时满足偏振匹配态 A 时,混沌带宽达到最大值约 10 GHz。

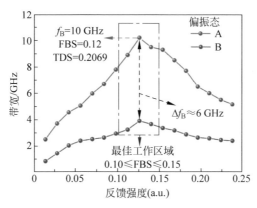

图 3-65　不同偏振匹配态时混沌带宽与反馈强度的关系

实际上,混沌自相关中心峰两侧的弛豫振荡严重限制了中心峰的半高全宽。如图 3-64(a-Ⅲ)所示,随着带宽增强,弛豫振荡对中心峰高斯拟合的限制逐渐减弱。对于窄带混沌激光,一阶甚至二阶弛豫振荡峰明显;随着带宽增加,一阶弛豫振荡峰由 0.2196 下降至 0.0119,二阶振荡峰完全消失;此时,高斯拟合可实现最佳参数拟合。图 3-66 显示了弛豫振荡峰强度与中心峰高斯拟合半高全宽的关系,随着弛豫振荡的减弱,半高全宽被逐渐压缩。特别地,当混沌带宽约 7.5 GHz 时,中心峰半高全宽约等于 0.1 ns,此时系统空间分辨率约为 1 cm;混沌带宽继续增大,则系统理论空间分辨率可达毫米量级。

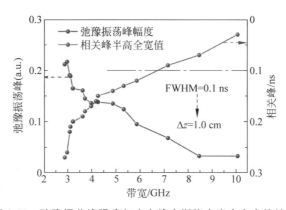

图 3-66　弛豫振荡峰强度与中心峰高斯拟合半高全宽的关系

2. 宽带混沌分布式传感系统

基于上述 10 GHz 的混沌激光,搭建了如图 3-67 所示的宽带 Chaotic-BOCDA 系统,其理论空间分辨率为 3 mm。随后宽带的混沌激光经 90:10 的光纤耦合器后分成两路,其中 90% 的一路为探测光路,经过光纤偏振控制器进入由微波信号源驱动的电光调制器进行双边带调制以及载波抑制,其中正弦信号的调制频率约等于布里渊频移。经调制后的宽带混沌激光依次经过可编程光延迟发生器、掺铒光纤放大器、扰偏器及光隔离器注入待测光纤的一端。其中,掺铒光纤放大器将探测光功率放大为 11 dBm。10% 一路为泵浦光路,经掺铒光纤放大器放大为 5 dBm 后经由任意波形发生器(AWG)产生的正弦波进行幅度调制。最后放大为 33 dBm 后进入待测光纤的另一端。两路光在待测光纤中发生受激布里渊放大后,经光环形器输出端进入可调带通滤波器(BPF),滤出的斯托克斯光功率由锁相放大器(LIA)进行采集,锁相放大器的参考频率信号由 AWG 提供,同时受参考路中微波信号源的控制进一步保证数据采集与扫频同步。

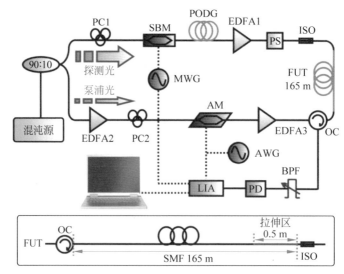

图 3-67　毫米级分辨率的宽带 Chaotic-BOCDA 系统实验装置图

为了实现毫米级超高分辨率,光纤中混沌自相关峰必须保证足够窄,但随着泵浦光和探测光在光纤中作用产生的相关峰变窄,光纤中激发产生较弱的受激布里渊增益信号。而且混沌信号非中心峰引起的受激布里渊散射放大会引入额外的噪声,噪声沿光纤传播过程中不断积累。因此,受激布里渊增益信号极易被噪声淹没,严重影响系统性能。Chaotic-BOCDA 系统信噪比分析如下[98]:

$$\mathrm{SNR} \approx \frac{1}{2} g_0 v_{\mathrm{g}} \left| A_{\mathrm{p0}} \right|^2 \sqrt{T/f_{\mathrm{B}}} \tag{3-16}$$

式中，$g_0=0.2(\mathrm{W\cdot m})^{-1}$ 是 SBS 增益系数，$f_B=10$ GHz 是混沌激光带宽，T 为信号探测响应时间。$|A_{p0}|^2$ 为混沌泵浦光平均功率，由于混沌激光受激布里渊散射阈值远大于连续光，实验中平均功率可达 2 W。此外，混沌激光的相关峰、时延特征等特性均不会受到高功率放大的影响。

在窄带 Chaotic-BOCDA 系统中，光功率计被用于采集滤出的斯托克斯光功率，同时规避光电探测器热噪声的影响。然而，在 10 GHz 带宽 Chaotic-BOCDA 系统中，光功率计响应时间为 0.3 μs，计算可得信噪比仅有 0.2 dB，布里渊增益信号几乎被噪声完全淹没。同时，为了提升系统信噪比，单个 BGS 的测量需至少平均 25 次，总时长约 25 min，这是一个相当耗时的过程。

为解决上述问题，本小节将锁相探测技术引入宽带 Chaotic-BOCDA 系统中。任意波形发生器为锁相探测提供 200 kHz 的参考频率与斩波频率。此外，与泵浦脉冲调制的时域门控 Chaotic-BOCDA 系统类似，混沌泵浦信号被正弦信号强度调制，混沌信号非峰值放大引起的噪声被有效抑制。信号采集中，光电探测器的响应时间与锁相探测的参考频率相同，计算可得锁相探测宽带 Chaotic-BOCDA 系统信噪比提高至 0.8 dB，约为光功率采集系统的 4 倍。

测量比较了不同数据采集方式下宽带混沌 BOCDA 系统的 BGS，结果如图 3-68 所示。光纤末端设置了 2000 με 的拉伸区，由于信噪比的显著差异，光功率计采集（图 3-68(a)）和锁相探测（图 3-68(b)）解调得到的增益谱不论背景噪声占比还是布里渊频移均明显不同。在锁相探测系统中，得益于高信噪比的锁相探测，BGS 的 SBR 值高达 6.33 dB，且布里渊频移约 102 MHz，与 100 MHz 的标准值一致。然而，在光功率计采集的系统中，95 MHz 的频移量明显与实际值差距较大。这一现象一部分来源于较差的信噪比，一部分则由于时域门控系统使得增益谱展宽，增加了频移量的不确定度。尽管单次 BGS 测量均已平均 25 次，SBR 值仍仅为 1.94 dB。

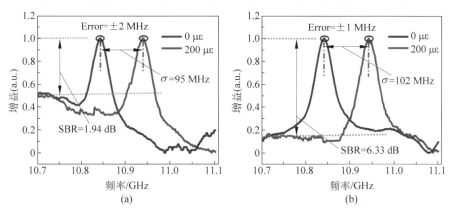

图 3-68　宽带 Chaotic-BOCDA 系统不同数据采集方式下 BGS 对比图

(a) 光功率计采集装置；(b) 锁相探测采集装置

此外,锁相探测 Chaotic-BOCDA 系统中,单个 BGS 是通过微波源在扫频范围 10.7~11.1 GHz 下、以 2 MHz 的步进扫频而测得。该系统不需要进行平均,以 1 kHz 采样率、10 μV 灵敏度进行采集,单次测量仅耗时 0.2 s,并且该时间仅与微波源扫描速度及锁相放大器的采样率有关。而且,每一个分辨率点的中心频率测量误差仅±1 MHz。在光功率计采集系统中,单次测量耗时总长约 2 min,且单个分辨率点中心频率测量误差约±2 MHz,锁相探测技术的应用极大地提升了 Chaotic-BOCDA 系统的实时性能。

如图 3-69 所示为不同数据采集方式下,宽带 Chaotic-BOCDA 系统光纤沿线 BFS 的分布情况。由于信噪比较差,光功率计采集系统几乎无法准确识别应变区,且 BFS 测量不确定度高达±3.5 MHz。与之相反,锁相探测系统中,应变拉伸区可被明确识别,且 BFS 测量不确定度仅±2 MHz,整体性能明显优于前者。需注意的是,光纤沿线 BFS 不确定度要略大于单个分辨率点峰值频率测量误差,这可能是因不完全抑制的噪声随光纤长度累积所致。

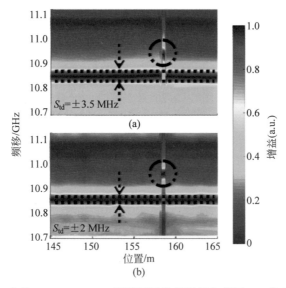

图 3-69　宽带 Chaotic-BOCDA 系统不同数据采集方式下 BFS 的分布情况

最后,测量了待测光纤沿线 BGS 随应变变化的三维分布图,如图 3-70(a)所示,应变区 BFS 明显改变。实验中,应变区应力大小为 2000 με,布里渊频移约为 102 MHz,图 3-70(b)所示即待测光纤沿线布里渊频移随应变变化的分布曲线,图中上升沿和下降沿对应的光纤长度分别为 3.4 mm 和 3.6 mm。取平均值得到此时系统的空间分辨率为 3.5 mm,与系统的理论空间分辨率相符。

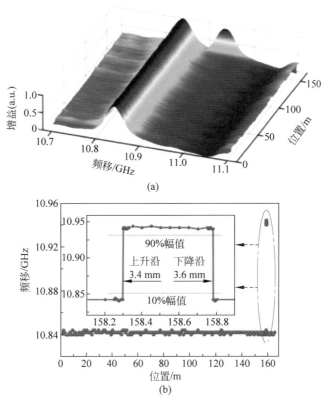

图 3-70　宽带 Chaotic-BOCDA 系统待测光纤沿线布里渊频移分布

（a）沿被测光纤测得的布里渊增益谱；（b）沿被测光纤测得的布里渊频移曲线

3. Chaotic-BOCDA 系统的优势

　　传统正弦直流调制 BOCDA 系统中，为了实现毫米级超高空间分辨率，使用了一种特殊的三电极 LD，采用了推挽式电流调制，频率调制幅度为 33 GHz，而在该系统中，强度调制器是补偿强度啁啾的关键。然而，由于 LD 的高调制频率，导致系统信噪比低，测量范围限制在 5 m 以内[68]。同样，在相位调制相干域系统中[71-73]，空间分辨率由随机码的比特持续时间给出，例如，对于 100 ps/bit 的中心峰其半高全宽约 1 cm，即 10 Gbit/s 相位调制速率。因此，进一步提高空间分辨率到亚毫米级，需要更高的调制速率以及高性能的微波源，但是面向 100 GHz 的微波源和电光调制器件是很少有的。比较而言，Chaotic-BOCDA 系统的主要优点是通过混沌带宽从理论上确定空间分辨率，在单光反馈回路中很容易获得 10 GHz 的宽带混沌。此外，双波长光注入实验已经验证了 30 GHz 的带宽增强型混沌激光的产生[101]，理论上可以达到亚毫米级的分辨率。具体实施时，还将采用高度非线性的光纤段来增强布里渊放大,以期在毫米级或更小的段上获得更高的 SBS 功率增益。

本节利用宽带 Chaotic-BOCDA 系统实现了毫米级空间分辨率和相对较长的测量范围。在该系统中,47000 个分辨点(测量范围/空间分辨率＝165 m/3.5 mm)的测量优于只涉及 3125 个传感点的普通直流调制 BOCDA 系统[68]。此外,单个分辨率点解调只需 0.2 s,比双调制系统提高了 100 倍[104]。我们认为,如果不考虑系统的复杂性,通过结合锁相检测技术和脉冲调制时域门控方案,将能实现超过 2500000(10 km/4 mm)个分辨率点的传感系统。

此外,目前 Chaotic-BOCDA 系统的主要缺点是通过可编程光延迟线扫描单个相关峰的位置实现分布式测量,这导致了系统的不便和耗时。最近,研究者们提出了一种同时询问多个相关峰的新方法以显著减少测量时间,测量 20000 个分辨率点约需 1 s[105]或测量 51000 个感测点约需 4400 s[106]。然而,该方法导致系统信噪比的恶化和应变测量精度的降低,因此,需要大量地平均来获得更高的性能。为了避免可编程光延迟线在使用上的局限性,可以利用混沌相关光时域反射技术[107]来实现光纤沿线定位,并进一步探索在时域内解调相关峰的方法,实现逐点实时测量的 Chaotic-BOCDA 系统。

参考文献

[1] KURASHIMA T, HORIGUCHI T, TATEDA M. Distributed-temperature sensing using stimulated Brillouin scattering in optical silica fibers [J]. Optics Letters, 1990, 15(18): 1038-1040.

[2] BAO X Y, CHEN L. Recent progress in Brillouin scattering based fiber sensors [J]. Sensors, 2011, 11: 4152-4187.

[3] BARRIAS A, CASAS J R, VILLALBA S. A review of distributed optical fiber sensors for civil engineering applications [J]. Sensors, 2016, 16(5), 748.

[4] MOTIL A, BERGMAN A, TUR M. State of the art of Brillouin fiber-optic distributed sensing [J]. Optical Laser Technology, 2018, 78: 81-103.

[5] FERNICOLA V, CROVINI L. Digital optical fiber point sensor for high-temperature measurement [J]. Journal of Lightwave Technology, 1995, 13(7): 1331-1334.

[6] 吴敏. 基于长距离准分布式 FBG 传感器的光纤围栏报警系统[D]. 重庆:重庆大学, 2007.

[7] UKIL A, BRAENDLE H, KRIPPNER P. Distributed temperature sensing: review of technology and applications [J]. IEEE Sensors Journal, 2015, 12(5): 885-892.

[8] IPPEN E P, STOLEN R H. Stimulated Brillouin scattering in optical fibers [J]. Applied Physics Letters, 1972, 21(11): 539-541.

[9] RICH T C, PINNOW D A. Evaluation of fiber optical waveguides using Brillouin spectroscopy [J]. Applied Optics, 1974, 13(6): 1376-1378.

[10] ROWELL N L，THOMAS P J，van DRIEL H M，et al. Brillouin spectrum of single-mode optical fibers [J]. Applied Physics Letters，1979，34(2)：139-141.

[11] LAGAKOS N，BUCARO J A，HUGHES R. Acoustic sensitivity predictions of single-mode optical fibers using Brillouin scattering [J]. Applied Optics，1980，19 (21)：3668-3670.

[12] CULVERHOUSE D，FARAHI F，PANNELL C N，et al. Potential of stimulated Brillouin scattering as sensing mechanism for distributed temperature sensors [J]. Electronics Letters，1989，25(14)：913-915.

[13] HORIGUCHI T，KURASHIMA T，TATEDA M. Tensile strain dependence of Brillouin frequency shift in silica optical fibers [J]. IEEE Photonics Technology Letters，1989，1(5)：107-108.

[14] KURASHIMA T，HORIGUCHI T，IZUMITA H，et al. Brillouin optical-fiber time domain reflectometry [J]. IEICE Transactions on Communications，1993，76 (4)：382-390.

[15] de SOUZA K P，LEES G P，WAIT P C，et al. Diode-pumped Landau-Placzek based distributed temperature sensor utilising an all-fibre Mach-Zehnder interferometer [J]. Electronics Letters，1996，32(23)：2174-2175.

[16] KEE H H，LEES G P，NEWSON T P. All-fiber system for simultaneous interrogation of distributed strain and temperature sensing by spontaneous Brillouin scattering [J]. Optics Letters，2000，25(10)：695-697.

[17] WAIT P C，HARTOG A H. Spontaneous Brillouin-based distributed temperature sensor utilizing a fiber Bragg grating notch filter for the separation of the Brillouin signal [J]. IEEE Photonics Technology Letters，2001，13(5)：508-510.

[18] ALAHBABI M N，LAWRENCE N P，CHO Y T，et al. High spatial resolution microwave detection system for Brillouin-based distributed temperature and strain sensors [J]. Measurement Science and Technology，2004，15(8)：1539-1543.

[19] IIDA D，ITO F. Low-bandwidth cost-effective Brillouin frequency sensing using reference Brillouin-scattered beam [J]. IEEE Photonics Technology Letters，2008，20 (22)：1845-1847.

[20] SHIMIZU K，HORIGUCHI T，KOYAMADA Y，et al. Coherent self-heterodyne Brillouin OTDR for measurement of Brillouin frequency shift distribution in optical fibers [J]. Journal of Lightwave Technology，1994，12(5)：730-736.

[21] 宋牟平. 微波电光调制的布里渊散射分布式光纤传感技术[J]. 光学学报，2004，24(8)：1111-1114.

[22] ALAHBABI M N，CHO Y T，NEWSON T P. 100 km distributed temperature sensor based on coherent detection of spontaneous Brillouin backscatter [J]. Measurement Science and Technology，2004，15(8)：1544-1547.

[23] ALAHBABI M N，CHO Y T，NEWSON T P. 150-km-range distributed temperature

sensor based on coherent detection of spontaneous Brillouin backscatter and inline Raman amplification [J]. Journal of the Optical Society of America B, 2005, 22(6): 1321-1324.

[24] KOYAMADA Y, SAKAIRI Y, TAKEUCHI N, et al. Novel technique to improve spatial resolution in Brillouin optical time-domain reflectometry [J]. IEEE Photonics Technology Letters, 2007, 19(23): 1910-1912.

[25] WANG F, ZHAN W, ZHANG X. Improvement of spatial resolution for BOTDR by iterative subdivision method [J]. Journal of Lightwave Technology, 2013, 31 (23): 3663-3667.

[26] HORIGUCHI T, TATEDA M. BOTDA-nondestructive measurement of single-mode optical fiber attenuation characteristics using Brillouin interaction: theory [J]. Journal of Lightwave Technology, 1989, 7(8): 1170-1176.

[27] BAO X, WEBB D J, JACKSON D A. 32-km distributed temperature sensor based on Brillouin loss in an optical fiber [J]. Optics Letters, 1993, 18(18): 1561-1563.

[28] GEINITZ E, JETSCHKE S, OPKE U R, et al. The influence of pulse amplification ondistributed fibre-optic Brillouin sensing and a method to compensate for systematic errors [J]. Measurement Science and Technology, 1999, 10(2): 112-116.

[29] LI W, BAO X, LI Y, et al. Differential pulse-width pair BOTDA for high spatial resolution sensing [J]. Optics Express, 2008, 16(26): 21616-21625.

[30] LIANG H, LI W, LINZE N, et al. High-resolution DPP-BOTDA over 50 km LEAF using return-to-zero coded pulses [J]. Optics Letters, 2010, 35(10): 1503-1505.

[31] DONG Y, CHEN L, BAO X. Time-division multiplexing-based BOTDA over 100km sensing length [J]. Optics Letters, 2011, 36(2): 277-279.

[32] DONG Y, BAO X, CHEN L. High-performance Brillouin strain and temperature sensor based on frequency-division multiplexing using nonuniform fibers over 75-km fiber [C]. 21st International Conference on Optical Fiber Sensors, 2011.

[33] DONG Y, CHEN L, BAO X. Extending the sensing range of Brillouin optical time-domain analysis combining frequency-division multiplexing and in-line EDFAs [J]. Journal of Lightwave Technology, 2012, 30(8): 1161-1167.

[34] NIKLÈS M, THÉVENAZ L, ROBERT P A. Simple distributed fiber sensor based on Brillouin gain spectrum analysis [J]. Optics Letters, 1996, 21(10): 758-760.

[35] NIKLÈS M, THÉVENAZ L, ROBERT P A. Brillouin gain spectrum characterization in single-mode optical fibers [J]. Journal of Lightwave Technology, 1997, 15 (10): 1842-1851.

[36] FOALENG S M, TUR M, BEUGNOT J C, et al. High spatial and spectral resolution longrange sensing using Brillouin echoes [J]. Journal of Lightwave Technology, 2010, 28(20): 2993-3003.

[37] SOTO M A, BOLOGNINI G, DI PASQUALE F, et al. Simplex-coded BOTDA fiber sensor with 1 m spatial resolution over a 50 km range [J]. Optics Letters, 2010, 35(2):

259-261.

[38] SOTO M A, BOLOGNINI G, PASQUALE F D, et al. Long-range Brillouin optical time domain analysis sensor employing pulse coding techniques [J]. Measurement Science and Technology, 2010, 21(9), 094024.

[39] ANGULO-VINUESA X, MARTIN-LOPEZ S, NUNO J, et al. Raman-assisted Brillouin distributed temperature sensor over 100 km featuring 2 m resolution and 1.2℃ uncertainty [J]. Journal of Lightwave Technology, 2012, 30(8): 1060-1065.

[40] THÉVENAZ L, MAFANG S F, LIN J. Effect of pulse depletion in a Brillouin optical time-domain analysis system [J]. Optics Express, 2013, 21(12): 14017-14035.

[41] SOTO M A, LE FLOCH S, THÉVENAZ L. Bipolar optical pulse coding for performance enhancement in BOTDA sensors [J]. Optics Express, 2013, 21(14): 16390-16397.

[42] RAO Y J, JIA X H, WANG Z N, et al. 154.4 km BOTDA based on hybrid distributed Raman amplifications [C]. 23rd International Conference on Optical Fibre Sensors, 2014.

[43] 张超, 饶云江, 贾新鸿, 等. 基于双向拉曼放大的布里渊时域分析系统[J]. 物理学报, 2010, 59(8): 5523-5527.

[44] QIAN X, WANG Z, SUN W, et al. Long-rang BOTDA denoising with multi-threshold 2D discrete wavelet [C]. Asia-Pacific Optical Conference. Optical Society of America, 2016.

[45] QIAN X, WANG Z, WANG S, et al. 157 km BOTDA with pulse coding and image processing [C]. Six European Workshop on Optical Fiber Sensors. International Society for Optics and Photonics, 2016.

[46] KISHIDA K, LI C H. Pulse pre-pump-BOTDA technology for new generation of distributed strain measuring system [C]. 2nd International Conference on Structural Health Monitoring of Intelligent Infrastructure, 2006.

[47] BROWN A W, COLPITTS B G, BROWN K. Dark-pulse Brillouin optical time-domain sensor with 20-mm spatial resolution [J]. Journal of Lightwave Technology, 2007, 25(1): 381-386.

[48] GARUS D, GOGOLLA T, KREBBER K, et al. Distributed sensing technique based on Brillouin optical-fiber frequency-domain analysis [J]. Optics Letters, 1996, 21(17): 1402-1404.

[49] GARUS D, GOGOLLA T, KREBBER K, et al. Brillouin optical-fiber frequency-domain analysis for distributed temperature and strain measurements [J]. Journal of Lightwave Technology, 1997, 15(4): 654-662.

[50] BERNINI R, CROCCO L, MINARDO A, et al. Frequency-domain approach to distributed fiber-optic Brillouin sensing [J]. Optics Letters, 2002, 27(5): 288-290.

[51] BERNINI R, MINARDO A, ZENI L. Stimulated Brillouin scattering frequency domain analysis in a single-mode optical fiber for distributed sensing [J]. Optics Letters, 2004, 29(17): 1977-1979.

[52] BERNINI R, MINARDO A, ZENI L. Self-demodulated heterodyne frequency domain

distributed Brillouin fiber sensor [J]. IEEE Photonics Technology Letters, 2007, 19(6): 447-449.

[53] MINARDO A, BERNINI R, URBANCZYK W, et al. Stimulated Brillouin scattering in highly birefringent microstructure fiber: experimental analysis [J]. Optics Letters, 2008, 33(20): 2329-2331.

[54] MINARDO A, BERNINI R, ZENI L. Brillouin optical frequency-domain single ended distributed fiber sensor [J]. IEEE Sensors Journal, 2009, 9(3): 221-222.

[55] BERNINI R, MINARDO A, ZENI L. Distributed sensing at centimeter-scale spatial resolution by BOFDA: measurements and signal processing [J]. IEEE Photonics Journal, 2012, 4(1): 48-56.

[56] MINARDO A, BERNINI R, ZENI L. Distributed temperature sensing in polymer optical fiber by BOFDA [J]. IEEE Photonics Technology Letters, 2014, 26(4): 387-390.

[57] MIZUNO Y, ZOU W, HE Z, et al. Proposal of Brillouin optical correlation-domain reflectometry (BOCDR) [J]. Optics Express, 2008, 16(16): 12148-12153.

[58] HOTATE K, HE Z. Synthesis of optical-coherence function and its applications in distributed and multiplexed optical sensing [J]. Journal of Lightwave Technology, 2006, 24(7): 2541-2556.

[59] MIZUNO Y, HE Z, HOTATE K. Measurement range enlargement in Brillouin optical correlation-domain reflectometry based on temporal gating scheme [J]. Optics Express, 2009, 17(11): 9040-9046.

[60] MIZUNO Y, HE Z, HOTATE K. Measurement range enlargement in Brillouin optical correlation-domain reflectometry based on double-modulation scheme [J]. Optics Express, 2010, 18(6): 5926-5933.

[61] MIZUNO Y, HAYASHI N, FUKUDA H, et al. Ultrahigh-speed distributed Brillouin reflectometry [J]. Light: Science & Applications, 2016, 5(12), e16184.

[62] LEE H, NODA K, MIZUNO Y. et al. Distributed temperature sensing based on slope-assisted Brillouin optical correlation-domain reflectometry with over 10 km measurement range [J]. Eletronics Letters, 2019, 55(5): 276-278.

[63] HOTATE K, HASEGAWA T. Measurement of Brillouin gain spectrum distribution along an optical fiber using a correlation-based technique: proposal, experiment and simulation [J]. IEICE Transactions on Electronics, 2000, 83(3): 405-412.

[64] HOTATE K. Fiber distributed Brillouin sensing with optical correlation domain techniques [J]. Optical Fiber Technology, 2013, 19(6): 700-719.

[65] HOTATE K, ARAI H, SONG K Y. Range-enlargement of simplified Brillouin optical correlation domain analysis based on a temporal gating scheme [J]. SICE Journal of Control, Measurement and System Integration, 2008, 1(4): 271-274.

[66] SONG K Y, HOTATE K. Enlargement of measurement range in a Brillouin optical correlation domain analysis system using double lock-in amplifiers and a single sideband

modulator [J]. IEEE Photonics Technology Letters，2006，18(3)：499-451.

[67] SONG K Y，HE Z，HOTATE K. Effects of intensity modulation of light source on Brillouin optical correlation domain analysis [J]. Journal of Lightwave Technology，2007，25(5)：1238-1246.

[68] SONG K Y，HE Z，HOTATE K. Distributed strain measurement with millimeter-order spatial resolution based on Brillouin optical correlation domain analysis [J]. Optics Letters，2006，31(17)：2526-2528.

[69] SONG K Y，HOTATE K. Distributed fiber strain sensor with 1-kHz sampling rate based on Brillouin optical correlation domain analysis [J]. IEEE Photonics Technology Letters，2007，19(23)：1928-1930.

[70] COHEN R，LONDON Y，ANTMAN Y，et al. Brillouin optical correlation domain analysis with 4 millimeter resolution based on amplified spontaneous emission [J]. Optics Express，2014，22(10)：12070-12078.

[71] ZADOK A，ANTMAN Y，PRIMEROV N，et al. Random-access distributed fiber sensing [J]. Laser & Photonics Reviews，2012，6(5)：L1-L5.

[72] DENISOV A，SOTO M A，THÉVENAZ L. Going beyond 1000000 resolved points in a Brillouin distributed fiber sensor：theoretical analysis and experimental demonstration [J]. Light Science & Application，2016，5，e16074.

[73] LONDON Y，ANTMAN Y，PRETER E，et al. Brillouin optical correlation domain analysis addressing 440000 resolution points [J]. Journal of Lightwave Technology，2016，34(19)：4421-4429.

[74] LÓPEZ-GIL A，MARTIN-LOPEZ S，GONZALEZ-HERRAEZ M. Phase measuring time-gated BOCDA [J]. Optics Letters，2017，42(19)：3924-3927.

[75] ELOOZ D，ANTMAN Y，LEVANON N，et al. High-resolution long-reach distributed Brillouin sensing based on combined time-domain and correlation-domain analysis [J]. Optics Express，2014，22(6)：6453-6463.

[76] BOYD R W. Nonlinear optics [M]. 3rd ed. New York：Academic Press，2007.

[77] AGRAWAL G P. Nonlinear fiber optics [M]. 4th ed. New York：Academic Press，2007.

[78] 张旭苹. 全分布式光纤传感技术 [M]. 北京：科学出版社，2013.

[79] 涂晓波. 光纤布里渊矢量分布式传感技术研究[D]. 长沙：国防科技大学，2015.

[80] 孙乔. 基于时域脉冲编码的长距离高空间分辨率光纤布里渊分布式传感技术研究[D]. 长沙：国防科技大学，2016.

[81] HASI W，LYU Z W，TENG Y P，et al. Study on stimulated Brillouin scattering pulse waveform [J]. Acta Physica Sinica，2007，56(2)：878-882.

[82] WILLIAMS K J，ESMAN R D. Brillouin scattering：beyond threshold [C]. Optical Fiber Communications. IEEE，1996：227-228.

[83] 王如刚. 光纤中布里渊散射的机理及其应用研究[D]. 南京：南京大学，2012.

[84] 沈一春，宋牟平，章献民，等. 单模光纤中受激布里渊散射阈值研究[J]. 中国激光，

2005，32(4)：497-500.

[85] 张聪，余文峰，李正林，等. 光纤受激布里渊散射的散射特性数值研究[J]. 光学学报，2015，35(3)：248-254.

[86] PARKER T，FARHADIROUSHAN M，HANDEREK V，et al. The simultaneous measurement of strain and temperature distributions from Brillouin backscatter [C]. Optical Techniques for Smart Structures and Structural Monitoring，1997，1：1-6.

[87] HORIGUCHI T，SHIMIZU K，KURASHIMA T，et al. Development of a distributed sensing technique using Brillouin scattering [J]. Journal of Lightwave Technology，1995，13(7)：1296-1302.

[88] ZHOU D P，LI W H，CHEN L，et al. Distributed temperature and strain discrimination with stimulated Brillouin scattering and Rayleigh backscatter in an optical fiber [J]. Sensors，2013，13(2)：1836-1845.

[89] LIU D M，SUN Q Z. Distributed optical fiber sensing technology and its applications [J]. Laser&Optoelectronics Progress，2009，46(11)：29-33.

[90] WILLIAMS D，BAO X Y，CHEN L. Investigation of combined Brillouin gain and loss in a birefringent fiber with applications in sensing [J]. Chinese Optics Letters，2014，12(12)：1231011-1231017.

[91] KURASHIMA T，HORIGUCHI T，IZUMITA H，et al. Brillouin optical fiber time domain reflectometry [J]. IEICE Transactions on Communications，1993，E76-B(4)：382-390.

[92] SONG M P，LI Z C，QIU C. A 50 km distributed optical fiber sensor based on Brillouin optical time domain analyzer [J]. Chinese Journal of Lasers，2010，7(6)：1426-1429.

[93] HORAK P，LOH W H. On the delayed self-heterodyne interferometric technique for determining the linewidth of fiber lasers [J]. Optics Express，2006，14(9)：3923-3928.

[94] MA Z，ZHANG M J，LIU Y，et al. Incoherent Brillouin optical time-domain reflectometry with random state correlated Brillouin spectrum [J]. IEEE Photonics，2015，7(4)，6100407.

[95] AGRAWAL，GOVIND P. 非线性光纤光学原理及应用[M]. 2 版. 贾东方，余震虹，谈斌，等译. 北京：电子工业出版社，2010：245-265.

[96] SEKINE K，HASEGAWA C，KIKUCHI N，et al. A novel bias control technique for MZ modulator with monitoring power of backward light for advanced modulation formats [C]. Optical Fiber Communication and the National Fiber Optic Engineers Conference，2007.

[97] TANG Y F，LI H Z，ZHAN W D，et al. Research of auto control about bias voltage of high speed and power electro-optic modulator [C]. International Conference on Electronics and Optoelectronics，2011.

[98] ZHANG J Z，ZHANG M T，ZHANG M J，et al. Chaotic Brillouin optical correlation domain analysis [J]. Optics Letters，2018，43(8)：1722-1725.

[99] ZHANG J Z，FENG C K，ZHANG M J，et al. Brillouin optical correlation domain analysis

based on chaotic laser with suppressed time delay signature [J]. Optics Express，2018，26 (6)：6962-6972.

[100] ZHANG J Z，WANG Y H，ZHANG M J，et al. Time-gated chaotic Brillouin optical correlation domain analysis [J]. Optics Express，2018，26(13)：17597-17607.

[101] ZHANG M J，LIU T G，LI P，et al. Generation of broadband chaotic laser using dual-wavelength optically injected Fabry-Pérot laser diode with optical feedback [J]. IEEE Photonics Technology Letters，2011，23(24)：1872-1874.

[102] WANG Y H，ZHANG M J，ZHANG J Z，et al. Millimeter-level-spatial-resolution Brillouin optical correlation-domain analysis based on broadband chaotic laser [J]. Journal of Lightwave Technology，2019，37(15)：3706-3712.

[103] ZHANG Q，WANG Y H，ZHANG M J，et al. Distributed temperature measurement with millimeter-level high spatial resolution based on chaotic laser [J]. Acta Physica Sinica，2019，68(10)，104208.

[104] KIM Y H，LEE K，SONG K Y. Brillouin optical correlation domainanalysis with more than 1 million effective sensing points based on differentialmeasurement [J]. Optics Express，2015，23(26)：33241-33248.

[105] ELOOZ D，ANTMAN Y，LEVANON N，et al. High-resolution long-reach distributed Brillouin sensing based on combined time-domain and correlation-domain analysis [J]. Optics Express，2014，22(6)：6453-6463.

[106] RYU G，KIM G，SONG K Y，et al. Brillouin optical correlation domain analysis enhanced by time-domain data processing forconcurrent interrogation of multiple sensing points [J]. Journal of Lightwave Technology，2017，35(24)：5311-5316.

[107] DONG X Y，WANG A B，ZHANG J Z，et al. Combined attenuation and high-resolution fault measurementsusing chaos-OTDR [J]. IEEE Photonics Journal，2015，7 (6)，6804006.

第 **4** 章

基于无序信号的布里渊分布式光纤传感

在基于布里渊散射的分布式光纤传感器中,布里渊光相干域系统由于能提供高的空间分辨率和相对较长的测量范围而备受国内外研究者青睐。传统的周期性正弦调制布里渊光相干域系统空间分辨率和测量范围可以通过改变激光源的调制幅度和调制频率来调节,通过检测光纤特定位置处的相关峰实现随机存取的传感测量。然而,由于会产生多个周期性相关峰值,系统的精确测量范围被限制在相邻的两个相关峰内。

为扩展测量范围,作者团队提出了基于无序信号的布里渊分布式光纤传感技术。2012 年,扎多克(Zadok)等采用高速伪随机比特序列对信号进行相位编码,将传感距离扩展到几千米[1]。另外他们还提出结合时域和相干域分析,通过相干域布里渊分析提供高空间分辨率和长范围测量,通过同时询问多个相关峰来减少采集时间,同时使用格雷码对光源进行相位调制以减少由残余的非峰值布里渊相互作用引起的噪声,改善信噪比,提高传感距离[2]。此外,为进一步提高系统空间分辨率,布里渊泵浦光和探测光经过光纤放大器的宽带自发辐射放大噪声调制,最终在 5 cm 长的石英单模光纤获得了 4 mm 的空间分辨率[3]。

4.1 基于噪声调制的布里渊光相干域反射技术

布里渊光相干域反射技术是基于连续光信号的整合技术,利用经周期性频率调制后的连续泵浦光与参考光相互作用产生相关峰来实现传感[4]。

在经典的正弦调制 BOCDR 的分布式光纤传感技术中,提高系统的传感距离必须增大光源的调制频率,然而调制频率的增大会导致系统空间分辨率的降低,因此,该系统存在无法同时兼顾传感距离和空间分辨率的问题。同时,要获得高空间分辨率则需增大光源的调制深度,调制深度过大时瑞利散射频谱会与布里渊散射谱重叠,引入大量的噪声使得系统的信噪比降低,甚至导致布里渊频移量无法被观测到,因此,受限于光纤中的布里渊频移该系统的空间分辨率不可能无限制地提高。

4.1.1　传感机理

基于噪声调制的布里渊光相干域反射技术采用噪声信号代替周期性正弦信号对激光光源进行频率调制。由于噪声信号的无周期性,在待测光纤中不会产生周期性的相关峰,从而可以克服传统 BOCDR 传感距离受限于调制信号周期性的问题,同时兼顾传感距离和空间分辨率[5]。此方法在待测光纤中只会产生一个相关峰,该相关峰对应的泵浦光与参考光的光程差为零,等效于传统正弦调制的 BOCDR 系统中的第零个相关峰。在参考光路中加入可变光延迟线(PODG),通过调节光延迟线改变参考光一路的光程,使此单一相关峰在待测光纤中扫描定位,从而实现分布式测量。

基于噪声调制的 BOCDR 系统中的泵浦光与参考光的光程示意图如图 4-1 所示。泵浦光的光程为 $L_1 = 2z + l_1 + l_2 + l_3$,参考光的光程为 $L_2 = l_4 + l_5 + l_6$,其中 l_1 和 l_2 分别为泵浦光在经过光环形器前、后所经历的光程,l_3 为光环形器到待测光纤初始位置的光程,z 为待测光纤初始位置到待测点的位置,l_4 和 l_6 分别为参考光在经过可变光延迟线前、后所经过的光程,l_5 为可变光延迟线上调节的光程。要使泵浦光与参考光在第二个光纤耦合器中实现相干拍频,则两者的光程 L_1 和 L_2 应相等,当 L_2 中的 l_5 发生变化时,要保证 $L_1 = L_2$,L_1 中只有 z 可以改变,即相关峰的位置发生改变,通过对可变光延迟线的连续调节即可实现相关峰在待测光纤中的连续扫描。

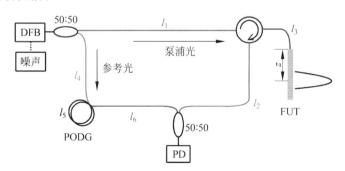

图 4-1　基于噪声调制的 BOCDR 系统中的泵浦光与参考光的光程示意图

采用噪声信号对光源进行调制时,由于噪声信号的无周期特性,在待测光纤中不会产生周期性的相关峰,因此,传感距离不会受到周期性相关峰的限制,在理论上,该系统的传感距离可以达到任意长度。相比于传统的基于周期性正弦调制的BOCDR技术,传感测量范围明显扩大。

基于噪声调制的分布式光纤传感技术是通过泵浦光在待测光纤中发生布里渊散射效应产生的斯托克斯光与参考光进行相干拍频来实现布里渊频移量的测量。因此,系统的空间分辨率完全取决于斯托克斯光与参考光的相干长度,即经噪声信号调制之后的光源的相干长度,亦即反比于经噪声调制之后的光源的线宽。经噪声调制之后的激光的光谱包络多为类高斯函数形式,故空间分辨率 Δz 的表达式为

$$\Delta z = L_c = \frac{c}{2n\Delta\nu} \tag{4-1}$$

式中,L_c 为光源的相干长度,n 为光纤的折射率,c 为真空中的光速,$\Delta\nu$ 为经噪声调制之后的光源线宽。通过改变光源的线宽,即可实现光源相干长度的可调谐,从而实现传感系统的高空间分辨率测量。

经过分析可知,光源的调制深度和所使用的噪声源的带宽都会影响光源的线宽,光源的调制深度越大,带宽越宽,引起的激光光源线宽的展宽越大,即相干长度越小。但由于实验条件的限制,无法获得不同带宽的具有良好无周期特性的噪声信号,后续实验中仅研究同一噪声带宽下不同调制深度对光源线宽的影响,采用的噪声源带宽均为 20 MHz。

4.1.2 参数选择及特性分析

激光光源的调制深度会影响所产生的探测光光源的线宽,而光纤中布里渊散射阈值又与光源的线宽紧密关联[6]。通过实验研究了光源的调制强度从 -10 dBm 变化到 -3 dBm 时,布里渊散射阈值的变化情况,如图 4-2 所示。由图 4-2(a)可知,光源的调制强度越大,布里渊散射阈值越高。图 4-2(b)为同一调制深度下,改变入射功率,布里渊散射光谱的变化,随着入射功率的增大,后向斯托克斯光强度增加;超过布里渊散射阈值后,斯托克斯光强度急剧增加。

基于噪声调制的 BOCDR 传感系统,其空间分辨率等于光源的相干长度,即反比于光源的线宽,因此,要获得系统的理论空间分辨率,需要对调制之后的光源线宽进行测量。激光源经噪声调制之后,光源的线宽展宽,由于光谱仪的精度限制,无法直接通过光谱仪测量展宽后的光源线宽,实验中,通过延迟自外差法测量经调制后的光源线宽。图 4-3 为延迟自外差法测量光源线宽的实验装置图。

经噪声信号调制之后的激光信号被第一个 50∶50 的光纤耦合器分为上下两路,一路光经过 PC1 后由 EOM 调制产生载波抑制的单边带光信号,另一路光信号经过 PC2 再经过 PODG(光延迟范围约 0~20 km)进行延迟,两路信号在另一个 50∶50 的光纤耦合器中进行外差拍频,拍频光信号经 PD 转化为电信号由 ESA 进

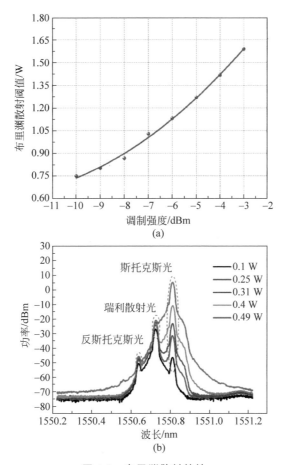

(a)

(b)

图 4-2　布里渊散射特性

（a）布里渊散射阈值随光源调制强度的变化；（b）不同入射功率下的散射光光谱

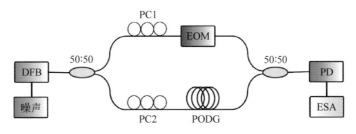

图 4-3　延迟自外差法测量光源线宽的实验装置图

行接收分析，光源线宽为拍频谱信号带宽的一半。图 4-4 为光源的调制强度从 −13 dBm 变化到 −2 dBm 时的自外差拍频信号，随着光源调制强度的增加，拍频谱展宽,即光源线宽增大。表 4-1 所示为不同调制强度之下的光源线宽变化。

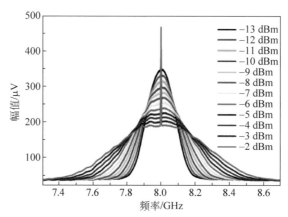

图 4-4 不同调制强度下的自外差拍频信号

表 4-1 不同调制强度下的光源线宽变化

光源的调制强度/dBm	拍频谱的半高全宽/MHz	调制后的光源线宽/MHz
−13	166.681	83.341
−12	187.312	93.656
−11	212.008	106.004
−10	240.132	120.066
−9	271.483	135.742
−8	308.509	154.255
−7	353.793	176.897
−6	408.509	204.255
−5	472.379	236.190
−4	549.474	274.737
−3	645.326	322.663
−2	766.316	383.158

　　4.1.2 节分析了不同的调制强度对光源的影响,并列出了不同调制强度对应的光源线宽数值,根据式(4-1)可以计算出不同调制强度之下的光源的相干长度。同时,调制强度的增加会影响布里渊增益谱的谱宽,进而影响布里渊频移量的测量精度。

　　图 4-5(a)为不同调制强度下光源线宽与相干长度的变化曲线;图 4-5(b)为不同调制强度下布里渊增益谱的变化,从图中可以看出,随着调制强度的增加,布里渊增益谱加宽,中心峰值两边出现旁瓣,如果调制强度继续增加,则布里渊

增益谱的中心峰值(即布里渊频移量)将无法分辨,造成温度与应变的测量误差。因此,在实验中,需要选择合适的光源调制强度,以保证系统的高分辨率和高精度测量。

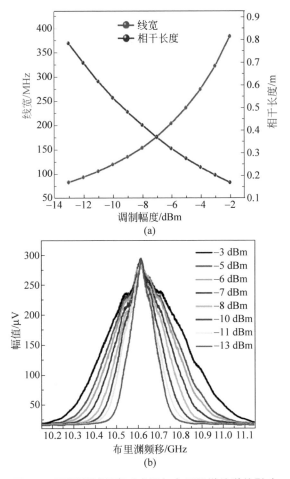

图 4-5　不同调制强度对光源与布里渊增益谱的影响

(a)不同调制强度下光源线宽与相干长度的变化;(b)不同调制强度下布里渊增益谱的变化

4.1.3　分布式温度测量

基于噪声调制的布里渊光相干域反射技术的系统结构如图 4-6 所示。采用中心波长为 1550 nm 的分布式反馈半导体激光器作为激光光源,20 MHz 的任意波形发生器作为噪声信号源。噪声信号源与 DFB 激光器通过阻抗为 50 Ω 的同轴电缆连接。被调制之后的激光信号经过一个 50∶50 的光纤耦合器后分为两路,一路作为泵浦光,另一路作为参考光。泵浦光经过 PC1 后被一个高功率的 EDFA1 放大,放大之后的泵浦光经过光环形器进入待测光纤,为了抑制光纤末端的菲涅耳反射,将待测光纤末端浸入折射率匹配液。泵浦光在待测光纤中发生布里渊散射效应,产生的后向斯托克斯光经光环形器输出。微弱的斯托克斯光经过 EDFA3 放大后由可调谐滤波器滤除其中混杂的瑞利散射光及放大器的自发辐射噪声,之后输入到另一个 50∶50 的光纤耦合器中。另一路的参考光经过 PC2 后,由一个高精度、长距离调谐的 PODG 调节其光程,之后,为了使参考光能与滤波后的斯托克斯光产生强的相干拍频信号,需要使用 EDFA2 放大参考光,经放大后的参考光同样输入到 50∶50 的光纤耦合器中。参考光与斯托克斯光在 50∶50 的光纤耦合器中发生相干拍频,产生的拍频信号由 PD 转化为电信号,带宽 0~26.5 GHz 的快速频谱仪接收此信号,并进行平均处理来抑制噪声,进而得到布里渊增益谱,测量布里渊增益谱的中心峰值,即得到布里渊频移量。调节参考一路的可变光延迟线,使相关峰在待测光纤中进行扫描,可获得不同位置处的布里渊增益谱及相应的布里渊频移,进而实现光纤温度的分布式测量。

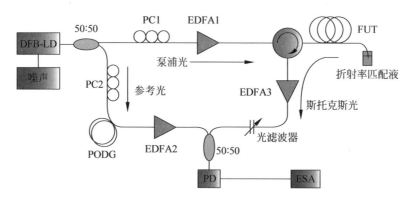

图 4-6　基于噪声调制的 BOCDR 的传感系统实验装置图

　　实验中所使用的 DFB 激光器具有光谱线宽窄、波长稳定、可调谐的特点,可以很好地满足此传感系统的要求。使用带宽为 20 MHz 的任意波形发生器可以产生无周期的噪声信号,保证在传感测量中,待测光纤中只有一个相关峰,实现布里渊频移的精确测量。使用中心波长和带宽均可调的可调谐滤波器(最小带宽为 4 GHz),可有效抑制斯托克斯光中混杂的瑞利散射光。参考光用于调节光程的可变光延迟线由一个延迟范围为 0~20 km、精度为 5 m 的可编程光延迟发生仪和一个延迟范围为 0~16 cm、精度为 0.03 mm 的微型电动可调光延迟线串联使用,以便实现长距离、高空间分辨率测量。

传感光纤结构如图 4-7 所示,采用普通的单模光纤作为传感光纤,待测光纤长度为 253.1 m,中间的 9 m 光纤放置于恒温箱中,其余部分被放置在实验台上,实验室的温度约为 23.6℃。

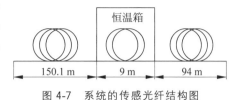

图 4-7　系统的传感光纤结构图

图 4-8 为 20 MHz 的任意波形发生器出射的噪声信号的时序、自相关曲线以及频谱。从频谱中可以看出噪声信号的带宽为 20 MHz,由时序和自相关曲线可知,该噪声信号具有很好的无周期特性。实验中采用的噪声信号强度为 −10 dBm,即光源的调制强度为 −10 dBm。

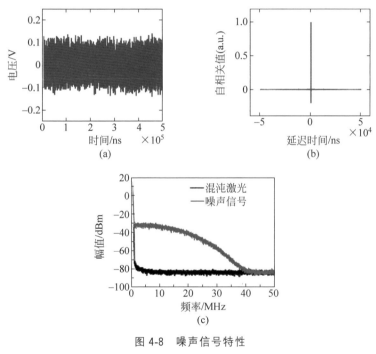

图 4-8　噪声信号特性

(a) 时序;(b) 自相关曲线;(c) 频谱

图 4-9 为实验过程中所获得的信号光谱图。图中曲线(a)为入射光功率为 26 dBm 时的后向散射光光谱,此光谱成分中包含反斯托克斯光、瑞利散射光以及斯托克斯光。曲线(b)为经放大和滤波之后的后向散射光光谱,此时光谱成分中只有斯托克斯光,瑞利散射光和反斯托克斯光被较好地抑制。曲线(c)为被放大之后的参考光光谱,中心波长与瑞利散射光相等,且强度与斯托克斯光的强度相当,以获得较高信噪比的相干拍频信号。曲线(d)为斯托克斯光与参考光的拍频信号的光谱,图中两峰值处的强度相当,频率相差为布里渊频移。

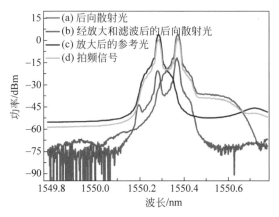

图 4-9　实验过程中不同信号的光谱图

调整参考光的可变光延迟线,使参考光的光程与待测光纤中放置于恒温箱的 9 m 光纤的某一位置处产生的散射光的光程相等,即将 FUT 的待测点定位于恒温箱内的某一位置处。改变恒温箱内的温度,从 20℃ 到 45℃,以 5℃ 的间隔改变进行测温实验。图 4-10(a)为测得的不同温度下的布里渊增益谱,从图中可以看出,随着温度的升高,布里渊增益谱朝着高频方向偏移。从布里渊增益谱中获得不同温度下的布里渊频移,并进行拟合,所得结果如图 4-10(b)所示。由图中可知,随着温度的升高,布里渊频移量线性增大,且拟合曲线的斜率为 1.05 MHz/℃,即实验测得的温度系数为 1.05 MHz/℃,与理论值相符,同时,拟合曲线的拟合度为 0.9999,接近于 1,表明布里渊频移量与温度的变化有极好的线性关系,实验结果与理论分析一致。

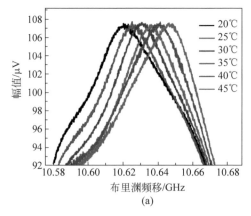

(a)

图 4-10　布里渊增益谱和布里渊频移与温度的关系

(a) 不同温度下的布里渊增益谱；(b) 布里渊频移量与温度的关系曲线

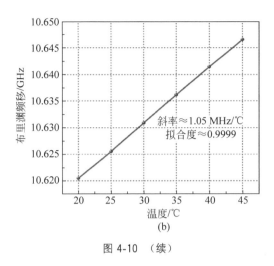

(b)

图 4-10　（续）

　　之后保持恒温箱的温度在 50℃不变,连续调节参考光的可变光延迟线,使相关峰在待测光纤的不同位置处进行扫描,从而获得整根光纤上不同位置处的布里渊增益谱,实现温度的分布式测量。图 4-11(a)为测得的 253.1 m 的待测光纤不同位置处的布里渊增益谱分布,从中获得待测光纤不同位置处的布里渊频移量,得到如图 4-11(b)所示的频移量变化曲线。图中恒温箱内 9 m 光纤的频移量与恒温箱外其余光纤的频移量具有明显差别,恒温箱内外的频移量大约相差 27 MHz,这与恒温箱内外的光纤温度差(26.4℃)基本是相对应的,通过计算可得该系统的测温精度为±1.14℃。

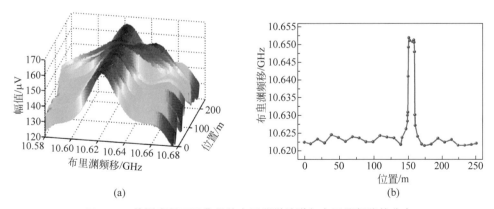

(a)　　　　　　　　　　　　(b)

图 4-11　待测光纤不同位置处布里渊增益谱与布里渊频移的分布

（a）布里渊增益谱分布；（b）布里渊频移变化曲线

4.1.4 性能分析

该系统的空间分辨率定义为布里渊频移量从峰值的90%下降到10%对应的光纤长度[7]。对图4-11(a)中的恒温箱内及其附近位置处的光纤增益谱数据进行分析,从而得出系统的空间分辨率,如图4-12(a)所示。同时,实验分析了不同调制强度下系统所能获得的测量分辨率。图4-12(b)为光源调制强度为 -3 dBm 时获得的恒温箱附近的布里渊频移量变化。图4-12(a)和(b)对应的空间分辨率分别为 0.636 m 和 0.19 m。

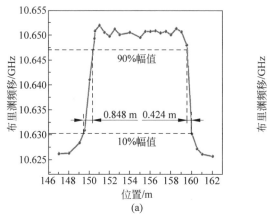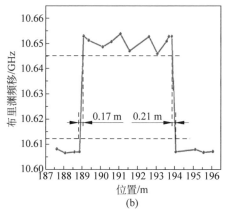

图 4-12 不同调制强度下系统的空间分辨率

(a) 调制强度为 -10 dBm 时获得的空间分辨率(0.636 m);(b) 调制强度为 -3 dBm 时获得的空间分辨率(0.19 m)

不同调制强度下的测量空间分辨率与理论计算的空间分辨率(相干长度)的对比结果如图4-13所示,不同调制强度下测量的空间分辨率与对应的相干长度都很接近,因此,可以认为该方案在进行分布式温度传感方面所能达到的测量精度相对较高。

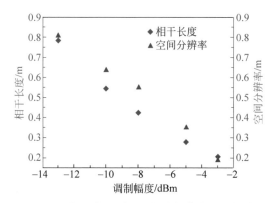

图 4-13 不同调制强度下测量空间分辨率与相干长度的对比

通过用噪声信号调制半导体激光器的方式,成功测量了 253.1 m 光纤长度上的温度分布,获得了 ±1.3℃ 的测温精度和最小空间分辨率 19 cm 的实验结果。实验中所获得的空间分辨率与理论上计算得到的空间分辨率存在一定的误差[8],其主要原因是:①泵浦光进入待测光纤后,光纤中的非线性效应会影响泵浦光的相干长度;②斯托克斯光在与参考光进行相干拍频之前要经过一个窄带的滤波器进行降噪,造成斯托克斯光的线宽发生变化,从而影响相干长度;③布里渊散射光的偏振相关性也会对其相干长度产生影响。

与传统的对光源进行周期性频率调制的布里渊光相干域反射技术相比,采用噪声信号对光源进行频率调制的布里渊光相干域反射技术在理论上可以解决周期性的相关峰对测量距离的限制,实现长距离、高精度的分布式光纤传感测量。同时,相比于其他的基于布里渊散射的传感系统,省去了昂贵的脉冲信号发生器、高频信号微波源、高性能的电光吸收调制器,装置简化、成本降低。直接采用频谱仪作为数据采集及处理装置,省去了复杂的数据处理过程,操作简单,且该方法的测量时间明显缩短。

该方法采用噪声信号对光源进行调制,利用噪声信号的无周期特性来消除周期性的相关峰,因此,对噪声信号的无序性有很高的要求。实验中,采用不同高斯型的噪声信号进行传感测量,其结果具有明显的差异,任意波形的噪声信号其传感效果最好。高空间分辨率的测量意味着短的斯托克斯光与参考光作用时间,这会使得拍频信号幅值降低,使系统的信噪比恶化,同时,当系统空间分辨率较高时,随着待测光纤长度的增加,导致产生的斯托克斯光在整条光纤的散射光中所占比例降低,斯托克斯光强度减弱,信噪比恶化;最终,系统的传感距离将受限于其信噪比。

4.2　基于伪随机序列调制的布里渊光相干域反射技术

以色列巴伊兰大学的扎多克(Zadok)等提出基于伪随机相位编码的布里渊相干域分析 BOCDA 传感系统,该系统利用伪随机码的码长和码率可调来实现长距离、高精度测量,在 1 km 的传感距离上实现 1 cm 的空间分辨率测量[1]。但是,该系统需要探测信号双端入射,结构复杂,且当待测光纤中存在断点时,系统将完全无法实现测量。本节提出了基于随机序列调制的 BOCDR 传感技术,该技术只需泵浦光从光纤的单端入射,系统简化。

4.2.1　传感机理

基于随机序列调制的 BOCDR 与基于噪声信号调制的 BOCDR 的传感机理相同,都是利用经频率调制之后的泵浦光与参考光进行相干拍频获得布里渊增益谱,进而实现布里渊频移量的测量。不同的是用于调制激光器的调制信号,该系统采用的是随机序列。调节随机序列的码长,使其对应的长度远远超过所使用的待测光纤长度,这样,相对于所用的待测光纤长度来说,该随机信号同样是无周期的,在待测光纤中只会产生一个相关峰。系统的定位方式同样与基于噪声调制的传感系统的定位方式类似,都是通过调节参考光的可变光延迟线,使相关峰在待测光纤中扫描,从而实现分布式的传感测量。

基于随机序列调制的 BOCDR 传感技术,其传感距离与随机序列的码长与码率有关,空间分辨率同样完全取决于经调制之后的光源的相干长度,即反比于光源的线宽,系统的传感距离与空间分辨率的表达式分别为

$$d_{\mathrm{m}} = \frac{1}{2} M \upsilon_{\mathrm{g}} T \qquad (4\text{-}2)$$

$$\Delta z = \frac{\upsilon_{\mathrm{g}}}{2 \Delta \nu} \qquad (4\text{-}3)$$

式中,M 和 T 分别为随机序列的码长和单个随机码的持续时间,υ_{g} 为光纤中的光速,$\Delta \nu$ 为被随机序列调制之后光源的线宽。调制后光源的线宽与随机序列的码率 $1/T$ 及幅值有关,码率的增大以及信号幅值的增加都会引起光源线宽的增大,使得光源相干长度减小,实现高精度测量。由式(4-2)可知,传感的距离也同样受到码率 $1/T$ 的影响,增大码率在使测量精度增加的同时会造成传感距离的下降,此时可以通过增加码长来增加测温范围。目前伪随机码发生器的码长一般最大可达 $2^{31}-1$,使用码率为 $0.5\sim10$ Gbit/s 时,理论上所能达到的传感光纤长度为 $21977.4\sim439548$ km。

基于随机序列调制激光光源的 BOCDR 传感系统的实验装置如图 4-14 所示。采用中心波长为 1550 nm 的分布式反馈半导体激光器作为激光光源,配有 13 GHz 时钟源(Centellax,TG1C1-A)的 10 Gbit/s 随机码发生器(Centellax,TG2P1A)来产生实验所需的随机序列。随机码发生器与 DFB 激光器通过阻抗为 50 Ω 的同轴电缆连接。被调制之后的激光信号经过一个 50∶50 的光纤耦合器分为两路,一路作为泵浦光,另一路作为参考光,如图 4-14 所示。

泵浦光经过 PC1 后被高功率的 EDFA1 放大,放大之后的泵浦光经过光环形器进入待测光纤,为了抑制光纤末端的菲涅耳反射,将待测光纤末端浸入折射率匹配液。泵浦光在待测光纤产生的后向斯托克斯光经光环形器输出。微弱的斯托克斯光经过 EDFA3 放大后由可调谐滤波器滤除其中混杂的瑞利散射光及放大器的自发辐射噪声,之后输入到另一个 50∶50 的光纤耦合器中。另一路的参考光经过 PC2 后,由一个高精度、长距离调谐的可变光延迟线调节其光程,之后,为了使参考光能与滤波后的斯托克斯光产生强的相干拍频信号,需要使用 EDFA2 放大参考光,经放大后的参考光同样输入到 50∶50 的光纤耦合器中。参考光与斯托克斯光在 50∶50 的光

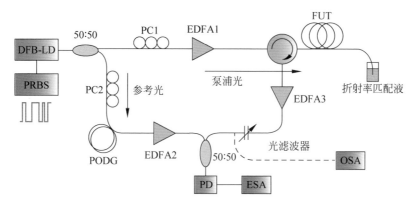

图 4-14　基于随机序列调制激光光源的 BOCDR 的传感系统实验装置图

纤耦合器中发生相干拍频,产生的拍频信号由光电探测器转化为电信号,带宽 0~26.5 GHz 的快速频谱仪接收此信号,并进行平均处理来抑制噪声,进而得到布里渊增益谱,测量布里渊增益谱的中心峰值,即可得到布里渊频移量。调节参考光的可变光延迟线,使相关峰在待测光纤中进行扫描,获得不同位置处的布里渊增益谱及相应的布里渊频移,进而实现光纤温度的分布式测量。

　　实验中所使用的 DFB 激光器同样需要具有光源本身线宽窄、波长稳定、可调谐的特点,以满足实验需求。使用的随机码发生器的码长共有 $2^7-1,2^{10}-1$, $2^{15}-1,2^{23}-1,2^{31}-1$ 五个变化档位来满足不同需求的传感范围,码率可从 0.5 Gbit/s 变化到 10 Gbit/s,输出信号峰峰值为 300 mV,通过调节码率并采用电域的放大器或衰减器来放大或缩小信号幅值,实现光源的相干长度从米到毫米量级的调谐范围,以便满足不同的实验需求。采用中心波长和带宽均可调的可调谐滤波器(Yenistar,XTM-50 Ultrafine)最小带宽为 4 GHz,可以对斯托克斯光中混杂的瑞利散射光进行很好的抑制。用于调节光程的可变光延迟线由一个延迟范围为 20 km、精度为 5 m 的可编程光延迟发生仪和一个延迟范围为 16 cm、精度为 0.03 mm 的微型电动可调光延迟线串联使用,以实现泵浦光的长距离测量,以及系统的高分辨率测量。

4.2.2　分布式温度传感

　　根据图 4-14 所给出的实验方案搭建实验测试系统。使用 250 m 的普通单模光纤作为传感光纤,将其中的 1 m 光纤置于恒温箱中,剩余光纤放置于恒温箱外的实验平台上,实验室的温度约为 24℃,图 4-15 给出了传感光纤的结构示意图。

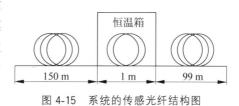

图 4-15　系统的传感光纤结构图

实验中所使用的随机序列的码率、码长以及信号峰峰值分别为 1.5 Gbit/s、$2^{15}-1$、300 mV，占空比为 1/2，根据式(4-2)和式(4-3)计算可得，实验所能测量的光纤长度大约为 2 km，系统的空间分辨率为 58 cm。图 4-16 为随机序列的时序、频谱以及对应的眼图，从图中可以看出随机序列具有很好的信噪比，信号的带宽为 1.5 Gbit/s。

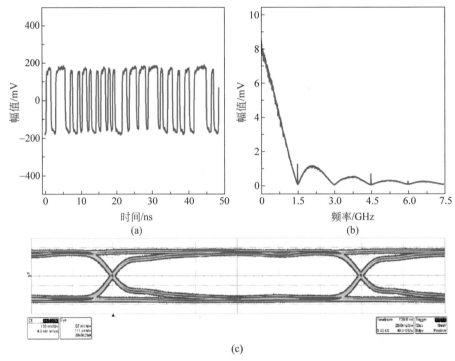

图 4-16　随机序列特性

(a) 时序；(b) 频谱；(c) 眼图

实验中所测量的信号光谱如图 4-17 所示。图中曲线(a)为入射光功率为 25 dBm 时的后向散射光光谱，此光谱成分中含有反斯托克斯光、瑞利散射光及斯托克斯光。曲线(b)为经放大和滤波之后的后向散射光光谱，可以看到，此光谱成分中的瑞利散射光和反斯托克斯光被抑制。曲线(c)为被放大之后的参考光光谱，其中心波长与瑞利散射光相同，强度与斯托克斯光相当，以获得较高信噪比的相干拍频信号。曲线(d)为斯托克斯光与参考光的拍频信号的光谱。

调整参考光的可变光延迟线，使得相关峰位于恒温箱中 1 m 光纤的某一位置处。改变恒温箱中的温度，使其从 21℃到 51℃以 10℃的间隔变化，观察布里渊增益谱及布里渊频移量的变化。图 4-18(a)所示为不同温度下的布里渊增益谱，随着温度的增加，布里渊增益谱朝着高频方向移动，对应的布里渊频移量随温度的增加而增大。将

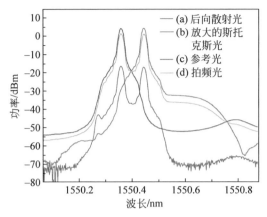

图 4-17　实验过程中不同信号的光谱图

图 4-18(a)对应的不同温度下的布里渊频移量进行拟合,拟合曲线如图 4-18(b)所示,从图中可以看出,拟合曲线的斜率为 1.13 MHz/℃,拟合度为 0.9916,即实验测得的温度系数接近 1.13 MHz/℃,布里渊频移量与温度之间的线性关系良好。

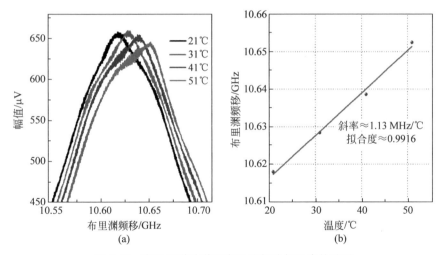

图 4-18　布里渊增益谱和布里渊频移与温度的关系
(a) 不同温度下的布里渊增益谱；(b) 布里渊频移量与温度的关系曲线

　　为了验证实验系统的分布式测量性能,需调节可变光延迟线,使得相关峰在待测光纤中扫描,观察待测光纤不同位置处的布里渊增益谱。为此,保持恒温箱的温度在 50℃不变,连续调节可变光延迟线,获得待测光纤不同位置处的布里渊增益谱。图 4-19(a)为测得的光纤不同位置处的布里渊增益谱的三维图,图中红色最深的部分为恒温箱中 1 m 的光纤所处位置,与其他区域的红色部分相比有了明显的布里渊增益谱偏移。由图 4-19 中不同位置处的布里渊增益谱可以获得光纤不同位置处的布里渊频移量,光纤位置与布里渊频移的关系曲线如图 4-19(b)所示,从图中可以看出,恒温箱内外的布里渊增益谱有明显的偏移,布里渊频移量发生了明显的变化,恒温箱内外布里渊频移量之差大约为 29 MHz,根据实验测得的温度系数,经计算可得恒温箱内外布里渊频移量之差与恒温箱内外的光纤温度差 26℃基本一致。布里渊频移量的测量精度为±1.8 MHz,对应的测温精度为±0.96℃。图中,布里渊频移量变化的上升沿与下降沿对应光纤长度之和的一半为 51.4 cm,即此系统的空间分辨率可达 51.4 cm。

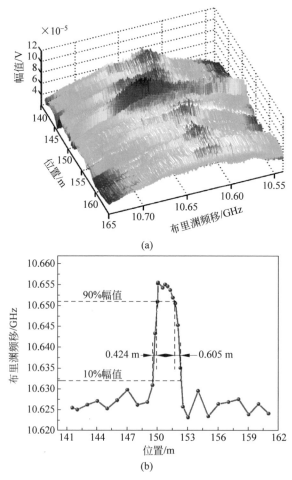

图 4-19 待测光纤沿线的布里渊增益谱分布与系统空间分辨率

(a) 待测光纤不同位置处的布里渊增益谱;(b) 实验获得的空间分辨率(0.514 m)

4.2.3　性能分析

实验测得的空间分辨率与理论上计算得到的空间分辨率存在差距,我们分析其原因主要有:①光纤中的非线性效应影响泵浦光的相干长度;②使用的窄带滤波器对后向散射光进行滤波造成斯托克斯光的线宽发生变化,从而影响相干长度;③布里渊散射光的偏振相关性对相干长度也有一定的影响;④实验中采用的激光器的调制带宽为 2.5 GHz,而随机序列的码率为 1.5 Gbit/s,由电域中的奈奎斯特定理可知,调制之后信号的带宽会比 1.5 GHz 小很多,这必然会影响系统的测量分辨率。

实验研究结果表明,采用随机序列来调制作为传感系统光源的激光器,在 250 m 的光纤上获得 51.4 cm 的空间分辨率,测温精度达到 ± 0.96℃,该系统可以实现分布式的布里渊温度传感测量。

采用随机序列调制光源的 BOCDR 传感技术可以解决现有的 BOCDR 系统无法兼顾传感距离和空间分辨率的问题,理论上所能达到的测量距离最长为 439548 km,空间分辨率最高可达 1 cm。同时,该系统省去了一些价格昂贵的仪器,降低了成本,并使结构简化;没有复杂的数据处理过程,测量时间明显缩短,有望在实际应用中实现实时测量。

但是该系统对所使用激光器的调制带宽有很高的要求。如果可以使用全光真随机数发生器作为传感光源,则系统的传感距离和空间分辨率将可以实现长距离、高精度的测量。作者团队一直从事混沌信号的研究,而混沌信号的一个最主要的应用就是随机数的产生,利用宽带的混沌信号产生真随机信号,信号的码长无限长,具有很好的随机特性,并研制出随机数样机,但产生的这些随机数都是电信号,无法直接在光域中使用。目前全光随机数样机已研制成功,利用此样机产生的光随机信号作为基于随机序列调制的 BOCDR 系统的传感光源,则可以消除目前系统存在的电子瓶颈问题,实现长距离、高精度的测量。

实现高空间分辨率测量的同时意味着斯托克斯光与参考光的相干长度减小,相干拍频作用时间降低,获得信号的信噪比降低。而且,在长距离传输时信号的损耗会很大,使获得的斯托克斯光强度很低。这些都将成为限制系统性能的因素,因此,如何降噪获得高强度的信号成为我们未来主要研究的问题之一。

4.3　基于物理随机码调制的布里渊光相干域分析技术

基于受激布里渊散射的光纤传感器已实现温度或应变的远程、高精度、分布式测量[9]。分布式传感技术已在结构健康监测、管道泄漏检测、航空航天工程和地质技术工程等领域得到广泛应用。

基于 SBS 的最广泛的应用是布里渊光时域分析技术[10]。在 BOTDA 系统中，泵浦脉冲和反向传播的连续光(CW)注入被测光纤,通过测量温度和应变相关的布里渊增益谱来感知 FUT 沿线的温度/应变。BOTDA 系统的典型传感范围可达 30~50 km[11]。然而,由于 FUT 远端的低信噪比(SNR),很难进一步扩展 BOTDA 系统的感应距离。泵浦峰值功率的增加可以延长感应范围,但是高功率泵浦脉冲的利用将导致泵浦消耗和调制不稳定进而引起 BGS 的扩大[12]。研究者已经利用光脉冲编码来扩展 BOTDA 系统的传感距离,其中总泵浦能量增加等于脉冲序列中的脉冲数的增加而不提高其峰值功率。例如,单极性代码,如单纯形(simplex)[13],单色单纯形(color simplex)[14],时间/频率[15],归零(RZ)[16]和互补[17]代码,已被用于增加感应长度。此外,研究者们已经提出使用格雷码[18-20]的双极编码作为长距离感测中的新突破,与单极码相比在测量范围中显示出明显的优势。

另一个重要的基于 SBS 的技术是布里渊光相干域分析技术[21],其中通过正弦波进行频率调制的 CW 泵浦光和探测光在 FUT 中反向传播以检测温度/应变变化。基于正弦调制的 BOCDA 在测量范围和空间分辨率之间存在矛盾[22]。为了解决这个问题,诸如二进制伪随机比特序列[23-25]或完美戈隆布(Golomb)[26]码的光脉冲编码也已应用于高空间分辨率 BOCDA 系统。然而,无论是 PRBS 还是完美戈隆布码的脉冲序列,它们在整个 FUT 中都具有多个周期性相关峰值,这会导致感测范围的模糊测量。为了避免这种模糊性,一方面,采用结合时域和相干域分析[2, 26]的技术,以便能够以复杂性为代价沿光纤同时询问大量相关峰值,且成本较高。另一方面,迫切需要一种仅允许 FUT 中的一个相关峰值的新脉冲编码方案。

本节提出了一种基于真正随机码的新型 BOCDA 系统,该系统是非周期性的。这确保了整个 FUT 中只有一个相关峰值,并且感测距离不会像其他编码方法那样受到多个相关峰值的影响。由于系统是从光源部分优化的,因此其性能得到改善,而不会改变该系统的其余部分。通过这种方式,我们的系统不像其他系统那么复杂。沿着 1.1 km 的光纤进行分布式传感,通过实验验证,空间分辨率为 3.9 cm。

4.3.1　传感机理

我们提出了一种基于物理随机码调制的布里渊光相干域分析新技术,理论模拟和实验证明了高空间分辨率。通过使用具有 3 Gbit/s 速率的物理随机码,实验上实现了 1.1 km 单模光纤上 3.9 cm 的空间分辨率。数值模拟表明,利用 10 Gbit/s 更高码率的物理随机码可以进一步获得 1 cm 的更高空间分辨率。此外,局部布里渊频移的最大不确定度为 ± 1.1 MHz,温度系数为 1.15 MHz/℃。

1. 高速物理随机码的产生

在所提出的基于物理随机码的 BOCDA 系统中,通过使用自治布尔网络振荡器作为物理熵源来生成物理随机码,如图 4-20 所示。自治布尔网络振荡器由 7 个可执行逻辑运算的结点组成具有双向耦合关系的环状拓扑结构,每个结点代表一个具有三输入三输出功能的逻辑门,执行异或(XOR),或异或非(XNOR)操作。网络中任选一个结点执行 XNOR 操作,其余 6 个结点执行 XOR 操作;在结点的每个传输链路上存在延迟时间,将信号从结点 j 传播到结点 i 所花费的时间由 $\tau_{ij}(i, j=1,2,3,4,5,6,7)$ 表示。当网络中的延迟时间不完全相同时,振荡器进入随机振荡状态,即所谓的布尔混沌现象[27]。在时钟(CLK)的控制下,由 D 触发器组成的提取电路进一步对产生的混沌信号进行采样和量化后,得到实时随机码序列。为了优化提取的随机码序列的随机性,需要由十位线性反馈移位寄存器(LFSR)组成的实时后处理电路消除随机序列中残留的偏置。整个随机码生成系统在单个现场可编程逻辑门阵列(FPGA)上实现。

为了更好地理解和观察自治布尔网络振荡器结构,利用吉尔(Ghil)等[28]提出的布尔延迟方程(Boolean delay equations,BDEs)如式(4-4),对该自治布尔网络进行仿真研究,当熵源的拓扑结构不对称时,该网络可以产生复杂信号。

$$x_n(t) = f_n\left[t, x_1(t-\tau_{n1}), x_2(t-\tau_{n2}), \cdots, x_n(t-\tau_{nn})\right] \tag{4-4}$$

式中,$x_i \in B = \{0,1\}$,$(1 \leqslant i \leqslant n)$ 每个布尔变量 x_i 的值都依赖于时间 t 并取决于上一时刻的 x_j,$\tau_{ij}(1 \leqslant i, j \leqslant n)$ 代表逻辑信号在结点间线路上传输所产生的时间延迟,函数 f_n 表示布尔延迟方程执行的逻辑运算。

利用熵提取电路对随机码进行采集,熵提取电路(由一个受时钟控制的 D 触发器构成)完成对混沌信号的采样、量化生成 0/1 二进制序列,采样、量化函数定义如下:

$$s_n(t) = \begin{cases} 0, & x_n(t) < C \\ 1, & x_n(t) > C \end{cases} \tag{4-5}$$

式中,$C = V_{cc}/2$,V_{cc} 为 D 触发器的工作电压,D 触发器的时钟信号频率决定了物理随机码发生器的码率。

需要注意的是,所产生的物理随机码不可避免地受到 D 触发器亚稳态特性影响,导致其随机性下降。因此,在随机码发生器的末端增加了实时后处理电路以消除随机序列中残留的偏置。实时后处理电路由十位线性反馈移位寄存器(LSFR)构成,其特征多项式为 $f(x) = x^9 + x^6 + x^5 + x^3 + x^2 + 1$。根据香农熵公式

$$H(X) = -\sum_{x_n=\{0,1\}} p_X(x_n) \log_2 p_X(x_n) \tag{4-6}$$

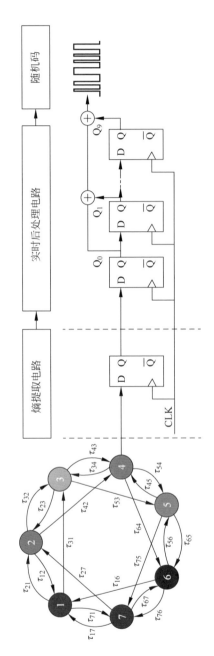

图 4-20 基于自治布尔网络物理熵源的随机码发生器产生模型

式中,X 代表随机码序列,而 $p_X(x_n)$ 为 X 的概率密度,计算了所产生随机码序列在实时后处理前后的熵值:处理前,原始随机序列的香农熵 $H=0.999501$ bit/sample,经实时后处理后,随机序列的香农熵增至 $H=0.999999$ bit/sample,实验结果证明随机码序列中残存的偏置得到消除,其随机性得到增强。

2. 高空间分辨率的理论分析

然后,通过使用从自治布尔网络振荡器提取的电物理随机码在光域中生成物理随机码序列,以直接调制激光二极管。作为泵浦光和探测光的光学物理随机码序列分别从两端同时注入传感光纤。当泵浦光和探测光满足 SBS 相位匹配条件,即 $\nu_{pump}-\nu_{probe}=\nu_B$($\nu_B$ 是布里渊频移)时,泵浦光和探测光之间的 SBS 相互作用发生在会合位置。产生的干涉信号将周期性地调制传感光纤的折射率,以形成布里渊动态光栅(BDG)[29]。相应声波场的大小与泵浦光和探测光的复合包络的时间互相关成比例,如下所示:

$$Q(t,z)=\frac{1}{2\tau_B}\int_0^t \exp\left(\frac{t^1-t}{2\tau_B}\right)A_{pump}\left(t^1-\frac{z}{v_g}\right)A_{probe}{}^*\left[t^1-\frac{z}{v_g}+\theta(z)\right]dt^1 \qquad (4\text{-}7)$$

式中,A_{pump} 和 A_{probe} 是混沌泵浦光和探测光的复包络,v_g 是光纤中光的群速度,τ_B 是声子寿命。位置依赖的时间偏移 $\theta(z)$ 被定义为 $\theta(z)=(2z-L)/v_g$,其中 L 是光纤长度。

在 $t\gg\tau_B$ 时,位置 z 处的声波场大小的期望值为

$$\overline{Q(t,z)}=\frac{1}{2\tau_B}\int_0^t \exp\left(\frac{t^1-t}{2\tau_B}\right)\times \overline{A_{pump}\left(t^1-\frac{z}{v_g}\right)A_{probe}{}^*\left[t^1-\frac{z}{v_g}+\theta(z)\right]}dt^1$$

$$=c(\theta(z)) \qquad (4\text{-}8)$$

式中,$c(\theta(z))$ 是混沌泵浦光和探测光之间的互相关函数。在保偏光纤的中心位置 $(z=L/2)$,混沌 BDG 在相关峰宽度内可以稳定且永久地产生。特别地,当 $\theta(z)=0$ 时,$c(\theta(z))$ 是泵浦光和探测光自相关函数。在传感光纤的中心,BDG 在相关峰宽内稳定且永久地产生,并且声波将被限制在相关峰内。因此,基于物理随机码的 BOCDA 系统的空间分辨率理论上由物理随机码序列的自相关函数的相关峰宽确定。实际上,相关峰值宽度由物理随机码序列的码宽确定。

图 4-21 给出了由光学物理随机码序列产生的声波场 $Q(t,z)$ 的时空二维投影分布,其中泵浦光和探测光的码率为 10 Gbit/s。考虑到数值仿真时间,2 m 传感光纤即可满足本节的研究需求。在传感光纤的中间位置,即 $z=L/2$ 处,BDG 稳定且永久的产生,具有大约 1 cm 的相关峰值,这对应于所提出的基于物理随机码的 BOCDA 系统的理论空间分辨率。

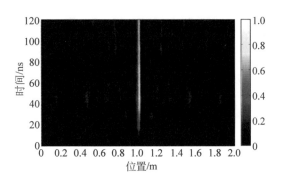

图 4-21　声波场 $Q(t,z)$ 的时空二维投影分布

4.3.2　分布式温度测量

基于物理随机码的 BOCDA 系统的实验装置如图 4-22 所示。激光二极管直接由从自治布尔网络提取的高速物理随机码调制,通过电放大器获得具有高消光比的光学物理随机码。激光二极管的中心波长和阈值电流分别为 1550 nm 和 20 mA。激光源的输出先通过 ISO1,再通过光耦合器(10∶90)分成两个分支。上路分支的探测光(90%)由输出正弦信号的微波信号发生器驱动的电光幅度调制器进行双边带调制以抑制载波,调制频率位于被测光纤的布里渊位移附近。然后,通过可编程光延迟发生器、EDFA1、偏振扰偏器和 ISO2 将探测光发射到 FUT 中。PODG 由两种可编程光延迟线级联组成,其中一个延迟范围为 0～20 km,延迟分辨率为 30 cm;另外一个延迟范围为 0～168 mm,延迟分辨率为 0.3 μm。通过控制 PODG 定位 FUT 中的热点。首先,调整级联光纤的长度,使相关峰的初始位置位于连接 FUT 的光环形器的末端。接下来,通过协同调整这两个可编程光学延迟线来完成相关峰的扫描。EDFA1 将探测光放大到 10 dBm,以满足实验要求。PS放置在 EDFA1 之后,是为了当两个光路分支在 FUT 中心相遇发生受激布里渊散射时,以消除偏振效应对 BOCDA 系统的影响。泵浦支路(10%)通过 PC2 和 EDFA2 经 OC 发射到 FUT 的另一端。EDFA1 将泵浦光放大到 28 dBm,以满足实验要求。两路光在沿着被测光纤进行受激布里渊散射放大之后,通过 OC 输出,通过可调带通滤波器对探测光进行滤波,滤出所需要的斯托克斯光,其光功率由具有积分球传感器的数字光功率计记录。频率扫描范围设置为 10.5～10.7 GHz,扫描步长设置为 1 MHz,1 MHz 扫描时间为 300 ms。这些数据严格对应 OPM 的采集速度,使测量结果更加准确。FUT 的结构由 1.1 km 单模光纤(型号为 G.655)组成,其中 1 km 附近的 1 m 光纤被放置在光纤恒温箱中。

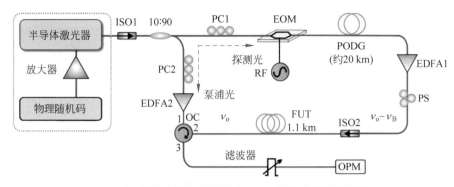

图 4-22　基于物理随机码的 BOCDA 系统的实验装置图

为了描述物理随机码的特性,物理随机码的时序和自相关曲线如图 4-23 所示。基于自治布尔网络的高速随机码发生器用于产生稳定的随机码序列,如图 4-23(a)所示。我们使用的随机码发生器的码率是 3 Gbit/s,码宽是 0.33 ns。

从时序中可以看出,通过自治布尔网络产生的时序信号从高电平变为低电平,表现出相位振荡。其高、低电平分别约为 330 mV 和 240 mV。这是因为通过现场可编程门阵列实现自治布尔网络,生成的信号由 GX 收发器输出。GX 收发器的高电平和低电平的典型值分别约为 320 mV 和 200 mV。在这种情况下,采集 10 μs 物理随机码的时序,以计算自相关曲线,如图 4-23(b)所示。自相关曲线的相关峰的半高全宽(FWHM)为 0.36 ns,对应 3.6 cm 的空间分辨率。

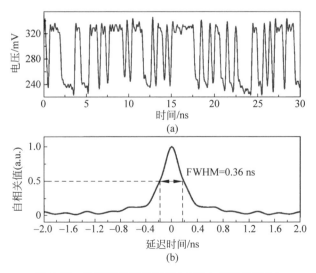

图 4-23　物理随机码的时序(a)和自相关曲线(b)

BGS 与温度的关系如图 4-24 所示。图 4-24(a)显示了 BGS 在 FUT 中对温度的依赖性。首先,通过调节探测路中的 PODG,激光器的单个相关峰位于光纤恒温箱中。接下来,光纤恒温箱的温度从 25℃ 变为 55℃,以 5℃ 的调节间隔进行测温实验。可以明显地观察到 BGS 的中心频率从 10.622 GHz 移动到 10.656 GHz,其中 BGS 线宽为 30 MHz。从这些 BGS 中,我们可以得到 BFS 的温度系数及其不确定度,如图 4-24(b)所示。根据拟合曲线,该系统的温度系数为 1.15 MHz/℃。

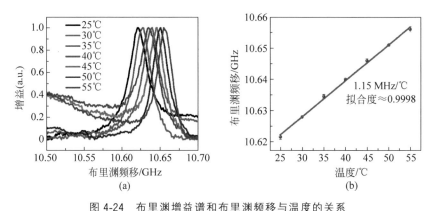

图 4-24　布里渊增益谱和布里渊频移与温度的关系
(a) 被测光纤中不同温度下的布里渊增益谱;(b) 被测光纤不同温度下的布里渊频移量

此外,在测量布里渊增益谱和布里渊频移与温度的关系时,光纤恒温箱的温度连续从 25℃ 变为 55℃。每 5℃ 为一个间隔,共选择 7 个典型的温度点,即 25℃、30℃、35℃、40℃、45℃、50℃ 和 55℃。在每个温度点下,布里渊增益谱都是通过平均 30 次重复测量得到的。假设每个测量的布里渊增益谱的中心频率表示为 $f_i(i=1,2,\cdots,30)$。布里渊频移的标准偏差 δ_f 根据以下公式计算:

$$\delta_f = \sqrt{\frac{\sum\limits_{i=1}^{n}(f_i - \bar{f})}{n(n-1)}} \tag{4-9}$$

式中,$\bar{f} = \sum\limits_{i=1}^{n}\dfrac{f_i}{n}$ 是布里渊频移的平均值,n 是测量次数,实验中的测量次数是 30 次。在这些代表性温度点中,布里渊增益谱的最大标准偏差视为布里渊频移的测量不确定度。因此,计算得布里渊频移的最大不确定度值为 ±1.1 MHz,温度系数为 1.15 MHz/℃。

图 4-25 显示了沿被测光纤测得的布里渊增益谱的三维图。在实验中,恒温箱的温度设定在 55℃,室温保持恒定在 25℃。BGS 在室温下的中心频移约为 10.622 GHz,恒温箱的频移约为 10.656 GHz。热点部分有大约 34 MHz 的 BFS,与 30℃ 的实际温度变化相匹配。显然,光纤加热部分和非加热部分的布里渊频移是可明显区分的。

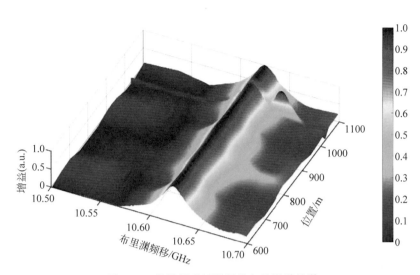

图 4-25　沿被测光纤测得的布里渊增益谱

　　图 4-26 描述了沿 FUT 测得的 BFS 的分布。基于物理随机码的 BOCDA 系统的空间分辨率可以用上升沿和下降沿 $10\%\sim90\%$ 对应的光纤长度的平均值来度量,其中上升沿和下降沿所对应的光纤长度分别为 3.8 cm 和 4 cm。因此,当恒温箱中的光纤长 1 m 时,空间分辨率为 3.9 cm。实验获得的空间分辨率几乎与上述理论值一致。在实验中,我们一共测得了大约 50 个光纤位置处的布里渊增益谱。

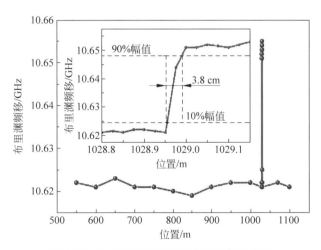

图 4-26　沿被测光纤测得的布里渊频移曲线

4.3.3 影响因素分析

目前,团队的实验达到 1.1 km 的传感距离和 3.9 cm 的空间分辨率。一方面,传感距离主要受消光比(EXT)的影响,消光比由电放大器放大后的物理随机码的高电压与低电压之比定义。另一方面,由于物理随机码发生器的 3 Gbit/s 码率不可调,获得的空间分辨率仅为 3.9 cm。如果码率进一步增加到 10 Gbit/s,如理论分析所示,最终的空间分辨率可以达到 1 cm 或更高。下面将通过实验验证消光比对系统性能的影响。

理论上,EXT 越高,SBR 越高。图 4-27(a)显示了 SBR 的定义与计算过程,图 4-27(b)显示了在不同位置处 SBR 与 EXT 之间的关系。可以看出,存在最佳 EXT,使得 SBR 达到最大。这主要是因为在增大 EXT 的过程中引入了电放大器的电子噪声。超过最佳 EXT 后,物理随机码的码型会失真,极大地影响系统性能。为了进一步改善 EXT,下一步考虑使用没有电子噪声的脉冲光放大器来优化系统。

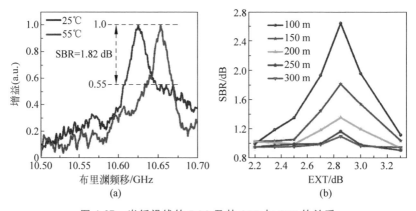

图 4-27 光纤沿线的 BGS 及其 SBR 与 EXT 的关系

(a) 沿着 FUT 的 BGS。蓝线和红线代表 25℃下 500 m 处和 55℃下 1 km 处 FUT 的相关峰;
(b) 在不同位置处,SBR 与 EXT 的关系曲线

与之前研究的 Chaotic-BOCDA 系统[30]相比,新型 BOCDA 系统具有许多优点。除主要的相关峰外,混沌信号的自相关轨迹具有两种残余侧峰。一种是由于在外腔延迟时间发生的混沌信号的弱振幅自相关,称为时间延迟特征(TDS)[31]。另外一种类似于 PRBS 的编码噪声。由于存在 TDS 和厚基底噪声,单反馈混沌激光源的 SBR 较低。信号强度的随机变化也导致 SBR 的不稳定性。所提出的物理随机码的特征是非周期性的,其信号强度是稳定的。没有像混沌激光器那样的 TDS,该系统具有更高的 SBR。尽管没有 TDS 诱导的非峰值扩增,但是其他类型

的残余侧峰可能会出现,这将是本节提出的方案的主要限制。这种残留的非峰值
SBS 放大提供了额外的噪声机制,在很大程度上限制了本节提出的 BOCDA 系统
的性能。为了进一步抑制其他残留的非峰值放大,在未来的工作中,将在 BOCDA
系统中采用时域门控技术优化系统性能。从实验结果来看,本节提出的系统得到
了更好的温度系数和更长的传感距离。

　　总结起来就是,由于物理随机码更好的随机性和不可预测性,提出并实现了基
于物理随机码的 BOCDA 系统的分布式光纤传感。通过 10 Gbit/s 码率物理随机
码的数值模拟仿真,证明了 1 cm 的高空间分辨率。最终,通过使用 3 Gbit/s 码率
的物理随机码在 1.1 km 单模光纤上实现了 3.9 cm 的空间分辨率。此外,BGS 的
最大不确定度为 ± 1.1 MHz,温度系数为 1.15 MHz/℃。基于物理随机码的
BOCDA 系统的研究将为高空间分辨率的分布式光纤传感系统的研究和开发提供
支持。

参考文献

[1] ZADOK A, ANTMAN Y, PRIMEROV N, et al. Random-access distributed fiber sensing [J]. Laser & Photonics Reviews, 2012, 6(5): L1-L5.

[2] ELOOZ D, ANTMAN Y, LEVANON N, et al. High-resolution long-reach distributed Brillouin sensing based on combined time-domain and correlation-domain analysis [J]. Optics Express, 2014, 22(6): 6453-6463.

[3] COHEN R, LONDON Y, ANTMAN Y, et al. Brillouin optical correlation domain analysis with 4 millimeter resolution based on amplified spontaneous emission [J]. Optics Express, 2014, 22(10): 12070-12078.

[4] HOTATE K, ZOU W, MIZUNO Y, et al. Proposal of Brillouin optical correlation-domain reflectometry (BOCDR) [J]. Optics Express, 2008, 16(16): 12148-12153.

[5] ZHANG M, BAO X, CHAI J, et al. Impact of Brillouin amplification on the spatial resolution of noise-correlated Brillouin optical reflectometry [J]. Chinese Optics Letters, 2017, 15(8), 080603.

[6] 柴晶. 基于无序信号的布里渊光相干反射技术研究[D]. 太原:太原理工大学, 2015.

[7] GARUS D, GEINITZ E, KREBBER K, et al. Sensor fibres and a new concept for distributed temperature and strain sensing by Brillouin scattering [C]. Optical Fiber Sensors, 1996.

[8] HAYASHI N, MIZUNO Y, NAKAMURA K. Suppression of ghost correlation peak in Brillouin optical correlation-domain reflectometry [J]. Applied Physics Express, 2014, 7 (11), 112501.

[9] ZHOU D, DONG Y, WANG B, et al. Single-shot BOTDA based on an optical chirp chain probe wave for distributed ultrafast measurement [J]. Light: Science & Application, 2018, 7: 32.

[10] KURASHIMA T，HORIGUCHI T，TATEDA M. Distributed-temperature sensing using stimulated Brillouin scattering in optical silica fibers[J]. Optics Letters，1990，15(18)：1038-1041.

[11] DIAZ S，MAFANG S F，LOPEZ-AMO M，et al. A high-performance optical time-domain Brillouin distributed fiber sensor [J]. IEEE Sensors. Journal，2008，8(7)：1268-1272.

[12] MINARDO A，BERNINI R，ZENI L，et al. A reconstruction technique for long-range stimulated Brillouin scattering distributed fibre-optic sensors：experimental results [J]. Measurement. Science and Technology，2005，16：900-908.

[13] SOTO M A，BOLOGNINI G，PASQUALE F D，et al. Simplex-coded BOTDA fiber sensor with 1 m spatial resolution over a 50 km range [J]. Optics Letters，2010，35(2)：259-261.

[14] FLOCH S L，SAUSER F，LLERA M，et al. Colour simplex coding for Brillouin distributed sensors [C]. SPIE Fifth European Workshop on Optical Fibre Sensors，2013.

[15] FLOCH S L，SAUSER F，SOTO M A，et al. Time/frequency coding for Brillouin distributed sensors [C]. 22nd International Conference on Optical Fiber Sensors，2012.

[16] LIANG H，LI W，LINZE N，et al. High-resolution DPP-BOTDA over 50 km LEAF using return-to-zero coded pulses [J]. Optics Letters，2010，35(10)：1503-1505.

[17] MAO Y，GUO N，YU K L，et al. 1-cm-spatial-resolution Brillouin optical time-domain analysis based on bright pulse Brillouin gain and complementary code [J]. IEEE Photonics Journal，2012，4(6)：2243-2248.

[18] ZAN M S D B，HORIGUCHI T. A dual golay complementary pair of sequences for improving the performance of phase-shift pulse BOTDA fiber sensor [J]. Journal of Lightwave Technology，2012，30(21)：3338-3356.

[19] SOTO M A，FLOCH S L，THÉVENAZ L. Bipolar optical pulse coding for performance enhancement in BOTDA sensors[J]. Optics Express，2013，21(14)：16390-16397.

[20] YANG Z，SOTO M A，THÉVENAZ L. Increasing robustness of bipolar pulse coding in brillouin distributed fiber sensors[J]. Optics Express，2016，24(1)：586-597.

[21] HOTATE K，HASEGAWA T. Measurement of Brillouin gain spectrum distribution along an optical fiber using a correlation-based technique-proposal，experiment and simulation [C]. IEICE Transactions on Electronics，2000.

[22] SONG K Y，HOTATE K. Enlargement of measurement range in a Brillouin optical correlation domain analysis system using double lock-in amplifiers and a single-sideband modulator[J]. IEEE Photonics Technology Letters，2006，18(3)：499-501.

[23] DENISOV A，SOTO M A，THÉVENAZ L. Going beyond 1000000 resolved points in a Brillouin distributed fiber sensor：theoretical analysis and experimental demonstration[J]. Light：Science & Application，2016，5，e16074.

[24] LOPEZ-GIL A，MARTIN-LOPEZ S，GONZALEZ-HERRAEZ M. Phase-measuring time-gated BOCDA [J]. Optics. Letters，2017，42(19)：3924-3927.

第 4 章 基于无序信号的布里渊分布式光纤传感

[25] SHLOMI O，PRETER E，BA D，et al. Double-pulse pair Brillouin optical correlation domain analysis [J]. Optics Express，2016，24(23)：26867-26876.

[26] LONDON Y，ANTMAN Y，PRETER E，et al. Brillouin optical correlation domain analysis addressing 440000 resolution points [J]. Journal of Lightwave Technology，2016，34(19)：4421-4429.

[27] ROSIN D P，RONTANI D，GAUTHIER D J. Ultra-fast physical generation of random numbers using hybrid boolean networks[J]. Physical Review E，2013，87(4)：040902.

[28] GHIL M，ZALIAPIN I，COLUZZI B. Boolean delay equations：a simple way of looking at complex systems[J]. Physica D：Nonlinear Phenomena，2008，237(23)：2967-2986.

[29] SONG K Y，ZOU W W，HE Z Y，et al. All-optical dynamic grating generation based on Brillouin scattering in polarization maintaining fiber [J]. Optics Letters，2008，33(9)：926-928.

[30] ZHANG J Z，ZHANG M T，ZHANG M J，et al. Chaotic Brillouin optical correlation-domain analysis [J]. Optics Letters，2018，43(8)：1722-1725.

[31] ZHANG J Z，FENG C K，ZHANG M J，et al. Brillouin optical correlation domain analysis based on chaotic laser with suppressed time delay signature [J]. Optics Express，2018，26(6)：6962-6972.

第 5 章

混沌微波光子传感

混沌信号由于其良好的随机性和相关特性,在通信系统和雷达系统中有重要的应用。利用半导体激光器容易产生带宽为 10 GHz 的混沌激光。而超宽带技术由于拥有诸多突出特性,如高速率、抗多径衰落、低功耗、强穿透力、定位精度高以及高安全性等优点,已广泛应用于短距离无线通信、保密通信、雷达探测、智能交通定位等商用、民用和军用领域。以混沌激光为载波的混沌微波光子传感技术是一种融合了混沌超宽带技术和光纤传输技术为一体的新技术,克服了超宽带技术传输距离短的缺点。而且,此技术能够和光载无线电技术很好地结合,实现信号的远程传输和控制,弥补了超宽带信号在应用中覆盖半径过短的缺陷。

5.1 光生混沌超宽带微波信号

5.1.1 引言

超宽带(ultra-wideband,UWB)技术由于拥有诸多突出特性,在高速无线通信、无线传感网络、穿墙雷达、智能交通以及精确定位等众多领域有着重要而广泛的应用前景[1]。例如,在高速无线通信领域,UWB 系统可以使用上吉赫兹的超宽频带,实现 100 ~ 500 Mbit/s 的传输速率,远远高于现有的 3G、蓝牙等通信系统[2]。超宽带技术多年来一直应用于军事领域中,2002 年美国联邦通信委员会(Federal Communications Commission,FCC)解除了超宽带技术在民用领域的限制,容许了超宽带技术的商业应用,成为超宽带技术发展的一个里程碑[3]。

超宽带信号由定义为任意−10 dB 绝对带宽超过 500 MHz,或相对带宽大于

20%的信号。此处,相对带宽(fractional bandwidth)定义为 $2(f_H - f_L)/(f_H + f_L)$,其中 f_H 和 f_L 分别为-10 dB 辐射点处的对应的高、低端频点[4]。

UWB 信号一般多采用冲激脉冲形式(impulse radio,IR)和多带(multi-band,MB)形式,与此同时,混沌电信号(chaotic radio)由于本身具有的宽带及类噪声特性,也被研究者应用于 UWB 技术领域[5]。混沌超宽带(Chaotic-UWB)被应用于无线通信领域,并成为 IEEE 802.15.4a 标准的物理层候选方案。然而,由于在电域产生高频、宽带的混沌信号十分困难,限制了此种通信方式的应用范围[6]。

由于高频信号传输时强度的快速衰减,以及对 UWB 信号发射功率大小的限定,使得无论是 IR、MB 超宽带信号,还是类噪声的 Chaotic-UWB 信号,都仅能在几米到几十米的短距离内有效传输,但实际上对 UWB 信号的产生、编码、控制等往往希望在远距离中进行[7]。

为了推进 UWB 技术的广泛应用,使得本地 UWB 系统能够与有线网络以及其他无线网络实现互联,2003 年以来研究者们先后提出并验证了融合超宽带技术[8]和光纤传输技术[9]于一体的新技术——光载超宽带无线(UWB-over-fiber)技术[10]。此技术中,首先在中心站产生和调制 UWB 信号,然后通过光纤将 UWB 信号传输至室内接入点(AP)。在接入点将光域的 UWB 信号转换至电域作为下行信号辐射至自由空间,而上行链路则可采用目前成熟的无线通信技术(如无线局域网 WLAN)[11]。可以看出,这种混合模式运行的光载超宽带无线通信技术不仅将超宽带技术的高速率特性用于下行链路信号的长距离分发,同时又利用了现有低成本无线通信技术作为上行链路传送数据。UWB-over-fiber 技术既能利用光纤的巨大带宽和低损耗传输,又能发挥超宽带无线通信灵活方便的优势,最终满足人们"随时、随地"对高速、大容量、长距离、低成本接入的需要,已成为目前无线通信领域研究开发的一个热点[12]。

在光域中直接产生超宽带微波信号是实现 UWB-over-fiber 技术的核心问题。这样不仅可以避免额外的电-光转换,而且利用光学方法产生 UWB 信号还有其他众多的优点,诸如低损耗、宽带宽、抗电磁干扰等[13]。

目前,国内外多家研究机构在光生 UWB 信号方面开展了研究工作,并取得了重要的进展。这些方法根据工作原理大致可分为四类。

(1) 基于光子学微波延迟滤波原理生成 UWB 脉冲信号[14]。该方法通过光学微波延迟滤波引入一个负系数,使两个脉冲的相位相差 π,最后两个脉冲在探测器复合产生 UWB 脉冲信号。清华大学信息科学与技术国家实验室周炳琨小组[15]、加拿大渥太华大学微波光子学实验室姚建平小组[16]、北京交通大学全光网络与现代通信网教育部重点实验室宁提纲小组[17]、爱尔兰都柏林城市大学网络与通信工程研究中心佩里(Perry)小组基于马赫-曾德尔干涉仪[18],北京邮电大学信息光子学与光通信教育部重点实验室林金桐小组基于高非线性光子晶体光纤[19]、华中科技大学武汉光电国家实验室孙军强小组利用周期极化铌酸锂(PPLN)波导[20]，美国加州理工学院电子工程系亚里夫(Yariv)小组、以色列巴伊兰大学工程学院扎多克(Zadok)等利用高非线性光纤联合光带通滤波器[21-22]，西班牙瓦伦西亚理工大学 ITEAM 研究所博莱亚(Bolea)等基于电吸收调制器实现了光生 UWB 信号[23]。

（2）基于相位调制-强度调制(PM-IM)转换原理生成 UWB 脉冲信号。相位调制-强度调制转换可在光域利用色散器件或光学鉴频器实现。清华大学信息科学与技术国家实验室谢世钟小组基于光带通滤波器[24]，香港大学光子学系统实验室黄建业(Wong)小组基于高非线性光纤[25]，上海交通大学区域光纤通信网与新型光通信系统国家重点实验室苏翼凯小组利用光学微环谐振腔[26]，华中科技大学武汉光电国家实验室张新亮小组基于半导体光放大器和密集波分复用器、暨南大学光子技术研究所冯新焕等基于保偏光纤布拉格光栅实现了光生 UWB 信号[27]。

（3）基于频谱整形和频时域映射原理生成 UWB 脉冲信号。首先在光域利用滤波器将光谱整形为对应的单周期或倍周期脉冲形状，然后利用色散元件实现频域到时域的映射。加拿大拉瓦尔大学光学光子学激光中心拉罗谢尔(LaRochelle)小组利用单模光纤联合光纤布拉格光栅实现了光生 UWB 信号[28]。

（4）基于半导体激光器或半导体光放大器的非线性响应特性生成 UWB 脉冲信号。丹麦科技大学光子学工程系余(Yu)等基于半导体激光器的弛豫振荡效应[29]，华中科技大学武汉光电国家实验室余永林等基于半导体光放大器非线性调制响应特性实现了光生 UWB 信号[30]。

上述研究主要集中于产生满足美国联邦通信委员会关于室内无线通信频谱辐射掩模(FCC indoor mask)的高斯脉冲一阶导数或高阶导数的 UWB 冲激脉冲信号，其频率范围限定于 3.1～10.6 GHz。

然而，迅猛发展的无线体域网(wireless body-area networks，WBAN)、智能交通系统(22～29 GHz)以及 60 GHz 高频段无线个域网(wireless personal-area networks，WPAN)等环境则需要不同频段、不同带宽且功率谱平滑的超宽带信号，为此美国 FCC 特别制定了针对不同应用对象的 UWB 辐射掩模标准。

特别是在未来，认知超宽带无线电(cognitive UWB，C-UWB)技术与 UWB-over-fiber 技术的融合更需要在光域直接产生中心频率可动态灵活调节、带宽可控制的 UWB 信号。上述光生 UWB 技术已越来越难以满足未来不同环境的需求。

可见，在光域产生中心频率可调谐、频谱带宽可控、面向不同应用层面的符合FCC 辐射模板的 UWB 信号，将大大拓展 UWB-over-fiber 技术的应用领域。

最近,已有学者陆续提出了可调谐 UWB 信号的光学生成方案。2010 年 2 月,美国普渡大学的卡恩(Khan)等提出了一种基于光子学微腔的 UWB 任意波形生成技术,实现了 UWB 信号中心频率的大范围调谐,但昂贵且复杂的控制装置降低了系统本身的稳定性,且频谱噪声极大[31]。2010 年 11 月,以色列特拉维夫大学的佩莱德(Peled)等提出了一种基于受激布里渊散射放大自发辐射的类噪声超宽带信号产生方法,该方法具有信号中心频率可调节且带宽可变化的优点,但需要大功率的激光信号输入及长距离(>3.5 km)的高非线性光纤,且信号的质量有待进一步提高[32]。

在光注入/光反馈等条件下,半导体激光器可产生强度随机起伏的混沌激光,利用此强度混沌激光在时域上的类噪声随机特性,研究者发展了混沌激光在时域反射测量[33]、高速随机数产生[34]等领域的应用。混沌激光与光纤传感团队发现混沌激光具有中心频率在 3~5 GHz、分数带宽在 80%~120% 的天然宽频谱特性,因此启发我们可利用混沌激光在频域上的宽带特性,在光域直接生成 UWB 信号,产生区别于传统冲激脉冲形式的混沌超宽带微波信号[35],开拓混沌激光在 UWB 技术领域的应用。

5.1.2　基于光注入半导体激光器产生 UWB 微波信号

本节介绍利用外部光注入混沌半导体激光器产生可调谐 UWB 微波信号。该方案基于光注入混合光反馈扰动半导体激光器的宽带混沌激光产生与控制方法,并融合了混沌无线通信技术、微波光子学技术,在光域产生了中心频率可调谐、频谱带宽可控、功率谱平滑的 UWB 微波信号。

1. 系统模型与数值模拟

外部光注入混沌激光器产生超宽带脉冲信号的系统模型如图 5-1 所示。混沌振荡源由从半导体激光器和一个反射系数可调的反射镜组成,另一个主半导体激光器提供外部注入光。在适当的反馈强度下,从半导体激光器将由稳态进入混沌态,从而出射混沌激光,通过注入光可控制该混沌激光的频谱特性。该混沌激光入射到一个外调制器,将一列非归零码序列加载到外调制器上,直接对此混沌激光进行开关键控(on-off keying)调制,从而生成纳秒量级的超宽带混沌激光脉冲信号(Chaotic-UWB pulses)。当脉冲持续时间 T 满足 $T > 1/2\Delta F$(ΔF 为原始混沌信号的 -10 dB 带宽)时,混沌脉冲信号的带宽将与原始连续混沌信号的带宽 ΔF 一致。

在外部光注入光反馈半导体激光器的条件下,系统的理论模型可由下述的光场复振幅 E 和载流子 N 速率方程组来描述:

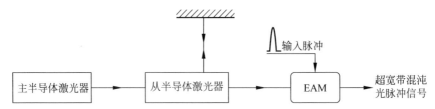

图 5-1　外部光注入混沌激光器产生超宽带脉冲信号的系统模型

$$\frac{\mathrm{d}E}{\mathrm{d}t} = \frac{1 + \mathrm{i}\alpha}{2}\left[\frac{g(N - N_0)}{1 + \varepsilon \mid E \mid^2} - \tau_\mathrm{p}^{-1}\right]E + \frac{k_\mathrm{f}}{\tau_\mathrm{in}}E(t - \tau)\exp(-\mathrm{i}2\pi\nu_s\tau) +$$

$$\frac{k_\mathrm{j}}{\tau_\mathrm{in}}E_\mathrm{j}\exp(\mathrm{i}\Delta\nu t) \tag{5-1}$$

$$\frac{\mathrm{d}N}{\mathrm{d}t} = \frac{I_\mathrm{s}}{qV} - \frac{N}{\tau_\mathrm{N}} - \frac{g(N - N_0)}{1 + \varepsilon \mid E \mid^2}\mid E \mid^2 \tag{5-2}$$

式中,k_j 和 k_f 分别代表注入系数和反馈系数,$\mid E_\mathrm{j} \mid$ 为注入激光器的光场振幅,$\Delta\nu = \nu_\mathrm{j} - \nu_\mathrm{s}$ 为主从激光器之间的光频失谐量,α 为线宽增强因子,反馈时延 $\tau = 218$ ns 对应于实验中的光腔长度,透明载流子浓度 $N_0 = 0.445 \times 10^6$ μm^{-3},阈值电流小信号增益系数 $g = 1.414 \times 10^{-3}$ $\mu m^3/$ns,载流子寿命 $\tau_\mathrm{N} = 2.5$ ns,光子寿命 $\tau_\mathrm{p} = 1.17$ ps,激光在腔内往返周期 $\tau_\mathrm{in} = 7.38$ ps,增益饱和系数 $\varepsilon = 5 \times 10^{-5}$ μm^3,有源层体积 $V = 324$ μm^3。在模拟中,使用一列码长为 2 ns,码速率为 500 Mbit/s 的非归零码序列调制混沌激光,生成 UWB 混沌激光脉冲序列。在激光器混沌振荡的区域内通过改变光注入系数 k_j,从激光器的偏置电流 I_s,失谐量 $\Delta\nu$ 以及线宽增强因子 α,分析输出脉冲的波形、频谱和光谱的状态及内在关系。

图 5-2 为在参数 $\alpha = 5.0$,$\Delta\nu = 6$ GHz,$I_\mathrm{m} = I_\mathrm{s} = 3.88I_\mathrm{th}$,$k_\mathrm{j} = 0.08$,$k_\mathrm{f} = 0.011$ 下生成 UWB 信号的频谱、时序以及对应的光谱图。由图 5-2(a)可以看出,UWB 脉冲频谱带宽达到 6 GHz,且很好地填充了 FCC 所规定的室内频谱掩蔽。通过增加外部光注入有效地改善了混沌脉冲信号的频谱特性,使其频谱更为平坦,并提高了在 FCC 频谱掩蔽范围内的频谱带宽和能量利用率。从图 5-2(c)可以看出,脉冲信号的光谱成分更为丰富,这是导致 UWB 信号带宽增强的直接原因。

为进一步讨论各参量对光注入混沌激光器产生超宽带脉冲信号的影响,分别从外部参量和内部参量两方面进行了研究。

(1) 外部参量的影响

为了分析仿真模型中各个参量对最终输出 UWB 信号频谱特性的影响及内在联系,在其他参量不变的情况下,分别对光注入强度、注入失谐量、从激光器的偏置电流三个外部参量进行了调节,模拟结果如图 5-3 至图 5-5 所示。

降低注入系数至 0.065,即 $\alpha = 5.0$,$\Delta\nu = 6$ GHz,$I_\mathrm{m} = I_\mathrm{s} = 3.88I_\mathrm{th}$,$k_\mathrm{j} =$

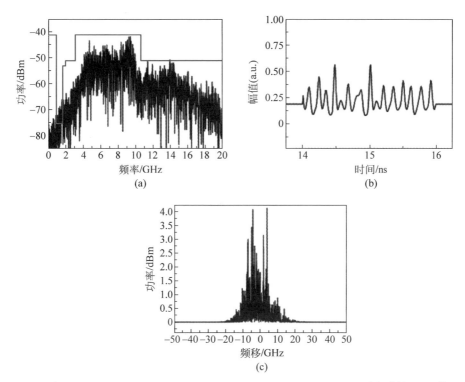

图 5-2　当 $\alpha=5.0$, $\Delta\nu=6$ GHz, $I_m=I_s=3.88I_{th}$, $k_i=0.08$, $k_f=0.011$ 时生成的 UWB 信号

(a) 频谱图；(b) 时序图；(c) 光谱图

0.065, $k_f=0.011$, 脉冲频谱的模拟结果如图 5-3(a)所示。此时, 脉冲信号的频谱带宽降低为 4.8 GHz, 中心频率变为 6.55 GHz。图 5-3(b)和(c)分别为相应的光谱和时序图。图 5-3(d)中实线为 UWB 信号带宽与光注入强度的关系曲线,

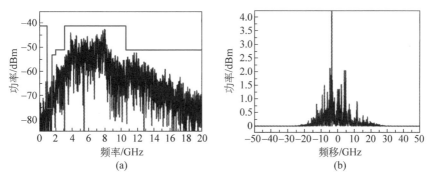

图 5-3　当 $\alpha=5.0$, $\Delta\nu=6$ GHz, $I_m=I_s=3.88I_{th}$, $k_i=0.065$, $k_f=0.011$ 时生成的 UWB 信号

(a) 频谱图；(b) 光谱图；(c) 时序图；(d) UWB 信号的中心频率和 -10 dB 带宽与 k_i 的关系曲线

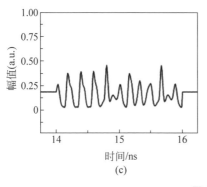
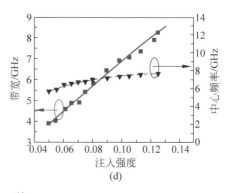

图 5-3 （续）

可以看出当注入系数由 0.05 增大到 0.12 时,带宽由 3.9 GHz 增加到 8.2 GHz。这是由于当注入光强度增加时,它与从激光器的拍频效果会加剧,即差频项振幅增大,对应在频域上,表现为差频频带附近能量分布的增强,从而导致 UWB 信号频谱展宽。

当频率失谐量降低至 3.5 GHz 时,保持其他参量不变,其模拟结果如图 5-4 (a)～(c)所示。由图 5-4(a)可看出,降低主从激光器的失谐量至 3.5 GHz 时,脉冲信号的频谱带宽降低为 3.1 GHz,中心频率为 6.4 GHz。由于主从激光器输出激光频率失谐量的降低,使得混沌激光光谱成分减少,光谱成分间的拍频混频作用相应被弱化,这是 UWB 脉冲频谱带宽降低的原因。图 5-4(d)中实线为带宽与失谐量的关系曲线,由图可看出,当注入失谐量由 3.5 GHz 增大到 10 GHz 时,带宽由 3.1 GHz 增加到 7.9 GHz。当注入失谐量增加时,周期振荡的频率会加大,高频的周期振荡与混沌振荡相互作用引起带宽的展宽。

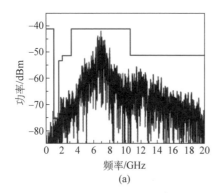
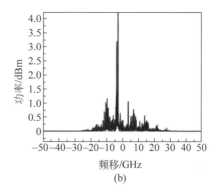

图 5-4 当 $\alpha = 5.0$, $\Delta\nu = 3.5$ GHz, $I_m = I_s = 3.88 I_{th}$, $k_i = 0.08$, $k_f = 0.011$ 时生成的 UWB 信号
(a) 频谱图；(b) 光谱图；(c) 时序图；(d) UWB 信号的中心频率和 -10 dB 带宽与 $\Delta\nu$ 的关系曲线

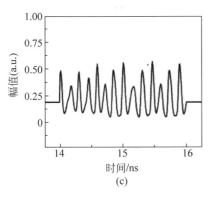 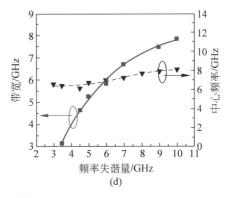

图 5-4　（续）

增大从激光器的偏置电流至 $4.07I_{th}$，所得 UWB 信号频谱的模拟结果如图 5-5(a)所示。由图可见，频谱带宽反而降低为 5.4 GHz，中心频率约为 7.1 GHz。图 5-5(b)和(c)为相应的光谱和时序图。当从激光器的偏置电流由 $3.27I_{th}$ 增加到 $4.07I_{th}$ 时，UWB 信号带宽由 6.16 GHz 降低为 4.98 GHz，关系曲线如图 5-5(d)中实线所示。这是因为频谱上的能量分布是由激光器的本征振荡模式、弛豫振荡引起的边带模式，以及外光注入模式相互作用引起拍频而形成的。偏置电流的增大会导致弛豫振荡频率增加，弛豫振荡的边带模式与注入模式就会趋近，此时，两种模式相互作用的结果使得输出信号的带宽变窄。

以上分析了 UWB 信号的 -10 dB 带宽随三个外部参量的变化情况，此外外部参量的改变也会对 UWB 信号频谱的中心频率有影响，其与光注入强度、注入失谐量、从激光器的偏置电流的关系曲线分别如图 5-3(d)、图 5-4(d)和图 5-5(d)中虚线所示。外部参量的变化会影响 UWB 信号能量在频域上重新分布，或高频段能量增强（图 5-3(a)和图 5-4(a)），或低频段被抑制（图 5-5(a)），这就导致了中心频率对应地在 5～8 GHz 内的小幅变化。

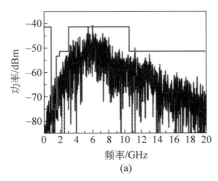 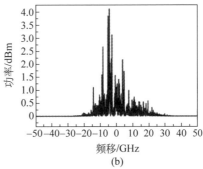

图 5-5　当 $\alpha=5.0,\Delta\nu=6$ GHz, $I_m=3.88I_{th}$, $I_s=4.07I_{th}$, $k_i=0.08$, $k_f=0.011$ 时生成的 UWB 信号
(a) 频谱图；(b) 光谱图；(c) 时序图；(d) UWB 信号的中心频率和 -10 dB 带宽与 I_s 的关系曲线

251

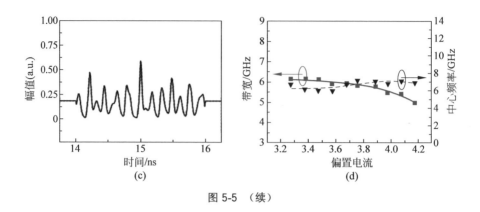

图 5-5　（续）

（2）内部参量的影响

在半导体激光器的诸多内部参数中，线宽增强因子是一个极其重要的参数，它表征了半导体激光器由于载流子密度起伏导致的线宽展宽和啁啾特性，可表示为

$$\alpha = -\frac{\partial x'/\partial N}{\partial x''/\partial N} \tag{5-3}$$

式中，$x=x'+\mathrm{i}x''$ 是电极化率，N 是载流子密度。事实上，线宽增强因子本质上描述的是增益与折射率的耦合强度。不同材料体系和不同结构类型的半导体激光器的线宽增强因子各有不同，正是由于线宽增强因子的存在，半导体激光器的输出才会呈现各种非线性动力学现象，因此有必要研究线宽增强因子对混沌 UWB 信号频谱特性的影响。

将线宽增强因子由 5.0 降低为 4.5，脉冲信号的频谱带宽为 5 GHz，中心频率为 6.6 GHz，结果如图 5-6(a)～(c)所示。UWB 信号的中心频率和 −10 dB 带宽与 α 的关系曲线如图 5-6(d)中实线所示。当线宽增强因子由 2.0 增加到 7.5 时，脉冲信号的带宽由 4.1 GHz 增加到 7.5 GHz。

脉冲信号带宽之所以会随线宽增强因子的增大而加宽，是因为在有外部光注入的情况下，线宽增强因子的存在会导致大量不稳定动态特性的出现。当 α 增加时，表现在光谱上即主要振荡模式和边带模式的不断变化，光谱成分会更加丰富，这两种模式相互作用的加强使得混沌激光输出频谱展宽。线宽增强因子的改变也会对中心频率有影响，如图 5-6(d)中虚线所示。同样地，由于参量的变化导致 UWB 信号能量在频域上重新分布，引起了高频段能量增强，UWB 信号的中心频率小幅度增加。

此外，团队研究了所产生的混沌 UWB 信号在光纤中传输时光纤色散和损耗对其频谱的影响，结果如图 5-7 所示。模拟中，光纤损耗系数为 0.2 dB/km，光纤色散系数为 17 ps/(km·nm)。由于 FCC 室内通信频谱模板中对 UWB 信号的辐射功率限制主要针对 UWB 微波信号在空间的传输，因此，即使仅考虑光纤损耗，

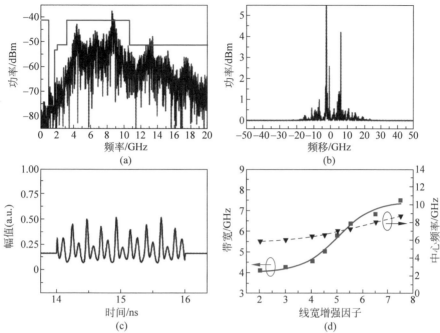

图 5-6　当 $\alpha = 4.5$, $\Delta \nu = 6$ GHz, $I_m = I_s = 3.88 I_{th}$, $k_i = 0.08$, $k_f = 0.011$ 时生成的 UWB 信号

(a) 频谱图；(b) 光谱图；(c) 时序图；(d) UWB 信号的中心频率和 -10 dB 带宽与 α 的关系曲线

为了实现 UWB-over-fiber，也需将光域产生的 UWB 信号的功率高于 FCC 室内通信频谱模板的功率限制。如图 5-7(a) 所示为所产生的 UWB 信号在光纤传输前的功率谱，其整体轮廓符合 FCC 室内通信频谱模板的要求，但是功率要高于 -41.3 dBm。如图 5-7(b)～(d) 所示，分别为此 UWB 信号在光纤中传输 1 km、2.5 km 和 5 km 后的功率谱，可以看出，在长度不超过 5 km 的光纤中传播时，此混沌 UWB 信号受光纤色散的影响较小，频谱轮廓几乎保持不变，而仅是在幅度上等比例地衰减。

图 5-7(e) 和 (f) 分别为此 UWB 信号在光纤中传输 15 km 和 20 km 后的频谱图，由于长距离光纤色散的影响，使得混沌 UWB 脉冲信号发生展宽畸变，从而引起 UWB 信号频谱的变化。可以看出，在小于 4 GHz 的低频区间，能量分布均匀化，频谱轮廓变得平坦；在 8 GHz 和 12 GHz 附近，信号能量降低，频谱轮廓发生一定的凹陷；在 14 GHz 高频部分，信号能量增加，频谱轮廓发生明显的突起。

因此，在混沌光载超宽带无线系统中，大于 15 km 的长距离光纤传输，由于光纤色散的影响会使得 UWB 信号频谱能量的重新分布，导致 UWB 信号频谱轮廓不再严格符合 FCC 室内通信频谱模板的功率谱模板，为此需要引入色散管理机制来补偿光纤色散对 UWB 信号的影响。

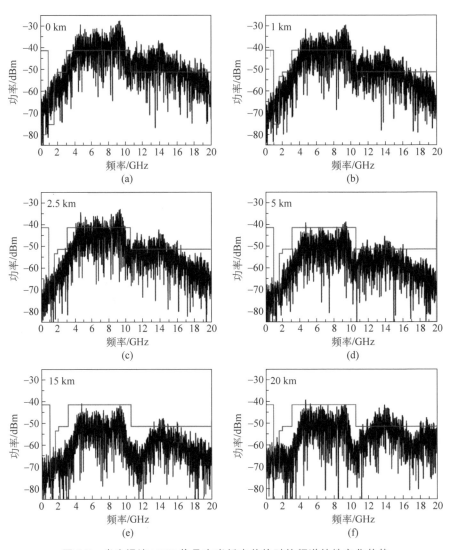

图 5-7 光生混沌 UWB 信号在光纤中传输时的频谱特性变化趋势

2. 实验装置与实验结果

外部光注入混沌激光器产生超宽带微波信号的实验装置如图 5-8 所示。实验中使用一个商用的 DFB-LD 作为从半导体激光器，并通过外加光纤环反馈系统构成一个混沌激光振荡源。在适当的反馈光强度下，半导体激光器将由稳态进入混沌态。另一个 DFB 激光器作为主半导体激光器，通过光耦合器向从激光器注入连续光波用来控制混沌信号的频谱带宽和形状。注入光的功率大小和偏振态由 VOA2 和 PC2 分别控制。当注入光和反馈光的偏振态与从激光器的偏振态方向相同时,可获得最大的耦合效率。输出的混沌激光经过一个光隔离器后入射到一个 10 GHz 带宽的电吸收调制器(EAM)中。实验中利用一列码长为 2.5 ns,码速率为 400 Mbit/s 的非归零码(nonreturn-to-zero codes)序列对此混沌连续光进行开关键控调制,生成一系列纳秒量级的混沌激光脉冲序列。之后,生成的 UWB 混沌激光脉冲经由一个 50 GHz 带宽的超快光电探测器(u^2t XPDV2020)转化为一列混沌超宽带微波脉冲信号。利用 6 GHz 带宽的实时高速示波器(Lecroy 8600A)和 26.5 GHz 带宽的频谱分析仪(Agilent N9020A)检测所产生的 UWB 信号。

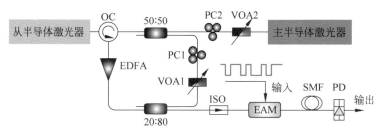

图 5-8　基于光注入混沌半导体激光器产生超宽带微波信号的实验装置示意图

实验中,从激光器的偏置电流设置为 1.5 倍阈值电流,波长利用一个精密的温度控制器稳定在 1553.457 nm。主激光器的出射波长由另一个精密温度控制器控制,从而调节主从激光器之间的光频失谐量。光纤反馈环的长度为 43.6 m。如前所述,当脉冲持续时间 T 满足 $T > 1/2\Delta F$(ΔF 为原始混沌信号的 -10 dB 带宽)时,混沌脉冲信号的带宽将与原始连续混沌信号的带宽 ΔF 一致。在实验中,所产生的原始混沌激光的 -10 dB 带宽为 10 GHz,对应脉冲的极限最小长度应为 0.05 ns,而调制信号的码长为 2.5 ns,远远大于混沌脉冲序列的极限最小长度。因此完全可以便捷地通过改变注入功率的大小和光频失谐量来调节混沌激光的频谱,从而控制所产生的 UWB 信号的频谱。

实验中,调节注入功率为 -7.43 dBm,注入频率失谐量为 8.6 GHz,获得了满足美国联邦通信委员会规定的室内通信频谱模板的混沌 UWB 微波信号,结果如图 5-9 所示。图 5-9(a)所示为 2.5 ns 周期内的混沌脉冲序列,可以看出包含十多个半高全宽约为 100 ps 的超短脉冲。图 5-9(b)中蓝色曲线为所获得的 UWB 信号的频谱,其中心频率为 6.88 GHz,分数带宽为 116%,红色曲线为 FCC 室内通信频谱模板的功率谱模板,灰色曲线为频谱分析仪的基底噪声,此时频谱分析仪的分辨率带宽(Res BW)设置为 3.0 MHz,视频带宽(VBW)设置为 3.0 kHz。可以看出所产生的 UWB 信号完全符合 FCC 室内通信频谱模板的要求,且功率谱平滑。需要说明的是,所获得的每一个 2.5 ns 周期内的超宽带混沌脉冲序列其波形各不相同(这是由混沌系统的类随机特性所决定的),图 5-9(a)的 UWB 混沌脉冲序列只是其中的一个代表样本。图 5-9(b)所得的 UWB 信号的频谱是 UWB 混沌脉冲序列一段时间内的平均值。

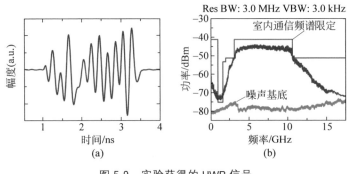

图 5-9　实验获得的 UWB 信号

(a) 时序图；(b) 频谱图

　　如图 5-10 所示为实验中获得的光生 UWB 信号的光谱图。图中黑色曲线为从激光器自由振荡时的输出光谱,绿色曲线为主激光器的输出光谱,蓝色曲线为从激光器在外部注入后的输出光谱,可以看出从激光器的光波长向短波长方向移动发生蓝移现象,输出频率失谐量测得为 8.6 GHz。由于注入光和从激光器波长发生拍频效应,使得振荡的能量发生转移,向高频方向重新分布。

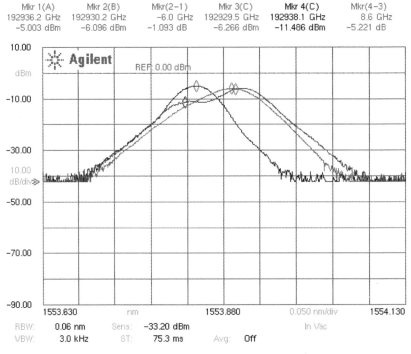

图 5-10　实验获得的光生 UWB 信号的光谱图

如图 5-11 所示为注入功率和注入频率失谐量对 UWB 信号中心频率与带宽的影响。如图 5-11(a)所示,当频率失谐量为 8.9 GHz 时,随着注入功率从 −11.89 dBm 增大至 −7.43 dBm,中心频率从 5.25 GHz 增大至 6.88 GHz,带宽从 5.86 GHz 增大至 8.02 GHz。如图 5-11(b)所示,当注入功率为 −7.43 dBm,随着频率失谐量从 3.5 GHz 增大至 8.9 GHz,中心频率从 5.82 GHz 增大至 6.88 GHz,带宽从 6.26 GHz 增大至 8.02 GHz。可以看出,通过调节注入功率和频率失谐量的大小,可以实现对所产生的 UWB 信号的频谱带宽和中心频率的有效调节。

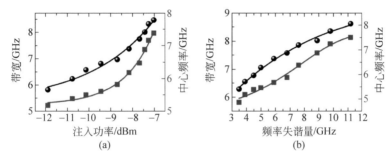

图 5-11　注入功率(a)和注入频率失谐量(b)对 UWB 信号中心频率与带宽的影响

相较于基于光反馈半导体激光器产生的 UWB 信号[36]而言,光注入混沌半导体激光器所产生的 UWB 信号的频谱更加平坦光滑,功率和效率更高,中心频率和带宽更易调节,且满足 FCC 的室内通信频谱模板[37]的要求,这主要归因于附加的外部注入光。在适当的注入条件下,外部注入光和初始的混沌激光场发生拍频效应而激发更高频率的周期振荡、混沌振荡和高频宽带周期振荡的互耦合,从而致使输出混沌激光场的频谱更加平坦、带宽更宽。因此,利用光注入混沌半导体激光器产生 UWB 信号的方法可灵活地调节所得 UWB 信号的中心频率和带宽。

随着注入功率和频率失谐量的进一步增加,实验所获得的 UWB 信号的中心频率和带宽会继续增大,如图 5-12(a)所示为注入功率为 −5.6 dBm,频率失谐量为 11.5 GHz 时所产生的 UWB 信号。此时 UWB 信号的 −10 dB 带宽为 12.6 GHz,频谱轮廓已经越出 FCC 室内通信频谱模板的范围。其光谱如图 5-12(b)中蓝色曲线所示。不过,这也意味着利用本方法可产生 FCC 针对不同应用对象环境制定的 UWB 辐射掩模标准。

由于超宽带系统占用极宽的频带,因此会和现有获批频率使用权的窄带系统重叠,如 GPS、3G、WLAN 等,虽然超宽带系统的发射功率有着非常严格的限制,但是用户依然担心超宽带系统会增加其噪声基底,对其信号产生干扰,降低系统的性能。为此,研究人员将认知无线电技术引入超宽带系统,希望能通过认知无线电技术感知周围的电磁环境,然后调节超宽带系统使用的频段,使其形成凹陷以降低对窄带系

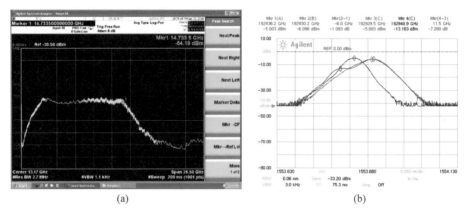

(a)　　　　　　　　　　　　　　(b)

图 5-12　注入功率为－5.6 dBm,频率失谐量为 11.5 GHz 时的超宽带信号

(a) 频谱图；(b) 光谱图

统的干扰,这一技术称为认知超宽带[38]。为此,我们研究了光注入混沌半导体激光器产生超宽带信号的频谱陷波,以期避免与现有窄带系统在频谱上的重叠,研究结果如图 5-13 所示。

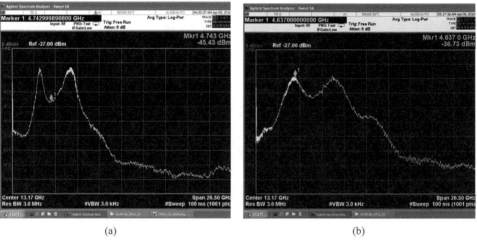

(a)　　　　　　　　　　　　　　(b)

图 5-13　光注入混沌半导体激光器产生超宽带信号的频谱陷波

(a) 实验所获得的 UWB 信号的频谱陷波；(b) 不同频率失谐量下 UWB 信号频谱的陷波效应

如图 5-13(a)所示,为避免与在 5 GHz 左右的 UII 波段系统(如 802.11a)频谱重叠,通过调节注入光与混沌半导体激光器的频率失谐量,实现了所产生的超宽带信号在该频段的陷波。

进一步地,通过调节注入功率和频率失谐量,可实现不同频段处的频谱陷波,如图 5-13(b)所示为 UWB 信号频谱在 6.7 GHz 左右发生陷波的情况。

可以看出,通过适当调节频率失谐量和注入光强度,可以便捷地实现 UWB 信号的频谱在特定频段的陷波,这一特点意味着本节中提出的方法有潜力成为未来 C-UWB 系统的频谱动态可调节和陷波的优选方案。

5.1.3　光脉冲注入半导体激光器产生可调谐超宽带信号

为了获得大范围可调谐的超宽带信号,混沌激光与光纤传感作者团队提出了基于光脉冲注入半导体激光器的非线性单周期振荡混频效应产生超宽带信号的方法,获得了中心频率从 3.73 GHz 至 19.53 GHz 调谐的超宽带脉冲信号输出。

光生可调谐 UWB 微波信号的实验装置如图 5-14 所示。两个商用的 DFB 半导体激光器分别作为主激光器和从激光器。偏置电流为 28 mA 时,它们的弛豫振荡频率约为 4 GHz。通过偏振控制器和可变光衰减器分别控制注入光的偏振态和功率大小。主从激光器的频率失谐量依然通过精密温度控制器调节。主激光器由一信号发生器(Agilent E8257D)调制,产生增益开关光脉冲信号。增益开关光脉冲通过一个光环形器注入从激光器中,利用从激光器的非线性动态响应特性产生超宽带信号,输出的 UWB 信号经过一个掺铒光纤放大器放大后分为两路输出,一路利用光谱仪(Agilent 86140B)测量其光谱,另一路经由一个超快探测器转变为 UWB 微波信号后由 26.5 GHz 带宽的频谱分析仪(Agilent N9020A)和 50 GHz 带宽的取样示波器(Agilent 86100B)测量。

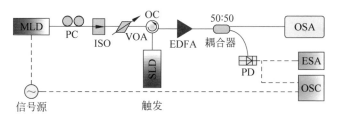

图 5-14　光生可调谐 UWB 微波信号实验装置示意图

实验中,增益开关光脉冲的重复速率为 932 MHz,其频谱如图 5-15(a)所示,频率梳的间隔为 932 MHz,基频的幅度较其他高次谐波的幅度高出至少 16 dB。半导体激光器在光注入下通过调节注入功率和频率失谐量,可进入单周期振荡、倍周期振荡、四倍周期振荡以及混沌等状态。实验中,调节注入从激光器的光功率大小为 $P_{inj}=0.220$ dBm,光频失谐量 $\Delta\nu=-3.7$ GHz($\Delta\nu=\nu_{inj}-\nu_s$,$\nu_{inj}$ 为注入激光器的光频率,ν_s 为从激光器的光频率),使从激光器处于单周期振荡状态,由于光拍频和混频效应使得激光光场的振荡能量在频域发生重新分布,得到的 UWB 信号的频谱如图 5-15(b)所示,可以看出该 UWB 信号的中心频率为 3.73 GHz(对应于两

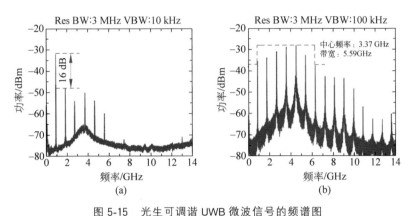

图 5-15　光生可调谐 UWB 微波信号的频谱图

(a) 主激光器输出增益开关光脉冲的频谱；(b) 从激光器输出的 UWB 信号的频谱

个激光器的频率失谐量 3.7 GHz)，−10 dB 带宽为 5.59 GHz。在 10 kHz 频率偏移下，测得该 UWB 脉冲信号的第 4 次谐波(约 4 GHz 附近)的单边带相位噪声 (single side band，SSB)为 −84 dBm/Hz。相比于入射的增益开关光脉冲，由于叠加了两个半导体激光器的弛豫振荡而使所获得的 UWB 脉冲信号的单边带相位噪声恶化。

　　进一步地，作者团队研究了注入功率和频率失谐量对从激光器输出的 UWB 信号的光谱以及功率谱的影响，结果如图 5-16 所示。由于注入光场和从激光器光场的相互耦合作用，使得从激光器的振荡波长发生一定的红移或蓝移(实验中发现红移、蓝移取决于注入光波长和从激光器波长的大小关系：当注入激光波长大于从激光器波长时，从激光器出射波长发生蓝移；反之，从激光器波长发生红移。欧普(Oppo)等对激光器在光注入下发生的频率推斥效应给出了更为详细的理论模拟解释)[39]，为了便于描述和讨论，图 5-16(a)中所标注的波长值和频率失谐量均为光场相互作用后稳定输出时的值。图 5-16(a-Ⅰ)所示为注入功率 P_{inj} = 0.220 dBm 时，通过设置从激光器的自由振荡波长 λ_s = 1553.477 nm 而将频率失谐量 −3.70 GHz 调节为 −19.5 GHz 时所得 UWB 信号的光谱图。图 5-16(b-Ⅰ) 为此 UWB 信号对应的功率谱图，可以看出此时 UWB 微波信号的中心频率为 19.53 GHz，−10 dB 带宽为 5.59 GHz。

　　在其他条件不变的情况下，降低注入功率，当 P_{inj} = −0.629 dBm 时，由于注入功率的减小使从激光器的波长由 1553.477 nm 变为 1553.500 nm，两个激光器的频率失谐量由 −19.5 GHz 变为 −16.7 GHz，光谱如图 5-16(a-Ⅱ)所示。相应地，所产生的 UWB 信号的中心频率变为 16.74 GHz，结果如图 5-16(b-Ⅱ)所示。保持注入功率 P_{inj} = −0.629 dBm 不变，从激光器的波长 λ_s 由 1553.500 nm 调节为 1553.542 nm，由于频率推斥效应，注入的激光在从激光器腔内发生红移，波长从

1553.634 nm 变为 1553.643 nm,频率失谐量变为－12.7 GHz,如图 5-16(a-Ⅲ)所示。图 5-16(b-Ⅲ)所示为对应的 UWB 信号的频谱图,可以看出此时 UWB 信号的中心频率相应地变为 12.60 GHz,带宽变为 3.73 GHz。

实验中,团队尝试通过改变注入激光的波长来调节频率失谐量从而实现 UWB 信号的中心频率大范围调谐。发现当通过温度控制器调节主激光器的波长时会引起所产生的光脉冲的其他参量的变化(如偏振态、强度、脉冲形状等),从而导致从激光器出现混沌振荡或注入锁定状态,影响所产生的 UWB 信号的质量。

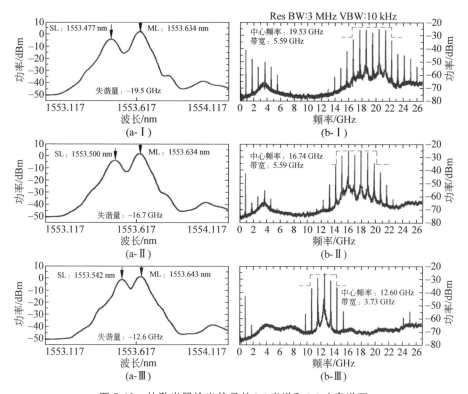

图 5-16　从激光器输出信号的(a)光谱和(b)功率谱图

(a-Ⅰ),(b-Ⅰ)P_{inj}＝0.220 dBm,λ_s＝1553.477 nm；(a-Ⅱ),(b-Ⅱ)P_{inj}＝－0.692 dBm,

λ_s＝1553.500 nm；(a-Ⅲ),(b-Ⅲ)P_{inj}＝－0.692 dBm,λ_s＝1553.542 nm

如图 5-17(a)所示为注入光波长 λ_{inj}＝1553.634 nm 时,注入功率从－0.799 dBm 到 0.220 dBm 变化对所产生的 UWB 信号的中心频率和带宽的影响。此时,随着注入功率的增大,UWB 信号的中心频率从 15.82 GHz 增大至 19.53 GHz,而带宽基本保持在 5.6 GHz。注入功率在此区间内变化时,SLD 会振荡在单周期状态,而当注入功率不在该区间时,会导致 SLD 发生其他非线性振荡,致使 UWB 脉冲信号消失。

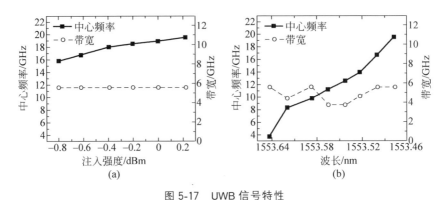

图 5-17   UWB 信号特性

(a) UWB 信号的中心频率和带宽随注入强度的变化关系曲线，$\lambda_{inj} = 1553.634$ nm；

(b) UWB 信号的中心频率和带宽随从激光器波长的变化关系曲线，$P_{inj} = 0.220$ dBm

图 5-17(b) 显示了当注入功率保持在 $P_{inj} = 0.220$ dBm 时，UWB 信号的中心频率和带宽随从激光器波长的变化趋势。可以看出，当从激光器的波长由 1553.643 nm 减小至 1553.477 nm 时，UWB 信号的中心频率从 3.73 GHz 变为 19.53 GHz。在此过程中，UWB 信号的 −10 dB 带宽在 3.73～5.59 GHz 内随机起伏，这主要是由于在调节波长的过程中，从激光器的偏振状态的随机变化导致的。事实上，如果能稳定保持注入光和从激光器的偏振态在波长调谐过程中方向始终一致，那么所产生的 UWB 信号的带宽应该基本保持在 5.6 GHz。不过这也意味着，通过偏振控制器改变注入光的偏振状态，可以在一定程度上调节所产生的 UWB 的 −10 dB 带宽。

光生 UWB 信号在光纤中的传输对其频谱的影响是实现 UWB-over-fiber 技术的一个关键问题。为此，我们研究了所产生的 UWB 信号在光纤中的传输性能，结果如图 5-18 所示。图中上部蓝色曲线为所产生的 UWB 信号的频谱，下部黄色曲线为该 UWB 信号传输 10 km 后所得的频谱，可以看出此 UWB 信号在光纤中传输 10 km 后，频谱轮廓基本保持不变，而仅是由于损耗导致的幅度上的整体下降，这一特性对其在 UWB-over-fiber 系统中的应用至关重要。

由于频谱分析仪带宽的限制，所产生的 UWB 的中心频率变化范围最大只能观察到接近 20 GHz。不过，基于单周期振荡混频方法所产生的 UWB 信号的中心频率期望可以达到更高的频段，因为有研究者已在实验中获得了振荡频率超过 90 GHz 的单周期状态[40-41]。因此，有望利用该方法产生 22～29 GHz 频段用于汽车防撞雷达以及 60 GHz 频段用于超宽带 WPAN 系统的 UWB 信号。

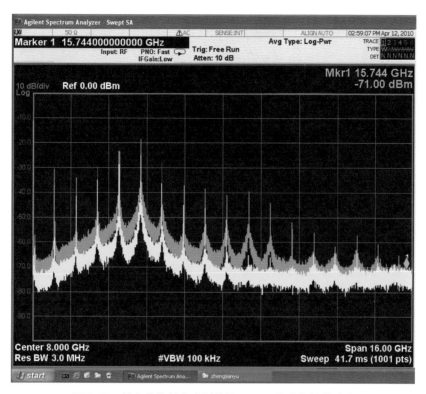

图 5-18　超宽带信号在光纤传输 10 km 前后的频谱对比

5.1.4　直接调制光反馈半导体激光器产生混沌 UWB 信号

本节提出并论证了一种简单、经济的方案——无需额外的电光调制器,直接电流调制光反馈半导体激光器产生混沌 UWB 脉冲信号。所产生的混沌 UWB 脉冲信号不仅具有可控的频率带宽和可调谐的中心频率,而且在未经任何色散补偿情况下,在频谱的形状几乎没有发生变化的条件下,实现了 34.08 km 光纤传输,相比于团队前期的工作,在 UWB 信号的传输距离与传输性能上有了明显的改善。

1. 实验装置和实验结果

混沌激光是激光器输出不稳定性的一种特殊形式,此时尽管激光器的动态特性同样可以由确定的速率方程来描述,但是激光器的输出(光强、波长、相位)在时域上不再是稳态,而是类噪声的随机变化,半导体激光器受到反馈光的扰动,其输出会出现从低频起伏到混沌[42],从倍周期到混沌的演变过程。实验中,将半导体激光器的偏置电流和反馈强度调节到适当的条件,使得激光器产生混沌振荡后输出连续的混沌激光,而后利用随机序列直接对激光器进行内调制,产生混沌脉冲序列,每一个混沌脉冲序列包含数十个幅度随机起伏的混沌脉冲。如上所述,直接调制半导体激光器产生混沌脉冲微波信号的实验装置如图 5-19 所示。

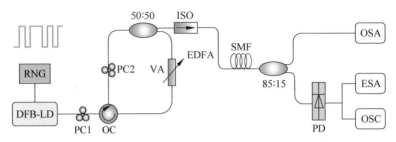

图 5-19　直接调制半导体激光器产生混沌脉冲微波信号的实验装置图

实验中,激光器的阈值电流为 16 mA,光纤反馈环长为 5.6 m。为了产生符合 FCC 室内频谱通信模板要求的频谱,通过优化偏置电流、反馈强度和调制速率来实现,如图 5-20 所示为直接调制半导体激光器随机码的时序图以及当偏置电流为 32 mA、反馈强度为－4 dBm、调制速率为 960 Mbit/s 时混沌 UWB 脉冲信号的频谱图、时序图和光谱图。图 5-20(a)为用于直接半导体激光器的随机码的时序图。在图 5-20(b)中,最上边的曲线为所产生混沌 UWB 脉冲信号的频谱,其－10 dB 带宽可以达到 9.6 GHz,相对带宽 155％,中心频率为 6 GHz,中间的曲线为 FCC 室内频谱通信模板,下层的曲线为频谱仪噪声基底,可以看出实验产生的混沌 UWB 脉冲信号的频谱较好地满足了 FCC 室内频谱通信模板的要求。直接调制光反馈半导体激光器输出的混沌 UWB 脉冲序列如图 5-20(c)所示,从插图中可以看出混沌 UWB 脉冲序列的长度为 4 ns,大约包含了 20 个脉冲,所以每一个脉冲的半高全宽为 100 ps。通过温度控制器将分布反馈式半导体激光器的中心波长稳固在 1549.572 nm,－20dB 的线宽为 0.2 nm,如图 5-20(d)所示。

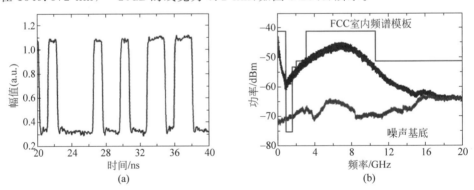

图 5-20　随机码与混沌 UWB 的输出特性

(a) 直接调制激光器的随机码的时序图;(b) 实验产生的混沌 UWB 脉冲信号的频谱图;(c) 时序图;(d) 光谱图

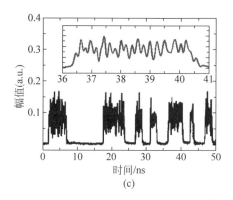

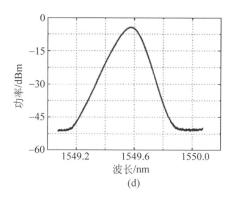

(c)　　　　　　　　　　　　　　(d)

图 5-20　（续）

2. 偏置电流、反馈强度和调制速率对－10 dB 带宽和中心频率的影响

实验研究了偏置电流、反馈强度和调制速率对所产生的混沌 UWB 信号的频谱特性的影响,实现了混沌 UWB 信号的频谱带宽可控、中心频率可调谐输出。实验中,固定反馈强度为－4 dBm、调制速率为 960 Mbit/s,调节偏置电流,如图 5-21(a)~(c)所示,当偏置电流分别为 $1.4I_{th}$、$1.7I_{th}$、$2.0I_{th}$ 时,对应的混沌 UWB 信号的－10 dB 带宽分别为 7.8 GHz、8.7 GHz、9.6 GHz,中心频率分别为 4.9 GHz、6.2 GHz、6.6 GHz。UWB 信号的－10 dB 带宽和中心频率与偏置电流的关系曲线如图 5-21(d)所示,随着偏置电流的逐渐增大($1.1I_{th}$~$2.0I_{th}$),－10 dB 带宽逐渐增加(5.6~9.6 GHz),中心频率逐渐增大(3.8~6.6 GHz)。

固定偏置电流为 $2.0I_{th}$、调制速率为 960 Mbit/s,调节反馈强度,如图 5-22(a)~(c)所示,当反馈强度分别为－12 dBm、－8 dBm、－4 dBm 时,对应的混沌 UWB

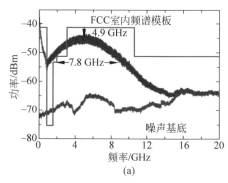

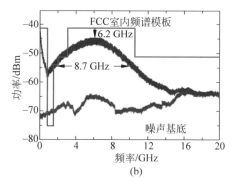

(a)　　　　　　　　　　　　　　(b)

图 5-21　实验频谱图及带宽和中心频率随偏置电流变化

(a)~(c) 偏置电流分别为 22 mA、27 mA、32 mA 时的实验频谱图;

(d) －10 dB 带宽和中心频率随偏置电流变化的实验曲线

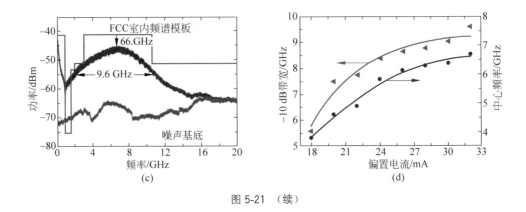

图 5-21 （续）

信号的$-10\,dB$带宽分别为$8.0\,GHz$、$8.75\,GHz$、$9.6\,GHz$，中心频率分别为$4.2\,GHz$、$5.7\,GHz$、$6.6\,GHz$。混沌 UWB 信号的$-10\,dB$带宽和中心频率与反馈强度的关系曲线如图 5-22(d)所示，随着反馈强度的逐渐增大$(-14.0\sim-4.0\,dBm)$，$-10\,dB$带宽逐渐增加$(7.8\sim9.6\,GHz)$，中心频率逐渐增大$(4.0\sim6.6\,GHz)$。

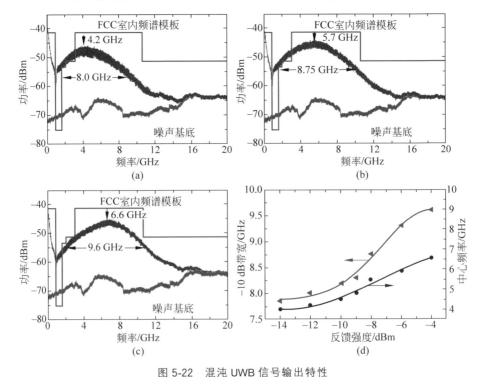

图 5-22　混沌 UWB 信号输出特性

(a)~(c) 反馈强度分别为$-12\,dBm$、$-8\,dBm$、$-4\,dBm$ 时的实验频谱图；

(d) $-10\,dB$ 带宽和中心频率随反馈强度变化的实验曲线

固定偏置电流为 32 mA,反馈强度为 -4 dBm,改变调制速率,当调制速率分别为 360 Mbit/s、720 Mbit/s、960 Mbit/s 时的频谱图如图 5-23(a)~(c)所示。UWB 信号的 -10 dB 带宽和中心频率与调制速率的关系曲线如图 5-23(d)所示,随着调制速率的逐渐增大(240~960 Mbit/s),-10 dB 带宽会出现小幅度的增加,中心频率几乎没有变化。随着调制速率的增大,混沌脉冲序列的宽度逐渐变窄,导致混沌 UWB 信号的频谱出现小幅度展宽,而中心频率几乎没有变化。

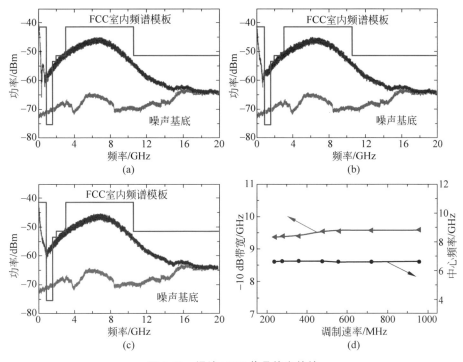

图 5-23　混沌 UWB 信号输出特性

(a)~(c)调制速率分别为 360 Mbit/s、720 Mbit/s、960 Mbit/s 时的实验频谱图;
(d)UWB 信号的频谱的 -10 dB 带宽和中心频率随调制速率变化的实验曲线

如果进一步增大偏置电流和反馈强度,-10 dB 带宽和中心频率将会继续增加,但是产生的混沌 UWB 脉冲信号的频谱将超出 FCC 室内频谱通信模板的限制。直接调制光反馈半导体激光器会出现很丰富的动态特性,如周期振荡、低频振荡、混沌[41-43]。本节中,直接调制光反馈半导体激光器产生混沌 UWB 信号,研究仅限于偏置电流从 $1.1I_{th}$ 到 $2.0I_{th}$,反馈强度从 -14 dBm 到 -4 dBm,调制速率从 240 Mbit/s 到 960 Mbit/s 这样的范围内,如果三个参量超出上述的变化范围,直接调制光反馈半导体激光器的输出特性将会出现其他的动态特性。

3. 混沌 UWB 信号的传输特性

进一步研究所产生的混沌 UWB 信号在光纤中的传输特性,检测混沌 UWB 信号频谱形状随传输距离的变化趋势。如图 5-24 所示,设定偏置电流为 32 mA、反馈强度为 −4 dBm、调制速率为 960 Mbit/s,将混沌激光脉冲经 EDFA 放大后进行长距离的光纤传输,可以看到分别经 10.14 km、23.94 km、34.08 km 的光纤传输后,混沌 UWB 信号的频谱形状几乎没有变化,只是在能量上因为光纤的传输损耗有着不同幅度的衰减,这是因为频谱形状的变化主要取决于混沌 UWB 脉冲的形状变化,而实验中,对于直接调制的光反馈 DFB 激光器的输出光的线宽相对较窄,在光纤传输中,窄线宽的混沌 UWB 脉冲受光纤色散的影响较小,所以光纤色散效应并没有导致 UWB 信号的脉冲形状发生明显的畸变,从而使得混沌 UWB 信号的频谱几乎没有变化,这意味着此系统下所产生的混沌 UWB 信号受光纤色散的影响非常小。此外,在混沌 UWB 信号的功率谱中没有出现离散的谱线,这说明无需引入抖动或者优化调制格式来缓解由离散的功率谱带来的消极影响,降低了系统的成本和复杂度。

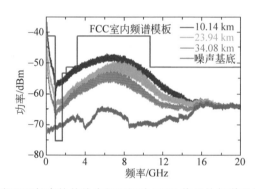

图 5-24　在不同长度的传输光纤下混沌 UWB 信号的频谱形状变化趋势

5.2　混沌超宽带微波光子远程测距技术

5.2.1　引言

如前文所述,超宽带雷达有诸多优点,但是,宽带探测信号用传统的同轴电缆和波导传输线路传输损耗大,作用距离短,雷达天线与控制中心距离受限仅为数米到数十米,使得宽带雷达在军事和民用领域应用中均受到限制。众所周知,军事上雷达天线是一个辐射源,也是敌方袭击的目标。天线与控制中心的距离若靠得太近,一旦天线遭受飞机或导弹袭击,势必殃及控制中心,毁掉整个雷达系统,并危及指挥和操作人员的安全。此外,对于架设在恶劣环境条件如雪山顶、岛屿的雷达系统,操作人员必须在恶劣的环境中进行操作和设备维护。而工业上也存在同样的问题:如在粉尘大、环境恶劣的黑暗储煤仓中,微波测距雷达对煤仓中料位的测量无法实现远程控制,对料位进行实时监控、设备维护也必须在恶劣的现场环境中解决。因此雷达天线的远程化技术研究是一个具有重大军事价值和实用价值的课题[41]。为了拓宽超宽带信号的有效覆盖范围,研究者提出了光载超宽带无线电技术,将光纤作为一种低损耗介质,信号通过光纤传输,低损耗到达用户基站,通过光电探测器转变为电信号,再通过超宽带天线发射和接收信号。这样就能大大提高超宽带微波无线电的空间有效作用距离[42]。

基于混沌激光实现混沌激光测距雷达,具有截获概率低、抗干扰能力强、精度高且与距离无关等诸多优点。而且,利用混沌激光,很容易实现雷达的远程控制,混沌激光对色散不敏感,无需色散补偿,能够在光纤中传输几十千米到达远程天线端,实现雷达的远程控制[43]。

本节将介绍一种混沌超宽带微波光子远程测距传感系统。本系统结合前期混沌超宽带信号产生和传输的工作,利用光反馈加光注入半导体激光器产生的混沌激光作为雷达的探测信号。实现了 24 km 的光纤远程控制,8.03 m 的自由空间单、双目标物的测距,并获得了 3 cm 的单目标空间分辨率和 8 cm 的双目标空间分辨率。本系统结合了光载超宽带无线电技术和混沌相关测距技术,既可实现超宽带测距雷达的远程控制,又可获得高空间分辨率。

5.2.2　实验装置和原理

如图 5-25 所示为混沌超宽带微波光子远程测距系统装置图。中心站混沌源由光反馈加光注入半导体激光器构成。其产生的混沌激光信号经过一个 80∶20 的光纤耦合器分成两路:一路作为探测信号;另一路作为参考信号。未经过任何色散补偿处理的探测信号经过 24.15 km 的 SMF1 传输,到达远程天线端。在远程天线端通过调节可调光衰减器控制光信号的强度,混沌激光信号经 PD1 转变为相应的混沌超宽带电信号,经 AMP1 放大后由超宽带天线(TX Antenna)发射。探测信号遇到空间目标后部分反射,反射信号由同样型号的天线(RX Antenna)接收,再经过 AMP2 放大,通过对激光器进行线性强度调制,转变成相应的光信号。该光信号由光放大器放大后经 24.15 km 的 SMF2 传输,回到中心站,经过 PD3 后混沌激光信号转变成超宽带混沌电信号与经过 48 km 的 SMF3 传输的参考信号进行互相关计算,得到目标的距离信息。参考信号和反射信号由实时示波器进行采集和存储,再由计算机进行相关运算后并显示结果,利用信号分析仪观测各路信号的功率谱。

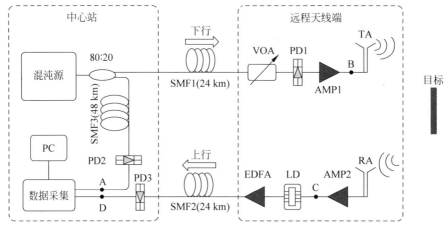

图 5-25　混沌超宽带微波光子远程测距系统实验装置图

由于混沌信号有细锐的 δ 函数相关形式,因此可以通过对参考信号与目标反射信号作互相关运算来确定反射事件的位置,即目标位置。参考信号是时间 t 的函数 $X(t)$,则携带目标位置信息的探测信号与时间的函数关系为 $a \cdot X(t-\tau)$,其中 a 是微波信号在空气中的损耗系数,τ 是探测微波信号在空气中的传播时间。则有两个信号的互相关运算的关系式:

$$X(t) * a \cdot X(t-\tau) \approx a \cdot \delta(\tau) \tag{5-4}$$

其中,相关曲线的峰值位置对应于时间 τ,那么目标的位置距离天线的距离为 $c \cdot \tau/2$,其中 c 是真空中的电磁波速度(近似认为空气中的电磁波速为真空中的电磁波速)。

实验中所用的 PD1、PD2(New Focus Model 1554-B)的带宽均为 12.5 GHz,PD3 的带宽为 40 GHz,AMP1(A-INFO LA1018N3209)和 AMP2(A-INFO LA1018N2420)的带宽均为 1~18 GHz。其中,实验中用高速实时示波器(LeCroy SDA806 Zi-A)和信号分析仪(Agilent N9020A)观测信号的时序和功率谱,实时示波器的带宽和采样率分别为 6 GHz 和 20 GS/s,信号分析仪的带宽为 26.5 GHz。

5.2.3　实验结果与分析

1. 测距实验结果

混沌超宽带微波光子远程测距系统的探测信号特征如图 5-26 所示。半导体激光器的输出波长稳定在 1549.770 nm。当激光器的偏置电流为 22 mA(1.4 倍阈值电流),反馈光功率为 -11.55 dBm,注入功率为 1.76 dBm,频率失谐量为 7.1 GHz 时,产生的混沌探测信号的时序和功率谱分别如图 5-26(a)和(b)所示,其平均功率为 -6.2 dBm,可以看到该探测信号的频带宽而平坦,-10 dB 带宽达到 18 GHz。图 5-26(c)是其自相关曲线,且旁瓣水平很低。图 5-26(d)是信号时序的峰值分布图,从图中可以看出该分布属于类高斯分布,该混沌信号时序幅度在 0 V 两边分布均匀,表明该混沌信号有很好的随机性,以此为探测信号的超宽带测距雷达具有优良的抗干扰性。

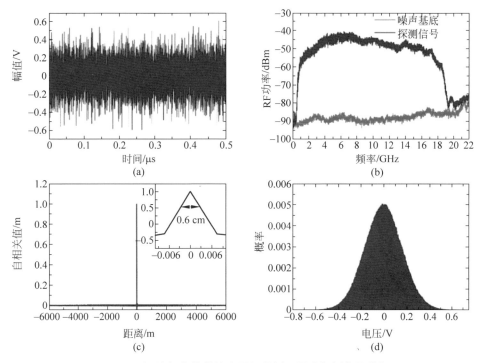

图 5-26　混沌超宽带微波光子远程测距雷达探测信号特征

(a) 时序图;(b) 频谱图;(c) 自相关曲线;(d) 幅值分布

　　混沌超宽带微波光子远程测距雷达单目标测距实验结果如图 5-27(a)所示,其中,目标物是大小为 35 cm$\times35$ cm 的金属薄板,如图所示为目标距离天线分别为 1.01 m、2.01 m、2.53 m 和 3.06 m 时的探测信号与参考信号的互相关曲线。如图所示,目标的位置被相关峰清晰地标示出来。随着天线与目标物的距离变远,超宽带信号在自由空间的衰减增大,其互相关信号的峰值也随之变低。

　　进一步,实验研究了同一时刻实现双目标物的距离测量。图 5-27(b)为尺寸相同的双目标空间测距的实验结果。实验中的目标物是两个 35 cm$\times35$ cm 的金属薄板。图中蓝色曲线的互相关曲线是两个目标分别在距离混沌雷达发射天线

1.51 m 和 1.65 m 时的结果。图中红色曲线是两个目标分别距离混沌雷达发射天线 2.20 m 和 2.35 m 的测量结果。如图中所示,两个目标的位置清晰地被相关峰值标示出来。

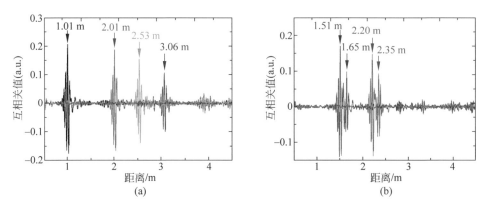

图 5-27　混沌超宽带微波光子远程测距雷达单目标测距实验结果

(a) 单目标空间测距实验结果;(b) 双目标空间测距实验结果

图 5-28 为不同尺寸的双目标测距的实验结果,在这个实验中,两个目标不再是一样大的两个金属板,其中一个目标仍是 35 cm×35 cm 的金属薄板,另一个目标则是风淋室,而金属薄板置于风淋室通道中。发射天线和接收天线均正对目标金属板,图中的曲线为系统的测距实验结果:其中,第一个峰值代表的是风淋室的距离,为 3.89 m;第二个峰值代表的是目标金属板的距离,为 4.09 m。由于金属板的反射信号比风淋室强,所以图中置于风淋室通道内的金属板的相关峰值比风淋室的相关峰值要高。

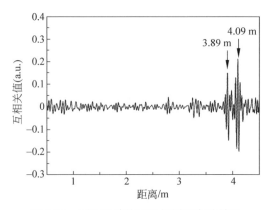

图 5-28　不同尺寸的双目标测距实验结果

2. 空间分辨率

混沌信号相关测距技术的空间分辨率是由混沌信号自相关曲线的半高全宽来决定的,主峰的半高全宽越窄,系统的空间分辨率越高。另外,由维纳-辛钦定理可知,信号自相关函数和其功率谱是一对傅里叶变换对,所以自相关函数的半高全宽又主要取决于混沌信号的带宽,信号的带宽越宽,其自相关函数的半高全宽越窄,其空间分辨率越高。本实验中探测信号的自相关曲线如图 5-29 所示,其 FWHM约为 0.6 cm。实验产生的混沌信号带宽很宽,能够达到 18 GHz,其距离分辨率能够达到 0.3 cm,但是,由于系统的空间分辨率受限于实时示波器 6 GHz 的带宽,所以该系统的极限分辨率为 0.6 cm。

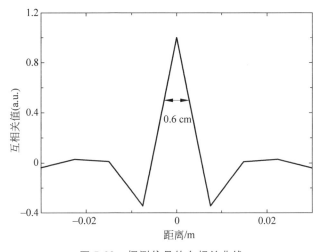

图 5-29 探测信号的自相关曲线

但是,在实验中,由于受到空间其他信号干扰、探测信号在连接传输电缆中的色散以及所用其他电子器件带宽的影响,系统实际的距离分辨率大于 0.6 cm。为确定该测距雷达系统的实际距离分辨率,采用参考文献 [30] 中所利用的方法:实验中,两个天线互相对准对方,发射天线和接收天线之间没有任何障碍物,使发射天线发射的信号直接被接收天线接收,接收信号和发射信号的互相关曲线如图 5-30(a)所示,其半高全宽为 6 cm,所以该系统的空间测距的分辨率 3 cm,即系统的实际距离分辨率为 3 cm。

进一步,如图 5-30(b)所示,我们把目标物放在距离雷达约 1.49 m 处,用该混沌雷达系统探测其距离,实验结果如红色曲线所示,然后把目标物后移 3 cm,混沌雷达系统探测实验结果如蓝色曲线所示。这也是在实验中该测距系统能够分辨的单目标物的最小距离,从而验证该测距雷达系统的单目标距离分辨率为 3 cm。图中插图是两个互相关峰值的放大。

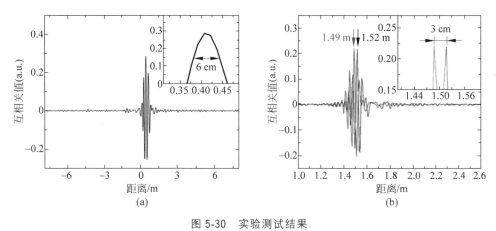

图 5-30　实验测试结果

（a）两个天线之间相距 0.5 m 的互相关曲线；（b）单目标的空间距离分辨率实验结果

为了实验分析该系统在多目标测距时两个目标之间的分辨能力，在实验过程中，改变两个目标之间的距离，使之逐渐变小。双目标之间的距离分辨率的测试结果如图 5-31 所示，在两个目标之间距离为 8 cm 时，两个峰值还很明显，再减小它们之间的距离，第二个峰值就不再能够被清晰地分辨出来。这是因为当两个目标接近时，标示这两个目标的主峰和它们的旁瓣就会接近，当它们的旁瓣在同一个位置时，它们的旁瓣相互叠加，导致相关曲线中标示目标位置的峰的高度低于旁瓣的高度，主峰淹没在旁瓣中，不能够被分辨出来。图中的插图能够十分清晰地分辨出两个目标之间的距离为 8 cm。由此，实验确定的该系统的双目标之间的距离分辨率为 8 cm。

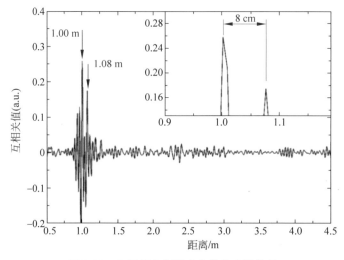

图 5-31　双目标空间距离分辨率实验结果

3. 动态范围测量

为评估平均功率为 -6.2 dBm 的混沌探测信号在现有实验装置条件下的实际可测范围,实验通过对空间距离分别为 0.69 m、1.57 m、2.02 m、2.51 m、3.11m、3.63 m、4.11 m、4.60 m、5.24 m、5.80 m、6.54 m、7.08 m、7.61 m 和 8.18 m 的单目标进行测量,对其峰值噪声水平（peak noise level,PNL）进行了分析。

$$PNL = 10\lg\frac{C_1}{C_2} \tag{5-5}$$

式中,C_1 是反射峰的峰值,C_2 是除反射峰以外最高噪声的峰值。通过分析其峰值噪声水平与空间传输距离的关系,得到该功率下混沌信号的测量动态范围。实验结果如图 5-32 所示,结果表明该功率的探测信号在现有的实验装置下可以实现的空间测量距离为 8.03 m。

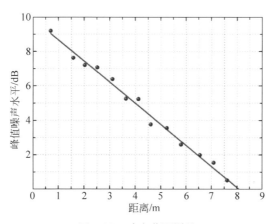

图 5-32　动态范围测量

4. 数据采集系统的带宽对系统分辨率的影响

本节介绍的混沌超宽带微波光子远程测距系统的混沌信号源产生的探测信号的带宽为 18 GHz,但是采集数据的实时示波器的最大带宽为 6 GHz,从而会限制系统的测距精度。为此,我们研究了不同采集带宽下,系统的距离分辨率。当示波器的采集带宽设置为 1 GHz 时,探测信号自相关曲线的 FWHM 为 5.30 cm,即系统的极限分辨率为 5.30 cm;当采集带宽设置为 4 GHz 时,探测信号自相关曲线的 FWHM 为 0.98 cm;继续增大采集带宽到 6 GHz 时,探测信号自相关曲线的 FWHM 为 0.60 cm。实验结果如图 5-33 所示,图 5-33（a）是高速示波器采集带宽分别设置为 1 GHz、3 GHz、4 GHz 和 6 GHz 时,所测量的探测信号的自相关曲线,图 5-33(b)为示波器采集带宽和所测量探测信号的自相关曲线的 FWHM 之间的关系。可以看到,所采集的探测信号带宽越宽,其对应的相关曲线的半高全宽越窄,则测距精度越高。

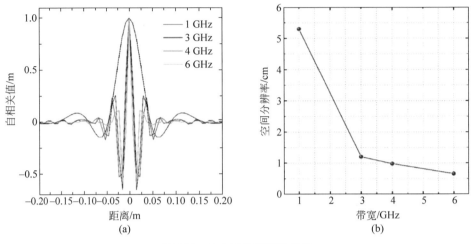

图 5-33　FWHM 和带宽的关系

5. 信号失真对测距的影响

空间其他电磁波信号的干扰、探测信号自身色散以及其他实验器件带宽和噪声都会影响系统的测距性能,然而,由于混沌探测信号具有极强的抗干扰能力,尽管受到上述各类因素的影响,本系统测量单个目标距离分辨率依然可以达到 3 cm。如图 5-34 所示,图中灰色曲线是信号分析仪的噪声基底。图 5-34 中的红色功率谱曲线对应于图 5-25 系统装置中 A 点的功率谱,即中心站光域产生的信号的功率谱,带宽可达 18 GHz。图 5-34 中的黑色谱线是 B 点的混沌探测信号的功率谱,即该雷达系统的探测信号功率谱。由于低噪声放大器的带宽为 1~18 GHz,所以,混沌信号在 1 GHz 以下的频率成分被滤掉。图 5-34 中的蓝色谱线是系统中 C 点信号的功率谱,即接收天线接收到的目标反射信号和空气中电磁波信号的混合信号经微波放大器后的输出信号。由于空气中存在传输损耗,且信号频率越高衰减越大,所以 C 点处接收到的信号高频能量远低于低频信号的能量。图 5-34 中的绿色谱线为系统中 D 点的探测信号的功率谱,即采集的目标反射信号,受限于 10 GHz 的激光器调制带宽,回波信号的带宽会大大减小。实验中由图 5-34 中黑色对应参考信号与绿色对应的探测信号作互相关运算得到目标的距离信息,实现远程测距。由图可见,尽管探测信号失真比较严重,但是由于混沌信号良好的抗干扰性能,系统也有很好的测距性能。

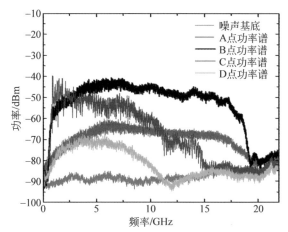

图 5-34　系统中不同位置处的信号功率谱曲线

红色：中心站光域产生的混沌信号的功率谱；黑色：雷达探测信号的功率谱；

蓝色：接收天线接收到的目标反射信号和空气中电磁波信号的混合信号

经微波放大器后的输出信号；绿色：采集的目标反射信号功率谱

5.3　混沌微波光子远程水位监测技术

随着科学技术的迅猛发展，由于人们不合理地开发自然环境、发展经济导致生态平衡被严重破坏，灾害发生的频率不断上升，严重威胁着人类的生存。要做好防洪减灾，提高检测和预防手段是前提。

为了进一步提高非接触式远程水位监测的检测精度和实现实时监控水位，团队结合光载微波技术和混沌相关测距技术，综合了微波水位传感器和光学水位传感器的优点，提出了一种基于混沌激光的微波光子远程水位传感监测技术，能够实现对远程水位的实时监控。实验产生了带宽为 18 GHz 的探测信号，通过 24.15 km 的光纤传输实现对远程水位实时监控，实验得到了 2 cm 的空间分辨率，非常接近理论分辨率（1.6 cm）。系统能够实现远程水位监控的同时达到高的分辨率。该技术在防洪工程预警、煤矿生产水位监控、高山峡谷的洪水监控站、海洋或岛屿的资源开发站等领域都有重要的应用前景，可将工作人员从危险环境的水位勘测环境中解放出来。

5.3.1　实验装置

基于混沌激光的远程水位传感器实验装置如图 5-35 所示。实验系统主要分为三个部分：中心站、远程天线端和传输链路。首先，在中心站，利用光注入加光反馈产生超宽带混沌激光,经过一个 80:20 的耦合器分为两路:一路是探测光,一路是参考光。探测光通过一个可调光衰减器控制其探测光信号功率大小,适当功率的光信号经过 24 km 的 SMF1 传输到达远程天线端,由 PD1(12.5 GHz)转换成电信号,由 AMP1(1~18 GHz)放大后由超宽带发射天线(TA,1~18 GHz)发射。探测信号在水面处反射,由超宽带接收天线(RA,1~18 GHz)接收,经过 AMP2(1~18 GHz)放大,通过调制半导体激光器光信号直接转换成相应的电信号,转换后的光信号经过另一根 24 km 的 SMF2 传输回到中心站,经过掺铒光纤放大器光信号放大以后,在中心站实现信号采集。其中,参考信号经过一根补偿光纤(SMF3)传输后被 PD2(12.5 GHz)转换成电信号在中心站采集。水位的高度通过探测信号和参考信号的互相关运算得出,在实验开始之前,通过一个确定的水位高度对远程水位传感系统校准。

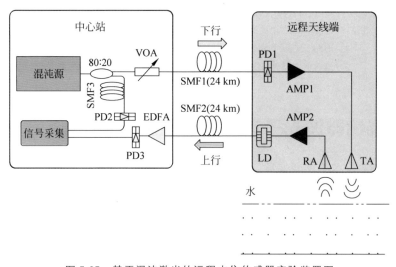

图 5-35　基于混沌激光的远程水位传感器实验装置图

5.3.2　远程水位传感器探测信号特征与传输特性

实验中,从激光器工作在 1.4 倍阈值电流,中心波长为 1549.770 nm。如图 5-36 所示为远程水位传感器探测信号特征。图 5-36(a)是混沌探测信号的波形,是类噪声信号,波形没有明显的周期性。输出激光的功率为 −0.79 dBm 时,其功率谱如图 5-36(b)中蓝色曲线所示,可以看到混沌信号带宽高达 18 GHz,而且从 1~19 GHz 的功率谱曲线很平坦。由于 AMP1 的带通特性,所以 1 GHz 以下的混沌信号被滤掉。图 5-36(c)是时序长度为 20 μs 的混沌信号的自相关曲线。插图是其主峰的放大,可以明显看到,其半高全宽为 1.6 cm,能够达到

1.6 cm 的理想测距精度,这主要是受限于示波器的带宽。自相关曲线的噪声水平很低,这作为测距系统的探测信号有很大的优势。图 5-36(d) 是混沌信号的幅值分布,可以看到,该混沌信号有很好的随机性,保证了传感探测中的抗干扰能力。

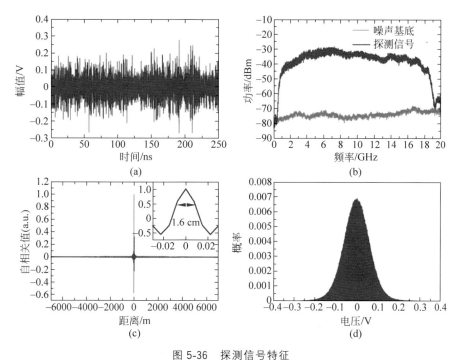

图 5-36　探测信号特征

(a) 时序图;(b) 功率谱:失谐量 $f = 7.1$ GHz,注入光强为 1.76 dBm,反馈光强 -11.55 dBm,
灰色曲线为噪声基底;(c) 自相关曲线;(d) 幅值分布

如图 5-37 所示为探测信号的传输特性,图中灰色曲线是信号分析仪的噪声基底。图 5-37 中的红色功率谱曲线对应于参考信号的功率谱,即中心站光域产生的混沌激光的功率谱,带宽可达 18 GHz。图中的黑色谱线是探测信号的功率谱,即该雷达系统的探测信号功率谱。由于低噪声放大器的带宽为 1~18 GHz,所以混沌信号在 1 GHz 以下的频率成分被滤掉。图中的蓝色谱线是系统中接收天线接收到的目标反射信号和空气中电磁波信号的混合信号经微波放大器后的输出信号。由于空气中存在传输损耗,且信号频率越高衰减越大,所以接收到的信号高频能量远低于低频信号的能量。图中的绿色谱线为系统最终的探测信号的功率谱曲线,即采集的目标反射信号。从图中可以看到,经过信号的空间传输,畸变比较大,也就是信号失真比较严重。

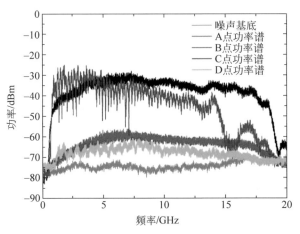

图 5-37　探测信号的传输特性

如图 5-38(a)所示为提出的远程水位传感器的实验测试结果。插图为水位实时监控的示意图,通过测量水面到天线的距离,得到所测水位的高度。当水位高度分别为 0.99 m、1.12 m 和 1.44 m 时,水位高度被相关峰的峰值清晰地标示出来,测距结果如图所示。从图中能够看出,旁瓣和噪声水平都很低。

由相关测距理论可得,系统的空间分辨率是由自相关曲线的半高全宽决定的。主峰的 FWHM 越窄,系统的空间分辨率越高。根据维纳-辛钦定理,信号自相关函数的 FWHM 取决于信号的带宽,带宽越宽,FWHM 越窄。所以,信号的带宽越宽,空间分辨率越高。但是,在实验中,由于信号的衰减和仪器的限制,系统的空间分辨率会大于 1.6 cm。如图 5-38(b)所示为远程水位传感器的空间分辨率实验结果。当水位高度为 0.96 m 时,测距结果如图中蓝色曲线所示,当水位下降 2 cm,

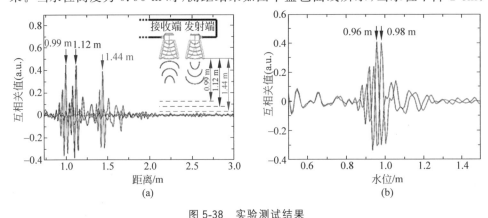

图 5-38　实验测试结果

(a) 远程水位传感器实验测试结果;(b) 空间分辨率

即水位高度为 0.98 m 时,测距结果如图中红色曲线所示。当下降的水位高度低于 2 cm 时,测距就不准确,所以,认为 2 cm 是系统的距离分辨率,这与理论 FWHM 得到的距离分辨率很接近。

在实际应用中,信号的功率越大,能够探测的距离越远。在功率恒定的情况下,距离越远,测试结果就越差,因为高频信号在自由空间的损耗大于低频信号,探测信号是高频信号,经过自由空间的传输,信号会有一定程度的失真。在实际测试中水位越低,也就是水面的高度距离天线的距离越远,水位测试的效果越差。

参考文献

[1] IEELLO G R, ROGERSOO G D. Ultra-wideband wireless systems[J]. IEEE Micro Mag., 2003, 4(2): 36-47.

[2] ROY S, FOERSTER J R, SOMAYAZULU V S, et al. Ultrawideband radio design: the promise of high-speed, short range wireless connectivity[J]. Proc. IEEE, 2004, 92(2): 295-311.

[3] PAN S L, YAO J P. Optical generation of polarity and shape-switchable ultrawideband pulses using a chirped intensity modulator and a first-order asymmetric Mach-Zehnder interferometer [J]. Optics Letters, 2009, 34(9): 1312-1314.

[4] Federal Communications Commission. First report and order in the matter of revision of part 15 of the commission's rules regarding ultra-wideband transmission systems[R]. Tech. Rep. ET-Docket 98-153, FCC 02-48.

[5] HAN S A M, POPOV O, DMITRIEV A S. Flexible chaotic UWB communication system with adjustable channel bandwidth in CMOS technology[J]. IEEE Transitions on microwave theory and techniques, 2008, 56(10): 2229-2236.

[6] ZHANG F Z, WU J, FU S N, et al. Simultaneous multi-channel CMW-band and MMW-band UWB monocycle pulse generation using FWM effect in a highly nonlinear photonic crystal fiber [J]. Optics Express, 2010, 18(15): 15870-15875.

[7] FENG X H, LI Z H, GUAN B, et al. Switchable UWB pulse generation using a polarization maintaining fiber Bragg grating as frequency discriminator [J]. Optics Express, 2010, 18(4): 3643-3648.

[8] WAH M Y, YEE C, YEE M L. Wireless ultra-wideband communications using radio over fiber[C]. IEEE Conference on Ultra-wideband Systems and Technologies, 2003.

[9] ZENG F, YAO J P. An approach to ultrawideband pulse generation and distribution over optical fiber[J]. IEEE Photonics Technology Letter, 2006, 18(7): 823-825.

[10] YAO J P, ZENG F, WANG Q. Photonic generation of ultrawideband signals[J]. Journal of lightwave Technology, 2007, 25(11): 3219-3235.

[11] SALKINTZIS A K, FORS C, PAZHYANNUR R. WLAN-GPRS integration for next-generation mobile data networks [J]. IEEE Wireless Communications, 2002, 9(5):

112-124.

[12] JUAN Y S, LIN F Y. Demonstration of ultra-wideband (UWB) over fiber based on optical pulse-injected semiconductor laser [J]. Optics Express, 2010, 18(9): 9664-9670.

[13] CHEN H W, WANG T L, LI M, et al. Optically tunable multiband UWB pulse generation [J]. Optics Express, 2008, 16(10): 7447-7452.

[14] CHANG Q J, TIAN Y, YE T, et al. A 24-GHz ultra-wideband over fiber system using photonic generation and frequency up-conversion [J]. IEEE Photonics Technology Letters, 2008, 20(19): 1651-1653.

[15] ZHAO Y, ZHEN X P, ZHANG H Y, et al. UWB-over-fiber transmission system using a dual-output Mach-Zehnder modulator[J]. Chinese Optics Letter, 2010, 8(5): 454-456.

[16] PAN S L, YAO J P. Optical generation of polarity and shape-switchable ultrawideband pulses using a chirped intensity modulator and a first-order asymmetric Mach-Zehnder interferometer[J]. Optics Letter, 2009, 34(9): 1312-1314.

[17] LI J, NING T G, PEI L, et al. Optical ultra-wideband pulse generation and distribution using a dual-electrode Mach-Zehnder modulator[J]. Chinese Optics Letter, 2010, 8(2): 138-141.

[18] SHAMS H, ANANDARAJAH A K, PERRY P, et al. Electro-optical generation and distribution of ultrawideband signals based on the gain switching technique[J]. Journal of optical communications and networking, 2010, 2(3): 122-130.

[19] ZHANG F Z, WU J, FU S, et al. Simultaneous multi-channel CMW-band and MMW-band UWB monocycle pulse generation using FWM effect in a highly nonlinear photonic crystal fiber[J]. Optics Express, 2010, 18(15): 15870-15875.

[20] WANG J, SUN Q Z, SUN J Q, et al. All-optical UWB pulse generation using sum-frequency generation in a PPLN waveguide[J]. Optics Express, 2009, 17(5): 3521-3530.

[21] ZENG F, YAO J. Ultrawideband impulse radio signal generation using a high-speed electrooptic phase modulator and a fiber-Bragg-grating-based frequency discriminator [J]. IEEE Photonics Technology Letters, 2006, 18(19): 2062-2064.

[22] ZADOK A, WU X X, SENDOWSKI J, et al. Photonic generation of ultra-wideband signals via pulse compression in a highly nonlinear fiber[J]. IEEE Photonics Technology Letters, 2010, 22(4): 135-137.

[23] BOLEA M, MORA J, ORTEGA B, et al. Optical UWB pulse generator using an N tap microwave photonic filter and phase inversion adaptable to different pulse modulation formats[J]. Optics Express, 2009, 17(7): 5023-5032.

[24] WANG S G, CHEN H W, XIN M, et al. Optical ultra-wide-band pulse bipolar and shape modulation based on a symmetric PM-IM conversion architecture[J]. Optics Letter, 2009, 34(20): 3092-3094.

[25] ZHOU E B, XU X, LUI K S, et al. A power-efficient ultra-wideband pulse generator based on multiple PM-IM conversions, IEEE Photonics Technology Letters, 2010, 22

(14): 1063-1065.

[26] LIU F F, WANG T, ZHANG Z, et al. On-chip photonic generation of ultra-wideband monocycle pulses[J]. Electronics Letters, 2009, 45(24): 1247-1249.

[27] FENG X H, LI Z H, GUAN B O, et al. Switchable UWB pulse generation using a polarization maintaining fiber Bragg grating as frequency discriminator[J]. Optics Express, 2010, 18(4): 3643-3648.

[28] ABTAHI M, MIRSHAFIEI M, MAGNÉ J, et al. Ultra-wideband waveform generator based on optical pulse-shaping and FBG tuning[J]. IEEE Photonics Technology Letters, 2008, 20(2): 135-137.

[29] YU X B, GIBBON T B, PAWLIK M, et al. A photonic ultra-wideband pulse generator based on relaxation oscillations of a semiconductor laser[J]. Optics Express, 2009, 17 (12): 9680-9687.

[30] LV H, YU Y L, SHU T, et al. Photonic generation of ultra-wideband signals by direct current modulation on SOA section of an SOA-integrated SGDBR laser [J]. Optics Express, 2010, 18(7): 7219-7227.

[31] KHAN M H, SHEN H, XUAN Y, et al. Ultrabroad-bandwidth arbitrary radiofrequency waveform generation with a silicon photonic chip-based spectral shaper [J]. Nature Photonics, 2010, 4: 117-121.

[32] PELED Y, TUR M, ZADOK A. Generation and detection of ultra-wideband waveforms using stimulated brillouin scattering amplified spontaneous emission[J]. IEEE Photonics Technology Letters, 2010, 22(22): 1692-1694.

[33] WANG A B, ZHANG M J, XU H, et al. Location of wire faults using chaotic signal[J]. IEEE Electron Device Letter, 2011, 32(3): 372-374.

[34] LI P, WANG Y C, ZHANG J Z. All-optical fast random number generator[J]. Opt. Express, 2010, 18(19): 20360-20369.

[35] ZHANG M J, LIU T G, WANG A B, et al. Photonic ultrawideband signal generator using an optically injected chaotic semiconductor laser [J]. Optics Letter, 2011, 36 (6): 1008-1010.

[36] ZHANG M J, ZHENG J Y, WANG A B, et al. Chaotic ultra-wideband over fiber link based on optical feedback laser diode[J]. microwave and Optical Technology Letters, 2013, 55(7): 1504-1507.

[37] ZHANG M J, LIU M, WANG A B, et al. Photonic generation of ultrawideband signals based on a gain-switched semiconductor laser with optical feedback[J]. Applied Optics, 2013, 52(31): 7512-7516.

[38] LANSFORD J. UWB coexistence and cognitive radio[C]. International workshop on ultra-wideband system, 2004.

[39] VELANAS P, BOGRIS A, ARGYRIS A, et al. High-speed all-optical first-and second-order differentiators based on cross-phase modulation in fibers [J]. Journal of Lightwave

Technology，2008，26(18)：3269-3276.

[40] LIU F，WANG T，ZHANG Z，et al. On-chip photonic generation of ultra-wideband monocycle pulses [J]. Electronics letters，2009，45(24)：1247-1249.

[41] LIU Y，KIKUCHI N，OHTSUBO J. Controlling dynamical behavior of a semiconductor laser with external optical feedback[J]. Phys. Rev. E，1995，51(4)：2697-2700.

[42] TAKIGUCHI Y，LIU Y，OBTSUBO J. Low-frequency fluctuation induced by injection-current modulation in semiconductor lasers with optical feedback[J]. Optics Letter，1998，23(17)：1369-1371.

[43] WANG X F，XIA G Q，WU Z M. Theoretical investigations on the polarization performances of current-modulated VCSELs subject to weak optical feedback[J]. Journal Optics Society of America B-optical physics，2009，26(1)：160-168.

分布式光纤拉曼测温仪及应用

分布式光纤拉曼传感技术是利用光时域反射原理结合拉曼散射光的温度效应实现对光纤沿线的分布式温度测量。1985 年,英国的达金(J. R. Darkin)首次完成了基于 OTDR 原理和光纤拉曼散射效应的传感测量,开启了国内外研究者对于分布式拉曼传感技术研究的序幕。1987 年,重庆大学开发了国内第一台光纤测温原型样机,初步实现了光纤测温的各项功能,随后中国计量大学、北京航空航天大学、山东大学、太原理工大学和天津大学等相继开展了对分布式光纤拉曼测温技术的研究。本章首先介绍了分布式光纤拉曼传感技术的原理、新型解调方法以及新型分布式光纤拉曼传感技术的开发,并将所研究成果融入光纤拉曼测温仪样机的研制工作中,最后将研制的测温仪应用到工程实践项目中。

6.1 新型光纤拉曼解调技术

6.1.1 自发拉曼散射效应

光纤是一种低损耗、高速光传导介质,但是由于介质本身存在一定的不均匀性,因此光纤中的光波在传输时会与机制分子或原子相互作用,产生后向散射。这种后向散射包括三种类型:瑞利散射、布里渊散射、拉曼散射。光纤中典型后向散射示意图及具体描述见 3.2.1 节。

对于拉曼散射效应的产生原因,主要有经典理论和量子理论两种解释方法。

拉曼散射成因的经典解释理论基础是物质与电磁辐射的相互作用。当电矢量为 E 的单色光入射到物质上时,组成物质的分子或原子的正负电荷的分布将发生变化或形成电偶极矩。在某一入射光范围内,单位体积的感生偶极矩 M 与入射电

矢量 E 成正比：

$$M = \alpha E \tag{6-1}$$

式中 α 为极化率张量。在满足某一特定条件下，振动着的电偶极子将再辐射电磁波。通常，只考虑可见光的散射，原子核与电子质量相差甚远，只有电子才能跟得上可见光的振动，因此物质的光散射仅是电子的贡献。散射光的频率、波矢都与入射光的频率、波矢不同。

根据经典电磁理论，入射光电磁场感生偶极矩为

$$M(t) = \sum e_i r_i(t) \tag{6-2}$$

具有加速度 $r_i(t)$ 的电荷辐射电磁波，辐射强度正比于 $|M(t)^2|$。若电磁场中电场分量 E 按如下形式变化：

$$E = E_0 \cos \omega_L t \tag{6-3}$$

式中 ω_L 比原子振动频率大很多，与电子的振动频率相当。则感生偶极矩 M 可写成电场 E 的级数表示：

$$M = \alpha E + \frac{1}{2!}\beta E^2 + \frac{1}{3!}\gamma E^2 + \cdots + \frac{1}{n!}\delta E^2 \tag{6-4}$$

式中 α 是电子极化率，其数量级为 $10^{-40}\ \mathrm{C \cdot V^{-1} \cdot m^2}$，$\beta$ 是超极化率，其数量级为 $10^{-50}\ \mathrm{C \cdot V^{-1} \cdot m^2}$，$\gamma,\delta$ 是高阶秩张量，γ 数量级为 $10^{-60}\ \mathrm{C \cdot V^{-1} \cdot m^2}$。其中，电子极化率 α 取决于系统中电荷的分布，即 $\alpha = \alpha(p)$。若振动期间原子配位发生变化，则表征电荷分布的参量 p 也要发生变化，即 α 发生了变化，其中 Q 是广义声子。

$$\alpha = \alpha_0 + \left(\frac{\partial \alpha}{\partial Q}\right)_0 Q + \frac{1}{2!}\left(\frac{\partial^2 \alpha}{\partial Q^2}\right)_0 Q + \frac{1}{3!}\left(\frac{\partial^3 \alpha}{\partial Q^3}\right)_0 Q + \cdots \tag{6-5}$$

式中，Q 的一次项确定了一级拉曼效应，Q 的二次项确定了二级拉曼效应，依此类推。

若分子中的原子以 ω_q 频率振动，则由 $Q = Q_0 \cos\omega_q t$ 可得一级拉曼效应中的电子极化率随时间变化规律为

$$\alpha(t) = \alpha_0 + \left(\frac{\partial \alpha}{\partial Q}\right)_0 Q_0 \cos\omega_q t \tag{6-6}$$

将式(6-5)代入式(6-1)，则有

$$M(t) = \alpha_0 E_0 \cos\omega_L t + \left(\frac{\partial \alpha}{\partial Q}\right)_0 Q_0 E_0 \cos\omega_L t \cos\omega_q t$$

$$= \alpha_0 E_0 \cos\omega_L t + \frac{1}{2}\left(\frac{\partial \alpha}{\partial Q}\right)_0 Q_0 E_0 \left[\cos(\omega_L - \omega_q)t + \cos(\omega_L + \omega_q)t\right]$$

$$\tag{6-7}$$

通过式(6-7)可以看出，感生偶极矩 M 的振动不仅有入射光频率 ω_L，而且还有

$(\omega_L \pm \omega_q)$ 两种对称分布在 ω_L 两侧的新频率。它们起源于原子振动对电子极化率 α 的调制。前者对应的是频率不变的弹性光散射，如瑞利散射，后者对应的是频率发生变化的非弹性光散射，即拉曼散射。而频率减少的 $(\omega_L - \omega_q)$ 称为斯托克斯频率，频率增加的 $(\omega_L + \omega_q)$ 称为反斯托克斯频率。

若将电子极化率看成是标量，介质中原子都处于平衡位置时的电子极化率为 α_0，则对双原子分子振动引起电子极化率的改变为 $\Delta\alpha$，有

$$\alpha = \alpha_0 + \Delta\alpha \tag{6-8}$$

双原子分子振动光学模型成频率为 ω_q、波矢为 q 的平面波。由它引起的电子极化率的改变量可表示为

$$\Delta\alpha = \Delta\alpha \cos(\omega_q t - qr) \tag{6-9}$$

而入射光波频率仍为 ω_L，波矢为 k_L 的平面电磁波为 $E = E_0 \cos(\omega_L t - k_L r)$，则感生偶极矩为

$$| M | = (\alpha_0 + \Delta\alpha) \mid E \mid = [\alpha_0 + \Delta\alpha \cos(\omega_q t - qr)] \mid E_0 \mid \cos(\omega_L t - k_L r)$$

$$= \alpha_0 E_0 \cos(\omega_L t - k_L r) + \frac{1}{2}\Delta\alpha_0 E_0 \{ [\cos(\omega_q + \omega_L)t -$$

$$(k_L + q)r] + [\cos(\omega_q - \omega_L)t - (k_L - q)r] \}$$

$$\tag{6-10}$$

式中，$(\omega_L t - k_L r)$ 为瑞利散射相应的特征量，而 $(\omega_q \pm \omega_L)$ 和 $(k_L \pm q)$ 是拉曼散射相应的特征量，即拉曼散射光的频率 ω_s 和波矢 k_s 分别表示非弹性拉曼散射过程中所遵循的能量守恒和动量守恒定律。

经典理论可以描述拉曼散射过程，但对斯托克斯光、反斯托克斯光的定量描述与实验事实不符。为解决这些问题，可以通过量子理论进行全面的描述[1-2]。

单色光与介质相互作用所产生的散射现象还可以用光量子（粒子）与介质分子的碰撞来解释。按照量子理论，频率为 ν_0 的单色光可以视为具有能量为 $h\nu_0$ 的光量子，h 是普朗克常量。当光子作用于分子时，可能发生弹性和非弹性两种碰撞。在弹性碰撞过程中，光子与分子之间不发生能量交换，光子仅仅改变其运动方向，而不改变频率。这种弹性散射过程对应于瑞利散射。在非弹性碰撞过程中，光子与分子之间发生能量交换，光子不但改变其运动方向，同时光子的一部分能量传递给分子，转变为分子的振动或转动能，或者光子从分子的振动或转动得到能量。在这两种过程中，光子的频率都发生变化。光子得到能量的过程对应于频率增加的拉曼-反斯托克斯散射，光子失去能量的过程对应于频率减少的拉曼-斯托克斯散射。

在非弹性碰撞中，介质分子的能量和动量都发生了变化，意味着发生了能级跃迁，其结构如图 6-1 所示。图 6-1 中，E_1 和 E_2 表示分子的两个振动能级，当入射光子与处于能级 E_1 状态的分子相互作用时，分子会从能级 E_1 跃迁到虚能级 E_s，由

于能级不稳定,分子会从虚能级 E_s 跃迁到能级 E_2,此时散射出能量为 $h\nu_s$ 的光子,即斯托克斯光子。当入射光子与处于能级 E_2 状态的分子发生相互作用时,分子会从能级 E_2 跃迁到虚能级 E_a,由于能级不稳定,分子会从虚能级 E_a 跃迁到能级 E_1,此时散射出能量 $h\nu_a$ 的光子。斯托克斯光的频率可以表示为

$$\nu_s = \nu_0 - \frac{E_2 - E_1}{h} \tag{6-11}$$

同时,反斯托克斯光的频率可以表示为

$$\nu_{as} = \nu_0 + \frac{E_2 - E_1}{h} \tag{6-12}$$

产生斯托克斯光时,分子最初能级处于能级 E_1,而产生反斯托克斯光时,分子最初能级处于 E_2,由于高能级上的粒子分布随着能量的增加而成指数减小,因此,斯托克斯光的强度比反斯托克斯光强度大几个量级,同时弥补了拉曼经典理论解释的不足[3-4]。

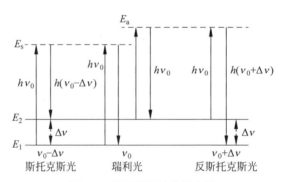

图 6-1 散射能级结构示意图

6.1.2 单端结构温度解调方法

基于单端结构的温度解调方法是一种常见的温度解调方法,根据装置结果的不同,单端温度解调结构又可以分为单路解调装置和双路解调装置[5]。常见的单路解调系统结构如图 6-2 所示。

对于单路解调系统来说,脉冲激光器将脉冲光入射至波分复用器(wavelength division multiplexer,WDM),并注入传感光纤中,光纤中的拉曼散射光、瑞利散射光及布里渊散射光散射进入波分复用器中,通过波分复用器将拉曼散射反斯托克斯光滤出,并依次进入光电转换器(avalanche photodetector,APD)和放大器中,放大后的电信号由采集卡(data acquisition card,DAC)采集后经相应的算法解调后得到传感光纤沿线处的温度变化信息。

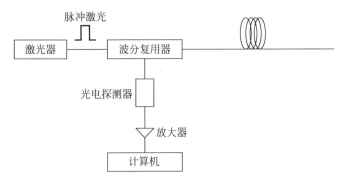

图 6-2　单路温度系统解调实验装置图

光纤中三种散射光的散射光强可由下面的表达式表示：

$$I_r(L) = M_r K_r \nu_r^4 I_0 \exp(-2\alpha_0 L) \tag{6-13}$$

$$I_s(T, L) = M_s K_s \nu_s^4 I_0 R_s(T) \exp[-(\alpha_0 + \alpha_s)L] \tag{6-14}$$

$$I_a(T, L) = M_a K_a \nu_a^4 I_0 R_a(T) \exp[-(\alpha_0 + \alpha_s)L] \tag{6-15}$$

式中，$I_r(L)$ 为经过放大器放大的后向瑞利散射光强；$I_s(T, L)$ 和 $I_a(T, L)$ 分别为与温度及位置有关的经过放大器放大的后向拉曼-斯托克斯散射光光强和反斯托克斯散射光光强；M_r、M_s、M_a 分别为光放大系统对瑞利散射光、斯托克斯散射光和反斯托克斯散射光的放大倍数；K_r、K_s、K_a 分别为瑞利散射光、斯托克斯散射光和反斯托克斯散射光的散射截面系数；ν_r、ν_s、ν_a 分别为瑞利散射光、斯托克斯散射光和反斯托克斯散射光的光频率；I_0 为入射光强；α_r、α_s、α_a 分别为入射光、斯托克斯光和反斯托克斯光在光纤中的衰减系数；L 为光纤的位置；T 为 L 位置处的温度；$R_s(T)$、$R_a(T)$ 分别为光纤拉曼-斯托克斯散射光和拉曼-反斯托克斯散射光能级的集居数有关，可以表示为

$$R_s(T) = \left[1 - \exp\left(\frac{-h\Delta\nu}{kT}\right)\right]^{-1} \tag{6-16}$$

$$R_a(T) = \left[\exp\left(\frac{h\Delta\nu}{kT}\right) - 1\right]^{-1} \tag{6-17}$$

式中，h 为普朗克常量，$\Delta\nu$ 为拉曼频移，约等于 13.2 THz，k 为玻耳兹曼常数。

传统的自解调方式分为两步，首先将整个传感光纤置于相同的温度 T_0 下进行定标处理，然后将传感光纤置于测量温度 T 下，在这两步过程中获取整根光纤的拉曼-反斯托克斯散射光光强。其温度解调公式为

$$I_a(T, L)/I_a(T_0, L) = R_a(T)/R_a(T_0) = \exp\left(\frac{h\Delta\nu}{kT}\right)\Big/\exp\left(\frac{h\Delta\nu}{kT_0}\right) \tag{6-18}$$

由式(6-18)可以看出，该方法无法消除由于入射光源功率波动及光纤损耗带来的影响。

在实际测量中,由于光源的波动及 APD 放大倍数不稳定等因素,实际测量光强为

$$I_a(T,L) = (M_a + \Delta M_a)k_a\nu_a^4(I_0 + \Delta I_0)R_a(T)\exp[-(\alpha_0 + \alpha_a)L] \quad (6\text{-}19)$$

式中,ΔM_a 为测量时 APD 放大倍数的变化量,ΔI_0 为测量时入射光通量的增量,将式(6-19)代入式(6-18)中,可得

$$I_a(T,L)/I_a(T_0,L) = (M_a + \Delta M_a)(I_0 + \Delta I_0)R_a(T)/M_a^* I_0^* R_a(T_0) \quad (6\text{-}20)$$

从式(6-20)可以明显看出测量结果随着 APD 放大倍数和激光功率的变化而变化。基于此,在传感光纤的前端引入温度恒定为 T_c 的参考恒温槽,改进的实验装置如图 6-3 所示,改进的算法为

$$\frac{I'_a(T,L)}{I'_a(T_c,L)} \bigg/ \frac{I_a(T_0,L)}{I_a(T_c,L)} = \frac{R_a(T)}{R_a(T_0)} \bigg/ \frac{R_a(T_0)}{R_a(T_c)} \quad (6\text{-}21)$$

由式(6-21)可明显看出,激光器功率的改变和 APD 放大倍数的不稳定将由参考恒温槽自动修正[6]。

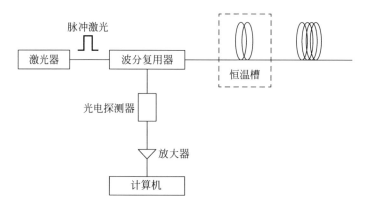

图 6-3 单路解调改进型结构示意图

单路解调算法中,仅使用拉曼散射中的反斯托克斯光,这种方法存在的最大问题在于其无法消除光纤损耗对测温结果的影响,最终导致温度测量的稳定性和精确性受到影响。因此工程人员提出了双路解调的算法和与之相匹配的系统结构,如图 6-4 所示。

在双路解调系统中,有两种温度解调方法。第一种是利用拉曼后向斯托克斯散射光和拉曼-反斯托克斯散射光,第二种是利用瑞利后向散射光和后向拉曼-反斯托克斯散射光。在瑞利散射光解调反斯托克斯散射光的解调方式中,瑞利散射光的光强大于拉曼-反斯托克斯散射光强约 40 dB,这就意味着瑞利散射光对器件的损伤远强于拉曼-反斯托克斯散射光,这会极大影响系统的寿命。而由拉曼-斯托克斯光解调反斯托克斯光的方式,由于拉曼-斯托克斯光的光强和反斯托克斯光

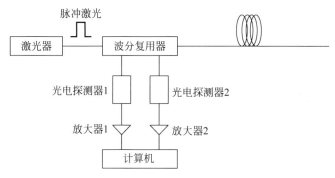

图 6-4　双路解调系统实验装置图

的光强接近,所以不存在影响系统寿命的问题,故目前在双路解调系统中被广泛应用,下面会着重介绍这种方法。

在拉曼-斯托克斯光与反斯托克斯光的解调方法中,测量过程分为两步,第一步为定标过程,即将整个传感光纤置于相同的温度 T_0 下获得整条光纤各个位置处的散射光强 $I_s(T_0,L)$ 和 $I_a(T_0,L)$。第二步为测量过程,将传感光纤置于测量温度 T 下,获得测量时光纤各个位置处的散射光强 $I_s(T,L)$ 和 $I_a(T,L)$。再将各散射强度经过式(6-22)处理。

$$\frac{I_a(T,L)}{I_s(T,L)} \bigg/ \frac{I_a(T_0,L)}{I_s(T_0,L)} = \frac{R_a(T)}{R_s(T)} \bigg/ \frac{R_a(T_0)}{R_s(T_0)}$$

$$= \exp\left[-\frac{h\,\Delta\nu}{k}\left(\frac{1}{T}-\frac{1}{T_0}\right)\right] \qquad (6\text{-}22)$$

由于式(6-22)中只有待测温度为未知参量,其他都是已知常量或已经测量的量,故通过式(6-22)可以将待测温度求出[7-8]。

在瑞利散射光解调拉曼-反斯托克斯散射光的解调方式的系统中,整个温度解调过程同样分为两步,即将整个传感光纤置于相同的温度 T_0 下定标和将传感光纤置于测量温度 T 下测量,然而在这两步过程中其并不获得拉曼-斯托克斯散射光强度,而是改为获得瑞利散射光强度。其最终解调公式表示为

$$\frac{I_a(T,L)}{I_r(L)} \bigg/ \frac{I_a(T_0,L)}{I_r(L)} = \frac{R_a(T)}{R_a(T_0)} = \exp\left(\frac{h\,\Delta\nu}{kT}\right) \bigg/ \exp\left(\frac{h\,\Delta\nu}{kT_0}\right) \qquad (6\text{-}23)$$

式(6-22)和式(6-23)分别为两种双路解调系统的温度测量的解调公式,而这两种双路解调系统分别引入瑞利散射光和拉曼-斯托克斯散射光作为参照光。这种方法虽然可以有效地消去光纤损耗对测温结果的影响,但是由于不同中心波长光的引入,两种光在光纤中传播的速度并不相同,从而引入了新的色散问题,影响系统的性能。

在分布式光纤拉曼测温系统中,传感光纤尾端由于光纤材料与空气的折射率不

同导致光纤尾端产生强的菲涅耳反射。图 6-5(a)为采集卡接收到的斯托克斯与反斯托克斯信号,在传感光纤的尾端有明显的菲涅耳反射峰,且斯托克斯信号与反斯托克斯信号的反射峰位置发生错位,该现象是由光纤色散引起的。这种现象随着传感光纤距离增加而越发严重,影响了双路解调系统在长距离传感方面的应用。

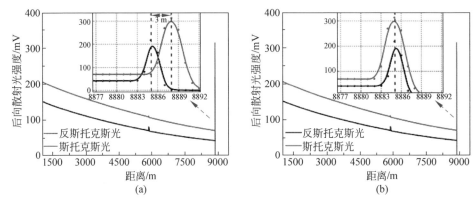

图 6-5　反斯托克斯与斯托克斯的后向散射光强
色散补偿算法过程为:(a)色散补偿前;(b)色散补偿后

因此,需要利用算法进行补偿。计算出斯托克斯和反斯托克斯后向散射光在光纤尾端由于菲涅耳反射出现的强峰位置,分别为 L_1 和 L_2,得到其差值 $L_c = |L_1 - L_2|$,最后对斯托克斯后向散射的数据点位置进行平移处理,平移算法为

$$I_s(L) = I_s\left(L + \frac{L_c}{L_2}L\right) \tag{6-24}$$

式中,$I_s(L)$ 代表光纤 L 处的后向斯托克斯散射光光强。通过式(6-24)即可对色散进行补偿,提高双路解调系统中长距离的传感精度。

在室温 30.0℃下进行基于单端双路解调分布式光纤温度传感系统的温度测量实验。在实验中使用长度为 13.0 km 的传感光纤。待测传感光纤分别设置在 3.07 km 和 11.83 km 的距离。每个待测传感光纤的长度约为 15 m。待测传感光纤的温度由水浴恒温槽控制,分别设定在 40.0℃、45.0℃、50.0℃、55.0℃、60.0℃ 和 65.0℃。图 6-6 表示待测传感光纤在 3.07 km 和 11.83 km 处的温度结果。可以看出,基于单端分布式光纤温度传感系统的温度解调方法可以准确地检测沿 13.0 km 传感光纤的温度。

如图 6-7(a)所示,由于光纤色散,在待测传感光纤前端出现显著的温度上升峰值。且当待测传感光纤的温度设定在 75.0℃ 时,待测传感光纤处的测量温度最高可达 89.0℃。实验结果表明,温度测量精度为 13.8℃,相对误差为 13.9%,温度不确定度为 16.4℃。这些温度解调结果极大地影响了分布式光纤传感系统的测温精

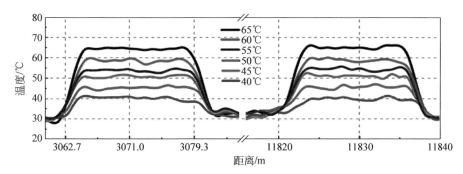

图 6-6　沿参考光纤的温度测量结果

度,这是由斯托克斯和反斯托克斯信号经过长距离传输后产生的色散没有进行校准而引起的。

为了消除由光纤色散引起的误差,需要在温度测量之前补偿斯托克斯信号,利用上文提到的温度色散补偿算法进行补偿。图 6-7(b)为在完成色散补偿之后的待测传感光纤的温度解调结果。实验结果表明,待测传感光纤的温升峰值消失,温度

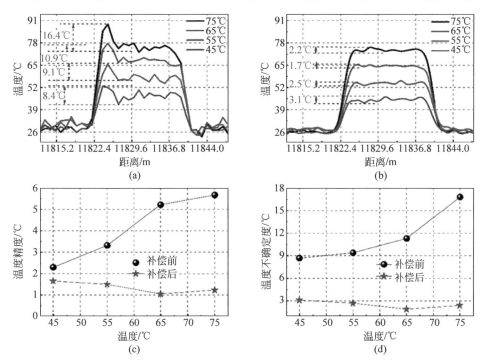

图 6-7　测量温度的结果

(a) 色散补偿前测量温度的结果;(b) 色散补偿后测量温度的结果;
(c) 色散补偿前和色散补偿后的温度精度;(d) 色散补偿前后温度的不确定度

曲线比色散补偿前的温度曲线更平滑。图 6-7(c)和(d)代表温度测量精度和温度不确定度,可以看出温度精度从 5.6℃ 优化到 1.2℃,相对误差从 7.4% 降低到 1.6%,温度不确定度从 16.4℃ 优化到 2.4℃。通过实验可以看出,色散补偿算法对提高温度测量的精确度具有明显的效果[9-10]。

通过前文的介绍,单路解调系统与双路解调系统相比,最主要的区别就是波分复用器滤出的后向散射光只有拉曼-反斯托克斯散射光,即系统使用同一中心波长的光作为参考光和信号光,这样一方面可以克服不同中心波长引起的色散问题,同时可以在光电接收器和电学放大器的选型过程中无需考虑双路解调系统中选型的对称性问题;另一方面,系统只使用单个光电接收器和单个电学放大器,可以大大节约系统的成本,因此单路解调的解调方式也有广泛的使用。虽然双路解调系统结构较为复杂,但系统整体测温的稳定性和精确度等方面有着单路解调系统无法比拟的性能优势。

6.1.3 双端结构温度解调方法

传统的单端结构温度解调方法中,传感光纤仅只有一端与系统相连。这样的结构在实际工程应用中,传感光纤经常会受到来自外部的不可抗力的影响而产生测量误差。同时,由于单端结构温度解调方法的结构特性,在实际应用中基于单端结构的温度解调方法必须执行预校准过程,即需要将整个传感光纤放置在恒定温度场或使用曲线拟合方法来补偿反斯托克斯光和斯托克斯光的不同衰减。一旦传感系统中任何器件或传感光纤需要替换,整个系统在开始运行测量温度之前就需要重新定标,这极大地限制了分布式光纤拉曼测温系统的工程应用[11]。

因此,工程人员提出了基于双端结构的温度解调方法。该结构可以获得前向和后向拉曼散射信号,其结构装置如图 6-8 所示。

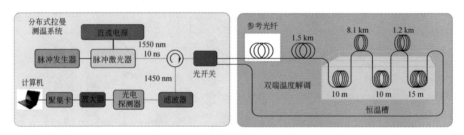

图 6-8 双端温度解调结构装置图

对于双端解调系统来说,脉冲激光器将脉冲光入射至波分复用器中,并注入传感光纤中,产生的后向散射光通过环形器进入拉曼滤波器,滤波器将需要的斯托克斯光与反斯托克斯光滤出,并同时进入光电转换器和电学放大器中,放大后的电信号由数据采集卡采集后经不同的算法解调出传感光纤处的温度。

双端结构温度解调方法首先需要通过环形结构获得不同环路方向上的拉曼背向散射光信息,同时斯托克斯光与反斯托克斯光的比值可用式(6-25)和式(6-26)来表示:

$$R_1(T,L) = \frac{I_{s1}}{I_{a1}} = \frac{K_s}{K_a}\left(\frac{\nu_s}{\nu_a}\right)^4 \exp\left(-\frac{h\,\Delta\nu}{kT}\right) \exp\left[\int_L^l (\alpha_a(L) - \alpha_s(L))\mathrm{d}L\right] \quad (6\text{-}25)$$

$$R_2(T,L) = \frac{I_{s2}}{I_{a2}} = \frac{K_s}{K_a}\left(\frac{\nu_s}{\nu_a}\right)^4 \exp\left(-\frac{h\,\Delta\nu}{kT}\right) \exp\left[\int_L^l (\alpha_a(L) - \alpha_s(L))\mathrm{d}L\right] \quad (6\text{-}26)$$

式中,I_{s1} 和 I_{a1} 分别代表同一个方向上斯托克斯光与反斯托克斯光强度,I_{s2} 和 I_{a2} 分别代表另一方向的斯托克斯光与反斯托克斯光强度,K_s 和 K_a 分别为斯托克斯光与反斯托克斯光散射截面的系数,h 是普朗克常量,$\Delta\nu$ 是光纤拉曼散射的频移量,k 是玻耳兹曼常量,T 是测量温度,α_a 和 α_s 分别为反斯托克斯光和斯托克斯光在光纤中的衰减系数,L 是传感位置,l 代表传感光纤的长度。将不同方向的拉曼散射信号进行几何平均,获得传感光纤环路中各个位置的拉曼散射强度信号,其计算方法如下:

$$R(T,L) = \sqrt{R_1(T,L)R_2(T,L)}$$
$$= \frac{K_s}{K_a}\left(\frac{\nu_s}{\nu_a}\right)^4 \exp\left(-\frac{h\,\Delta\nu}{kT}\right) \exp\left[\int_0^l (\alpha_a(L) - \alpha_s(L))\mathrm{d}L\right] \quad (6\text{-}27)$$

从式(6-27)可以看出,在检测到不同方向上的拉曼散射信号之后,衰减系数 $\int_0^l (\alpha_a(L) - \alpha_s(L))\mathrm{d}L$ 与位置 L 无关。因此,双端温度解调系统可以有效消除局部外部物理扰动对温度测量结果的影响[12]。

在前文已经介绍过,定标过程是目前影响分布式拉曼测温系统实际应用的一个重要因素。而双端结构中,通过在传感光纤前设置一段温度恒定的参考光纤,则参考光纤的斯托克斯光与反斯托克斯光信号强度也可以根据不同方向上的两个信号的几何平均值来获得,计算方法如下:

$$R_0(T_0,L_0) = \sqrt{R_1(T_0,L_0)R_2(T_0,L_0)}$$
$$= \frac{K_s}{K_a}\left(\frac{\nu_s}{\nu_a}\right)^4 \exp\left(-\frac{h\,\Delta\nu}{kT_0}\right) \exp\left[\int_0^l (\alpha_a(L) - \alpha_s(L))\mathrm{d}L\right] \quad (6\text{-}28)$$

联立式(6-27)和式(6-28),即可获得传感光纤沿线的温度信息,具体计算方法如下:

$$\frac{1}{T} = \left[\ln\left(\frac{R(T,L)}{R_0(T_0,L_0)}\right)\left(-\frac{k}{h\,\Delta\nu}\right)\right] + \frac{1}{T_0} \quad (6\text{-}29)$$

为了验证所提出的双端温度解调算法,开展了如图 6-9 所示的实验。实验中采用工作在 1550 nm 的高功率脉冲激光器产生脉冲激光,其最大峰值功率为 30 W,脉冲宽度为 10 ns,频率为 6 kHz。波分复用器提取背向散射光中的拉曼-反斯托克斯和斯托克斯信号,然后由高灵敏度接收器测量,该接收器由低噪声雪崩光电二极管、跨阻放大器,以及高速数据采集卡组成。为了测量沿传感光纤的温度,传感光纤采用长度为 13 km,渐变折射率为 62.5/125 μm 的多模光纤。考虑到光纤菲涅耳反射的影响,将长度为 80 m 的光纤环放置传感光纤尾端。待测传感光纤由两部分组成,其长度分别为 15 m(FUT 1)和 16 m(FUT 2)。两个传感光纤端都通过光开关连接到分布式光纤传感系统中,这使脉冲信号在传感光纤中前向和后向交替发送。

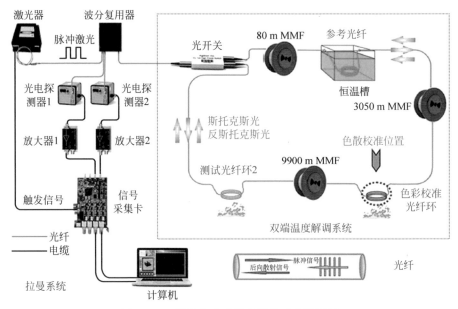

图 6-9 双端分布式光纤拉曼传感实验设置

在室温 30.0℃ 下进行温度测量实验,实验中所用传感光纤为 13.0 km 普通多模光纤,待测传感光纤分别设置在 3.07 km 和 11.83 km 处。每个待测传感光纤的长度约为 15 m,如图 6-10 所示。待测传感光纤的温度由水浴控制,设定在 40.0℃、45.0℃、50.0℃、55.0℃、60.0℃ 和 65.0℃。温度测量结果如图 6-11 所示,在实验中实际的室温波动为 4.2℃。另外,在双端分布式光纤传感系统中,温度解调方法需要前向和后向拉曼反向散射信号来解调沿传感光纤的温度信息。由于信噪比会沿传感光纤距离的增大而减小,因此与传感光纤长度的中间区域相比,测量结果显示传感光纤距离末端附近的温度分辨率更差。实验结果显示,基于双端分布式光纤传感系统的温度解调方法可以准确地检测 13.0 km 传感光纤的温度。此外,带有参考温度的双端分布式光纤传感系统可以在温度测量之前省略定标过程[10]。

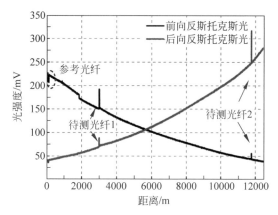

图 6-10 双端结构在两个不同方向上的反斯托克斯信号

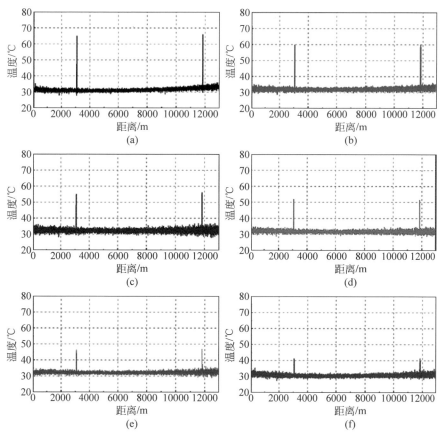

图 6-11 待测光纤在不同温度下双端结构温度测量结果

(a) 65℃；(b) 60℃；(c) 55℃；(d) 50℃；(e) 45℃；(f) 40℃

与单端结构的温度解调系统相比,双端解调系统存在两个明显的优势,一方面通过环路几何平均的方法,有效降低了外界局部扰动对测温精度带来的影响;另一方面,双端结构的温度解调系统可以省去单端结构中的定标步骤,使得工程应用更加方便。同时,由于双端结构温度解调系统所用传感光纤长度为单端传感系统的两倍,使得整个系统的成本进一步增加。

6.1.4 基于光纤损耗的裂缝解调方法

近年来,公路隧道等交通基础设施监控系统对光纤传感器提出了温度和结构裂缝同时测量的需求。目前,使用光纤传感系统的结构裂缝和温度测量主要分为三种类型:拉曼光纤传感系统、光纤布拉格光栅传感系统和布里渊光纤传感系统。其中,传统的拉曼光纤传感系统利用自发拉曼散射效应对温度敏感的特性进行温度检测。光纤布拉格光栅传感系统是一种准分布式传感器,具有高分辨率和测量精度。但它在长距离探测的应用中如隧道远程监测等存在一些局限性。布里渊光纤传感系统可以通过布里渊频移提取温度与应变信息,根据解调原理不同,主要可以分为时域解调系统(BOTDR、BOTDA)和相关域解调系统(BOCDR、BOCDA)[13-18]。

目前,太原理工大学提出了基于拉曼散射的光纤损耗的裂缝测量方法,该方法主要利用传感光纤在感知外界应力变化时,光纤损耗也随之改变,再利用基于OTDR技术的拉曼散射损耗特性提取结构裂缝宽度信息。与反斯托克斯信号相比,斯托克斯强度更高,对温度敏感性较弱,当外界张力(由结构裂缝引起)作用于传感光纤时,传感光纤会产生形变。并且这种形变会影响传感光纤中的有效散射面积,最终导致通过该位置的光产生损耗。除此之外,在传感光纤中施加不同程度的张力,损耗特性将出现在不同的状态。即随着外界张力的增加,光纤损耗也将增加。其测量原理示意图如图 6-12 所示。

如图 6-13 所示为分布式光纤传感系统对结构裂缝检测实验装置图。该装置主要由脉冲激光器、波分复用器、高速数据采集卡、光开关、雪崩光电二极管组成。脉冲激光器发出的脉冲激光经过光开关切换进入环路传感光纤中,其产生的不同波长的拉曼散射光经过波分复用器进行滤波,随后进入 APD 将光信号转换为电信号,并用高速数据采集卡采集。

当传感光纤没有受到外力作用保持自然状态时,系统获得的拉曼-斯托克斯散射强度 I_{sc} 可以表示为

$$I_{sc} = K_s \nu_s^4 \frac{1}{1 + \exp(h \Delta \nu / k T_c^r)^{-1}} (\alpha_0 + \alpha_s) L \qquad (6\text{-}30)$$

此外,整个传感光纤的拉曼-斯托克斯光强度与参考光纤的拉曼-斯托克斯强度之比可表示为

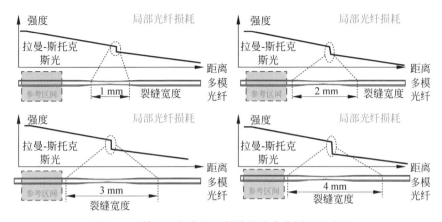

图 6-12　基于局部光纤损耗的裂缝宽度测量示意图

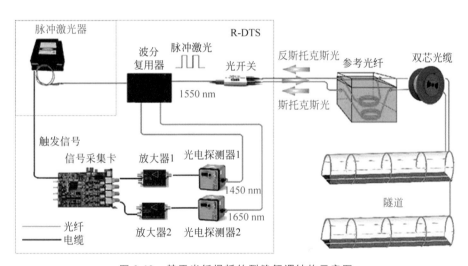

图 6-13　基于光纤损耗的裂缝解调结构示意图

$$\frac{I_{sc}}{I_{sc}^{re}} = \frac{1 + \exp(h\,\Delta\nu/kT_c^r)^{-1}}{1 + \exp(h\,\Delta\nu/kT_c)^{-1}}(\alpha_0 + \alpha_s)(L - L_r) \tag{6-31}$$

式中，T_c 与 T_c^r 分别代表传感光纤和参考光纤处的温度，L_r 代表参考光纤的位置。

在测量阶段，传感光纤由于受到结构裂缝张力影响从而使得光纤损耗发生变化，因此光纤拉曼-斯托克斯光强度受结构张力的影响。将 $S(L)$ 定义为斯托克斯光强的张力调制因子，整个传感光纤的斯托克斯强度 I_s 与参考光纤 I_{sc}^{re} 的斯托克斯强度之比可表示为

$$\frac{I_s}{I_{sc}^{re}} = S(L)\frac{1 + \exp(h\,\Delta\nu/kT_c^r)^{-1}}{1 + \exp(h\,\Delta\nu/kT_c)^{-1}}(\alpha_0 + \alpha_s)(L - L_r) \tag{6-32}$$

式中，$T_{\mathrm{c}}^{\mathrm{r}}$ 代表参考光纤的温度。因此裂缝宽度信息可通过式(6-31)和式(6-32)得出，裂缝宽度信息的解调方程可表示为

$$S(L) = \frac{I_{\mathrm{s}}}{I_{\mathrm{s}}^{\mathrm{re}}} \frac{I_{\mathrm{sc}}^{\mathrm{re}}}{I_{\mathrm{sc}}} = \frac{1 + \exp(h\,\Delta\nu/kT^{\mathrm{r}})^{-1}}{1 + \exp(h\,\Delta\nu/kT)^{-1}} \frac{1 + \exp(h\,\Delta\nu/kT_{\mathrm{c}}^{\mathrm{r}})^{-1}}{1 + \exp(h\,\Delta\nu/kT_{\mathrm{c}}^{\mathrm{r}})^{-1}} \quad (6\text{-}33)$$

由式(6-33)可以看出，当分布式光纤拉曼系统获得了传感光纤沿线的温度数据后，就可以得出光纤所受到的应力情况，从而做到针对结构裂缝的监测。

为了验证所提出裂缝检测方法的可行性，开展了如图 6-14 所示的裂缝宽度测量实验。实验中使用裂缝宽度模拟器(HWHR Instruments，A053F)在多模传感光纤上施加轴向张力，以模拟结构裂缝的产生。将 1.1 km 的多模传感光纤一端连接到光环形器，另一端连接到光纤拉伸平台，传感光纤末端 40 m 光纤环连接到光纤拉伸器的另一端。

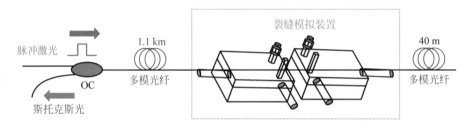

图 6-14 结构裂缝宽度测量实验装置图

在实验阶段，将不同程度的轴向张力作用于多模传感光纤 1.1 km 的位置，然后由 DAC 采集拉曼-斯托克斯信号，经过上述的解调步骤进行解调后就可以获得光纤损耗的分布信息，其具体实验结果如图 6-15 所示。图 6-15 表示在不同轴向张力(裂缝宽度)下 1.1 km 位置处的斯托克斯局部损耗变化。从实验结果可以看出，局部光纤损耗在产生结构裂缝的 1.1 km 处产生很大变化。在不同的轴向张力下，局部光纤损耗呈现不同的状态。具体来说，随着裂缝宽度的增加，局部光纤损耗也逐渐增大，实验结果与理论分析相同。图 6-16 表示光纤损耗系数和裂缝宽度之间的关系，由图 6-16 可知光纤损耗系数在裂缝宽度为 1.6～5.6 mm 的范围内保持良好的线性变化，其系数拟合度可达 0.98801。这意味着通过使用拉曼-斯托克斯光的局部光纤损耗可以获得裂缝宽度信息，其有效测量范围可以达到 1.6～5.6 mm，适用于结构的大规模裂缝宽度监测。此外，该方法的测量时间仅与 DAC的采集速率有关，如图 6-16(b)所示，平均测量时间可达 1.04 s。

另外分布式光纤传感系统利用光纤损耗测量裂缝的同时，并不影响其本身的测温性能。为了验证利用同一根传感光纤实现对温度和裂缝宽度的同时测量，实验中同时改变传感光纤上的温度和轴向张力，其实验装置如图 6-17 所示。实验中将测试中的 FUT 1(60 m)放置在 1.2 km 的位置，并将温度设置为 10.0℃。将 FUT 2(1 m)

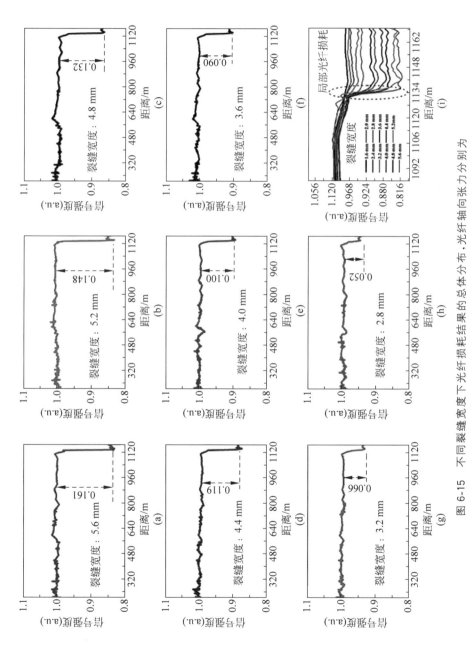

图 6-15　不同裂缝宽度下光纤损耗结果的总体分布，光纤轴向张力整体分布
(a) 5.6 mm；(b) 5.2 mm；(c) 4.8 mm；(d) 4.4 mm；(e) 4.0 mm；(f) 3.6 mm；(g) 3.2 mm；(h) 2.8 mm；(i) 光纤轴向张力分别为

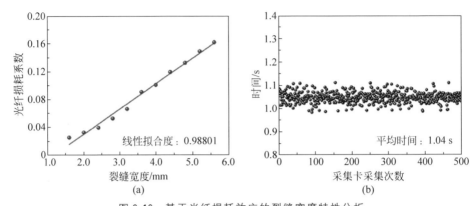

图 6-16　基于光纤损耗效应的裂缝宽度特性分析

（a）光纤损耗系数与裂缝宽度信息之间的关系；（b）系统的测量时间

放置在 2.4 km 的位置，并使用光纤拉伸平台（拉伸长度为 3.6 mm）拉伸以产生轴向张力。

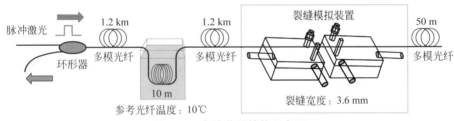

图 6-17　实验装置结构示意图

光纤沿线的温度和光纤损耗分布结果如图 6-18 所示。图 6-18(a)代表沿传感光纤的温度分布结果，它可以清楚地区分 FUT 1 处（10.0℃）和环境温度处（23.0℃）的温度分布。图 6-18(b)表示光纤损耗的分布结果。从图 6-18(b)可以看

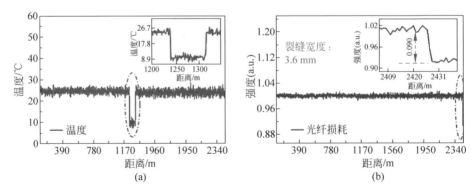

图 6-18　使用单根传感光纤同时进行温度与裂缝宽度测量

（a）传感光纤沿线的温度测量结果；（b）由裂缝宽度引起的光纤损耗分布结果

出 2.4 km 处的光纤损耗系数是 0.090。根据图 6-16(a)中光纤损耗与裂缝宽度之间的关系,可以观察到 2.4 km 处检测到的裂缝宽度为 3.6 mm。实验结果表明,监测的裂缝宽度与光纤拉伸平台设定的参数一致。该实验表明,光纤传感器可以使用一根传感光纤针对温度和大范围裂缝情况进行检测。

6.2　高速实时分布式光纤拉曼测温仪

6.2.1　系统集成

6.1 节详细介绍了分布式光纤拉曼测温系统的物理机制、温度解调原理以及所提出的新型温度解调方法和新型拉曼分布式光纤传感技术。为了实现对研究成果的应用转型,将所研究成果融入光纤拉曼测温仪样机研制工作中,团队开发了一款面向工程应用领域的高速实时分布式光纤拉曼测温仪。

高速实时分布式光纤拉曼测温仪实验装置如图 6-19 所示。波长为 1550 nm 的大功率脉冲激光器产生窄脉宽光脉冲信号进入多模传感光纤(multimode fiber,MMF),其后向拉曼散射光经波分复用装置滤出 1450 nm 的拉曼-反斯托克斯散射光和 1650 nm 的拉曼-斯托克斯散射光,并耦合至雪崩光电探测器。由于反斯托克

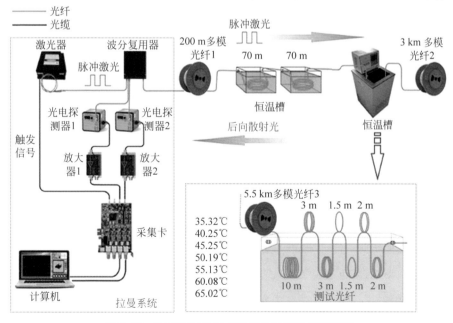

图 6-19　高速实时分布式光纤拉曼测温仪装置图

斯光信号很弱,采用 APD 以及信号放大器进行光信号和电信号之间的转换和放大,将转换后的电压经高速数据采集卡和计算机后进行数据采集和温度解调。

集成后的高速实时分布式光纤拉曼测温仪的外观及内部器件分布如图 6-20 所示。

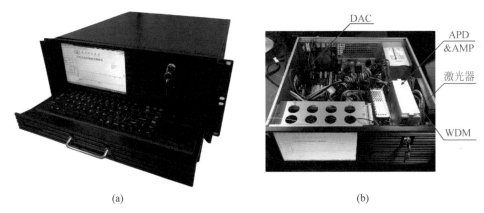

(a)   (b)

图 6-20 高速实时分布式光纤拉曼测温仪

(a) 测温仪实体图;(b) 内部器件分布

6.2.2 小波模极大值去噪法

在分布式光纤拉曼测温系统中,利用光在光纤中传输时产生的自发拉曼散射和光时域反射原理来获取空间温度信息[19]。由于拉曼散射信号弱于瑞利散射信号近 30 dB,导致光纤中拉曼后向散射信号强度十分微弱[20]。且雪崩光电探测器、低噪声放大器和采集系统将会给后向拉曼散射信号带来大量的噪声,因此采集到的后向拉曼散射信号往往会淹没于噪声当中。传统的解决方法是累加平均法,即通过增加累加平均次数来增强信号去噪能力,但增加累加平均次数意味着系统数据处理时间的提高,从而增加了单次测温时间,导致无法满足对待测物体实时监测的要求[21-23]。为了解决这一问题,采用小波模极大值[24-25]的方法可以对拉曼信号进行去噪。小波模极大值去噪方法作为小波变换中的一种,继承了小波变换可以克服传统谱分析方法缺点的优势,采用一种窗口大小和位置可变的窗口对信号进行分析,可以满足信号时频局部化处理的要求,有效地消除突变信号中的噪声,且算法运行时间快,大大减小了数据处理的时间。其具体的原理和实现方式如下。

小波函数族 $\varphi_{a,b}(t) = |a|^{-0.5} \varphi\left(\dfrac{t-b}{a}\right)$ 是由小波基函数 $\varphi(t)$ 通过尺度因子 a 和位置因子 b 伸缩和位移得到的。对于连续信号 $f(t)$ 连续小波变换可由式(6-34)表示:

$$W_f(a,b) = |a|^{-0.5} \int f(t) \varphi^* \left(\frac{t-b}{a} \right) dt \tag{6-34}$$

将小波函数族离散化，即令 $a = a_0^m$、$b = na_0^m b_0$，通常 $a_0 = 2$、$b_0 = 1$，可得

$$\varphi_{m,n}(t) = 2^{-0.5m} \varphi(2^m t - n), \quad m, n \in \mathbf{Z} \tag{6-35}$$

基于此，马拉特(Mallat)使用多分辨率分析(MRA)的方法，统一了各小波基的构造方法，并提出了现在广泛使用的马拉特小波快速分解和重构的方法。其中对于正交小波的马拉特分解和重构具体操作原理如图 6-21 所示。原始信号 f 通过高通(带通)滤波器 H 分解成高频细节系数 g_1，通过低通滤波器 L 分解成低频近似信号 s_1。再将低频近似信号 s_1 由高通(带通)滤波器 H 分解成高频细节系数 g_2，由低通滤波器 L 分解成低频细节系数 s_2，如此类推，直到分解成合适的层数。而小波重构却恰恰相反，通过将最后分解的高频细节系数通过高通(带通)滤波器的逆序 H' 和将最后分解的低频近似系数通过低通滤波器的逆序 L' 重构成上一次分解的低频近似系数。再由上一次分解的低频近似系数和高频细节系数通过低通滤波器的逆序 L' 和高通(带通)滤波器的逆序 H' 合并成再上一次分解的低频细节系数，如此类推，直至重构成为原始信号 f。

图 6-21　小波分解重构示意图

小波模极大值去噪方法作为小波变换的一种，其基本的分解重构思路和图 6-21 保持一致，其去噪的核心是对小波分解后的系数进行处理[26]。以实际温度为 30.10℃ 时的散射强度曲线的小波系数来分析小波模极大值的去噪实现方法，其中该散射曲线的小波系数如图 6-22 所示。

图 6-22 中，从上到下的小波分解层数分别为分解 5 层、4 层、3 层、2 层及 1 层，其中横坐标为传感距离，纵坐标为系数大小。从图中可以看出，随着小波分解层数的上升，探测区域 1 处温度信号的模极大值逐渐增强，而噪声信号逐渐减弱。根据信号和噪声的这一特性，小波模极大值去噪过程如图 6-23 所示。

小波模极大值去噪法首先将原始信号选择合适的分解层数进行分解。其中分解层数的确定可由小波系数的模极大值大小变化来确定，即在最大分解层数时，小波模极大值系数和噪声最大值系数的比最大，同时需要满足该比值随分解层数增加而增加。在获得小波最大分解层(d5)的系数后，提取系数的模极大值，然后对提取出来的模极大值作阈值判断，如果大于阈值则保留该模极大值，否则将该模极大

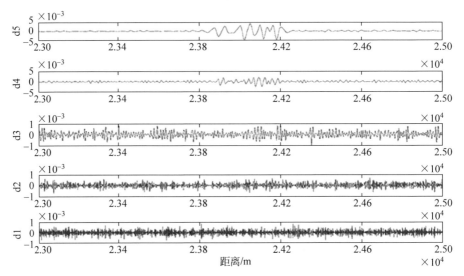

图 6-22　不同分解层数的小波系数所对应的模极大值

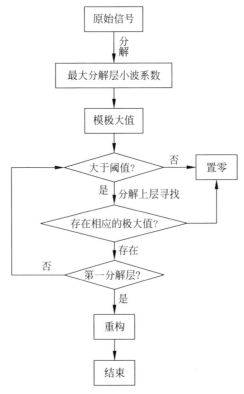

图 6-23　小波模极大值去噪流程图

值置零。将保留的模极大值及其他系数重构至上一层(d4),并和该层数(d4)原有的系数对比,如果存在相应符号的模极大值则该模极大值保留,否则将该值置零,同时保留该层数(d4)其他满足阈值的模极大值,然后将 d5 和 d4 同时保留的模极大值和 d4 的上一层 d3 对比,如此类推,直到第一分解层。此时将原有系数和保留的模极大值系数及变化为零系数进行重构,实现小波模极大值去噪。

小波变换模极大值方法作为小波变换中的一种,极其适用于检测由于温度变化造成的拉曼散射强度的突变信号,同时可以在保证测温精度的前提下,有效地减小系统的累加平均次数,从而减小系统的测量时间。为了验证小波模极大值去噪在拉曼测温中的有效性,将小波模极大值去噪方法用于拉曼测温实验中,实现的结果如图 6-24 所示。该图为测试区间温度为 65℃ 且入射光功率为 14.6 mW 时,小波模极大值去噪前后拉曼-反斯托克斯散射光强度信号图,其中图中的原始信号为平均 10000 次后的拉曼散射信号。图 6-24(a)为全光纤强度分布图,其中的小图为局部拉曼散射光强度。图 6-24(b)为光纤尾端小波去噪前后散射强度图,小波分解层数为 5 层,小波基函数为"sym 6"。从图中可以明显看出小波去噪后,信号的噪声得到了明显的抑制,尤其是在光纤尾端,噪声波动由原来的 2.64 mV 降为去噪后的 0.65 mV。同时不管是测温区间还是处于室温条件下的光纤尾端,去噪后的信号和原始信号变化趋势基本一致,并能良好地提取突变点的信号。

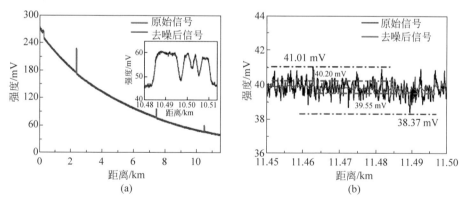

图 6-24　小波模极大值去噪前后拉曼-反斯托克斯光强度图
(a) 全光纤;(b) 光纤尾端

为了证明该方法可以有效地降低测温结果的波动,将三个不同测试区间温度(TCC 温度)设置为 65℃,入射光功率设置为 14.6 mW,参考恒温槽温度设置为26℃,分别对去噪前后的信号进行解调,其中小波分解层数为 5 层,小波基函数为"sym 6"。解调结果如图 6-25 所示,图中原始信号为累加平均 10000 次的拉曼散射信号。图 6-25(a)~(c)为在经过小波变换模极大值后温度波动幅度最大的情况下,各测试区段 10 m 光纤环处的测温结果与未经过小波变换的测温结果对比图。图 6-25(d) 为在光纤末端处于室温下时原始信号和小波变换后信号的温度解调结果图。

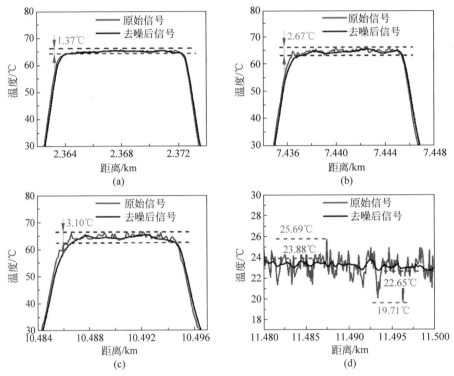

图 6-25　原始信号和经过小波去噪后的信号在不同传感距离上的解调结果

(a) 测试点 1；(b) 测试点 2；(c) 测试点 3；(d) 光纤尾端

由图 6-25 可以看出,随着传感距离的增加,小波模极大值去噪后的效果越来越明显。在测试点 1(约 2.36~2.39 km)处,小波去噪前温度波动为 1.37℃,小波去噪后温度波动为 0.76℃,在测试点 2(约 7.43~7.47 km)处,小波去噪前温度波动为 2.67℃,小波去噪后温度波动为 1.56℃。尤其在测试点 3 处(约 10.48~10.52 km),未经过小波模极大值去噪的温度波动幅度可达 3.10℃,经过小波变换去噪后温度波动幅度降低至 1.60℃。而到了光纤尾端,从图中可以明显地看出,小波变换模极大值方法去噪后的温度波动变小,其波动范围由未去噪前的 19.71~25.69℃变为 22.65~23.88℃,波动幅度由 5.98℃减小到 1.23℃。该现象是由于随着传感距离的增加及光纤中的衰减作用,导致信号强度逐渐减弱,尤其是到了光纤的末端,信号基本完全淹没于噪声中。在测试点 1 处,信号的强度为 230.5 mV,小波去噪前的噪声波动为 1 mV,去噪后的噪声波动为 0.1 mV;而到了测试点 3

处,信号强度衰减为 60.8 mV,去噪前后的噪声波动和测试点 1 处基本保持一致。尤其到了光纤的尾端,由于光纤的衰减和只有室温的作用,信号强度为 40 mV,且去噪前后噪声波动和测试点 1、2 一样。虽然噪声的波动在光纤前后位置一样,但是随着距离的上升,信号的强度逐渐减弱,强度的减弱导致噪声波动占信号的比越来越大,意味着解调出来的信号由噪声波动而引起的波动也将越来越大,所以在相同的噪声波动变化的情况下,信号强度越弱,去噪效果越明显。

6.2.3　基于实时移动法的超前预警模型

实时移动法是基于一组最近的实际数据建立预警模型来预测未来光纤沿线温度值变化,预警模型包括一次移动平均法和一次移动平均法[27-29]。温度预警模型主要包括三个方面,如图 6-26 所示,具体实施方法如下。

(1) 固定阈值报警模型:若分布式光纤拉曼测温仪沿光纤各点解调的温度信息 $T \geqslant T_h$(T_h 为系统设定的固定报警阈值),系统显示出该报警点位置。

(2) 温差报警程序:分布式光纤拉曼测温仪连续时间内解调同一位置的前一次温度数据 T_1 与后一次测量的温度数据 T_2 作差并取绝对值,得 $T_a = |T_1 - T_2|$,若 $T_a \geqslant T_h$(T_h 为系统设定的报警阈值),系统显示出报警点位置。

(3) 温度预测预警程序:拉曼测温仪将连续时间内测量同一位置的 5 组温度数据,分别设为 T_{t-4}、T_{t-3}、T_{t-2}、T_{t-1}、T_t(T_t 为时间为 t 时,拉曼测温仪解调的温度信息,T_{t-n} 为时间为 t 时的前 n 次拉曼测温仪解调的温度信息),逐次比较这 5 组温度数据是否逐次递增,即是否符合条件 $T_{t-4} < T_{t-3} < T_{t-2} < T_{t-1} < T_t$,若符合条件则系统进入二次移动平均预测法,否则进入一次移动平均预测法。

一次移动平均预测法为

$$T_{pr} = (T_{t-4} + T_{t-3} + T_{t-2} + T_{t-1} + T_t)/5$$

T_{pr} 为自定义预测时间的温度数值。

二次移动平均法为

$$T_{pr} = a_t + b_t[(T_Y - T_N)/t_1]$$

T_Y 为用户自定义的预测时间,T_N 为当前时间,t_1 为拉曼测温仪解调一次温度数据所需要的时间,且 T_N、T_Y 与 t_1 的时间单位必须保持一致。其中 $a_t = 2T_t^{(1)} - T_t^{(2)}$,$b_t = [T_t^{(1)} - T_t^{(2)}]/2$,且 $T_t^{(1)} = (T_{t-4} + T_{t-3} + T_{t-2} + T_{t-1} + T_t)/5$,$T_t^{(2)} = [T_{t-4}^{(1)} + T_{t-3}^{(1)} + T_{t-2}^{(1)} + T_{t-1}^{(1)} + T_t^{(1)}]/5$。

系统根据上述计算的全光纤预测温度数据 T_{pr} 与输入的固定报警阈值 T_h 作比较,若 $T_{pr} > T_h$,拉曼系统显示出报警点位置。

参考文献[27]所述的移动平均预测法中,一次移动平均法中的一组历史数据

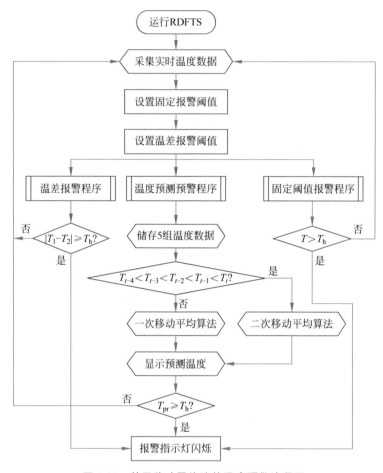

图 6-26　基于移动平均法的温度预警流程图

是随着时间的向前推进而不断更新的,每当拉曼测温仪解调一个新的历史数据的同时,就剔除原来一组历史数据中离预期最远的那个历史数据。二次移动平均法是对一次移动平均数再进行第二次移动平均,再以一次移动平均值和二次移动平均值为基础建立预测模型。

1. 室内预警实验

室内实验中,分布式光纤拉曼测温仪的待测光纤放置在一个高精度恒温槽中,随后随机调节恒温槽的温度,预警系统开始采集数据。实测数据和预测数据如图 6-27 所示,黑色曲线为拉曼测温仪实际测量的温度,红色曲线为拉曼测温仪预测温度。图 6-27(b)为探测区域 1 局部放大图。表 6-1 为不同待测光纤区域的提前响应时间,实验结果显示该预警模型可以提前预测光纤沿线的温度变化趋势。

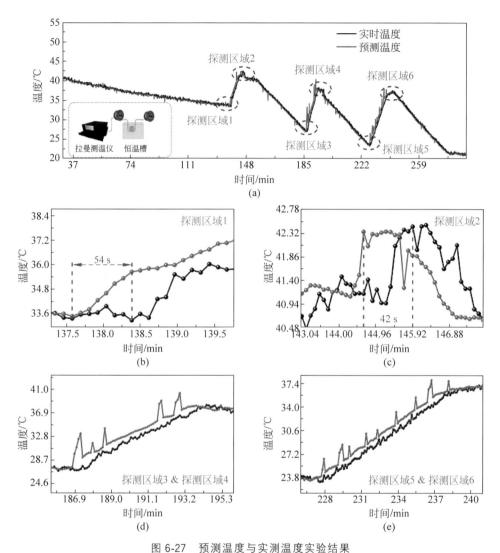

图 6-27 预测温度与实测温度实验结果

（a）整条传感光纤；（b）探测区域 1 的局域放大；（c）探测区域 2 的局域放大；
（d）探测区域 3 与 4 的局域放大；（e）探测区域 5 与 6 的局域放大

表 6-1 不同探测区域的提前响应时间

探测区域	预测时间/min	实测时间/min	提前响应时间/s
1	137.57	138.62	54
2	145.23	146.27	42
3	186.06	186.99	55
4	193.83	194.41	34
5	226.78	227.59	55
6	242.44	243.13	41

为了进一步确定基于移动平均预测法的预测准确度,分析了预测温度与实测温度之间的绝对误差和相对误差,并得出了预测误差的直方图。图 6-28(a)是预测温度和实测温度的平均误差,结果显示预测温度的平均预测误差为 0.33℃,平均相对误差为 1%。图 6-28(b)为温度预测误差率的直方图。可以得出预测误差在 $-0.5\sim0.5$℃ 的区间范围内为 80.49%,在 $-1.0\sim1.0$℃ 的区间范围内为 98.07%。结果显示预测温度和实测温度基本吻合,实验结果基本可以满足分布式光纤拉曼测温系统对下一阶段的温度预测需求。

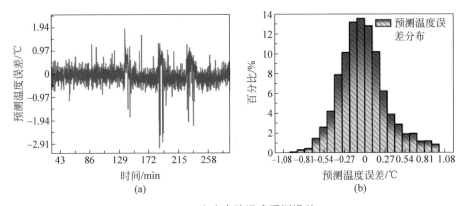

图 6-28　室内实验温度预测误差

(a) 预测和实测温度误差;(b) 温度误差柱状图

2. 室外预警实验

为了进一步验证实时移动法对分布式光纤拉曼测温仪预测温度的准确性,采用铠装光缆对室外大型建筑物进行同时测温和预测实验,测量时间共计 24 h。在实验中,将传感光缆布设在室外建筑物(太原理工大学博学馆)的地面和围栏上,用于监测和预测室外建筑物温度。本实验中光缆有两种铺设方式,如图 6-29 所示。其中之一是平铺结构,即直接将光缆放在地面上。另一种是缠绕结构,即将传感光纤缠绕在建筑物的围栏周围。分布式光纤拉曼传感系统执行 24 h 实时温度监测和预测。预测时间是温度预警模型(TEWM)设定的 1 min,这意味着预测时间是当前时间之后的 1 min。

图 6-30 为所提出的温度超前预警模型预测得到的实验结果与实时测量得到的温度结果。其中黑色曲线为建筑物单点实际测量温度随时间的变化曲线,红色曲线为该点的预测温度结果。预测(红色曲线)和实时测量温度(黑色曲线)之间的关系可以通过图 6-30 获得。其中,红色曲线代表 TEWM 预测的温度数据。黑色曲线代表 1 min 后的实际测量温度数据。可以观察到,TEWM 基本上可以预测实际测量温度的趋势。

图 6-29　室外温度预测实验及传感光缆铺设

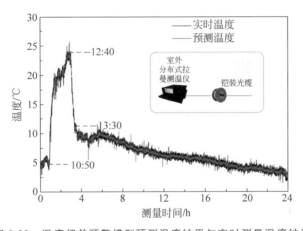

图 6-30　温度超前预警模型预测温度结果与实时测量温度结果

图 6-31 为室外实验预测温度和实测温度的误差图,从图 6-31(a)中可以看出,预测值与实测值相比,平均绝对误差为 0.31℃,平均相对误差为 5%,其中最大绝对误差为 3.02℃。图 6-31(b)为预测误差直方图,其中预测误差范围为 0~0.1℃,所占比例为 26.42%,预测误差≤0.5℃的占用比例为 84.68%。室外预测实验结果表明,基于移动平均预测法的预测温度值与实际测量值同样,有较好的一致性。

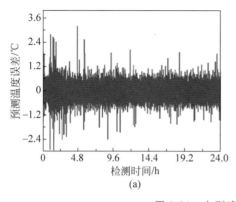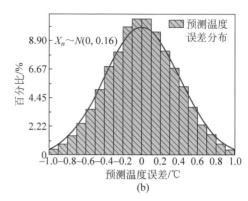

图 6-31　大型建筑物预测结果误差

(a) 预测和实测温度误差；(b) 温度误差柱状图

6.2.4　测温仪的主要技术指标

1. 测温精度

测温精度一般定义为实际温度与测量温度的绝对差值[11]。实验测量中，将入射光功率设置在 14.6 mW，室温为 22.82℃，恒温槽温度设置在 26.0℃，并将测试区的温度(TCC)设置在 35.0～65.0℃，且每隔 5.0℃ 取一个测试温度点。累加平均方法、动态噪声基底的方法、自解调方法和小波模极大值变换的方法被同时用于该实验中。实验中系统的累加平均次数为 10000 次，小波模极大值分解层数为 5 层，小波基函数为"sym 6"。

实验测试结果如图 6-32 所示。其中图 6-32(a-Ⅰ)和(a-Ⅱ)分别为测试点 1 处的测温分布图和测温精度(蓝色点表示)及不确定度(品红色误差棒表示)图，图 6-32(b-Ⅰ)和(b-Ⅱ)分别为测试点 2 处的测温分布图和测温精度及不确定度图，图 6-33(c-Ⅰ)和(c-Ⅱ)分别为测试点 3 处的测温分布图和测温精度及不确定度图。从图 6-33(a-Ⅰ)、(b-Ⅰ)和(c-Ⅰ)可以看出，系统温度波动幅度随着传感距离的增加而逐渐增大。在测试点 1(约 2.36～2.39 km)处，系统的温度波动幅度最大值为 0.85℃，在测试点 2(约 7.43～7.47 km)处，系统温度波动幅度达 1.60℃，而在测试点 3(约 10.48～10.52 km)处时，系统温度波动幅度进一步恶化，温度波动为 1.66℃。这是因为在小波模极大值去噪后，噪声的波动在整条光纤基本保持恒定，而信号强度由光纤前端的 275 mV 降到光纤末端的 40 mV，如果噪声波动保持不变，当后向散射信号强度逐渐减弱，则噪声波动对解调结果影响越大，从而导致温度波动越大。图 6-32(a-Ⅱ)、(b-Ⅱ)和(c-Ⅱ)中的测温不确定度随着传感距离的增加而逐渐恶化的现象也可以用上面的原理解释，即噪声波动保持不变，散射信号越弱，测温不确定度越大。

从图 6-32(a-Ⅱ)、(b-Ⅱ)和(c-Ⅱ)可以看出,系统的测温精度随着距离的增加而逐渐恶化。在测试点 1 处,系统的测温精度都为正值,且最大值为 0.52℃。在测试点 2 处,测温精度都为负值,其最大值为 −1.00℃。在测试点 3 处,测温精度在测试点 2 处的结果上进一步恶化,但测温精度依然达到 −1.58℃。而这一现象也是由于噪声在随着距离的增加而逐渐增强,有效信息被淹没于噪声中,而小波变换模极大值虽然有滤除噪声的效果,但也会滤除一定的有用信号。且随着传感距离的上升,信号的强度逐渐减弱,在测试点 3 处的信号强度相对测试点 1 处的信号强度衰减了近 4 dB。在小波模极大值滤除的信号保持一致的情况下,信号越弱,滤除的信号对测温结果的影响越大,且会小于实际值。即随着传感距离的上升,温度的测量结果的准确度会由于滤除小部分的有效信号而逐渐偏离且小于实际值。

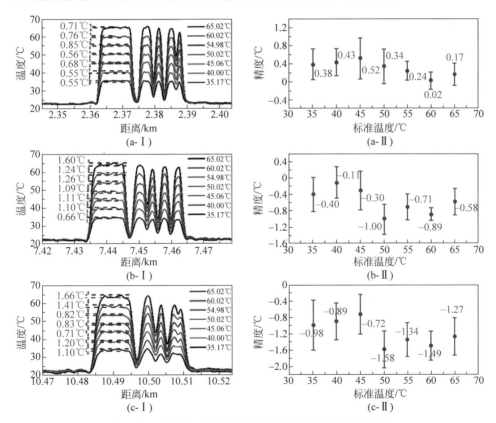

图 6-32　不同测试点的测温分布和测温精度及不确定度

(a) 测试点 1;(b) 测试点 2;(c) 测试点 3

表 6-2 为 TCC 温度控制在 60.02℃时,测试点 3 处同组散射信号小波模极大值去噪前后解调结果。从表中可以看出,5 次测量去噪前的解调温度都要高于去

噪后约 0.7℃。即在小波去噪后,滤除的信号在该温度点下对测温结果的影响约为 0.7℃。从而可以验证系统测温精度随空间分辨率而恶化的原因是小波变换滤除有用信号。

表 6-2　测试点 3 处同组散射信号小波模极大值去噪前后解调结果　（单位：℃）

	1	2	3	4	5
去噪前	60.00	59.54	59.93	59.18	60.03
去噪后	59.30	58.88	59.21	58.49	59.31

综上,随着传感距离的增加,虽然系统的测温精度、测温波动幅度、测温不确定度在逐渐恶化,但在 10.48 km 左右的区间,系统依旧能达到 1.58℃ 的测温精度、1.66℃ 的温度波动和 0.61℃ 的测温不确定度的高精度测温结果。

2. 空间分辨率

对空间分辨率的定义主要有两种,分别是采用空间分辨率的直接测量法进行空间分辨率分析和取温度变化的 10%～90% 所对应的光纤长度作为空间分辨率[28]。

直接测量法可以大致测量系统的空间分辨率,其是通过观察放置在恒温槽中的传感光纤可准确测量实际温度的最小长度来定义系统的空间分辨率。所以可由图 6-33(a)～(c)得出该系统的空间分辨率。从图中可以看出,随着传感距离的增加,系统的空间分辨率逐渐下降。测试点 1、测试点 2 和测试点 3 处可准确测量实际温度的最小长度分别为 1.5 m、2 m 和 3 m,所以,在该定义下,这三处对应的空间分辨率依次为 1.5 m、2 m 和 3 m。而该测量方法只能确定空间分辨率的范围,即在刚达到饱和的光纤环长度和未达到饱和的最大光纤环长度之间,并不能准确地测量系统的空间分辨率。

为了准确地表征系统的空间分辨率,往往采用温度变化的 10%～90% 所对应的光纤长度作为空间分辨率。对三个测量区段的空间分辨率进行分析,结果如图 6-33 所示。

从图 6-33 可以看出,系统的空间分辨率随着传感距离的增加而逐渐变差。在测试点 1 和测试点 2 处系统的空间分辨率分别为 1.3 m 和 1.6 m,而到测试点 3 处时,系统的空间分辨率为 2.1 m。

系统的理论空间分辨率 l 由激光脉冲的脉宽(t_p)、放大器和光电探测器的带宽(B_{pd})和采集卡带宽(B_d)共同决定。即由式(6-36)中的激光器决定的空间分辨率 l_p、放大器和光电探测器决定的空间分辨率 l_{pd} 和采集卡决定的空间分辨率 l_d 最大值决定。

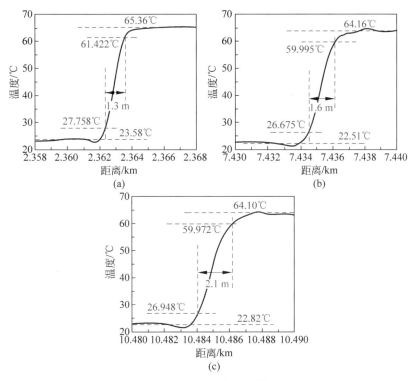

图 6-33 系统的空间分辨率

(a) 测试点 1 处；(b) 测试点 2 处；(c) 测试点 3 处

$$l_{\mathrm{p}} = \frac{t_{\mathrm{p}}c}{2n}, \quad l_{\mathrm{pd}} = \frac{c}{2B_{\mathrm{pd}}}, \quad l_{\mathrm{d}} = \frac{c}{2B_{\mathrm{d}}} \tag{6-36}$$

式中，n 为光纤折射率，c 为光在真空中的传播速度。在本系统中激光器的脉宽为 10 ns，放大器和光电探测器的带宽为 80 MHz，采集卡的带宽为 100 MHz。所以该系统由激光脉冲的脉宽、探测器带宽和采集卡带宽共同决定的理论空间分辨率为 1.25 m。这和实验中所得的空间分辨率并不一致，这一方面是因为光脉冲在光纤中进行传输时存在模内色散，而模内色散会引起脉冲展宽，且展宽大小随传感距离的增加而增加；另一方面，随着传感距离的上升系统的信噪比下降而引起空间分辨率恶化。

3. 测温稳定性

为了进一步研究系统的测温稳定性，对该系统进行了重复性测量研究。将测试区温度设置在 34.87℃，在该条件下分别进行了 10 次测量，每隔 30 min 取一个测温结果，具体结果见表 6-3。

由表 6-3 可以计算出测试点 1、测试点 2 和测试点 3 处的测温平均值分别为

35.14℃、34.26℃和33.79℃,则三个测试点的测温精度分别为0.27℃、0.60℃和1.08℃。10次测量实验的测温结果波动在测试点1、测试点2和测试点3处分别为0.9℃、0.72℃和1.02℃。从这10次测量结果可以看出,系统具有良好的重复性。

表6-3　三个测试点处10 m光纤环的测量结果　　　　　　　　(单位：℃)

	1	2	3	4	5	6	7	8	9	10
测试点1	34.50	35.07	35.40	35.28	35.06	35.31	35.00	35.11	35.33	35.34
测试点2	33.94	34.11	34.21	34.39	33.89	34.35	34.18	34.65	34.58	34.36
测试点3	33.35	33.58	34.12	33.86	33.65	34.07	34.37	34.02	33.45	33.44

4. 定位误差

分布式光纤拉曼测温系统除需保障温度测量的准确度外,还需要准确定位温度异常点的位置,以期在事件发生的第一时间排除安全隐患,确保生产安全,为此对分布式光纤拉曼测温系统的定位精度进行测试。

为保证实验结果的准确性,本节采用商用的光时域反射仪(AOR-500S)对光纤的长度进行标定,则当测量距离为10 km时,其距离的不确定度最大为2.1 m,在可接受的范围内。利用分布式光纤拉曼测温系统测量得到光纤的长度,和AOR-500S的标定值进行对比即可得到样机的定位精度。

将进行实验的8盘待测光纤,序号分别标记为1~8,实验步骤如下:

(1) 利用AOR-500S测量光纤1的长度,同时利用光纤拉曼仪测量光纤1的长度,记录两者测得的长度值;

(2) 将光纤2熔接到光纤1的尾端,通过AOR-500S和光纤拉曼样机分别测量熔接后光纤的长度,记录两者测得的长度值;

(3) 重复上述第(2)步,直至将8盘光纤全部熔接在一起,通过仪器测量得到表6-4所示的长度数据。

表6-4　AOR-500S和光纤拉曼仪测量所得光纤长度值　　　　(单位：m)

组别	1	2	3	4	5	6	7	8
AOR-500S	1298	2508	4350	5567	6785	7997	9211	11210
拉曼系统	1296	2508	4350	5567	6784	7995	9210	11209

从表6-4中对比AOR-500S和光纤拉曼测温仪的测量数据可知,分布式光纤拉曼测温仪对待测光纤长度测量的结果和AOR-500S的长度测量结果基本保持一致,测量的误差控制在2 m范围内,考虑到OTDR在实际测量过程中存在的系统误差,分布式光纤拉曼测温系统可以较为准确地测量到光纤的具体位置,即可以实现对事件点精确定位。

6.3 长距离高精度分布式光纤拉曼测温仪

6.3.1 系统的集成及多级恒温控制技术

1. 系统的集成

如图 6-34 为设计的长距离高精度分布式光纤拉曼测温仪。为提高测温系统的性能指标,作者团队对其中的关键性部件进行了自主设计,通过温度控制和偏压控制相结合的方式实现了光信号到电信号的高精度稳定转换,为进一步提高系统的传感距离与测温精度奠定了基础。长距离高精度分布式光纤拉曼测温仪具备如下三方面的优点:

(1) 测温范围广,对于系统的关键性器件进行了温度控制,可以在更大的温度范围内保证系统工作的稳定性;

(2) 测量距离长,对于光电转换模块引入偏压控制,针对不同的应用场合,通过调节其工作偏压保证系统的信噪比,有效提升系统的测量距离;

(3) 测量精度高,通过温度和偏压的动态调节,光电转换过程更加稳定,系统的测温精度可靠稳定,可对温度异常区域实时预警,并可设置不同的报警通道及设置不同的报警阈值,减少漏报误报的概率。

图 6-34　长距离高精度分布式光纤拉曼测温仪样机

针对长距离高精度分布式光纤拉曼测温硬件系统,设计了功能丰富的 LabVIEW 温度解调上位机软件系统。如图 6-35 所示为 LabVIEW 的软件界面,该软件系统包含如下主要功能:

(1) 光纤沿线温度显示,建立了光纤长度和温度的对应关系,通过波形图的方式将测量所得光纤沿线温度的分布情况直观地呈现给用户;

(2) 温度异常点报警,当光纤中的某位置出现异常温度点时,系统的报警灯会

亮起,并重点标注出报警点的具体位置,保证了报警的时效性;

(3) 历史数据查询,建立了数据库查询系统,对于测量所得的温度分布情况进行周期性保存,方便用户的后期查验;

(4) 温度 3D 显示模块,三个坐标轴分别为时间、距离、温度,用来实时显示或用户自定义一段时间内的温度 3D 图。

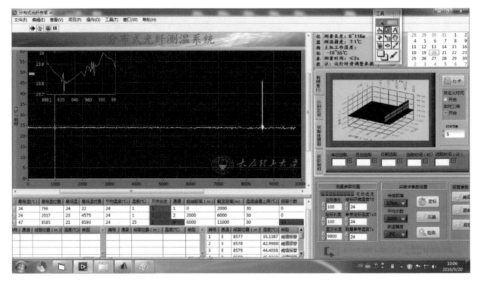

图 6-35　长距离高精度分布式光纤拉曼测温仪温度解调界面

2. 多级恒温控制技术

(1) 系统的总体设计

在分布式光纤拉曼测温系统中,各器件的参数受环境温度影响极易发生改变,严重影响系统的稳定性和测温准确性,其中定标光纤和 APD 尤为突出[29-30]。长距离高精度分布式光纤拉曼测温仪通过温度控制系统对 APD 和定标光纤进行温度控制。如图 6-36 所示,温度控制系统主要分为 4 大部分,包括恒温箱、上位机模块、下位机模块、电源。恒温箱主要用来放置定标光纤和 APD,其内置高精度温度传感器能够检测恒温室的温度。通过半导体制冷片(thermoelectric cooler,TEC)可以实现对恒温室温度的动态调节。上位机模块利用安富莱 V5 开发板的硬件资源,结合 FreeRTOS 操作系统和 STemwin 界面设计,实现温度数据的周期更新、数据存储、USB 通信和恒温箱温度设定等功能[31]。下位机模块利用 STM32F4 微控制器,通过集成电路总线和串行外设接口总线周期性读取温度传感器(ADT7410 和 AD7793)的数据[32]。对于采集到的温度数据,下位机一方面通过控制器局域网络总线发送到上位机,另一方面则结合相应的控制算法调整加载于驱动板 PWM 波的占空比,从而改变 TEC 的工作功率,实现对温度的反馈控制。电源选用朝阳电源 4NIC-Q250KT,三路输出分别是 12 V/8 A、5 V/5 A、3 V/10 A,分别为 TEC(12 V/5 V)、上位机(12 V)、下位机(12 V)供电。

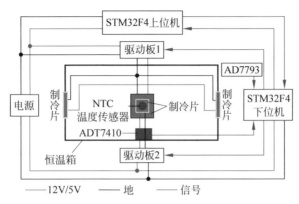

图 6-36　温度控制系统结构图

（2）机械结构设计

恒温箱整体分为内外两层恒温室,采用内外嵌套的结构,一方面有利于保证内层恒温室的控温稳定度,另一方面有利于减小恒温箱的整体体积,方便光纤拉曼测温仪的后期集成。具体机械结构如图 6-37 所示,其中外层恒温室放置定标光纤,内层恒温室放置 APD。

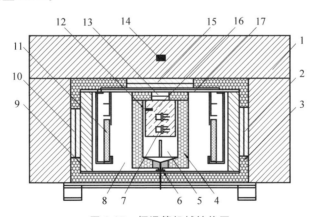

图 6-37　恒温箱机械结构图

1,9—散热片；2,10,13,15—制冷片；3—隔热棉；4—隔热发泡材料；5—二级恒温室；6—ADT7410-1；
7—APD；8——级恒温室；11—定标光纤；12—NTC 温度传感器；14—ADT7410-3；16—导热铜块；
17—ADT7410-2

恒温箱各部分通过高精度的温度传感器进行检测,因定标光纤置于外层恒温室中,通过空气传导制冷,为保证定标光纤温度的均匀性,在一级恒温室的顶部和底部分别放置了温度传感器。为减小恒温箱的体积,制冷片选择了半导体制冷片,其主要依据半导体材料的珀尔帖效应,正常工作时,一面制冷,一面制热,且能够通过改变电流的方向实现制冷和制热面的转换,是实现温度控制的较佳选择[33]。TEC 正常工作时为了达到良好的温度控制效果,需要将制热面和制冷面产生的热和冷进行及时的传导,故在 TEC 的制热面安装了外层散热片和散热风扇,制冷面安装了内层散热片。为保证 APD 温度的均匀稳定,在制冷片的制冷端安装了导热铜块,APD 内嵌在导热铜块中,并在导热铜块上安装高精度的 NTC 温度传感器。而为了防止热传导对恒温室温度的稳定性产生干扰,外层恒温室的内外散热片之间、内层恒温室和外层恒温室之间分别填充了隔热棉和隔热发泡材料。

3. 温度控制系统电路设计

(1) 温度传感电路

考虑到温度控制的可行性和经济性,长距离高精度拉曼测温仪对 APD 和定标光纤控温稳定性的指标设定为 ±0.005℃ 和 ±0.1℃[34-35]。为达到上述指标,分别选用热敏电阻和数字温度传感器作为恒温箱内外层恒温室的温度传感器。数字温度传感器选用 ADT7410,热敏电阻选用负温度系数线性温度传感器,配合 A/D 转换芯片实现温度测量。

(2) 驱动电路设计

为减小恒温箱整体的体积并方便拉曼测温仪的后期集成,制冷片选用的是半导体制冷片,其常用于 CPU、红外线传感器和冰箱等电子器件的冷却,具有体积小、重量轻、可靠性高等优点[33]。恒温箱的外层恒温室放置的是定标光纤,为了保证定标光纤的环境温度,外层制冷片选取了 12 V、8 A 的 TEC,尺寸为 40 mm×40 mm。内层恒温室的容积较小,故选取了 5 V、3 A 的小型 TEC,尺寸为 15 mm×15 mm。为了实现较大范围的温度控制,内外层的制冷片均选用双层 TEC,最大温差可达80.0℃。

为了稳定定标光纤和 APD 的温度,需要利用单片机对 TEC 的工作功率进行控制,而单片机的输出电压为 3.3 V,且驱动电流较小一般在几百毫安,故需要借助驱动电路实现单片机控制指令到 TEC 工作功率的转换。选用 H 桥驱动电路实现功率放大,通过单片机输出一定宽度的脉冲波进行调节。

H 桥电路因形似字母 H 而得名,常用于直流电机的驱动,通过控制 H 桥的通断可以实现电机的正转、反转、制动。因 TEC 制冷、制热的切换和电机的正反转都是通过改变电流方向实现的,故电机驱动所用的 H 桥电路同样可以应用于 TEC 的驱动。通过正转、反转即可实现对 TEC 制冷面和制热面的切换,进而实现温度升高或降低。对于 TEC 驱动电路的控制主要包括两个方面，一是对驱动方向的控制，二是对驱动功率的控制。对于驱动方向下位机微控制器可以通过控制通用控制输入与输出接口的电平高低实现转换，而对驱动功率则需要调节 PWM 的占空比进行控制。

　　脉冲宽度调制是通过改变输出方波的占空比对模拟电路进行控制的技术。下位机对 PWM 波的控制原理如图 6-38 所示，设定微控制器定时器工作于向上计数 PWM 模式，其中 CNT 为计数值，CCRx 为阈值，ARR 为计数最大值。当程序运行，CNT 的值小于 CCRx 的值时 I/O 口输出低电平，CNT 按照周期 T 不断自加，当 CNT 的值大于 CCRx 的值时 I/O 口输出高电平。当 CNT 的值增加到与 ARR 相等时，CNT 复位，从 0 开始重新计数。故可以得到输出 PWM 的频率和占空比为

$$f = \frac{1}{ARR \times T}, \quad 占空比 = 1 - \frac{CCRx}{ARR} \tag{6-37}$$

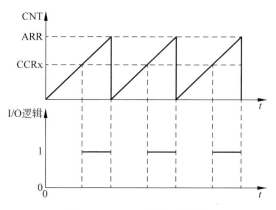

图 6-38　PWM 波产生原理

　　当 T 一定，通过改变 ARR 的值即可调节 PWM 的频率，改变 CCRx 的值即可调节 PWM 的占空比。如图 6-39 所示为微控制器实现 PWM 占空比调节的流程图，其中 PWM 通道选择 TIM5_CH1，对应的 GPIO 为 PH10，故需要初始化 TIM5 和 GPIOH。定时器输出 PWM 还需要配置 ARR 值、PSC(时钟预分频系数)、初始 CCR1 值，计数模式以及 PWM 模式，配置 ARR 值为 99，PSC 为 83，初始 CCR1 值为 90，向上计数和 PWM1 模式。PWM 频率计算公式为式(6-38)，当定时器时钟频率为 84 MHz，可得 PWM 频率为 10 kHz，占空比为 90%。对于 PWM 的循环控制同样借助 TIM7 的 1 s 的定时中断，所以需要查询中断标志位的状态，调节 CCR1 的值即可调整 PWM 波的占空比。

$$f = \frac{f_{CLK}}{(PSC + 1)(ARR + 1)} \tag{6-38}$$

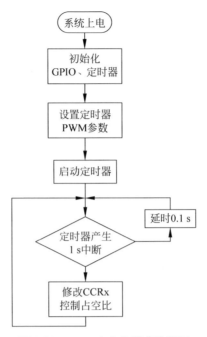

图 6-39　PWM 占空比调节流程图

（3）温度控制系统的测试与优化

经过上下位机的软硬件设计，温度控制系统已经具备了对温度进行控制和监测的条件，故对整套系统进行测试和优化。在对温度进行控制时，发现 TEC 驱动电路 MOS 的高频通断产生了大量电磁干扰，严重影响到温度传感器测温的精度和稳定性。

为了保证温度控制系统的控制效果，需要对温度传感电路进行抗电磁干扰控制。减少电磁干扰对电子器件影响的方法主要有屏蔽和滤波两种[35]。本温控系统中，由于 ADT7410 和 NTC 是通过导线连接到下位机，故容易受电磁干扰的影响。考虑到滤波的作用有限而且设计过程复杂，因此采用屏蔽的方法，将连接温度传感器和下位机的导线更换为屏蔽线，并将其屏蔽层的一端接入下位机并着地。图 6-40 为更换屏蔽线前后的 ADT7410 温度变化曲线对比图，两组温度曲线的设定温度同为 10℃。可以发现在使用普通导线时温度曲线的波动在 ±0.2℃，更换为屏蔽线后温度曲线的波动在 ±0.1℃，故屏蔽导线可以有效地屏蔽电磁干扰，保证温度测量的精度。将温度传感器和下位机之间的导线全部更换为屏蔽线后，通过上位机设定外层恒温室的温度为 10℃，设定内层恒温室的温度为 5℃，如图 6-41 所示的温度变化曲线和图 6-42 所示上位机界面。

图 6-41 中红色曲线为 ADT7410-1 的温度变化，蓝色为 ADT7410-2 的温度变化，

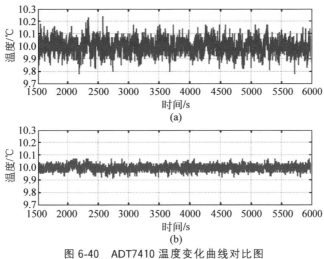

图 6-40　ADT7410 温度变化曲线对比图

（a）普通导线；（b）屏蔽线

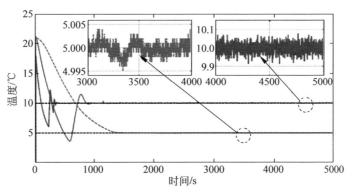

图 6-41　温度控制系统温度变化曲线

洋红色为 NTC 的温度变化曲线。在室温 22.0℃左右的情况下，ADT7410-1 的温度经过 1000 s 达到了(10±0.1)℃的稳定状态。ADT7410-2 的温度经过 500 s 即达到了(10±0.1)℃的稳定状态，受限于 TEC 制冷片的功率，NTC 的温度经过 1500 s 逐渐逼近 5.0℃，最终稳定于(5±0.005)℃。对于上位机，温度数据更新及时，触摸响应准确，与 PC 和下位机通信正常，整体运行稳定可靠。因此，温度控制系统在控制精度、稳定性和人机交互方面均已实现设计目标，能够满足拉曼测温仪的要求。

（4）温度控制和偏压控制系统集成

光纤拉曼测温仪设计了高精度温度控制系统和偏压控制系统，因为偏压控制系统是在温度控制系统的作用下，进一步通过偏压调节稳定 APD 的增益，且控制过程需要获知 NTC 采集到的温度数据。故为了保证拉曼测温系统的可靠性，考虑

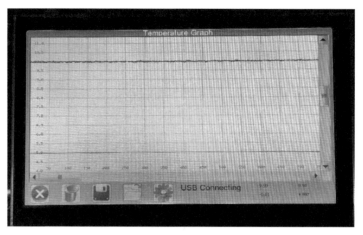

图 6-42　温度控制系统稳定后上位机界面

　　将温度控制系统和偏压控制系统集成到一块 PCB 板中。

　　如图 6-43 所示为集成了温度和偏压控制系统的 PCB 板,集成后的下位机板采用统一供电。因为散热风扇的额定电压为 12 V,STM32F407 核心板的输入电压为 5 V,偏压生成电路的输入电压范围为 2.8~5.5 V,为满足多方面的应用,系统板采用 12 V 统一供电。利用 DC-DC 降压电路转 5 V 后供给 STM32F407 核心板和偏压生成电路使用,本书选用的转压芯片为 LM2596-5.0。

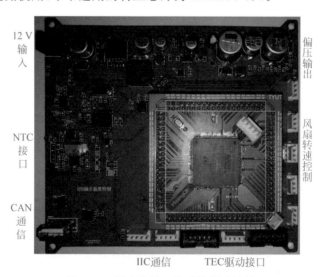

图 6-43　温度和偏压集成控制系统板

　　LM2596 是降压型电源管理集成电路,可选 3.3 V、5 V 和 12 V 的固定电压输出或可调电压输出,最大驱动电流可达 3 A,且具有过热保护和限流保护功能。如

图 6-44 所示为 LM2596 降压原理图,图 6-45 为 LM2596 的内部结构图。从图 6-45 可知,VIN 和 OUT 通过三极管连接,LM2596 降压电路为典型 BUCK 降压电路,其工作过程如下。

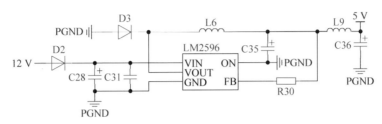

图 6-44　LM2596 降压原理图

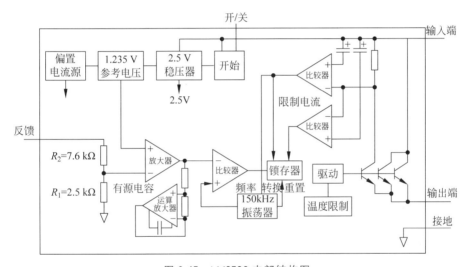

图 6-45　LM2596 内部结构图

当三极管导通时,VIN 通过三极管到达 OUT 引脚,由于二极管 D_3 的存在,VIN 只能通过 L_6 流向电容 C_{35} 和负载,此时 VIN 给电感励磁,且给电容和负载提供能量,电容两端的电压小于 VIN。当三极管关断时,VIN 和 OUT 断开,此时由于电感的续流作用,二极管 D_3 导通,电感 L_6 和电容 C_{35} 同时提供能量给负载,输出电压等于电容 C_{35} 两端的电压。当三极管有规律的导通、关断时,电路中能量的转换达到一种平衡,输出电压也基本稳定且小于输入电压。三极管的控制常使用 PWM,在频率保持不变时,通过改变其占空比即可实现对输出电压的调节。

将温度控制系统和偏压控制系统集成后,为了保证偏压补偿系统的正常工作和拉曼测温仪的解调效果,需要确定 APD 的最佳工作偏压 VB。为此,前期设计偏压生成电路在 30~45 V 可调,对拉曼测温系统施加温度控制,测试其在不同偏压的解调效果。因为放大电路的最低工作电压在 30 V,而 APD 击穿电压为 $-40\sim$ 44 V,故设计在 $30\sim39$ V 调节偏压控制系统的输出电压,并对 APD 放大后的信号进行解调处理。

为了对提出的温度控制及偏压系统进行验证,分布式光纤拉曼测温仪的传感光纤总长度为 9288 m,室温 25℃左右,通过信号的采集处理得到如图 6-46 所示的不同偏压状态下光纤沿线的温度分布曲线。为真实反映 APD 偏压对最终测温结果的影响,该温度曲线未添加去噪算法。从图中可以看出当偏压生成电路输出的偏压从 30.34 V 逐渐升高到 38.65 V 时,温度分布曲线的温度波动范围明显减小。对比 9000 m 处的温度值,在偏压为 30.34 V 时,波动范围为 16.17℃(最高温度 32℃,最低温度 15.83℃);在偏压为 38.65 V 时,波动范围为 3.52℃(最高温度 25.61℃,最低温度 22.09℃)。可以得出随着 APD 两端偏压的升高,APD 的增益值明显增大,放大后信号的信噪比得到明显提高,最终解调出温度值的波动范围也明显减小。因此为保证分布式光纤拉曼测温仪实现较好的解调精度,APD 的偏压应选择较大值,但是由于 APD 的击穿电压在 $-40\sim44$ V,为了保证拉曼测温系统的可靠性,本书设计偏压控制系统输出基准偏压值为 38.65 V,偏压控制范围为 $38.2\sim39.2$ V。温度控制系统温度稳定后的上位机界面如图 6-47 所示。

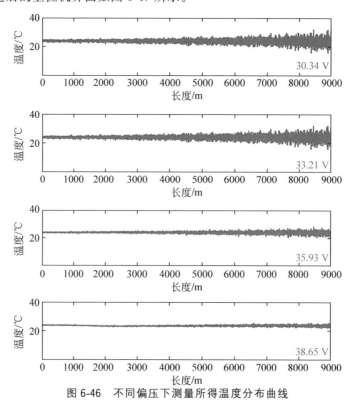

图 6-46   不同偏压下测量所得温度分布曲线

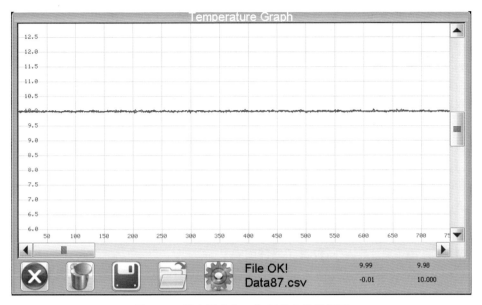

图 6-47　设定温度为 10℃后的上位机界面

通过上位机设定恒温箱的温度,考虑到 APD 工作时的发热问题,为保证 APD 温度的恒定,三个控制环节温度均设定为 10℃。分别调节偏压系统的输出电压为 30.34 V、33.21 V、35.93 V 和 38.65 V,记录拉曼测温仪解调所得温度值,温度控制系统温度稳定后的上位机界面如图 6-47 所示。对于不同的偏压值,温度控制系统的控温效果基本一致,其中控制环节 1 和 2 的温度稳定于(10±0.1)℃,控制环节 3 的温度受 APD 工作状态波动的影响最终稳定于(10±0.01)℃。

6.3.2　三维温度可视化定位技术

传统的分布式拉曼光纤传感系统将光纤沿线的温度信息以基于一维"距离-温度"曲线或"列表"的方式显示[36]。对于传感光纤铺设错综复杂或存在局部弯曲的应用场景,这种基于一维的"距离-温度"曲线或"列表"的温度显示方式,不能快速掌握系统的整体情况,对于温度突变点不能快速定位到实际的三维空间环境中,限制了分布式拉曼光纤传感系统在工程领域的应用。

基于三维温度可视化定位技术的拉曼分布式光纤传感系统,通过借助 Solidworks(SW)在参数化设计与特征建模方面极大的优势,并结合 LabVIEW 图形化软件在硬件驱动和数据采集方面具有巨大的优势,同时融合 MATLAB 在数据处理算法方面强大的功能,实现从光纤沿线"一维温度数据"向空间光纤"三维可视化模型"之间映射的完成。参考文献[37]设计了一种基于隧道内部光纤布设及其三维模型温度可视化显示,提出了一种基于光纤三维温度显示的可视化定位技术,三维温度可视化定位技术具体由以下步骤来实现。

1. 隧道可视化建模

SW 在建立隧道模型时,把隧道分成隧道和围岩两个独立的实体,通过在 SW 里面智能装配得到最终的隧道三维可视化模型。建立隧道模型时,计算模型以单洞双车道为例,隧道长度选取为 700 m,为了方便后续对隧道参数的修改,采用智能尺寸标注。

(1) 进入 SW 软件后新建零件,首先绘制隧道实体草图,并用智能尺寸工具标注,然后将隧道实体草图纵向拉伸,并切除拉伸后顶部,得到隧道实体模型;

(2) 建立隧道围岩模型,绘制隧道围岩草图,通过智能尺寸设置使隧道围岩各个参数与隧道实体一致;

(3) 进入 SW 软件后新建装配体,插入上面建立的隧道实体模型与隧道围岩模型,并将其按照实际空间位置完成装配;

(4) 为了获得真实感,选定隧道实体路面,将其外观材料设置为沥青路面,同时设置隧道模型透明度为 0.8。

2. 隧道中光缆模型的布设

为了监测隧道温度场分布并对隧道内部温度突变区域快速定位,设计了一种纵向衬砌曲线(longitudinal lining curve,LLC)方式来布设传感光纤[38-39]。纵向衬砌曲线分为衬砌曲线与纵向曲线两部分,纵向曲线按照隧道走向左右交替依次分布,衬砌曲线采用弧线型布设方式并紧贴隧道顶部衬砌结构。纵向曲线实现隧道内部温度场的监测,考虑到在隧道发生火灾时,火灾热量垂直向上蔓延,纵向曲线对火灾监测不敏感,而衬砌曲线正好可以用于火灾热量的监测,同时可以分辨出火灾分布大小及传播方向。

参考所建立的隧道模型绘制纵向衬砌光缆模型,在 SW 里面新建零件,选定基准面后绘制光纤分布三维草图,首先建立一组纵向衬砌曲线并将其作为基准曲线,复制基准曲线得到光纤曲线。将得到的曲线执行扫描命令,得到光纤分布模型纵向衬砌模型(longitudinal lining model,LLM)。最后将建立的可视化隧道模型与光纤布设纵向衬砌模型在 SW 里智能装配,得到图 6-48。

3. 温度三维可视化定位技术

温度三维可视化定位技术通过借助虚拟仪器软件 LabVIEW 中的传感器映射函数来实现。将所建立的光纤分布模型转换为可供虚拟仪器 LabVIEW 识别的格式,该格式包含了光纤分布模型的法向量坐标信息。为了实现在光纤模型上对温度数据的显示,设计了传感器布设程序,该程序可以实现对光纤三维模型按光纤分布方向上顶点数组的读取,并将数据采集卡采集到的温度数据映射到光纤三维模

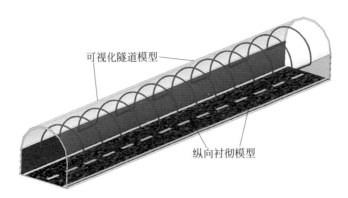

图 6-48　隧道三维可视化模型及光纤布设方式

型上。传感器布设程序将读取的顶点数组输入虚拟仪器软件 LabVIEW 自带的编程函数索引数组,并设置索引长度为 N_i。通过索引数组,将顶点数组中的点按照索引顺序 $i=0,1,2,3,\cdots,M-1$,索引长度均为 M,且 $N_i=M \cdot i(i=0 \sim N-1)$ 依次读取,在 N 处依次布设虚拟温度传感器:

$$M = \min\left\{\frac{v\Delta T}{2}, \frac{v\tau}{2}, \frac{v\mu}{2}\right\} \tag{6-39}$$

式中,v 为光在光纤中传播的速度,ΔT 为拉曼传感系统中光源的脉宽,τ 为数据采集卡 A/D 转换时间,μ 为雪崩光电探测器的响应时间。

对虚拟温度传感器之间的温度未知点进行了插值算法,对于距离虚拟温度传感器较近的未知点赋予较小的权重值,距离较远的点赋予较大的权重值,插值算法如下式:

$$G(l) = \sum_{i=1}^{m} \frac{W_i}{[d_i(x,y)]^r} \Bigg/ \left(\sum_{i=1}^{m} \frac{1}{[d_i(x,y)]^r}\right) \tag{6-40}$$

式中,$G(l)$ 表示未知点 G 的属性 Z 的值,m 表示已观测点的数目,W_i 表示第 i 个已观测点的属性值,$d_i(x,y)$ 表示第 i 个点到 P 点的距离,一般情况下 r 取值为 2,r 值越大,得出的插值结果变化越平缓。在插值算法中,首先判断未知点是否与虚拟温度传感器点重合:若重合,则该未知点的值为虚拟温度传感器点的值;若不重合,计算每个未知点对该虚拟温度传感器点的权重系数,根据距离倒数插值算法计算每个网格节点的插值结果,再对比颜色条的标尺属性赋予每个插值点相应的渲染颜色值,从而得到整个模型的实时三维温度场表征图像。三维温度可视化定位技术总体流程如图 6-49 所示。

4. 三维可视化定位技术仿真结果

为了验证三维可视化定位技术的可行性,光纤在隧道中的布设方式满足纵向衬彻曲线模型,并且纵向衬彻曲线模型由每一组的纵向曲线与衬彻曲线长度构成,

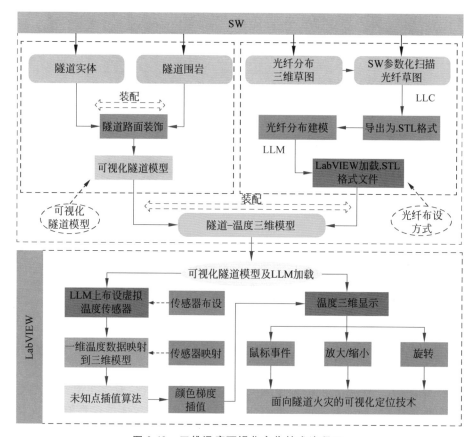

图 6-49　三维温度可视化定位技术流程图

其长度分别为 5 m 和 18 m。因此纵向衬彻曲线模型的长度为 212 m。LLM 是根据实际比例按照 1∶100 绘制,图 6-50(a)为一维温度曲线,其中横坐标代表传感距离,纵坐标对应光纤沿线的温度信息,蓝色椭圆虚线框代表光纤沿线的温度突变区域。光纤在隧道中的布设模型如图 6-50(b)所示。一维温度数据通过传感器布设程序映射到光纤布设方式的纵向衬彻曲线模型,图 6-50(b)展示了映射结果。蓝色区域代表光纤沿线的室内温度,红色区域代表一维图上的温度突变区域。因此,假设隧道内发生火灾,三维温度可视化定位技术可以将火源精确定位到实际的隧道三维空间环境中,这种温度显示方式不仅可以对隧道内温度场有一个直观、快速地了解,并且可以对温度突变区域实现快速、精确定位。

图 6-51 为面向隧道火灾监测的三维温度可视化定位技术及温度预警操作系统。实验中传感光纤总长度为 25 km,将传感光纤分为三个通道,即通道 1(0～7500 m)、通道 2(7500～15000 m)和通道 3(15000～25000 m)。假设 3 个通道的

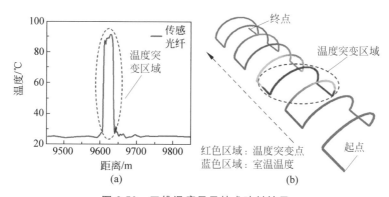

图 6-50　三维温度显示技术映射结果

（a）一维温度曲线；（b）光缆在隧道中的布设模型

报警阈值分别设置为 40.0℃（蓝色预警）、50.0℃（橙色预警）和 80.0℃（红色预警）。如图 6-51 所示，红色虚线框显示一维曲线的报警信息，其中包括每个通道内超过温度报警阈值的温度数，以及预警位置、最高温度、最低温度和通道内的平均温度等。一维曲线中的温度突变区域 1（Region 1）、区域 2（Region 2）和区域 3（Region 3）分别映射到隧道群中的隧道 1（Tunnel 1）、隧道 2（Tunnel 2）和隧道 3（Tunnel 3）。在隧道群中，不同的报警阈值以不同的报警颜色显示。蓝色预警、橙色预警和红色预警分别表示 40.0℃、50.0℃和 80.0℃的报警阈值。通过将一维曲线的报警信息与三维温度可视化定位技术相结合，可以快速准确地定位温度快速变化区域。

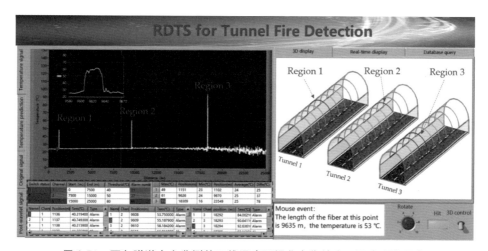

图 6-51　面向隧道火灾监测的三维温度可视化定位技术及温度预警平台

6.3.3 测温仪的主要技术指标

1. 传感距离

为研究所设计的长距离高精度分布式光纤拉曼测温仪的系统性能,设计了长距离测温实验。如图 6-52 所示为测温实验的装置图,其中传感光纤的总长度为 30 km。在传感光纤中设置四个待测光纤环,其中前两段待测光纤环的长度为 20 m,第三段待测光纤环的长度为 50 m,第四段待测光纤环的长度为 60 m。改变恒温水箱的设定温度,待恒温水箱稳定后利用分布式光纤拉曼系统进行温度测量实验,得到四个待测光纤环的温度数据。如图 6-53 所示为环境温度为 27℃左右,水槽设置温度为 50℃、70℃和 90℃时,系统测得的整条传感光纤的温度变化分布情况。从图中可以得出,该分布式光纤拉曼测温系统可以较为准确地测得 30.0 km 传感光纤沿线的温度分布情况。

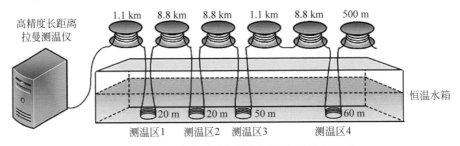

图 6-52 新型分布式光纤拉曼测温仪测试装置图

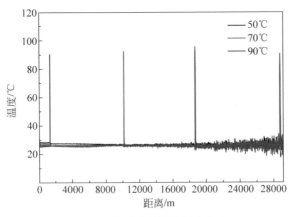

图 6-53 传感光纤沿线温度分布

2. 空间分辨率

研究长距离高精度分布式光纤拉曼测温系统的空间分辨率时,首先设定恒温水槽的温度为 90℃时,对测量得到的四个待测光纤环的温度数据进行放大,得到如图 6-54 所示的光纤局部区域温度分布情况。

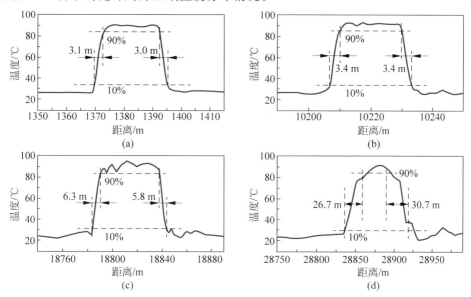

图 6-54　长距离高精度分布式光纤拉曼测温系统空间分辨率

为标定长距离高精度分布式光纤拉曼测温仪的空间分辨率,对测温区的温度曲线进行数据分析,在传感光纤长度为 1380 m 处,90％温度变化量和 10％温度变化量的距离差值分别为 3.1 m 和 3.0 m,因此可以得到 1380 m 处高精度长距离分布式光纤拉曼测温仪的空间分辨率在 3.05 m 左右。对 10.2 km 处测温区的温度曲线进行放大分析得到图 6-54(b),其中 90 ％温度变化量和 10％温度变化量的距离差值均为 3.4 m,可以得到 10.2 km 处长距离高精度分布式光纤拉曼测温仪的空间分辨率在 3.4 m 左右。对 18.8 km 处测温区的温度曲线进行放大分析得到图 6-54(c),其中 90％温度变化量和 10％温度变化量的距离差值分别为 6.3 m 和 5.8 m,可以得到 18.8 km 处高精度长距离分布式光纤拉曼测温仪的空间分辨率在 6.05 m 左右。最后对 28.9 km 处测温区的温度曲线进行放大分析得到图 6-54(d),其中 90％温度变化量和 10％温度变化量的距离差值分别为 26.7 m 和 30.7 m,可以得到 28.9 km 处长距离高精度分布式光纤拉曼测温仪的空间分辨率在 28.7 m 左右。

3. 测温范围及测温精度

为进一步探究不同温度下长距离高精度分布式光纤拉曼温度传感系统的测温范围和测温精度,调节恒温水槽的温度,控温范围:−30.0～90.0℃,温度步进值:20.0℃。对水槽中测温光纤测得的温度数据进行放大处理,得到如图 6-55 所示的各测温点的温度数据曲线。从图 6-55 中可知,对于待测光纤环 1 和待测光纤环 2 测量所得温度值基本保持一致,曲线相对平稳,而待测光纤环 3 和待测光纤环 4 受限于光纤的长度和信号的信噪比,其测量所得温度值差异较大,曲线波动较大。由于本实验受限于裸纤和恒温水槽的控温范围,该系统的测温范围为−30.0～90.0℃。

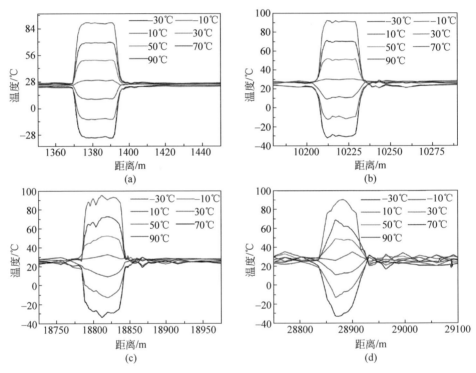

图 6-55　传感光纤沿线待测光纤环温度分布图

为了有效计算系统的测温误差,对该分布式光纤拉曼测温系统各测温点在不同温度下的数据和安捷伦 34410 A 的标定温度数据作差,绘制如图 6-56 所示的不同测温点的测温误差曲线。从图中可知对于待测光纤环 1 和待测光纤环 2,对于不同的温度其测温误差基本保持恒定,可以控制在±1℃的范围内,而对于待测光纤环 3 和待测光纤环 4 对比于不同的温度其波动相对较大,其中待测光纤环 3 的测温误差可以到±2℃,而待测光纤环 4 的测温误差在−6～2℃,考虑到面向交通基础设施预防火灾的应用场合,在实际生产中该系统仍可以有效地检测到异常温度点的存在,并提供有效的报警。

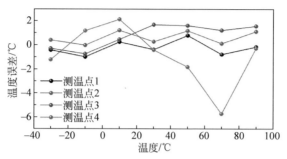

图 6-56　不同测温点的测温误差曲线

4. 测温稳定性

拉曼系统温度稳定性的定义是传感器在恒定温度条件下测量一段时间内的最大温度范围[40]。在实验中,我们基于传统的解调方法和所提出的多级恒温控制及偏压控制方法,比较了温度变化范围(4.5 h 内)和标准偏差,系统测温波动性对比实验结果如图 6-57 所示。

实验中将四个待测光纤环部分置于恒温水浴中,在 30℃下保持恒定温度。在长距离高精度分布式光纤拉曼测温系统稳定运行稳定(1 h)后,分别使用基于传统解调方法和所设计的多级恒温控制及偏压控制方法连续测量温度。图 6-57(a-Ⅰ),(b-Ⅰ),(c-Ⅰ)和(d-Ⅰ)分别代表在 1.38 km、10.22 km、18.80 km 和 28.90 km 无需多级恒温控制和偏压控制算法的温度稳定趋势。图 6-57(a-Ⅱ),(b-Ⅱ),(c-Ⅱ)和(d-Ⅱ)分别代表在 1.38 km、10.22 km、18.80 km 和 28.90 km 处多级恒温控制和偏压控制算法的温度稳定趋势。其中,温度信号在传感距离 1.38 km、10.22 km和 18.80 km 时平均为 5000 次,在 4.5 h 内包含 810 组数据。在传感距离 28.90 km处的温度信号平均为 30000 次,共有 135 组数据。实验结果表明长距离高精度分布式光纤拉曼测温系统的测量温度稳定性已得到优化。在 28.9 km 的传感距离内,温度稳定性从 ±12.6℃优化到 ±7.2℃。因此,多级恒温控制和偏压控制系统可以提供可靠且高稳定性的温度测量性能。

5. APD 测试分析

APD 的选择及控制方法的不同会导致定位精度发生变化,因为 APD 处于盖革模式下,具有高增益、高灵敏度、单光子响应等优点[41-43]。参考文献[44]从 APD的增益条件入手,研究了工作温度、暗电流、偏置电压对 APD 增益的影响,以及处于盖革模式下的增益变化情况。影响 APD 光电流大小的内部因素有许多,包括暗电流噪声、散粒噪声、热噪声等一系列因素,其中暗电流噪声对增益的影响较大,通过实验分析了 InGaAs-APD 在不同电压温度下暗电流的变化。

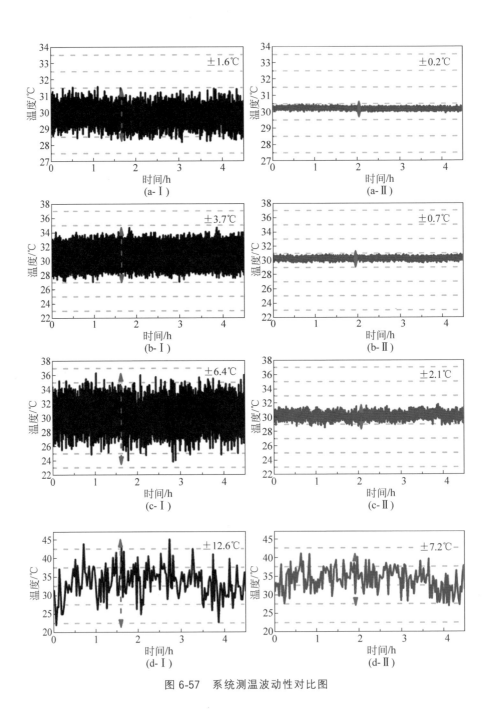

图 6-57　系统测温波动性对比图

如图 6-58 所示为设计的 InGaAs-APD 测试装置图,图 6-59 为实物装置图。APD 测试装置主要由印制电路板和实验支架两部分组成。其中,印制电路板包含了 3 个型号为 1N4148 的高频开关二极管,2 个 5.1 kΩ 的电阻和一个 100 Ω 的滑动变阻器以及多路开关。实验中通过利用 0～70 V 可调精密电源以及多路开关,严格控制 APD 两端的偏压,从而测试 APD 相关特性。支架部分包括多个待测 APD 及温度探头,可以精密监测温度变化。通过控制多路开关的通断,可以直接检测多个 APD 的增益特性。实验中采用的是中国电子科技集团第 44 研究所生产的 GD5510Y 型 InGaAs-APD。

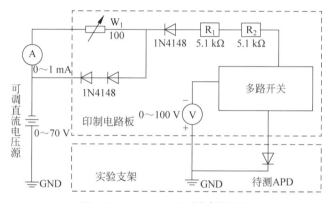

图 6-58　InGaAs-APD 测试装置图

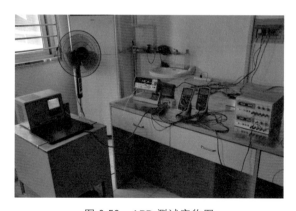

图 6-59　APD 测试实物图

(1) 测试结果与分析

APD 暗电流会影响光电流增益的大小。实验中将同一型号的多个 InGaAs-APD 安置在支架上,支架置于加入酒精溶液的高精度恒温槽中。保持 InGaAs-APD 工作温度(温差±0.05℃)不变,改变偏置电压大小,观察不同 InGaAs-APD

暗电流的变化。通过调节恒温槽的温度,将其控制在不同温度处(−30~5℃),改变偏置电压大小,得出同一 InGaAs-APD 在不同温度下暗电流的变化趋势。

如图 6-60(a)所示为四支 InGaAs-APD 在−10℃时暗电流随电压的变化曲线,由图可知:暗电流随着电压的增加而增大,且在超过击穿电压之前暗电流变化较小,超过击穿电压之后暗电流变化呈指数变化。同时不同的 APD 暗电流也不尽相同,在分布式拉曼测温中,需要找出两个相似的 APD 进行配对,可以减小后期数据处理的难度。

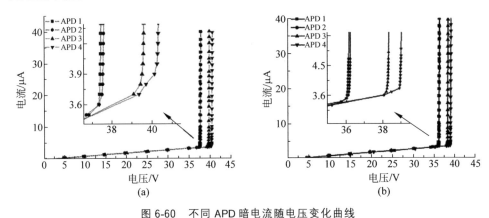

图 6-60　不同 APD 暗电流随电压变化曲线
(a)−10℃时暗电流随偏压变化曲线;(b)−20℃时暗电流随偏压变化曲线

实验中,将所有 APD 暗电流随温度变化曲线都测试出来,方便 APD 的配对及数据处理的需要。图 6-60 分别为单个 APD 在−10℃以及−20℃时暗电流随电压的变化情况,通过实验发现,不同 APD 在同一温度下击穿电压也会不同,且同一 APD 在不同温度下击穿电压会发生变化,因此,在 APD 的使用中需要注意 APD 温度的控制。

图 6-61 为同一 APD 在不同温度下(−30~5℃)暗电流的变化曲线。从图中可以看出同一 APD 随着温度的降低,在相同的反向偏压下,其暗电流会逐渐变小。因此在分布式拉曼系统中,偏压一定时,温度越低,暗电流对其影响越小。

图 6-62 给出了两个 APD 击穿电压随温度变化的曲线,即 APD 的击穿电压随温度的升高而增大,1 号 APD 的击穿电压温度系数为 136.86 mV/℃,2 号 APD 的温度系数为 134.83 mV/℃。平均系数约为 135 mV/℃。由图可以看出温度对 APD 击穿电压的影响较大,因此在分布式拉曼测温样机系统中,通过加载两级温控装置对 APD 的温度进行精密控制。

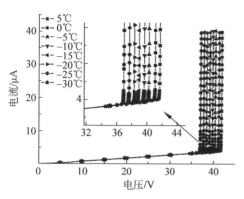

图 6-61　不同温度下暗电流随温度变化曲线

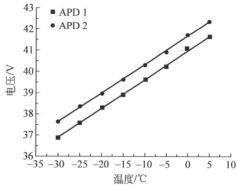

图 6-62　APD 击穿电压随温度变化曲线

（2）APD 噪声特性分析

首先分析 APD 在无外界光照时，其主要噪声的来源及分布。此时，雪崩二极管内主要存在两种噪声：暗电流噪声及散粒噪声，其中散粒噪声又称为量子噪声，其无光照下特别小，可以忽略不计，因此主要对暗电流噪声进行分析。在无光照进入时，APD 本身存在一个基底噪声，设置其扫描带宽为 100 Mbit/s，通过 1000 次平均，可得到其基底噪声，从图 6-63 中可以看出，APD 本身的基底噪声较低，可以忽略不计。

图 6-63　APD 本身的基底噪声

在 APD 入射端慢慢加大偏压,如图 6-64 所示,可以看到其频谱从 0~60 Mbit/s 开始逐渐抬升,表明在偏压的影响下,APD 在 0~60 Mbit/s 区间内其噪声逐渐加大,其中主要为暗电流噪声,60 Mbit/s 之后的噪声基本保持不变,因此,需要对低于 60 Mbit/s 区间内的噪声进行控制。

图 6-64 APD 偏压噪声

当接入光电流时,其噪声在原有基础上会进一步发生变化。实验中,改变 APD 两端的偏置电压来控制其暗电流大小,同时利用频谱仪信号去触发示波器,采集其时序与频谱,通过改变输入暗电流的电流大小,观察噪声对增益的影响。如图 6-65 所示,暗电流大小为 3.9 μA 时,在 10~20 Mbit/s 有噪声存在,频谱图中会有噪声出现,但不会一直存在,因此属于突发噪声的一部分,最终数据处理时需要注意消除其影响。

(3) APD 增益特性分析

当拉曼后向散射光入射 APD 后,入射光功率、外界温度和反向电压的变化对其增益变化均有较大的影响。APD 增益受限于所加偏压与击穿电压的大小,需要让 APD 增益尽可能大,以实现其效率最大化,因此需要将所加偏压接近击穿电压,以实现高的增益。通过初步实验可得输入光功率越小,对 APD 的放大作用就越大,因此说明 APD 适合于小信号的放大。我们对 APD 接入较小功率的光,控制光功率大小不变,研究其不同偏压、电流下增益的变化情况。在实验中,利用了之前

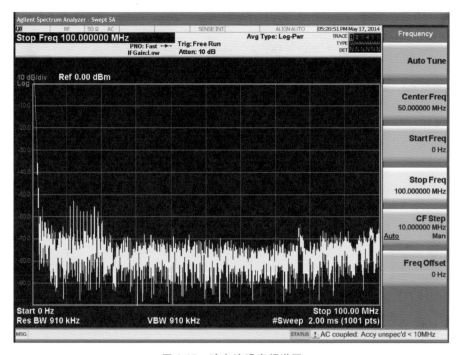

图 6-65　暗电流噪声频谱图

所述的脉冲激光器为 APD 提高脉冲光, 通过光衰减器来控制输入光功率的大小, 通过脉冲激光器自带的同步信号进行同步, 实现二者的同步采集。其中, 由于 APD 具有一定的响应时间, 其脉冲会稍迟于同步信号。实验中, 我们将光电流定在一个固定值处, 保证 APD 两端温度的准确性(恒温槽温度变化小于 0.1℃), 然后改变偏置电压大小, 将 APD 两端反向偏置电压逐渐加大, 并向击穿电压处靠近, 观察其增益的变化。如图 6-66 所示, 在光电流为 $0.1\ \mu A$ 时, 经多次平均得到起始光信号的幅度大小, 通过不断改变加载在 APD 两端的反向偏压, 从而可以得到 APD 在不同偏压下的脉冲振幅大小, 两者比较可得到脉冲幅度增益曲线, 即光信号放大倍数。

　　通过实验可以看出, 在同一温度下 APD 增益随着偏压增大而增大, 并在某一区间成指数增大, 而且在不同温度下, 同一 APD 信号脉冲增益也不尽相同。随着光电流的增加, APD 增益趋于饱和。因为倍增噪声、暗电流噪声等一系列因素的存在, 其增益达到一定值以后将不再随光电流增大而增大, 因此增益会存在最大值。将 APD 光电流控制在其拐点处, 即 APD 最佳的雪崩增益处。在分布式光纤传感中, 通过调节 APD 两端电压和工作温度, 可以将 APD 光电流控制在极限增益处, 从而达到较大的雪崩增益。如图 6-67 所示为输入光电流为 $0.1\ \mu A$ 时的增益

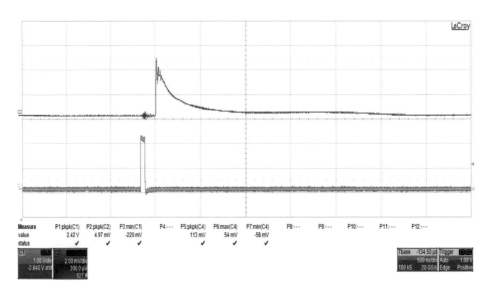

图 6-66　脉冲同步时序图

变化曲线,经实验分析：此型号 APD 在 10℃时的增益最大,因此在分布式拉曼测温样机中可将此 APD 控制在 10℃左右,此时光电流为 1 μA,其增益可达最大化,通过分析可知,该区间为 APD 处于盖革模式时的偏压大小。

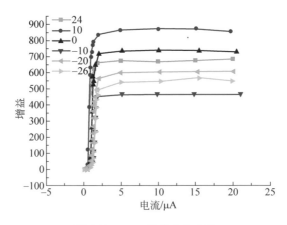

图 6-67　APD 增益变化曲线

下面,我们需要对盖革模式进行分析,分析其处于盖革模式下的可行性以及其优缺点。

（4）APD 处于盖革模式分析

APD 工作于盖革模式下,即 APD 的偏置电压工作的电压要高于雪崩二极管的击穿电压,此时增益会数倍于工作在普通模式下的增益[45]。当 APD 工作在一般区域时,其偏置电压低于击穿电压 2 V 左右,此时 APD 工作在安全区域,温度及电压的变化基本不会损坏 APD,缺点是增益较小,无法对 APD 进行有效利用。当 APD 工作于盖革模式时,稍微改变其电压大小,电流会快速达到一个较大值,而这个过程一般不到 1 ps。盖革模式所具有的高响应度和高增益系数对于分布式光纤拉曼测温系统来说是非常有意义的。不足之处是当 APD 处于盖革模式下时,APD 受外界温度、电压变化影响较大。目前盖革模式主要用于单光子探测、单光子计数、雷达成像、量子通信等领域。如果我们能有效地将 APD 的工作模式控制在盖革模式下,对于拉曼测温系统来说将具有重要的应用价值。

APD 工作于盖革模式下时,其放大倍数要明显大于处于倍增区间之前的 APD 放大倍数,多数的拉曼测温产品出于安全及控制方便考虑,将 APD 放大区间控制在雪崩区间之前的区域,避免因控制精度不够而将 APD 永久损坏。通过改善控制电路对 APD 两端电压电流进行精密控制,将 APD 精确控制在雪崩区间内,可以大幅提高 APD 增益。

6.4 重大工程应用

近年来,出现了一系列基于拉曼散射的全分布式光纤传感技术商业化产品,如英国 YORK 公司推出的高端产品 DTS-800 型,英国 Sensornet 公司生产的 Halo-DTS、DTS-SR、DTS-MR、DTS-LR、DTS-XR 型的分布式光纤温度传感器,日本藤仓公司研发了 DFS-1000 型号的分布式光纤温度传感系统,美国 SensorTran 公司生产的 5100Series 型分布式光纤温度传感系统,德国 LIOS 公司生产的 LHD4CH 型分布式光纤温度传感系统等。另外电子科技大学、华北电力大学、清华大学及太原理工大学等院校也进行了分布式光纤传感技术的研究,并取得了一定的成果,为我国自主研发长距离、高精度、高稳定性的分布式光纤温度传感系统作出了重大贡献,这大大推动了其实用化应用的研究。

分布式光纤温度传感系统相比电学传感系统有独特的优势,这也使它的应用前景十分广泛,往往能够胜任电学传感系统难以实现的任务,包括电力、化工、基础设施、交通、煤矿、水利、石油等领域,诸如电缆温度和载流量监测,高温环境下的温度测量,建筑、桥梁、隧道和地铁的安全监测,航空航天工业温度监测。

总之温度变化是物体特征发生改变的最主要和直接的表现,因此,温度监测成为故障诊断和事故预警的重要手段。温度的全分布式监测需求十分广泛,能源、输气管道、电力、航空等诸多领域都把其作为一种必需的故障诊断及事故预警手段,而基于拉曼散射的光纤传感技术集信号传输和传感信息于一根连续的光纤上,可同时获得被测物体随时间和空间变化的分布信息,具有全分布式、长距离、高测温精度等优点。

6.4.1　在长距离天然气输气管道安全监测中的应用

1. 输气管道温度安全监测系统的必要性

随着社会经济的不断发展,人们生活水平日益提升,燃气的使用在生活中也越来越广泛。天然气的运送对管道的要求较高,铺设、维护好长输管道对天然气的运送具有重要意义。一旦运输管道出现问题,将会严重影响人们的生活、安全,给社会经济带来损失。由于燃气管道深埋于地下,对传统的电学传感器会产生电化学腐蚀、细菌腐蚀、应力腐蚀和杂散电流腐蚀等,而且对深埋于地下的管道实施定期人工检查基本上不可能实现[46]。因此,在燃气管道上安装分布式光纤温度安全监测系统是有必要的。

2. 输气管道温度安全监测系统的监测要求

长输燃气管道多铺设于偏远山区,且大多为地埋铺设。在一些结构复杂、矿山密集,采空区较多的极端地形区,浅表层褶皱、滑移等地质灾害极易引发管道破裂、异常形变,或因为温度异常等原因造成燃气泄漏等事故,对燃气长输管道的安全造成重大威胁。这就要求监测的传感系统具有对大型、长距离结构进行大规模全分布式的高精度温度监测能力。腐蚀是造成天然气长输管道事故的主要原因之一。腐蚀既有可能大面积减薄管道的壁厚,从而导致过度变形或破裂,也有可能直接造成管道穿孔,或应力腐蚀开裂,引发漏气事故。因此一方面要求传感系统要有较好的耐腐蚀性,另一方面要求传感系统具有实时和长期监测的能力,即对输气管道的过大反应(过高温度、过低温度等)能够长期实施监测,并且要求系统能够实现温度的超前预警,更快地发现输气管道输送的异常情况,以便向输气管道管理部门及时报警[47-48]。

3. 应用案例

分布式光纤测温系统被广泛应用于森林火灾、隧道、天然气输气管道等大型工程中。对输气管道健康监测可以探测潜在的问题,使其得到及时修复从而避免出现灾难性后果。作者课题组与山西煤层气(天然气)集输有限公司、山西省国新能源发展集团有限公司合作就"燃气管网数字化系统开发与示范项目"研发的分布式光纤传感仪应用于山西省沁水天然气输气管道安全监测中。图6-68为太原理工大学研制的分布式光纤拉曼温度传感器在山西省沁水到阳城区间"南大阀室—郭家岭"管段实现10.0 km级示范工程建设。

管道现场温度测试实验中,在管道沿线1920 m处利用热吹风对管道进行加热

图 6-68　燃气管道温度现场测试图

来模拟燃气管道发生泄漏而引起的升温现象，并利用该分布式光纤拉曼测温仪进行实时温度测量。温度测试结果如图 6-69 所示。现场测试试验结果表明，该分布式光纤拉曼测温系统能够准确检测定位出燃气管道沿线温度分布信息。

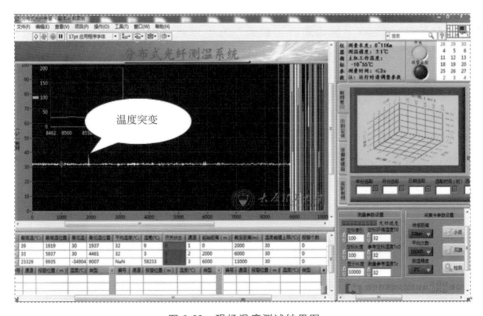

图 6-69　现场温度测试结果图

6.4.2　电力电缆故障检测中的应用

为了解决架空输电线路对城市外观问题造成的影响,扩大发展过程中对电力负荷需求的可承受范围,越来越多的市内电力电缆开始通过电力改造工程逐渐取代架空输电线路,并被应用在城市的供电系统中。通过对电缆进行入地改造可以减小占地面积,简化线路布局,降低运行成本,方便日常生活[49]。需要考虑的是如何解决电缆运行时引起的发热问题。发热现象通常发生在电缆运行状态下,而过高的温度可能引发火灾。由于处在地面以下,环境复杂,可能导致扑救工作难以展开,进一步扩大损失。为保证电缆的正常运营,保障社会的财产安全,研究测温技术在电缆故障检测中的应用已成为一种迫切需求。

电缆的载流量是指在进行电能输送的过程中电缆所通过的电流大小,这一指标直接关系到电缆在电流流通时导体的发热程度。由于铺设状态、运行环境等条件具有差异性,电缆导体发生绝缘老化的程度不一,这会影响电缆实际载流量。所以,必须对电缆在实际运行过程中的导体温度实施高度精确的在线测量,根据实际生产经验推导出电缆实际载流量影响温度上升的经验公式,并由此监控电缆允许的载流量,同时通过对电缆及其附件等不同部位、铺设环境进行精确的实时温度测控。这一方法可以使中、高压电力电缆的运行效率获得极大的提高,运行安全也能获得充分的保障。分布式光纤温度监测系统具有一系列其他传统测温系统无法达到的优良特性,例如在电流流通时可以通过对电缆热效应状况的在线监控达到多点、全面、实时、精确的分布式测量,可以解决以往在电缆及其附件上发生紧急事故后难以及时应对的问题等[50-51]。

电力电缆作为电力系统输电载体,其运行状态直接关系到电网的安全和稳定,所以对其本身运行状态进行监控极为重要。高压电缆光纤分布式温度监测系统必须保证完成以下几个核心功能:①实时监测运行中电缆的表面温度;②准确定位运行中电缆的异常发热位置,显示发热位置的温度状态;③通过辅助软件将光纤分布式温度监测系统所探测到电缆实时在线的表面温度转换成电缆运行的载流量,为客户确定电缆的最大载流量提供历史依据,并最大限度地提高电力电缆的使用寿命[52]。

6.4.3　煤矸石山火灾监测中的应用

煤矸石山的内部环境具有复杂多变的特性,因而很难弄清楚煤矸石山内部空气的流动状态、温度场的分布和遗煤的散落规律,这样就很难确定煤矸石山在哪个位置会发生由于煤炭自燃而导致的火灾,所以在对煤矸石山内部温度场进行监测时,监测的范围要尽可能大,确保所有可能发生火灾的位置的温度信息都能接收到。通过对光纤测温系统在多个煤矸石山温度监测中的应用情况调查发现,对于传统方法如将测温光纤沿工作面上下顺槽向煤矸石山内部布设方式[53],如图 6-70 所示,由于煤的热传导效率比较低,导热效果不好,当 A 位置因发生氧化反应而使周围煤体温度升高时,温度的变化情况需要经过很长时间才能传导到测温光纤,这会导致煤炭在煤矸石山内的氧化升温程度不能被及时地反映出来,往往会错过最佳的灭火时间。针对这一问题,通过参考光纤在电力火灾监测、堤坝渗透监测、油气管道渗漏监测等领域中的铺设方式,同时结合煤矿特点提出如图 6-71 所示的铺设方式。

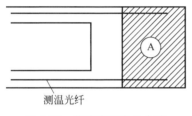
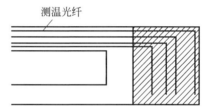

图 6-70　传统光纤布设方式　　　　　图 6-71　工程中光纤的铺设方式

就图 6-71 中的光纤铺设方式来说,它们的优点是:光纤测温系统所需具备的光纤通道数较少,即只需要铺设很少的几根测温光纤,就能够完成对整个采空区"三带"温度的全方位监测,而且铺设方便。

根据实际工程,"三带"各带的宽度为:通风散热带宽约为 16 m,氧化带宽度在 16~45 m,宽约为 30 m,窒息带在 45 m 之后[54-55],如图 6-72 示。

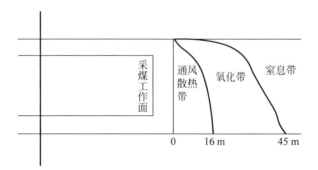

图 6-72　煤矸石山"三带"分布

根据工作面煤矸石山"三带"划分情况,按照设计的铺设方式,铺设四根光纤,如图 6-73 所示。

1♯光纤(L 形,总长约为 400 m,与通道 1 相连):当工作面推进到距离采停线约 53 m 时开始铺设,在上顺槽内的光纤长度约为 240 m,在支架后部与推进方向

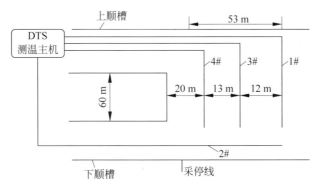

图 6-73　光纤在采空区中布设图

垂直的部分长为 50 m。

2♯光纤（总长约为 427 m，与通道 2 相连）：和 1♯光纤一起铺设。一端和测温主机相连，另一端通过联络巷，进入下顺槽，沿着下顺槽铺设到工作面下隅角。

3♯光纤（L 形，总长约为 367 m，与通道 3 相连）：当工作面推进到距离采停线约 33 m 时开始铺设，在上顺槽内的光纤长度约为 220 m，在支架后部与推进方向垂直的部分长为 60 m。

4♯光纤（L 形，总长约为 347 m，与通道 4 相连）：当工作面推进到距离采停线约 20 m 时开始铺设，在上顺槽内的光纤长度约为 200 m，在支架后部与推进方向垂直的部分长为 60 m[56]。

光纤布设完成后，启动光纤测温主机，利用系统软件，设置通道 1、通道 2、通道 3 和通道 4 的测量分区，以保证系统能够对采空区温度进行连续测定。根据实际工程应用可知光纤测温主机所测温度变化规律与煤矸石山"三带"的温度变化结果吻合，说明光纤测温系统能够满足煤矸石山温度监测的要求。

参考文献

[1] NAMIH S, EMORI Y. Ultrabroad-band Raman amplifiers pumped and gain-equalized by wavelength-division-multiplexed high-power laser diodes [J]. IEEE Journal of Selected Topics in Quantum Electronics，2001，7(1)：3-16.

[2] SAISSY A. Spontaneous Raman scattering and polarization mode coupling in polarization-maintaining optical fibers [J]. Journal of Lightwave Technology，1987，5(8)：1045-1049.

[3] NICK V D G, SUSAN C S D. Double-ended calibration of fiber-optic Raman spectra distributed temperature sensing data [J]. Sensors，2012，12(12)：5471-5485.

[4] FARAHANI M, GOGOLLA T. Spontaneous Raman scattering in optical fibers with modulated probe light for distributed temperature Raman remote sensing [J]. Journal of Lightwave Technology，1999，17(8)：1379-1391.

［5］　李云亭. 分布式拉曼测温仪噪声抑制研究及人机交互界面设计［D］. 太原：太原理工大学，2017.

［6］　王宗良. 分布式光纤拉曼温度传感系统信号处理及性能提升［D］. 济南：山东大学，2015.

［7］　曹立军. 分布式光纤温度测量及数据处理技术研究［D］. 合肥：合肥工业大学，2006.

［8］　孙苗. 分布式光纤温度传感系统性能优化及火源定位方法研究［D］. 合肥：中国科学技术大学，2017.

［9］　张明江，李健，刘毅，等. 面向分布式光纤拉曼测温的新型温度解调方法［J］. 中国激光，2017，03：219-226.

［10］　LI J，XU Y，ZHANG M J，et al. Performance improvement in double-ended RDTS by suppressing the local external physics perturbation and intermodal dispersion ［J］. Chinese Optics Letters，2019，17(7)，070602.

［11］　李健. 面向光纤拉曼传感系统的新型温度解调方法及超前预警模型研究［D］. 太原：太原理工大学，2018.

［12］　陈福昌，戴杰，余超群. 光纤环校正双端探测分布式拉曼光纤传感系统［J］. 光电工程，2016，43(8)：33-38.

［13］　柴晶. 基于无序信号的布里渊光相干反射技术研究［D］. 太原：太原理工大学，2015.

［14］　汤文青. BOTDA 光纤温度传感系统中布里渊频移提取技术研究［D］. 北京：北京邮电大学，2019.

［15］　薛子武. 基于分布式光纤传感器的工作面支承压力测试研究［D］. 西安：西安科技大学，2018.

［16］　陈江，张奕，毛江鸿，等. 分布式光纤传感技术在混凝土基础设施健康监测中的研究进展［J］. 公路交通科技(应用技术版)，2018，14(05)：202-205.

［17］　王玮，吕立冬，葛少伟，等. 光纤传感技术及其在智能化电缆隧道的应用［J］. 供用电，2018，35(03)：25-31.

［18］　郑云涛. 智能大坝安全监测中分布式光纤传感技术的应用分析［J］. 智能城市，2018，4(02)：164-165.

［19］　白清，王云才，刘昕，等. 基于分布式光纤的温度、振动、声音、应变的监测技术与实现［J］. 激光杂志，2018，39(03)：47-54.

［20］　邹江，王殊，杨宗凯. 一种新的基于喇曼散射的分布式温度测量方法［J］. 光电子·激光，2000，05：507-510.

［21］　陈瑞麟，万生鹏，贾鹏，等. 基于累加平均的分布式光纤拉曼测温系统［J］. 应用光学，2018，39(04)：590-594.

［22］　MA C Y，LIU T G，LIU K，et al. A continuous wavelet transform based time delay estimation method for long range fiber interferometric vibration sensor ［J］. Journal of Lightwave Technology，2016，34(16)：3785-3789.

［23］　HU Y，MO W Q，DONG K F，et al. Using maximum spectrum of continuous wavelet transform for demodulation of an overlapped spectrum in a fiber Bragg grating sensor network ［J］. Applied Optics，2016，55(17)：4670-4675.

[24] WANG Z L, CHANG J, ZHANG S S, et al. An improved denoising method in RDTS based on wavelet transform modulus maxima [J]. IEEE Sensors Journal, 2015, 15(2): 1061-1067.

[25] LI J, LI Y T, ZHANG M J, et al. Performance improvement of Raman distributed temperature system by using noise suppression [J]. Photonic Sensors, 2017, 8(2): 103-113.

[26] 李云亭. 分布式拉曼测温仪噪声抑制研究及人机交互界面设计[D]. 太原: 太原理工大学, 2017.

[27] LI J, YAN B Q, ZHANG M J et al. Long-range Raman distributed fiber temperature sensor with early warning model for fire detection and prevention [J]. IEEE Sensors Journal, 2019, 19(10): 3711-3717.

[28] ZHANG M J, BAO X Y, CHAI J, et al. Impact of Brillouin amplification on the spatial resolution of noise-correlated Brillouin optical reflectometry [J]. Chinese Optics Letters, 2017, 15(8), 080603.

[29] 余向东, 张在宣, 祝海忠, 等. 一种应用于分布式光纤拉曼温度传感器的温度补偿电路[J]. 中国激光, 2010, 37(6): 1440-1444.

[30] 金钟燮, 崔海军, 宁枫, 等. 基于动态多段温度标定的分布式光纤拉曼测温系统[J]. 光子学报, 2011, 40(9): 1297-1302.

[31] 张小龙, 张氢, 聂飞龙, 等. 基于双 ARM 的减速器试验台多参数监测系统设计[J]. 仪表技术与传感器, 2016, 3: 44-47.

[32] 赵秋明, 许丰灵, 肖龙. 基于 STM32 的便携式阻抗测量装置的设计[J]. 仪表技术与传感器, 2016, 1: 33-36.

[33] 徐广平, 冯国旭, 耿林. 基于单片机控制的高精度 TEC 温控[J]. 激光与红外, 2009, 39(3): 254-256.

[34] 黄琦. 分布式光纤拉曼测温仪温度和偏压控制系统设计[D]. 太原: 太原理工大学, 2017.

[35] 黄琦, 韩广源, 吴瑞东, 等. 基于 STM32 的高精度恒温控制系统设计[J]. 仪表技术与传感器, 2017, 5: 71-74.

[36] 方俊雅, 李倩, 马鑫. 基于 LabVIEW 的三维可视化温度在线监测系统设计[J]. 计算机测量与控制, 2016, 24(4): 26-28.

[37] YAN B Q, LI J, ZHANG M J, et al. Raman distributed temperature sensors with optical dynamic difference compensation for tunnel fire detection [J]. Sensors, 2019, 19(10), 2320.

[38] KISHIDA K, YAMAUCHI Y, NISHIGUCHI K, et al. Monitoring of tunnel shape using distributed optical fiber sensing techniques [C]. In Proceedings of the Fourth Conference on Smart Monitoring: Assessment and Rehabilitation of Civil Structures, 2017.

[39] SOGA K, SCHOOLING, J. Infrastructure sensing[J]. Interface Focus, 2016, 16(23): 1-17.

[40] LI J, YAN B Q, SOGA K, SCHOOLING J, ZHANG M J, et al. Auto-correction method

for improving temperature stability in a long-range Raman fiber temperature sensor [J]. Applied Optics，2019，58(1)：37-42.

[41] 赵洪志，李乃吉，赵达尊. 基于背向喇曼散射的分布式光纤温度传感器 APD 最佳雪崩增益的分析[J]. 光子学报，1996，11：1028-1031.

[42] 李水冰，王宇，赵健康，等. 光纤喇曼测温系统中 APD 增益稳定的研究[J]. 光电子技术，2009，29(3)：168-170.

[43] 宋建华. 具有温度补偿的 APD 数控偏压电路[J]. 光学与光电技术，2013，11(2)：12-15.

[44] 许卫鹏，韩广源，杨世强，等. 分布式拉曼测温系统中 APD 盖革模式控制[J]. 中国科技论文，2015，10(8)：995-998.

[45] 莫秋燕，赵彦立. 光通信用雪崩光电二极管（APD）频率响应特性研究[J]. 物理学报，2011，60(7)：202-211.

[46] 张祖昆. 基于光纤传感技术对天然气储罐泄漏的在线监测研究[D]. 南昌：江西理工大学，2017.

[47] 陈富强，李霞. 光纤光栅分布式传感系统及其输气管道泄漏检测[J]. 自动化与仪器仪表，2009，3：114-115.

[48] 王志强，孙启昌. 分布式光纤温度检测技术在气体管道泄漏检测中的应用探讨[J]. 石油工程建设，2009，35(S1)：77-80.

[49] 张文平，冯军，胡文贵，等. 分布式光纤测温在电缆隧道中温度监测的应用[J]. 光通信技术，2014，7：29-31.

[50] 雷小月. 分布式光纤测温技术在电力电缆故障检测中的应用[J]. 中国高新科技，2017，1(12)：40-42.

[51] 陈健. 光纤测温系统在电力电缆中的研究和应用[D]. 广州：华南理工大学，2016.

[52] 王升. 浅谈分布式光纤测温技术在电力电缆运行状态监测中的应用[J]. 通讯世界，2016，22：197-199.

[53] 程根银，唐晶晶，曹健，等. 基于光纤测温系统的矿井采空区"三带"研究[J]. 中国煤炭，2016，42(12)：107-110.

[54] 徐灿. 分布式光纤测温技术在煤矿中的应用[D]. 济南：山东大学，2016.

[55] 张箫剑. 基于光纤测温技术的采空区煤温监测研究[D]. 淮南：安徽理工大学，2015.

[56] 王俊飞. 矿井采空区火灾监控系统的研究[J]. 煤矿机电，2014，6：16-25.

第 7 章

面向光纤传感的窄线宽光纤激光器

7.1 光纤激光器研究现状

光纤激光器作为现代激光技术的代表,成为近年来研究的热点,具有广泛的市场前景。单纵模窄线宽光纤激光器是光纤激光技术领域的一个重要分支,具有线宽窄、相干长度长、易于实现高功率、系统稳定性强和小型化等众多优点,因而被广泛应用在密集波分复用系统、光纤传感系统、远程测控雷达、远程通信系统等应用领域中,并且扮演着十分重要的角色。尤其在光纤传感领域,光源的相干长度直接影响系统最终的测量精度,且光源的稳定性也将影响测量结果的准确性,因此具有较长的相干长度,即线宽极窄的稳定单纵模激光光源就显得尤为重要。此外,同传感系统相似,在许多国防军事应用领域,光源的线宽直接影响远程监控、远程遥感等系统的整体性能,因而对光源的性能要求非常高。而传统的半导体激光器的性能往往难以满足上述各应用领域对光源的需求,因此具有良好光源特性的光纤激光器越来越成为研究和应用的热点。目前,光纤激光器的研究主要集中在压窄线宽、提高输出功率以及实现可调谐多波长输出等方面。

7.1.1 光纤激光器的发展背景

光纤激光器,即用掺稀土元素玻璃光纤作为增益介质的激光器,其发展可以追溯到 20 世纪 60 年代。1958 年,《物理评论》(*Physical Review*)上发表了一篇题为红外和光学激射器 "Infrared and optical masers" 的文章,标志着激光作为一种全新的事物登上了历史舞台。紧接着,继红宝石激光器和氦氖激光器的出现,1961年,斯尼泽(E. Snitze)等利用棒状掺钕(Nd^{3+})玻璃波导获得了波长 1.06 μm 的激光[1]，第一台光纤激光器由此诞生。光纤激光器与气体激光器、半导体激光器等其他类型的激光器结构相同，都是由泵浦源、增益介质以及谐振腔构成。其中，光纤激光器以光纤作为增益介质的同时，并将其作为低损耗的波导，将泵浦光和信号光约束在光纤中，形成一个介质封闭腔结构[2]。由于当时光纤制备技术以及泵浦技术的限制，光纤激光器在当时发展缓慢。

到了 20 世纪七八十年代，随着低损耗的掺钕和掺铒光纤制备技术的出现，特别是掺铒光纤的激射波长恰好位于通信光纤的 1550 nm 低损耗窗口，使光纤激光器尤其是掺铒光纤激光器展现出十分诱人的应用前景[3]。同时作为光纤激光器常用泵浦源的半导体激光器也已经商业化，以及后来波分复用技术的成熟，使得光纤激光器越来越多地受到研究者的关注。

自 20 世纪 90 年代以来，随着光纤通信系统的广泛应用和发展，光纤激光器迅速发展，性能不断提高。特别是随着光纤制备技术、泵浦技术等关键技术的发展和成熟，以及新型的精密滤波器件的陆续面市，光纤激光器正在逐渐取代传统的半导体激光器成为激光技术领域的主导者。研究者关于光纤激光器的研发，主要集中在以下几个方面。

在高功率方面，美国 IPG 公司研发了一系列的高功率光纤激光器，功率 1 kW、2 kW、10 kW 甚至 20 kW 连续输出，且目前已推出更高输出功率的光纤激光器。尼尔森(J. Nilsson)等利用掺镱光纤实现了中心波长为 1100 nm、功率为 1.36 kW 的稳定连续激光输出[4]，并进一步将千瓦级高功率光纤激光器商品化[5]。在脉冲光纤激光器方面，脉冲窄至 3 fs 的超短脉冲光纤激光器已经获得运转[6]。在连续调谐方面，研究者利用高精度的可调滤波器结合改进的马赫-曾德尔干涉仪等结构，实现了调谐范围几十纳米的连续可调激光输出，且具有较好的稳定性和线宽特性[7-8]。在多波长方面，诸如双折射光纤[9]、光纤取样布拉格光栅[10]、啁啾光栅[11]、列阵波导耦合器[12]以及马赫-曾德尔干涉仪[13]等滤波器件的成功研制和应用，推进了多波长激光器的研制。同时，近年来，为了获得波长稳定的窄线宽激光输出，国内外研究者提出了多种方案，此方面的研究主要集中在优化腔形结构[14-17]、采用不同增益介质[18-21]等，且提出了运用可饱和吸收体[22]、负反馈[23]等方法实现压窄线宽、抑制跳模的目的。美国 IPG 公司推出了已经产品化的基于新材料光纤的窄线宽光纤激光器，其线宽达到兆赫兹量级。2008 年，华南理工大学主持的科技攻关计划重点项目"单纵模光纤激光器的研制"取得重要突破，实现了线宽达到 2 kHz 的稳定窄线宽激光输出[24]。2012 年，北京交通大学延凤平教授等利用光纤光栅法布里-珀罗标准具和耦合器分别作为线形腔光纤激光的谐振腔两端，得到了线宽为 10.34 MHz 的窄线宽激光输出[25]。2013 年，台湾科技大学的王翔等利用在线形腔中加入多个子环腔的结构得到了线宽小于 1 MHz 的单频激光输出[26]。

2014年,华南理工大学发光材料与器件国家重点实验室提出了一种虚拟折叠腔的新型线形腔,其在线形腔中引入了四分之一波片造成极化延迟,有效地减小了行波极化和空间烧孔效应,使之同时具有线形腔和环形腔的优点,实现了820 Hz的超窄线宽输出[27]。2016年,电子科技大学利用相移光纤光栅和可饱和吸收体的级联组合环形光纤激光器,成功实现了小于1.2 kHz线宽的稳定单纵模激光输出[28]。然而具有单纵模窄线宽输出特性的单频光纤激光器的研究仍具有很大的开发空间。

7.1.2 光纤激光器的分类及优势

由于近年来光纤激光器的迅速发展,光纤激光器的类别也越来越多,常见的光纤激光器种类包括掺稀土元素光纤激光器、拉曼光纤激光器、采用光子晶体光纤作为增益介质的光纤激光器、高功率光纤激光器,以及新型的飞秒光纤激光器和短尺寸单频光纤激光器,各种光纤激光器各有优缺点。但上述各类光纤激光器命名不同往往是关注角度不同。

关注角度不同,光纤激光器分类也就不同,本章主要从以下几种方式对光纤激光器的分类进行简要总结和概括,具体分类方式见表7-1。

表 7-1 光纤激光器的分类

按谐振腔结构分类	线形腔光纤激光器、环形腔光纤激光器、复合腔形光纤激光器、"8"字形腔光纤激光器、法布里-珀罗腔光纤激光器、分布式布拉格反射光纤激光器、分布式反馈光纤激光器等
按光纤结构分类	单包层光纤激光器、双包层光纤激光器
按增益介质分类	稀土类掺杂光纤激光器、非线性效应光纤激光器、单晶光纤激光器、塑料光纤激光器
按工作机制分类	上转换光纤激光器、下转换光纤激光器
按掺杂元素分类	掺铒(Er^{3+})、钕(Nd^{3+})、镨(Pr^{3+})、铥(Tm^{3+})、镱(Yb^{3+})、钬(Ho^{3+})等15种
按输出波长分类	S波段(1280～1350 nm)、C波段(1528～1565 nm)、L波段(1561～1620 nm)
按输出激光分类	脉冲光纤激光器、连续波光纤激光器

按谐振腔结构对光纤激光器进行分类是最直观且最容易的分类方式,其中线形腔结构是比较早期的光纤激光器谐振腔结构,主要通过在增益介质两端加入反射镜构成谐振腔。相比之下,环形腔光纤激光器由于具有较大的腔长能够获得更窄的线宽和更高的输出功率而受到研究者的广泛关注,本章将详细介绍环形腔结构的光纤激光器的工作原理。

光纤激光器之所以成为近几年研究和应用的热点,主要由于其具有非常显著的特性和优点,主要表现在以下几个方面。

(1) 光纤激光器的输出光束质量极好,不但具有良好的单色性和方向性,输出功率稳定性高,而且光纤激光器的线宽通常在千赫兹量级,大大优于传统的半导体激光器,弥补了半导体激光器在通信、传感等领域的不足。

(2) 光纤激光器由于采用光纤结构,腔内损耗小,使得其具有转换效率高、噪声小、阈值低等优点,因此能实现高功率输出。近年来,随着泵浦技术及光纤制备技术等关键技术的发展,光纤激光器的输出功率不断提高。已有单纤的光纤激光器输出功率达到几千瓦量级,并且已被商用化。高功率的优点使得光纤激光器在激光切割、激光打标等领域应用广泛。

(3) 光纤激光器可以把 70%～80% 的泵浦光转换为输出光,这不但意味着能量的利用率得到了提高,更重要的是在此过程中只有很少的热量产生,再加上光纤本身散热很好,因此,即便是超高功率的光纤激光器也不必使用庞大的水冷系统,简单的风冷系统就可以保证激光器的散热和良好运行。这也为高功率光纤激光器的集成化和小型化提供了条件。

(4) 光纤激光器采用柔软的光纤作为主要元件,避免了传统固体激光器在必要的搬运过程中受到碰撞振动等因素而影响输出特性的缺陷,稳定性和可靠性高,适合恶劣环境使用,适合野外施工。此外,光纤本身的耐腐蚀特性使其更具有了寿命长的优点,维护方便。

(5) 光纤激光器的工作波长取决于它采用的掺杂离子种类,通过改变掺杂离子如铒(Er^{3+})、钕(Nd^{3+})、镨(Pr^{3+})、铥(Tm^{3+})、镱(Yb^{3+})等稀土元素,其输出波长可以覆盖从紫外到红外非常广的波段,更成为了实现全光纤通信的基础。

7.1.3　光纤激光器的主要应用领域

随着光纤激光器技术的不断提高和成熟,光纤激光器不但已经商业化,并且早已在诸如通信、能源、工业加工、医疗、航空航天、军事等领域得到了广泛应用,其主要应用可总结为以下几方面。

(1) 军事领域

光纤激光器具有亮度高、功率大、照射面积小、光束质量高等优点,使其成为军事领域防御和进攻武器的研究重点,在远程定位、遥感、模拟打靶、跟踪制导等应用中备受关注。另外,拥有高输出功率的光纤激光器在高能武器等领域有着巨大的潜力,也越来越受到重视。各国政府在光纤激光器领域的投入也越来越大,近年来美国政府就光纤激光器研究在美国国家基金和国家技术与标准研究院投入的科研资金高达数百亿美元。同样,中国和欧洲各国关于光纤激光器的科研投入也越来越大,光纤激光器在军事领域中的地位也将越来越高。

（2）工业加工

在工业加工方面,光纤激光器具有巨大的潜在市场和经济效益。激光标刻系统操作简单,体积小,且其优质的输出光特性使其在高精度标刻方面表现出诱人的前景。同时在微机械领域,光纤激光器可用于打弯、解压、准直、焊接等方面,不但精度高,而且工艺完成时间也大大缩短。同时在微电子器件加工中,光纤激光进行的微处理比其他传统方式的精度大大提高,成为微电子制造的理想方法。

（3）医疗领域

光纤激光器可以产生的激光波长范围大,这使医学领域对特定波长光源的需求成为可能。把波长 2 μm 的光纤激光器用于治疗皮肤癌可达到良好的效果;近年来盛行的治疗近视的眼科手术中,掺铒的光纤激光器扮演了十分重要的角色。此外,利用光纤激光器代替传统的 CO_2 激光器或 YAG 激光器作为医疗手术的光源,也受到了广大医学工作者的认同。

（4）光纤通信系统

由于光纤激光器具有的单频、单模以及低噪声等优势,使其在通信领域同样是不可或缺的一部分。特别是随着波分复用系统和密集波分复用系统的迅速发展,在一根光纤中可以实现多路信号的传输。而大功率的光纤激光器能够大大减少传输过程中光电转换所带来的损耗和干扰,极大地推进了信息传输系统的发展。

（5）光学传感领域

把窄线宽的光纤激光器应用在分布式光纤传感系统可实现长距离的目标探测、定位和分类。且该系统可为核电站、石油、建筑工程、天然气管道、军事基地以及国防边界提供低成本、全分布式的传感安全监测[29-30]。目前,在基于布里渊散射的分布式光纤传感系统中,必须采用谱宽远小于布里渊增益谱的光源,否则会降低布里渊增益峰值,而布里渊增益谱宽一般在几十兆赫兹,因而在该系统中需采用线宽小于 1 MHz 的激光光源,因此稳定的单频窄线宽激光光源就显得尤为重要[31-32]。同时,窄线宽光纤激光器具有较长的相干长度,结合相干检测可实现超高的空间分辨率和较大的测量范围。

7.2 环形腔掺铒光纤激光器

窄线宽光纤激光器作为光纤激光器研究领域的一个重要分支,以其具有的单频、线宽窄、相干长度长、易于形成全光纤结构等优势,作为高相干度光源,在远程通信、激光雷达、光纤传感以及高精度、高分辨率的长距离相干探测等领域有着广泛的应用前景。

　　光纤激光器的增益介质中掺杂离子的不同直接决定着激光器输出波长的不同,常用的稀土离子有铒(Er^{3+})、钕(Nd^{3+})、镨(Pr^{3+})、铥(Tm^{3+})、镱(Yb^{3+})、钬(Ho^{3+})等。其中,铒离子的荧光谱恰好包含了通信系统的低损耗窗口 1550 nm,且具有 30～50 nm 的增益谱宽,具有较大的波长调谐范围。同时,还具有较高增益、泵浦功率也比较低的优势。因此,将掺铒光纤作为光纤激光器的增益工作物质受到了研究者们的普遍关注。本节针对光纤激光器的研究也主要集中在掺铒光纤激光器方面。掺铒光纤作为增益介质,吸收泵浦光的能量,并发生粒子数反转,起振的某一波长的光在激光腔内积蓄能量,最后实现激光输出。与其他各种激光器相比,掺铒光纤激光器具有重量轻、体积小、维护方便、光束质量好、稳定时间久、增益幅度宽、增益值高、斜率效率高等优良特性。本节将从掺铒光纤激光器的基本原理开始介绍,进一步对典型的掺铒光纤激光器进行详细的实验研究。

7.2.1　掺铒光纤激光器基本原理

　　1917 年爱因斯坦提出的受激辐射为激光的产生奠定了物理基础,当处在高能级上的原子吸收外界能量向低能级跃迁时,会释放出一个能量为 $h\nu$ 的光子,如图 7-1 所示。且产生的光子与外界的入射光具有相同的传播方向、频率、相位以及偏振方向,并随着此过程中产生的粒子数不断增多,进而实现光放大。而光纤激光器产生激光的本质就是一个光放大

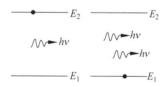

图 7-1　光的受激辐射过程示意图

的过程,需要依靠泵浦光抽运以在增益介质中发生粒子数反转,并不断增加反转粒子数使产生激光振荡达到阈值条件,同时还需要形成一个反馈腔降低损耗提供正反馈,这个反馈腔就是通常所说的谐振腔。即激光器的三个基本组成:泵浦光、增益介质和谐振腔。

　　光纤激光器的工作波长是由掺杂离子的种类决定的,本节采用的增益介质为掺铒光纤,下面分析铒离子的能级结构进而分析铒离子的吸收和荧光特性。如图 7-2 所示是铒离子的能级结构。下能级 $^4I_{15/2}$ 电子在吸收泵浦光后向上能级 $^4I_{11/2}$ 跃迁的过程为吸收过程,掺铒光纤激光器泵浦光波长的选择也是由此决定的。跃迁到上能级的电子不稳定,会自发地向基态跃迁,这个过程为荧光过程。而 $^4I_{11/2}$ 的离子寿命极短,故荧光过程主要为 $^4I_{13/2}$ 向基态 $^4I_{15/2}$ 的跃迁,也正因此,铒离子的激射波长为 1550 nm。

　　在 980 nm 泵浦光作用下,上述 $^4I_{11/2}$、$^4I_{13/2}$、$^4I_{15/2}$ 构成了铒离子的三能级结构,如图 7-3 所示。粒子吸收能量从 $^4I_{15/2}$ 能级跃迁到 $^4I_{11/2}$ 能级,紧接着无辐射弛

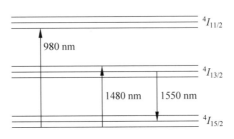

图 7-2　铒离子能级结构示意图

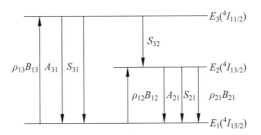

图 7-3　980 nm 泵浦下的铒离子三能级结构示意图

豫到 $^4I_{13/2}$ 能级,最后在 $^4I_{13/2}$ 到 $^4I_{15/2}$ 能级间形成粒子数反转,在谐振腔中反复上述过程,积累能量,最后产生激光。

在上述情况下,掺铒光纤激光器的速率方程可表示为

$$\frac{\mathrm{d}N_3}{\mathrm{d}t} = (N_1 - N_3)W_{13} - N_3 S_{32} \tag{7-1}$$

$$\frac{\mathrm{d}N_2}{\mathrm{d}t} = N_1 W_{12} - N_2 W_{21} - N_2(A_{21} + S_{21}) + N_3 S_{32} \tag{7-2}$$

$$N_1 + N_2 + N_3 = N \tag{7-3}$$

而如前所述粒子在 E_3 能级寿命仅为毫秒(ms)量级,故上述公式中 $N_3 \approx 0$, $\mathrm{d}N_3/\mathrm{d}t \approx 0$,因此速率方程可简化为

$$\frac{\mathrm{d}N_2}{\mathrm{d}t} = N_1 W_{12} - N_2 W_{21} - N_2 A_{21} + N_1 W_p \tag{7-4}$$

$$N_1 + N_2 \approx N \tag{7-5}$$

若 g 为能级简并度,则

$$\Delta N = N_2 - \frac{g_2}{g_1}N_1 \tag{7-6}$$

则速率方程可进一步简化为

$$\frac{\mathrm{d}\Delta N}{\mathrm{d}t} = (N - \Delta N)W_p - \left(1 + \frac{g_2}{g_1}\right)W_{12}\Delta N - \left(\frac{g_2}{g_1}N + \Delta N\right)A_{21} \tag{7-7}$$

综上所述,掺铒光纤激光器的速率方程可用公式(7-7)表示。

7.2.2　典型的环形腔掺铒光纤激光器

如 7.2.1 节所述,光纤激光器的基本结构有线形腔和环形腔,由于线形腔通常采用两个光纤布拉格光栅构成谐振腔,同时实现波长选择作用,这就使得腔长需要减小到厘米量级才能实现单纵模输出,而这个条件大大限制了输出功率。而环形腔为行波腔,利于获得窄线宽和较高的输出功率,故本节主要对环形腔结构的掺铒光纤激光器进行研究。典型的环形腔掺铒光纤激光器结构如图 7-4 所示。

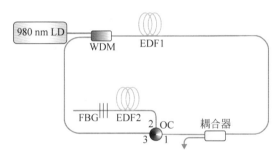

图 7-4　典型的环形腔掺铒光纤激光器实验装置图

泵浦光经由 980 nm/1550 nm 的波分复用器耦合进入环路,在 EDF1 中发生粒子数反转并出现自发辐射获得增益,之后沿光路传输后到达环形器,且在环形器端口 2 的光纤布拉格光栅(FBG)以及由一段未泵浦 EDF2 构成的可饱和吸收体中进行滤波和选模以及稳频,并从环形器 3 端口输出再次经由 EDF1 实现受激辐射的光放大,最后得到 1550 nm 的激光输出。环路中的光环形器同时可起到控制激光腔中光波传输方向的作用,使整个环路中的光沿顺时针方向传输,防止反向传输光对环路造成的干扰。当整个回路增益大于损耗时,在耦合比为 85 : 15 的耦合器的 15% 端口得到窄线宽激光输出。

在理论研究的基础上,初步搭建了上述典型的环形腔光纤激光器实验装置,得到的输出光谱如图 7-5 所示,输出激光中心波长为 1549.57 nm,由实验所用光纤光栅的中心波长决定,光谱线宽小于 0.02 nm。

然而由于光纤光栅自身的不稳定性,即其极易受到环境中温度、振动等因素的影响,所得光谱的稳定性较差,实验中会出现跳模、频率抖动等现象,测量输出激光 30 min 内的功率稳定性结果如图 7-6 所示,最大波动高达 0.8 dB,输出激光稳定性较差,需要提出进一步提高稳定性,保证激光单纵模的实验方案。

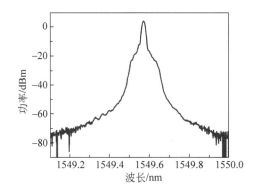

图 7-5　典型结构下的环形腔光纤激光器输出光谱图

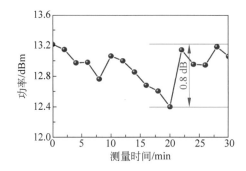

图 7-6　光纤激光器输出功率 30 min 内稳定性测试结果

7.2.3　增益光纤最佳长度的选择

　　增益光纤的长度会对输出激光的性能造成影响,正如马克·朱格农(M Mignon) 1992 年发表在 PTL 上题为 "An analytical model for the determination of optimal output reflectivity and fiber length in erbium-doped fiber lasers" 的文献中所述,掺铒光纤激光器采用的掺铒光纤存在最佳长度[33]。因此我们通过实验研究和分析,得到了本节采用的掺铒光纤的最佳长度,图 7-7 为相同实验条件下,输出功率随不同长度掺铒光纤的变化。由图可知,掺铒光纤长度较小时,输出功率随掺铒光纤长度的增大而增大,而当掺铒光纤长度达到一定值时,输出功率基本趋于不变,这个值即 EDF 的最佳长度。如图 7-7 所示,实验测得的最佳长度为 7 m,也就是说,EDF 长度为 7 m 时,泵浦光可以最大程度地被增益光纤吸收且激光腔内的损耗可以达到最小。

　　光纤激光器中的模式竞争问题一直是影响激光器稳定性的一个重要因素,且光纤激光器运行在单纵模状态下才能保证其良好的单色性,从而满足各应用领域

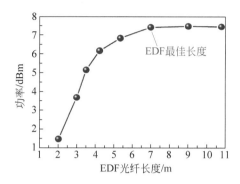

图 7-7　不同长度掺铒光纤对输出功率的影响

的需求。如前所述,在对典型掺铒光纤激光器结构的实验研究中发现,激光器的输出稳定性差,很重要的原因就是激光器存在多模振荡,而多模振荡是不稳定的,存在剧烈的模式竞争现象。因此,我们对光纤激光器中几种有效地保证单纵模的实验方案进行了研究。

最常见也是最有效的保证激光器单纵模运转的方法主要有以下三种。

（1）短腔法

由于光纤激光器中的纵模间隔也就是自由光谱范围（FSR）与激光器的腔长成反比,于是尽可能地缩短腔长是实现单纵模最直接有效的方法[34-35]。缩短腔长方法被研究者广泛接受和采纳,然而这与激光器的输出功率几乎是相互矛盾的,短的腔长必然会导致激光器的输出功率受到极大的限制,因而这种方法在近几年逐渐要求高功率输出的条件下显现出弊端。

（2）多子环法

如上所述,光纤激光器中抑制多模振荡的最有效的方法就是增大纵模间隔,由激光器主环腔决定的 FSR 往往比较小,而此时如果再加入一个子环或多个子环,整个激光器有效的 FSR 就变成了上述每个子环所决定的 FSR 的公倍数,比起单一缩短腔长,这一方法更能有效地抑制模式竞争,保证输出激光的单纵模特性[36-37]。

（3）可饱和吸收体法

将一段未泵浦掺铒光纤插入激光腔中作为可饱和吸收体也是光纤激光器中常用的抑制跳模的方法[38-39]。在光纤激光器中,把可饱和吸收体与光纤光栅结合或者使用耦合器的输入/输出端与可饱和吸收体两端相连,使得经过可饱和吸收体的光形成两束相向传输的光波,并在其中发生干涉;在饱和吸收作用下,某一模式的光被吸收得最少,即振荡最强,从而抑制了其他模式的振荡,最终实现激光器的单纵模振荡。

我们在研究了光纤激光器基本工作原理的基础上,对掺铒光纤激光器的基本结构和原理深入研究,并利用典型的环形腔掺铒光纤激光器结构进行实验研究,分析其输出光谱特性,并在实验中找出了本实验掺铒光纤长度的最佳值。最后,针对实验中遇到的多模振荡导致输出激光稳定性较差的问题,研究并总结几种有效的保证激光器单纵模运行的方法,为进一步提出有效的单纵模掺铒光纤激光器实验方案打下了基础。

7.3 单纵模窄线宽光纤激光器

近年来,对于窄线宽光纤激光器的研究主要着眼于对其线宽、光信噪比、阈值、输出功率等性能的改善,且提出了多种方案。此方面的研究主要集中在优化腔形结构、采用不同增益介质等,且提出了运用可饱和吸收体、负反馈等方法实现压窄线宽、抑制跳模的目的。

环形腔光纤激光器由于是行波腔,可以有效避免线形腔结构中的输出功率小,光纤长度的缩短受到增益限制等问题。然而环形腔中的跳模现象却是研究的难点和重点。研究者们也针对这一问题提出了多种方案。采用一段未泵浦掺铒光纤作为可饱和吸收体来实现抑制跳模的目的已经被大量的实验和报道证实是可行的[40],但完全依靠这一方法并不能完全抑制模式跳变的现象。后来又有研究者报道了在激光器结构中加入半导体光放大器[41]和法布里-珀罗标准具[42]的方法,但同时也引入了较大的插入损耗。采用子环腔的方法也被用来确保激光器的单纵模运行,李建中等曾报道过用耦合器构成的三个子环腔来实现增大纵模间隔的方法[43],且成功获得了稳定的单纵模输出。2013 年,冯素娟等在环形腔中加入级联的子环腔[44],同样实现了激光器的单纵模运行。此外,许多研究组提出了利用马赫-曾德尔干涉仪或者对其改进的结构来控制模式跳变,并且取得了良好的效果[45-47]。但这些方法通常需要精确计算小到厘米量级的光纤长度,有时甚至还需要进行光纤拉锥等复杂而困难的光纤处理过程,一方面这对于实验条件的要求相当高,另一方面在上述光纤制备的过程中极易引入误差。因此,具有单纵模窄线宽输出特性的单频光纤激光器的研究仍具有很大的开发空间。

本节对原有的环形腔结构进一步优化,提出了一种新型的掺铒光纤激光器结构:在环形腔结构的基础上,利用两个并联的嵌入共用的可饱和吸收体和光纤光栅的光纤环形谐振腔构成马赫-曾德尔干涉仪(Mach-Zehnder interferometer,MZI),该结构不仅作为本装置的主要滤波器件,同时作为环形腔结构中的子环腔,增加了激光器的有效腔长,从而增大激光纵模间隔、有效抑制了环形腔结构中常见的跳模现象。此外,在环形腔结构中采用由一段未泵浦掺铒光纤和光纤光栅构成的可饱和吸收体作为超窄带滤波器,实现了激光器的单纵模运转。并对其激光输出特性进行了深入研究,且利用延迟自外差法对得到激光的线宽进行分析验证。

7.3.1　基于并联双子环 MZI 的窄线宽掺铒光纤激光器

如图 7-8 所示为提出的基于双环 MZI 与可饱和吸收体的窄线宽掺铒光纤激光器实验装置图。利用 980 nm 的半导体激光器作为泵浦源,通过 980 nm/1550 nm 的波分复用器耦合到掺铒光纤 EDF1 中,并在掺铒光纤中实现光放大,这里掺铒光纤的长度为 7 m。激射波长的光经过 50∶50 的耦合器分为两路,分别沿图中的由两个子环腔构成的马赫-曾德尔干涉仪的两臂传输,并在耦合器(C_2)中又汇合为一路继续传输。激光器的输出光沿 85∶15 的耦合器(C_6)的 15％端口输出,另外 85％的光继续在腔内传输。装置中引入的光隔离器是为了保证环形腔中激光的单向振荡,避免反向传输的光对输出结果造成影响。整个激光腔内光的偏振态依靠偏振控制器来控制,它同时可用来调节腔内损耗。

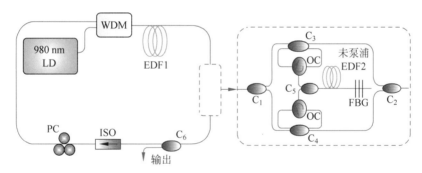

图 7-8　基于双环 MZI 与可饱和吸收体的窄线宽掺铒光纤激光器实验装置图

本实验方案在原有环形腔光纤激光器结构的基础上引入由两个并联的光纤环形谐振腔构成的马赫-曾德尔干涉仪结构,且上述两个环形谐振腔分别通过两个环形器(1 端口到 2 端口和 2 端口到 3 端口的插入损耗分别为 0.72 dB 和 0.78 dB)嵌入了共用的可饱和吸收体和光纤光栅。且两个子环形腔的长度分别为 5 m 和 5.5 m,这里使用一段长度为 2 m 的未泵浦掺铒光纤作为可饱和吸收体。使用的光纤光栅的反射率为 99.73％,其反射谱如图 7-9 所示,中心波长为 1549.57 nm, −3 dB 带宽为 0.28 nm。

上述并联的子环形腔不仅可以增大腔长,更重要的是能够利用维纳效应实现抑制输出光模式跳变的作用。实验结果也表明这种并联子环形腔结构能够很好地起到抑制跳模、提高输出激光稳定性的效果。下面进一步详细阐述其工作原理。

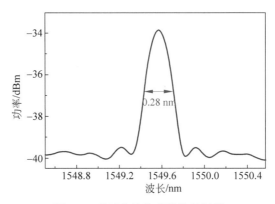

图 7-9　光纤布拉格光栅的反射谱

激光器的主环腔的腔长为 11.2 m，对应的自由光谱范围约为 18 MHz，具体的计算公式为[48]

$$\mathrm{FSR} = \frac{c}{n_e L} \tag{7-8}$$

式中：c 为光速；n_e 为光纤中的折射率，约为 1.468；L 为腔长。

　　在反射带宽为数十吉兆赫的 FBG 反射谱下，18 MHz 的 FSR 会明显地产生多模振荡。而当引入本节提出的并联双环 MZI 结构时，其两个子环腔的 FSR 同样由式(7-8)计算得约为 38 MHz 和 42 MHz，而 MZI 的 FSR 为 205 MHz，则依照维纳效应，整个激光器的有效 FSR 应为上述各个条件决定的 FSR 的最小公倍数，即

$$\mathrm{FSR}_e = m_1 \times \mathrm{FSR}_1 = m_2 \times \mathrm{FSR}_2 = m_3 \times \mathrm{FSR}_3 = m_4 \times \mathrm{FSR}_4 \tag{7-9}$$

式中，$m_i (i=1,2,3,4)$ 为正整数，FSR_e 为整个激光器的有效自由光谱范围，FSR_i $(i=1,2,3,4)$ 分别表示主腔的 FSR，MZI 的 FSR 以及构成 MZI 的两个子环的 FSR。因此，虽然上述每个 FSR 都仅有几十兆赫兹量级，但根据维纳效应，激光器有效的 FSR 可达到几十吉赫兹量级。综上所述，如图 7-10 所示，在激光器中加入的基于双子环的 MZI 结构可以有效增大纵模间隔。

　　此外，激光器主环腔和两个子环腔的相位条件可表示为

$$\beta L_m = 2k\pi \tag{7-10}$$

$$\beta L_i = 2l\pi \tag{7-11}$$

式中，L_m 为主环的腔长，$L_i (i=1,2)$ 为两个子环的腔长，β 为传播常数，k 和 l 均为正整数。激光器只有在同时满足上述所有子环腔相位条件下才能起振，如图 7-10 所示，最后整个激光腔只有一个模式振荡，由上述分析可知，激光器能够保证是单模运行。

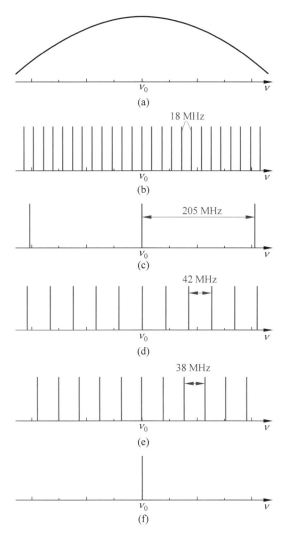

图 7-10　掺铒光纤激光器单纵模运行原理示意图

(a) 光纤光栅的反射谱；(b) 实验方案中去掉提出的 MZI 结构时仅由主环腔腔长决定的激
　　光振荡模式和此时的自由光谱范围；(c) 没有子环的 MZI 结构所决定的激光振荡模式和自
　　由光谱范围；(d) MZI 的一个子环腔的腔长决定的激光振荡模式和自由光谱范围；(e) MZI
　　的另一个子环腔的腔长决定的激光振荡模式和自由光谱范围；(f) 上述条件综合作用下激光
　　器保持稳定的单纵模输出

7.3.2　窄线宽掺铒光纤激光器输出激光的特性分析

　　上述结合马赫-曾德尔干涉仪的多环腔窄线宽光纤激光器输出激光的光谱如
图 7-11 所示，此时的泵浦功率为 135 mW，光谱测量采用 Yokogawa AQ6370C 型

号的光谱仪,其最高分辨率为 0.02 nm。输出激光光谱的中心波长稳定在 1549.47 nm,峰值功率为 7.471 dBm,且具有高达 68 dB 的信噪比。由光谱中心波长峰值处下降 3 dB 测得的输出激光－3 dB 线宽为 0.02 nm,这是由光谱仪的分辨率带宽决定的,其探测的激光线宽受到分辨率的限制而无法精确测量线宽小于 0.02 nm 的线宽值,需要进一步采用测量激光线宽常用的延迟自外差法测量线宽的准确值。

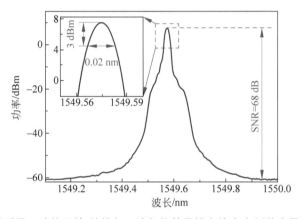

图 7-11　基于并联子环腔的马赫-曾德尔干涉仪的单纵模窄线宽光纤激光器输出激光光谱图

利用延迟自外差法[49-50]测量输出激光线宽,激光器的输出光通过一个 50：50 的光耦合器分为两路,一路采用长度为 45 km 的延迟光纤进行延迟,另一路用频率为 50 MHz 的信号源对其进行移频,信号源的频谱如图 7-12 所示,两路光信号在一个 50：50 的耦合器中拍频,并通过光电探测器转换成电信号在频谱分析仪 (Agilent N9020A)中对拍频信号进行探测。实验中所用的光电探测器(New Focus Model 1554-B)的带宽为 12 GHz。

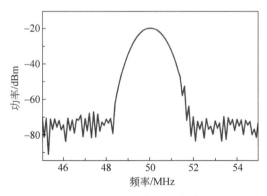

图 7-12　50 MHz 信号源频谱图

利用延迟自外差法测得的拍频信号如图 7-13 所示,对所得数据进行洛伦兹拟合,测量曲线和拟合曲线分别如图中蓝色和红色曲线所示,由图可知,拍频谱峰值下降 20 dB 处的宽度为 21.68 kHz,对应可求得输出激光的线宽为 1.09 kHz。这里需要说明的是,之所以没有采用峰值处下降 3 dB 处的宽度衡量激光线宽首先是因为光谱线宽窄,测量 −3 dB 处的拍频谱宽度容易引入较大的计算误差。另外,噪声导致的谱线展宽通常发生在峰值附近,故用 −20 dB 处的宽度来计算激光线宽更为准确。

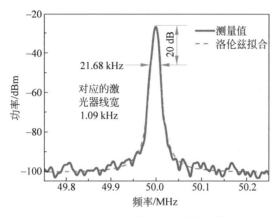

图 7-13　延迟自外差法测得的拍频信号

进一步,实验研究了激光器输出功率随泵浦功率变化的关系。测得的激光器的阈值为 10.7 mW,此时的激光器输出光谱如图 7-14(a)所示。当泵浦功率大于 10.7 mW 时,继续增大泵浦功率,测得的阈值曲线如图 7-14(b)所示,输出功率随泵浦功率线性变化,对阈值曲线进行线性拟合后得出的光-光转换效率为 6%;当泵浦功率达到实验所用泵浦源的最大输出功率 220 mW 时,激光器的输出功率为 12.78 mW。此最大输出功率主要受到泵浦功率的限制,若改用输出功率更高的泵浦源,激光器的最大输出功率可进一步增大。同时,实验装置中各个光学器件主要靠法兰头连接,可通过改用光纤熔接的方式提高激光器的光-光转换效率。

此外,我们对提出的并联双子环的单纵模掺铒光纤激光器的稳定性进行了实验研究,输出激光的光谱和功率稳定性测量结果如图 7-15 所示,由图可知,在 1 h 的测量时间内,光谱没有明显波动,输出功率也非常稳定,最大波动不超过 0.2 dB;且此测量是在实验室条件下进行的,测量结果不免受到实验环境中的温度波动等因素的影响。

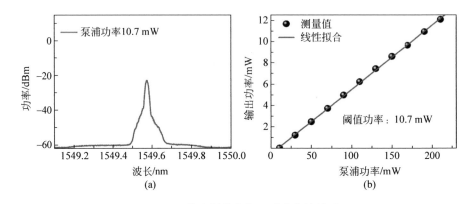

图 7-14　激光器输出与泵浦功率的关系

（a）泵浦功率为 10.7 mW 时激光器的输出光谱；（b）输出功率随泵浦功率变化曲线

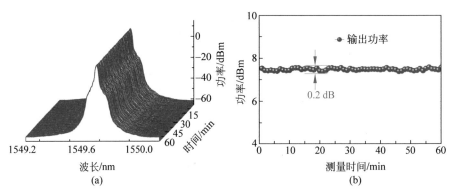

图 7-15　输出激光的稳定性测试结果，测量时间 1 h，测量间隔 1 min，泵浦功率 135 mW

（a）输出激光的光谱稳定性测试结果；（b）输出功率稳定性测试结果

7.3.3　窄线宽掺铒光纤激光器输出激光的性能提升

上述实验结果表明本节所提出的光纤激光器的输出激光具有良好的性能、较高的稳定性，这是由于在激光器结构中加入的结合双子环的马赫-曾德尔结构可以很好地抑制跳模，提高激光器的稳定性，且对实验结果的测量与前文所述的理论分析相一致。图 7-16（a）为采用 7.2.2 节中描述的经典的环形腔光纤激光器结构的输出激光的光谱，图 7-16（b）为采用本节提出的光纤激光器结构的输出激光的光谱。通过图 7-16（a）所示的频谱可以明显地观察到周期为 18 MHz 的拍频信号，此结果与 11.2 m 的腔长所对应的自由光谱范围一致；而图 7-16（b）中没有观察到明显的拍频信号，可知采用本节所提出的光纤激光器结构可以很好地抑制跳模，实现激光器的稳定单模运行。

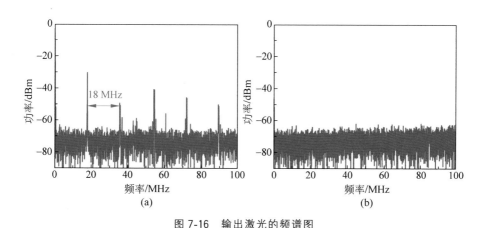

图 7-16　输出激光的频谱图

（a）没有并联双子环结构时的频谱图；（b）有并联双子环结构时的频谱

为评估本节所提出的在稳定单纵模窄线宽光纤激光器装置中加入的一段未泵浦掺铒光纤对实验结果的影响，对输出激光性能进行了对比实验分析。

如图 7-17 所示为利用延迟自外差法测得的线宽对比结果，其中绿色曲线为去掉实验装置图中的未泵浦掺铒光纤所得到的输出激光的线宽测量结果，而蓝色曲线为利用原装置所得到的输出激光的线宽测量结果，从图中可以明显看出加入一段未泵浦掺铒光纤可实现对输出激光线宽的压窄效果。

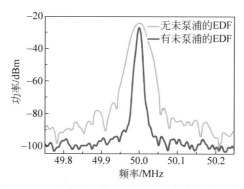

图 7-17　可饱和吸收体对输出激光线宽的影响

本节提出了一种稳定的单纵模窄线宽光纤激光器结构，采用一个基于并联双子环的马赫-曾德尔干涉仪作为本装置的主要滤波器件，此结构不仅可以增大腔长，更重要的是利用维纳效应能够增大激光器的有效自由光谱范围，从而很好地抑制模式跳变，保证激光器的单纵模运行。此外，由一段未泵浦掺铒光纤构成的可饱和吸收体和一个光纤光栅通过耦合器和环形器与上述双子环相连，实现激光器的波长选择和线宽压缩。最终激光器的输出激光具有良好的单频特性和稳定性。我们在大量实验研究的基础上,对输出光的各项性能指标做了测量和分析,实验结果表明,利用此结构在 1549.57 nm 处得到了线宽仅为 1.09 kHz 的单频窄线宽激光输出,且其光信噪比高达 68 dB。采用的泵浦源为 980 nm 的半导体激光器,输出激光的阈值仅为 10.7 mW,在泵浦功率为 220 mW 时得到了 12.78 mW 的最大输出功率,且其可通过泵浦源最大输出功率的增大而继续增大。同时,输出激光表现出良好的稳定性,在 1 h 的测试时间内,输出激光中心波长和功率均没有明显变化,功率波动小于 0.2 dB。该单频窄线宽光纤激光器可应用于光纤传感、高精度光谱测量以及雷达等应用领域,具有广泛的市场前景。

7.4　双波长掺铒光纤激光器

随着现代网络技术和传感技术的迅速发展,单一频率的光纤激光器虽然具有很高的光束质量和广泛的应用领域,但在产生高频信号、检测气体废水、多参量传感检测等应用领域,单一光源不再能满足应用需求,并且采用多个激光光源无疑会大大增加应用成本,这就使得双波长甚至多波长的光纤激光器越来越多地受到研究者的青睐。

掺铒光纤激光器被看作是产生微波频段高频信号的不可替代光源,但同时也要求双波长输出的掺铒光纤激光器运行在单纵模状态下。但在掺铒光纤激光器中,处于中心波长附近的纵模不可避免地出现大量模式竞争和模式跳变现象,这在很大程度上影响了双波长掺铒光纤激光器输出的稳定性,且存在巨大的跳模和增益竞争问题。为了实现双波长单纵模激光输出,研究者们已经做了大量的研究。陈(Chen)等曾提出一种基于 SOA 的双波长掺铒光纤激光器结构[51],但受限于 SOA 极易在受到腔内强烈振荡影响而发生损坏的问题,这种光纤激光器输出功率较小。还有许多诸如在腔内加入可调腔内校准器、分离腔内激光的偏振态等方法被报道过[52-53],但大部分方法都需要极短的腔长或者复杂的腔内偏振态控元件,这在实际应用和生产中是相当不便的,因此需要提出进一步的改进方案来实现稳定的双波长单纵模激光输出。

我们在前期单纵模光纤激光器的研究基础上,进一步对提出的并联双环的马赫-曾德尔干涉仪结构进行实验研究和分析,提出了一种结合双子环的马赫-曾德尔结构的滤波器的双波长单纵模掺铒光纤激光器结构,并实验验证了其输出激光的单纵模运行且具有良好的稳定性。

7.4.1　基于双子环 MZI 的双波长掺铒光纤激光器

双波长光纤激光器的实验装置如图 7-18 所示,其中泵浦源仍采用 980 nm 的半导体激光器,通过波分复用器后在掺铒光纤中发生粒子数反转,实现光放大,之后依次通过光隔离器、基于双环的马赫-曾德尔干涉仪、85:15 的光耦合器 C_5 和环形器的 1 端口,并在与环形器 2 端口连接的可饱和吸收体和可调光纤光栅滤波器中滤波,之后再从环形器的 3 端口回到激光器主环腔继续传输。激光器的输出光从 85:15 的耦合器 C_5 的 15% 端口输出,并用光谱分析仪等对其进行探测分析。在环形腔中加入的偏振控制器的作用是用来控制整个环路中光的偏振态。在增益光纤,即掺铒光纤之后加入光隔离器是为了阻止从耦合器 C_1 反向传输回来的光对激光器造成影响,保证激光腔内的激光单向传输。同时,在本结构中插入了一段未泵浦掺铒光纤作为可饱和吸收体。

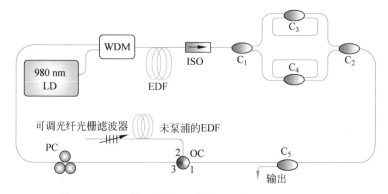

图 7-18　基于双子环马赫-曾德尔干涉仪的双波长光纤激光器实验装置图

　　正如 7.3 节中介绍的,在光纤激光器结构中加入并联双子环的马赫-曾德尔干涉仪能够有效抑制跳模,实现单模运转,本节进一步利用此结构进行实验研究,提出了一种基于双子环的马赫-曾德尔干涉仪的单纵模双波长掺铒光纤激光器结构。在环形腔掺铒光纤激光器结构中,加入了由两个并联的光纤环形谐振腔构成的马赫-曾德尔干涉仪,且其臂长差为 8 mm。上述光纤环形谐振腔主要由两个四端口耦合器构成,通过连接耦合器的其中两个端口构成子环。子环腔可以有效抑制激光腔中的模式跳变,保证激光器单模运转。用光谱仪观测 MZI 的干涉谱,其相邻波长间隔为 0.1 nm,而实验采用的可调光纤光栅滤波器的带宽为 0.2 nm,结合可调滤波器的波长选择作用,调节滤波器中心波长位置,使其带宽范围内恰好包含梳状谱的相邻两个波长通道,从而实现双波长输出。

7.4.2　双波长掺铒光纤激光器输出激光的特性分析

　　实验中,泵浦光功率为 170 mW,用光谱分析仪对本节提出的双波长光纤激光器的输出光进行分析探测。图 7-19 为双波长激光器输出光谱图,中心波长分别为 1558.67 nm 和 1558.77 nm,峰值功率分别为 -5.508 dBm 和 -5.993 dBm,波长间隔为 0.1 nm,与 7.4.1 节所述的马赫-曾德尔干涉仪的干涉谱波长间隔相一致。

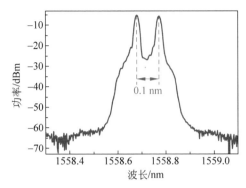

图 7-19　双波长光纤激光器输出光谱,泵浦光功率为 170 mW

为了进一步研究上述提出的双波长光纤激光器的输出光是否为单纵模运行,并验证双子环的抑制跳模的作用,实验中用频谱分析仪对输出光的频谱进行探测。

图 7-20(b)为得到的输出激光的频谱图,可以看到没有明显的拍频信号产生,激光器为单纵模运行。当把 MZI 的双子环用同等长度的光纤跳线来代替时,得到的频谱如图 7-20(a)所示,激光器不再是单模运转。由以上分析可知,双子环的引入可以有效抑制激光器的模式跳变现象。

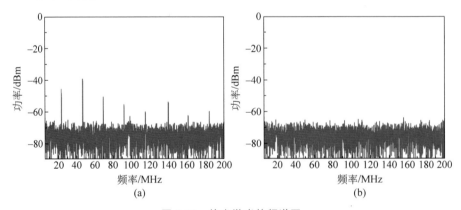

图 7-20　输出激光的频谱图

(a) 将装置中的子环腔用等长度的跳线代替时的频谱图;(b) 采用并联双子环结构时的频谱

我们对输出的双波长激光的稳定性进行了观测,在泵浦功率稳定在 160 mW 的情况下,在光谱仪上分别记录了两个波长的峰值功率的变化,测量时间为 60 min,测量间隔为 4 min,所得的测量结果如图 7-21 所示,图中红色和蓝色曲线分别表示两个波长的峰值功率变化情况,且由实验数据分析知其功率最大波动小于 0.5 dB。综上所述,本节提出的双波长光纤激光器具有良好的输出稳定性。

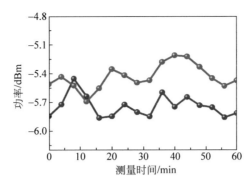

图 7-21　双波长输出激光的稳定性测试结果,测量时间 1 h,
测量间隔 4 min,泵浦功率 170 mW

　　本节提出了一种基于双子环的马赫-曾德尔干涉仪的双波长单纵模掺铒光纤激光器装置。利用马赫-曾德尔干涉仪的干涉谱作为梳状滤波器,并结合可调滤波器的波长选择作用,使其带宽范围内恰好包含梳状谱的相邻两个波长,从而实现双波长输出。同时,实验装置中构成马赫-曾德尔干涉仪的两个光纤环形谐振腔可以有效地抑制多模振荡,实现稳定的单纵模双波长输出。利用本装置实验得到了中心波长分别为 1558.67 nm 和 1558.77 nm 的双波长输出,且在实验过程中输出激光表现出良好的稳定性,具有广泛的应用和发展空间。

参考文献

[1] SNITZER E. Optical maser action of Nd^{3+} in a barium crown glass [J]. Physical Review Letters,1961,7(12):444-446.

[2] 谌亚. 新型窄线宽光纤激光器和少模光纤激光器的研究[D].北京:北京交通大学,2018.

[3] 叶震寰,楼棋洪,薛东. 窄线宽光纤激光器进展[J]. 光学与光电技术,2004,2(1):1-4.

[4] JEONG Y,SAHU J,PAYNE D,et al. Ytterbium-doped large-core fiber laser with 1.36 kW continuous-wave output power [J]. Optics Express,2004,12(25):6088-6092.

[5] LIKHACHEV M E,KOTOV L V,BUBNOV M M,et al. High-power double-clad Er-doped fiber laser [C]. SPIE LASE. International Society for Optics and Photonics,2011.

[6] SAHA K,OKAWACHI Y,SHIM B,et al. Modelocking and femtosecond pulse generation in chip-based frequency combs [J]. Optics Express,2013,21(1):1335-1343.

[7] BALL G A,MOREY W W. Continuously tunable single-mode erbium fiber laser [J]. Optics Letters,1992,17(6):420-422.

[8] ZOU H,LOU S,SU W,et al. A wavelength-tunable fiber laser using a novel filter based on a compound interference effect [J]. Laser Physics,2015,25(1),015103.

[9] TAKAHASHI H,TOBO H,INOUE Y. Multiwavelength ring laser composed of EDFAs and an arrayed-waveguide wavelength multiplexer [J]. Electronics Letters,1994,30(1):

44-45.

[10] CHOW J, TOWN G, EGGLETON B, et al. Multiwavelength generation in an erbium-doped fiber laser using in-fiber comb filters [J]. Photonics Technology Letters, IEEE, 1996, 8(1): 60-62.

[11] MOON D S, CHUNG Y. Multi-wavelength fiber ring laser based on a sampled chirped fiber Bragg grating with a hybrid gain medium [J]. Optics Communications, 2012, 285 (7): 1908-1910.

[12] OKAMURA H, IWATSUKI K. Simultaneous oscillation of wavelength-tunable, singlemode lasers using an Er-doped fibre amplifier [J]. Electronics Letters, 1992, 28(5): 461-463.

[13] AN H L, LIN X Z, PUN E Y B, et al. Multi-wavelength operation of an erbium-doped fiber ring laser using a dual-pass Mach-Zehnder comb filter [J]. Optics Communications, 1999, 169(1): 159-165.

[14] SEJKA M, VARMING P, HÜBNER J, et al. Distributed feedback Er^{3+}-doped fibre laser [J]. Electronics Letters, 1995, 31(17): 1445-1446.

[15] CHEN D, FU H, LIU W. Single-longitudinal-mode erbium-doped fiber laser based on a fiber Bragg grating Fabry-Perot filter [J]. Laser Physics, 2007, 17(10): 1246-1248.

[16] SUZUKI A, TAKAHASHI Y, YOSHIDA M, et al. An ultralow noise and narrow linewidth λ/4-shifted DFB Er-doped fiber laser with a ring cavity configuration [J]. Photonics Technology Letters, IEEE, 2007, 19(19): 1463-1465.

[17] FU Z H, WANG Y X, YANG D Z, et al. Single-frequency linear cavity erbium-doped fiber laser for fiber-optic sensing applications [J]. Laser Physics Letters, 2009, 6(8): 594-597.

[18] SHIRAZI M R, SHAHABUDDIN N S, AZIZ S N, et al. A linear cavity Brillouin fiber laser with multiple wavelengths output [J]. Laser Physics Letters, 2008, 5(5): 361-363.

[19] AUERBACH M, WANDT D, FALLNICH C, et al. High-power tunable narrow line width ytterbium-doped double-clad fiber laser [J]. Optics Communications, 2001, 195(5): 437-441.

[20] YANG D Z, LIU W, CHEN T, et al. Linearly-polarized Tm-doped double-clad fiber laser [J]. Laser Physics, 2010, 20(8): 1752-1755.

[21] HANNA D C, PERCIVAL R M, SMART R G, et al. Efficient and tunable operation of a Tm-doped fibre laser [J]. Optics Communications, 1990, 75(3): 283-286.

[22] YEH C H, CHOW C W, WU Y F, et al. Using optimal cavity loss and saturable-absorber passive filter for stable and tunable dual-wavelength erbium fiber laser in single-longitudinal-mode operation [J]. Laser Physics Letters, 2011, 8(9): 672-677.

[23] STEPANOV D Y, CANNING J, BASSETT I M, et al. Distributed-feedback ring all-fiber laser [C]. Advanced Solid State Lasers. Optical Society of America, 1996.

[24] LI C, XU S, MO S, et al. A linearly frequency modulated narrow linewidth single-

frequency fiber laser [J]. Laser Physics Letters，2013，10(7)，075106.

[25] FENG T，YAN F，LI Q，et al. Stable high SNR narrow linewidth linear cavity single-wavelength Er-doped fiber laser [C]. Photonics and Optoelectronics (SOPO)，2012 Symposium on. IEEE，2012.

[26] WANG H，LIAW S K，HSU H I，et al. Single-longitudinal-mode linear-cavity fiber laser using subring cavities and broadband fiber mirror [C]. Next-Generation Electronics (ISNE)，2013 IEEE International Symposium on. IEEE，2013.

[27] MO S，LI Z，HUANG X，et al. 820 Hz linewidth short-linear-cavity single-frequency fiber laser at 1.5 μm [J]. Laser Physics Letters，2014，11(3)，035101.

[28] FAN Z，ZENG X，CAO C，et al. Novel structure of an ultra-narrow-bandwidth fibre laser based on cascade filters：PGFBG and SA [J]. Optics Communications，2016，368：150-154.

[29] LI R，LI Y. Application of distributed optical sensor in submarine cable detection [J]. Telecommunications for Electric Power System，2010，2：45-48.

[30] GENG J，SPIEGELBERG C，JIANG S. Narrow linewidth fiber laser for 100-km optical frequency domain reflectometry [J]. Photonics Technology Letters，IEEE，2005，17(9)：1827-1829.

[31] IIDA D，ITO F. Detection sensitivity of Brillouin scattering near Fresnel reflection in BOTDR measurement [J]. Journal of Lightwave Technology，2008，26(4)：417-424.

[32] 张旭苹，王峰，路元刚. 基于布里渊效应的连续分布式光纤传感技术[J]. 激光与光电子学进展，2009 (11)：14-20.

[33] MIGNON M，DESURVIRE E. An analytical model for the determination of optimal output reflectivity and fiber length in erbium-doped fiber lasers [J]. Photonics Technology Letters，IEEE，1992，4(8)：850-852.

[34] XU O，LU S，FENG S，et al. Single-longitudinal-mode erbium-doped fiber laser with the fiber-Bragg-grating-based asymmetric two-cavity structure [J]. Optics Communications，2009，282(5)：962-965.

[35] BALL G A，GLENN W H. Design of a single-mode linear-cavity erbium fiber laser utilizing Bragg reflectors [J]. Journal of Lightwave Technology，1992，10 (10)：1338-1343.

[36] LIEGEOIS F，HERNANDEZ Y，PEIGNE G，et al. High-efficiency single-longitudinal-mode ring fibre laser [J]. Electronics Letters，2005，41(13)：729-730.

[37] FENG T，YAN F，LIU S，et al. Switchable and tunable dual-wavelength single-longitudinal- mode erbium-doped fiber laser with special subring-cavity and superimposed fiber Bragg gratings [J]. Laser Physics Letters，2014，11(12)，125106.

[38] MENG Z，STEWART G，WHITENETT G. Stable single-mode operation of a narrow-linewidth，linearly polarized，erbium-fiber ring laser using a saturable absorber [J]. Journal of Lightwave Technology，2006，24(5)：2179-2183.

[39] CHENG Y, KRINGLEBOTN J T, LOH W H, et al. Stable single-frequency traveling-wave fiber loop laser with integral saturable-absorber-based tracking narrow-band filter [J]. Optics Letters, 1995, 20(8): 875-877.

[40] SUN J, YUAN X, ZHANG X, et al. Single-longitudinal-mode fiber ring laser using fiber grating-based Fabry-Perot filters and variable saturable absorbers [J]. Optics Communications, 2006, 267(1): 177-181.

[41] XU L, GLESK I, RAND D, et al. Suppression of beating noise of narrow-linewidth erbium-doped fiber ring lasers by use of a semiconductor optical amplifier [J]. Optics Letters, 2003, 28(10): 780-782.

[42] CHENG X P, SHUM P, TSE C H, et al. Single-longitudinal-mode erbium-doped fiber ring laser based on high finesse fiber Bragg grating Fabry-Pérot etalon [J]. Photonics Technology Letters, IEEE, 2008, 20(12): 976-978.

[43] LEE C C, CHEN Y K, LIAW S K. Single-longitudinal-mode fiber laser with a passive multiple-ring cavity and its application for video transmission [J]. Optics Letters, 1998, 23(5): 358-360.

[44] FENG S, MAO Q, TIAN Y, et al. Widely tunable single longitudinal mode fiber laser with cascaded fiber-ring secondary cavity [J]. IEEE Photonics Technology Letters, 2013, 25: 323-326.

[45] QIAN J, SU J, HONG L. A widely tunable dual-wavelength erbium-doped fiber ring laser operating in single longitudinal mode [J]. Optics Communications, 2008, 281 (17): 4432-4434.

[46] AHMAD H, DERNAIKA M, KHARRAZ O M, et al. A tuneable, power efficient and narrow single longitudinal mode fibre ring laser using an inline dual-taper fibre Mach-Zehnder filter [J]. Laser Physics, 2014, 24(8), 085111.

[47] TAN S, YAN F, LI Q, et al. A stable single-longitudinal-mode dual-wavelength erbium-doped fiber ring laser with superimposed FBG and an in-line two-taper MZI filter [J]. Laser Physics, 2013, 23(7), 075112.

[48] YANG X X, ZHAN L, SHEN Q S, et al. High-power single-longitudinal-mode fiber laser with a ring Fabry-Perot resonator and a saturable absorber [J]. IEEE Photonics Technology Letters, 2008, 20(11): 879-881.

[49] LUDVIGSEN H, TOSSAVAINEN M, KAIVOLA M. Laser linewidth measurements using self-homodyne detection with short delay [J]. Optics Communications, 1998, 155 (1): 180-186.

[50] RICHTER L, MANDELBERG H I, KRUGER M, et al. Linewidth determination from self-heterodyne measurements with subcoherence delay times [J]. IEEE Journal of Quantum Electronics, 1986, 22(11): 2070-2074.

[51] CHEN X, YAO J, ZENG F, et al. Single-longitudinal-mode fiber ring laser employing an equivalent phase-shifted fiber Bragg grating [J]. IEEE Photonics Technology Letters,

2005，17(7)：1390-1392.

［52］SUN J，YUAN X，ZHANG X，et al. Single-longitudinal-mode dual-wavelength fiber ring laser by incorporating variable saturable absorbers and feedback fiber loops ［J］. Optics Communications，2007，273(1)：231-237.

［53］SUN Q，WANG J，TONG W，et al. Channel-switchable single-/dual-wavelength single-longitudinal-mode laser and THz beat frequency generation up to 3. 6 THz ［J］. Applied Physics B，2012，106(2)：373-377.

索 引